ELEMENTE DER MATHEMATIK

THÜRINGEN

6. Schuljahr

Herausgegeben von

Heinz Griesel

Helmut Postel

Friedrich Suhr

Schroedel

Elemente der Mathematik 6

Herausgegeben von
Prof. Dr. Heinz Griesel, Prof. Helmut Postel, Friedrich Suhr

Bearbeitet von
Christine Fiedler, Reinhard Kind, Werner Ladenthin, Prof. Dr. Matthias Ludwig,
Prof. Helmut Postel, Heinz Klaus Strick, Friedrich Suhr

Zum Schülerband erscheint: Lösungen Best.-Nr. 87427

© 2010 Bildungshaus Schulbuchverlage Westermann Schroedel Diesterweg Schöningh Winklers GmbH,
Georg-Westermann-Allee 66, 38104 Braunschweig
www.westermann.de

Druck A^4 / Jahr 2021
Alle Drucke der Serie A sind im Unterricht parallel verwendbar.

Redaktion: Claus Peter Witt
Herstellung: Reinhard Hörner
Umschlagentwurf: Loeper & Wulf, Hannover
Illustrationen: Dietmar Griese
Zeichnungen: Günter Schlierf; Langner & Partner
Druck und Bindung: Westermann Druck GmbH, Georg-Westermann-Allee 66, 38104 Braunschweig

ISBN 978-3-507-**87421**-3

Inhaltsverzeichnis

Symbole

 Dieser Arbeitsauftrag ist für die Bearbeitung in Partnerarbeit konzipiert.

 Dieser Arbeitsauftrag ist für die Bearbeitung durch eine Gruppe aus mehreren Schüler(innen) konzipiert.

5. Rote Aufgabennummern kennzeichnen Aufgaben, die die Selbstständigkeit und Problemlösefähigkeit der Schülerinnen und Schüler in besonderer Weise herausfordern.

7. Blaue Aufgabennummern (und Überschriften) kennzeichnen Zusatzstoffe.

 In den Einheiten zum Selbstlernen kennzeichnet dieses Symbol einen Auftrag.

Elemente der Mathematik ist auf der Basis des Lehrplans für das Gymnasium in Thüringen konzipiert. Die zentralen Kompetenzen, die die Schülerinnen und Schüler erwerben sollen, werden deutlich herausgestellt, aber auch vielfältige Erweiterungsmöglichkeiten für thematische Profilbildungen angegeben.

Bei der Darstellung der Lerninhalte werden im Rahmen der **inhaltsbezogenen Kompetenzen** alle Aspekte von Mathematik (als Anwendung, als Struktur sowie als kreatives und intellektuelles Handlungsfeld) ausgewogen berücksichtigt. Insbesondere wurden auch Ergebnisse und Schlussfolgerungen aus der TIMS- und der PISA-Studie angemessen eingearbeitet. Zum Erwerb der **Lernkompetenzen** ermöglicht **Elemente der Mathematik** eine breite Palette unterschiedlichster schülerorientierter Unterrichtsformen: Beim gemeinsamen Entdecken, Erforschen, Beschreiben und Erklären erfahren die Schüler, dass nicht nur die Lösung eines Problems, sondern auch der Lösungsweg wichtig ist und dass dabei insbesondere die Analyse von Fehlern hilfreich ist. Argumentieren, Kommunizieren, Problemlösen und Modellieren gelangen so in den Vordergrund des unterrichtlichen Geschehens. Stets werden den Unterrichtenden konkrete Hilfen an die Hand gegeben, um solche problem- und handlungsorientierte Lernsituationen zu schaffen, in denen die Schüler und Schülerinnen ihr mathematisches Wissen möglichst eigenständig entwickeln und strukturieren können.

Zu den Lerninhalten

Aus den im Lehrplan angegebenen inhaltsbezogenen und allgemeinen mathematischen Kompetenzen, die am Ende der 6. Klasse erworben sein sollen, wurde folgende Themenabfolge für den Unterricht in Klasse 6 entwickelt:

Kapitel 1: Gebrochene Zahlen – Addieren und Subtrahieren – Lernbereich „Arithmetik/Algebra"
Das Vergleichen, das Addieren und Subtrahieren von gemeinen Brüchen werden aus Anwendungen herausgearbeitet. Die den Schülern aus dem Alltag geläufige Schreibweise von gebrochenen Zahlen als Dezimalbrüche wird systematisch eingeordnet, um die entsprechenden Rechenoperationen auch in dieser Schreibweise zu behandeln.

Kapitel 2: Symmetrie – Abbildungen – Winkelsätze – Lernbereich „Geometrie"
Das Phänomen der Symmetrie dient als Ausgangspunkt für die Behandlung der Achsenspiegelung und Verschiebung. Die Behandlung der Winkel an sich schneidenden Geraden ermöglicht eine Systematisierung symmetrischer Dreiecke und Vierecke.

Kapitel 3: Multiplizieren und Dividieren von gebrochenen Zahlen – Lernbereich „Arithmetik/Algebra"
Das Multiplizieren und Dividieren von gebrochenen Zahlen wird zunächst mithilfe von gemeinen Brüchen inhaltlich begründet und dann auf Dezimalbrüche übertragen. Zum Abschluss erfolgen das Aufstellen von Termen mit einer Variablen sowie eine Reflexion zu Rechengesetzen und zur vorgenommenen Zahlenbereichserweiterung

Kapitel 4: Zuordnungen – Lernbereich „Funktionen"
Muster bei Zahlen und Figuren sowie Zuordnungen aus dem Alltag dienen als Ausgangspunkt zur Darstellung funktionaler Beziehungen in Tabellen und mithilfe von Termen. So werden einfache Sachaufgaben gelöst.

Kapitel 5: Statistische Daten – Lernbereich „Stochastik"
Ausgehend von einem Einblick in die Problemstellung der Stochastik werden wesentliche Elemente der Beschreibenden Statistik behandelt: Häufigkeiten, Diagramme, arithmetisches Mittel, Median, Modalwert und Spannweite.

Kapitel 6: Negative Zahlen – Lernbereich „Arithmetik/Algebra"
Ausgangspunkt ist die einfachste Verwendung negativer Zahlen in der Umwelt sowohl bei der Beschreibung von Zuständen als auch von Zustandsänderungen. Aus diesen Umweltbezügen heraus erfolgt auch das Ordnen und Vergleichen negativer Zahlen. Das Koordinatensystem wird mit ganzzahligen Koordinaten behandelt.

Zum methodischen Aufbau

1. Jedes Kapitel beginnt mit einer Einstiegsseite, die an die Erfahrungen der Schüler(innen) anknüpft und erste Aktivitäten zur Thematik ermöglicht. Diese Seite eignet sich für einen offenen Einstieg und gibt einen Ausblick auf das Thema des Kapitels.
2. Die folgenden Lerneinheiten bieten eine Möglichkeit zur systematischen Behandlung der Kapitelinhalte – je nach Vorgehen in der Lerngruppe können Teile davon auch in die Bearbeitung der Lernfelder integriert werden.

Jede Lerneinheit beginnt mit einem offenen **Einstieg** (ohne Lösung im Buch), der die Schülerinnen und Schüler zu einer eigenständigen Problembearbeitung und -lösung anregt. Es kann sich eine **Aufgabe** mit **Lösung** oder eine **Einführung** anschließen, die alternativ oder ergänzend die Thematik bearbeiten. Durch ihre sorgfältige, schülergerechte Darstellung eignen sie sich sowohl zum eigenständigen Erarbeiten als auch zum Herausstellen von Problemlösestrategien. Der übersichtlichen Darstellung wegen folgen hier schon **weiterführende Aufgaben**, die im Unterricht in aller Regel erst nach einer erfolgten Festigung der zuerst behandelten Inhalte an einigen Übungsaufgaben thematisiert werden sollten. Sie dienen der Abrundung und Weiterführung der Theorie. Ihr Thema wird den Unterrichtenden in einer Überschrift genannt. In aller Regel sollten weiterführende Aufgaben im Unterricht bearbeitet werden und nicht als Hausaufgaben gestellt werden.

Die im Lernprozess erarbeiteten Ergebnisse werden häufig in einer **Information** zusammengefasst. In ihr werden auch Begriffe eingeführt und Ausblicke gegeben. Wesentliche Inhalte werden dabei optisch deutlich in einem Kasten mit einem roten Rahmen hervorgehoben. Hier wird großer Wert gelegt auf prägnante, altersgemäße Formulierungen, die auch beispielgebunden sein können.

Die folgenden Übungsaufgaben sind unter besonderer Berücksichtigung des Erwerbs sowohl inhaltsbezogener als auch prozessbezogener Kompetenzen konzipiert worden. Sie dienen zur Festigung des Gelernten, der operativen Durcharbeitung und der Vernetzung der Lerninhalte mit denen früherer Themen; dabei sind überall offene Aufgaben integriert. Zur soliden Durcharbeitung wird konsequent das Analysieren typischer Schülerfehler und entsprechendes Argumentieren gefordert. Auch die Übungsaufgaben ermöglichen Unterricht in vielfältigen schülerbezogenen Aktivitäten, bis hin zu **Partnerarbeit** und **Teamarbeit** sowie **Spielen**.

Einige Aufgaben enthalten in einem blauen Rahmen Musterbeispiele für Schreibweisen und Lösungswege. Manche Aufgaben enthalten Selbstkontroll-Möglichkeiten für Schülerinnen und Schüler. Aufgaben, die die Selbstständigkeit und Problemlösefähigkeit in besonderer Weise herausfordern, sind durch eine rote Aufgabennummer gekennzeichnet.

3. Abschnitte mit der Überschrift **Vermischte Übungen** finden sich an den Stellen eines Kapitels, an denen eine besonders starke Vermischung der bisher erworbenen Qualifikationen angebracht ist.

4. Am Kapitel-Ende folgt dann der Abschnitt **Aufgaben zur Vertiefung**, der neben einer Vernetzung auch eine Ergänzung des Lehrstoffes auf einem erhöhten Niveau zum Ziel hat.

5. Den Abschluss eines jeden Kapitels bildet der Abschnitt **Bist du fit?**, in dem in besonderer Weise die erworbenen Grundqualifikationen getestet werden. Die Lösungen dieser Aufgaben sind im Anhang des Buches angegeben, sodass sie von den Schülerinnen und Schülern gut zum eigenständigen Üben für eine Klassenarbeit verwendet werden können.

6. Unter der Überschrift **Im Blickpunkt** werden innermathematische, aber insbesondere auch fachübergreifende, komplexere Themen, die von besonderem Interesse sind und in engem Zusammenhang mit dem Lerninhalt des Kapitels stehen, als Ganzes behandelt. Diese Abschnitte eignen sich auch zur Differenzierung und Förderung von eigenständigen Schüleraktivitäten über einen etwas größeren Zeitraum.

7. Um Schüler und Schülerinnen im eigenständigen Erarbeiten mathematischer Themen zu schulen, enthält jedes Kapitel eine Lerneinheit **Zum Selbstlernen**, in der das Thema so aufbereitet ist, dass es von den Lernenden ganz selbstständig bearbeitet werden kann.

8. An geeigneten Stellen werden unter der Überschrift **Auf den Punkt gebracht** die für diese Klassenstufe vorgesehenen prozessbezogenen Kompetenzen akzentuiert zusammengefasst.

9. Der Abschnitt **Teste dich – Vermischte Übungen** enthält Übungen, die sich auch auf Themen früherer Schuljahre beziehen. Sie sind besonders geeignet für die eigenständige Vorbereitung der Schüler(innen) auf Abschlussarbeiten. Daher sind ihre Lösungen im Anhang angegeben.

10. Am Ende des Buches befindet sich ein Vorschlag für **Projekte**. Diese können zu verschiedenen Zeitpunkten im Unterricht eingesetzt werden und ermöglichen auch einen offenen Einstieg in das entsprechende Kapitel. Die hier vorgestellten Projekte sind für die eigenständige Arbeit der Schüler mehrfach erprobt und erfahren zudem eine Unterstützung mit Zusatzmaterialien, die kostenlos über das Internet abgerufen werden können (www.elemente-der-mathematik.de).

11. Für offenere Unterrichtseinstiege in größere Unterrichtseinheiten werden im Internet **Lernfelder** angeboten: In unterschiedlichen Problemsituationen können die Schülerinnen und Schüler zentrale Inhalte und Verfahren auf eigenen Lernwegen durch Anknüpfen an Alltags- und Vorerfahrungen selbstständig und häufig handlungsorientiert entdecken. Der Aufbau eigener Vorstellungen und die Bearbeitung einer Vielfalt von Lösungsansätzen wird gefördert durch die Anregung, diese Lernfelder in der Regel in Partner- und Gruppenarbeit zu bearbeiten. Der Austausch über das Problem mit dem Partner bzw. in der Gruppe sowie der Bericht über die Erfahrungen in der ganzen Klasse fördern insbesondere prozessbezogene Kompetenzen wie Problemlösungen sowie Argumentieren und Kommunizieren.

Bleib fit im...
Umgang mit gemeinen Brüchen

Zum Aufwärmen

1. Unten siehst du Kuchenreste, z.B. $\frac{1}{2}$ Käse-Sahne-Torte. Beschreibe die Reste mit Brüchen.

 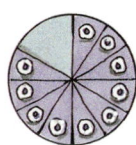 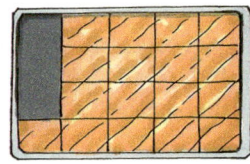 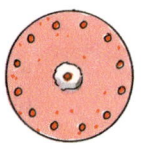 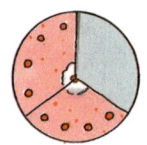

2. a) Eine neu geplante Ortsumgehung ist 12 km lang. $\frac{2}{3}$ der Strecke sind schon fertig gestellt. Wie viel km sind das?

   b) Jan erhielt bei der Klassensprecherwahl 24 von 30 abgegebenen Stimmen. Welchen Anteil der abgegebenen Stimmen erhielt er?

   c) Ein Landwirt hat 32 ha Wiesen. Das sind $\frac{4}{5}$ seines ganzen Landes. Wie viel Land besitzt er?

Zum Erinnern

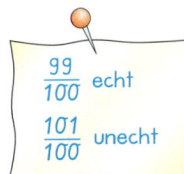

$\frac{99}{100}$ echt

$\frac{101}{100}$ unecht

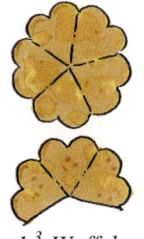

$1\frac{3}{5}$ Waffeln

(1) Gemeine Brüche zur Angabe von Teilen eines Ganzen

$\frac{1}{2}, \frac{1}{4}, \frac{3}{4}, \frac{1}{8}, \frac{3}{8}, \frac{5}{8}, \frac{2}{3}, \ldots$ sind *gemeine Brüche*. Der Nenner eines Bruches gibt an, in wie viele gleich große Teile ein Ganzes zerlegt wird. Der Zähler gibt an, wie viele solcher Teile dann genommen werden. Ist bei einem Bruch der Zähler kleiner als der Nenner, so nennt man ihn einen **echten Bruch.** Bei Brüchen kann der Zähler auch größer als der Nenner oder gleich dem Nenner sein. Solche Brüche heißen **unechte Brüche.**

> **3** ← Zähler
> **—** ← Bruchstrich
> **4** ← Nenner

Beispiele: echte Brüche: $\frac{1}{2}; \quad \frac{3}{4}; \quad \frac{3}{5}; \quad \frac{2}{7}$ *unechte Brüche:* $\frac{3}{2}; \quad \frac{11}{4}; \quad \frac{17}{8}; \quad \frac{4}{4}; \quad \frac{6}{3}$

Manche unechte Brüche geben die Anzahl von Ganzen, also natürliche Zahlen an.

Andere unechte Brüche geben mehr als ein oder mehrere Ganze an. Solche Brüche kann man auch in der **gemischten Schreibweise** notieren. Sie ist eine kurze Schreibweise für eine Summe aus einer natürlichen Zahl und einem echten Bruch.

Beispiele: $\frac{4}{4} = 1; \quad \frac{8}{4} = 2; \quad \frac{12}{4} = 3; \quad \frac{3}{2} = 1 + \frac{1}{2} = 1\frac{1}{2}; \quad \frac{11}{4} = 2 + \frac{3}{4} = 2\frac{3}{4}$

(2) Grundaufgaben der Bruchrechnung

Beschreibt man Anteile an einem Ganzen mit Brüchen, so gibt es drei Typen von Aufgaben.

Der Teil ist gesucht	**Das Ganze ist gesucht**	**Der Anteil ist gesucht**
$\frac{3}{4}$ von 60 €	$\frac{3}{4}$ des Ganzen sind 90 m.	3 *l* von 8 *l*
Gegeben:	*Gegeben:*	*Gegeben:*
Anteil: $\frac{3}{4}$	Anteil: $\frac{3}{4}$	Ganzes: 8 *l*
Ganzes: 60 €	Teil des Ganzen: 90 m	Teil des Ganzen: 3 *l*
Gesucht: Teil des Ganzen	*Gesucht:* Das Ganze	*Gesucht:* Anteil am Ganzen
Ansatz: 60 € $\xrightarrow{\text{davon } \frac{3}{4}}$ □	*Ansatz:* □ $\xrightarrow{\text{davon } \frac{3}{4}}$ 90 m	*Ansatz:* 8 *l* $\xrightarrow{\text{davon }□}$ 3 *l*
Rechnung: (60 € : 4) · 3 $= 45 €$	*Rechnung:* (90 m : 3) · 4 $= 120$ m	*Rechnung:* 3 *l* : 8 *l* $= \frac{3}{8}$

Zum Trainieren

3. Welche Brüche sind dargestellt?

a) 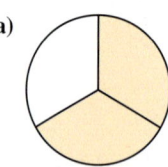   b) 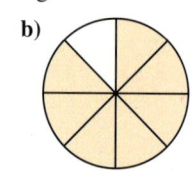   c) 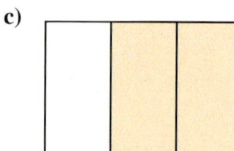   d)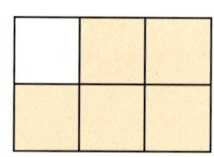

4. Skizziere

a) $\frac{3}{4}$ einer Torte;

b) $\frac{5}{8}$ eines Blechkuchens;

c) $\frac{1}{4}$ eines Stücks Butter;

d) $3\frac{1}{2}$ Torten.

5. a) Gib als unechten Bruch an:

$2\frac{1}{2}$; $4\frac{1}{3}$; $1\frac{3}{4}$; $5\frac{1}{6}$; $3\frac{2}{5}$; $1\frac{3}{8}$; $2\frac{1}{4}$

b) Gib in der gemischten Schreibweise an.

$\frac{7}{2}$; $\frac{5}{3}$; $\frac{9}{4}$; $\frac{6}{5}$; $\frac{21}{5}$; $\frac{25}{3}$; $\frac{31}{7}$

$$1\frac{3}{4} = 1 + \frac{3}{4} = \frac{4}{4} + \frac{3}{4} = \frac{7}{4}$$

$$\frac{13}{5} = \frac{10}{5} + \frac{3}{5} = 2 + \frac{3}{5} = 2\frac{3}{5}$$

6. a) Anne, Bea, Christin und Doreen teilen sich drei Pizzas. Welchen Anteil an einer Pizza bekommt jede? Zeichne und rechne.

b) Wie viel bekommt jeder?

(1) Zwei Tafeln Schokolade werden an drei Jungen verteilt.

(2) Sechs Pfirsiche werden an vier Freunde verteilt.

(3) Drei Freundinnen teilen sich fünf Bananen.

7. Notiere als Bruch. Gib das Ergebnis – falls möglich – auch als natürliche Zahl oder in der gemischten Schreibweise an.

a) $5:8$ b) $8:5$ c) $6:3$ d) $7:1$ e) $0:4$ f) $4:7$

8. Ein neu geplanter Tunnel unter einem Fluss hindurch soll 800 m lang werden. $\frac{3}{4}$ ist schon fertig. Wie viel m sind das, wie viel m müssen noch gebaut werden?

9. 25 von 30 Schüler(innen) einer Klasse spielen ein Musikinstrument. Wie groß ist der Anteil?

10. Jan hat 12 CDs mit klassischer Musik. Das sind $\frac{4}{9}$ seiner CDs. Wie viele CDs hat er insgesamt?

11. a) Eine Klasse hat 32 Schüler(innen), $\frac{1}{4}$ davon sind erkrankt. Wie viele gehen zur Schule?

b) In einer Klasse sind 18 Jungen. Die Lehrerin sagt: Die Klasse besteht zu $\frac{3}{5}$ aus Jungen.

12. Jennifers Vater arbeitet an 3 von 5 Tagen außerhalb des Wohnortes. Bestimme den Anteil.

13. a) In der Klasse 6a sind 24 von 30 Schülern Fahrschüler. Bestimme den Anteil der Fahrschüler.

b) In der Klasse 6b sind $\frac{5}{6}$ der 30 Schüler Fahrschüler. Wie viele sind das?

c) Die Klasse 6c hat 21 Fahrschüler, das sind $\frac{3}{4}$ der Schüler. Wie viele Schüler hat die Klasse 6c?

1. GEBROCHENE ZAHLEN –
ADDIEREN UND SUBTRAHIEREN

Im Alltag findest du oft Zahlenangaben der folgenden Art:

Heidelbeeren
½ kg 2,40 €

2½ - und 3-Zimmer

Erfurt-West, 2 ½ -ZKBB, ca. 75 m², Wozi.
Parkett, G-WC, renov., 430,- €, 150,- €,
3 KM Kt., **direkt v. Eigentümer**
☎ 0361/396778 oder 0361/609345

Erfurt-Zentrum 2½ -ZW, DG, Blk., ca.
85 m², 590,- +NK/Kt. ☎ 0361/560311

Erfurt-Süd 2 ½ -Zi, 65 m², 4.OG, EBK, von
priv., ab 1.2. 550,- +NK+Kt. ☎ 0361/38521

1½ Ltr

°C
19.2
IN   MAX

MAX   RESET   MIN

Erfurt
Köln
in 3¾ h

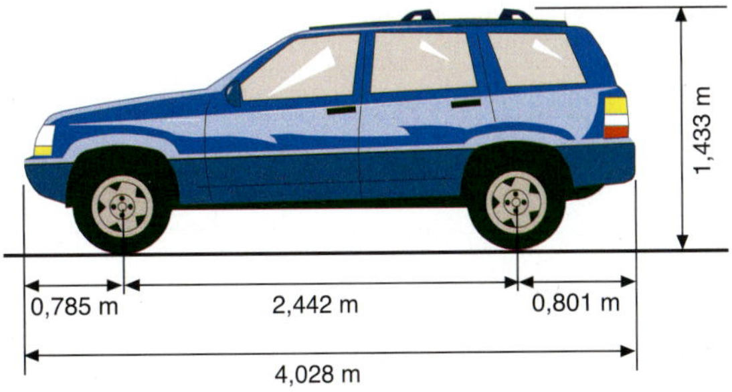

1,433 m

0,785 m   2,442 m   0,801 m

4,028 m

- Erkläre, was die Zahlenangaben bedeuten.
- Findest du weitere solcher Angaben im Alltag?

Gebrochene Zahlen können als gemeine Brüche oder Dezimalbrüche geschrieben werden.
In diesem Kapitel lernst du, wie man gebrochene Zahlen in beiden Schreibweisen der Größe nach
vergleichen kann und wie man sie addiert und subtrahiert.

1.1 Gemeine Brüche mit gleichem Wert – Erweitern und Kürzen

1.1.1 Brüche mit gleichem Wert – Erweitern eines Bruches

Einstieg

Gib mithilfe verschiedener Brüche an, welcher Anteil der Tafel Schokolade noch vorhanden ist.

a)    b)

c)

Einführung

In den Bildern rechts ist der Anteil der gelben Fläche an Ganzen stets derselbe. Dieser Anteil kann jedoch durch *verschiedene* Brüche wie $\frac{2}{3}$, $\frac{4}{6}$ und $\frac{8}{12}$ angegeben werden.

(1) 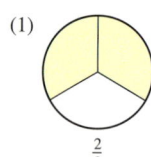 (2) 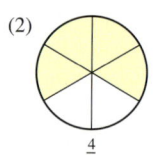 (3)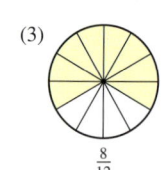

$\frac{2}{3}$ $\frac{4}{6}$ $\frac{8}{12}$

Wertgleiche Brüche

Der Anteil der grün gefärbten Fläche am ganzen Rechteck ist jeweils gleich. Er kann durch verschiedene Brüche angegeben werden.

Wir sagen:

Die *verschiedenen* Brüche $\frac{2}{3}$, $\frac{4}{6}$ und $\frac{8}{12}$ haben *denselben Wert*.

Wir schreiben:

$\frac{2}{3} = \frac{4}{6} = \frac{8}{12}$

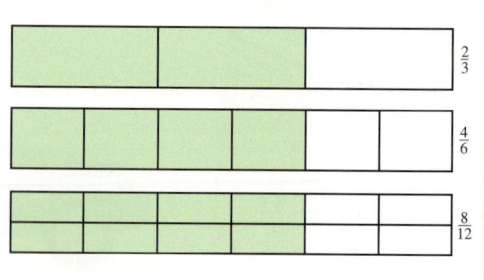

Aufgabe 1

Erweitern eines Bruches

Im Bild rechts ist die Quadratfläche in vier gleich große Teile zerlegt. $\frac{3}{4}$ der Quadratfläche ist grün gefärbt.

Verfeinere die Einteilung, indem du die Quadratfläche zerlegst

(1) in doppelt so viele gleich große Teile,

(2) in dreimal so viele gleich große Teile,

(3) in viermal so viele gleich große Teile.

Gib den grün gefärbten Anteil der Fläche jeweils durch einen entsprechenden Bruch an.

Lösung

(1)

(2)

(3)

Die Fläche ist statt in 4 gleich große Teile in *doppelt* so viele Teile, also in 8 Teile zerlegt.
Statt 3 Teilen sind dann auch *doppelt* so viele, also 6 Teile grün gefärbt.

$\frac{3}{4} = \frac{3 \cdot 2}{4 \cdot 2} = \frac{6}{8}$

Die Fläche ist statt in 4 gleich große Teile in *dreimal* so viele Teile, also in 12 Teile zerlegt.
Statt 3 Teilen sind dann auch *dreimal* so viele, also 9 Teile grün gefärbt.

$\frac{3}{4} = \frac{3 \cdot 3}{4 \cdot 3} = \frac{9}{12}$

Die Fläche ist statt in 4 gleich große Teile in *viermal* so viele Teile, also in 16 Teile zerlegt.
Statt 3 Teilen sind dann auch *viermal* so viele, also 12 Teile grün gefärbt.

$\frac{3}{4} = \frac{3 \cdot 4}{4 \cdot 4} = \frac{12}{16}$

Information

Ein Anteil kann durch verschiedene Brüche angegeben werden. Durch Verfeinern der Einteilung kann man aus einem Bruch für einen Anteil andere Brüche mit demselben Wert erhalten.

Erweitern eines Bruches

Ein Bruch wird erweitert, indem man zugleich seinen Zähler und seinen Nenner mit derselben (von 0 und 1 verschiedenen) natürlichen Zahl (Erweiterungszahl) multipliziert.
Der Wert des Bruches ändert sich dabei *nicht*.

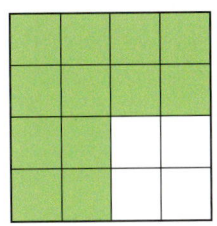

Verfeinern der Einteilung

$\frac{3}{4} \quad = \quad \frac{3 \cdot 2}{4 \cdot 2} \quad = \quad \frac{6}{8}$

Beispiel: $\frac{3}{4} = \frac{3 \cdot 2}{4 \cdot 2} = \frac{6}{8}$; $\frac{3}{4} = \frac{3 \cdot 3}{4 \cdot 3} = \frac{9}{12}$; $\frac{3}{4} = \frac{3 \cdot 4}{4 \cdot 4} = \frac{12}{16}$;   also: $\frac{3}{4} = \frac{6}{8} = \frac{9}{12} = \frac{12}{16} = \frac{15}{20} = \dots$

Übungsaufgaben

2. In den drei Bildern ist jeweils derselbe Anteil gefärbt. Gib ihn durch passende Brüche an.

a) (1) 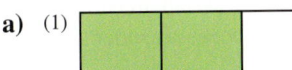   (2) 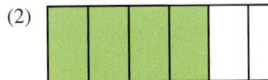   (3)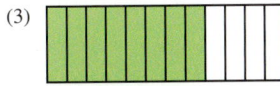

b) (1) 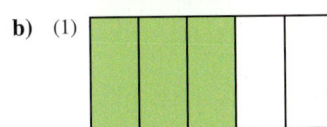   (2) 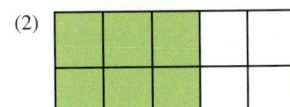   (3)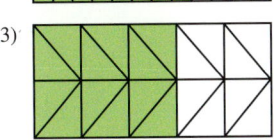

3. Welcher Anteil ist grün, welcher gelb gefärbt? Gib mehrere Brüche an. Vergleiche dann mit deinem Nachbarn. Begründet einander eure Ergebnisse.

a)    **b)**    **c)**    **d)**

4. Unterteile die gesamte Fläche weiter in gleich große Teilflächen. Gib verschiedene Brüche für den Anteil der grün [gelb] gefärbten Fläche an.

a) 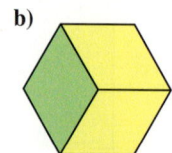   b) 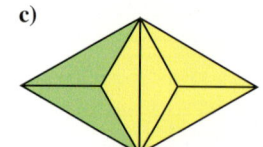   c)   d)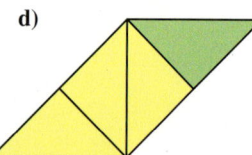

5. a) Die Quadratfläche links soll in 32 gleich große Teile unterteilt werden.
     Wie viele Teile sind dann   (1) grün gefärbt;   (2) gelb gefärbt?

    b) 15 Teile sind grün gefärbt. In wie viele gleich große Teile ist die Quadratfläche unterteilt?

6. Verfeinere die Einteilung des folgenden Ganzen, indem du jeden Teil nochmals teilst. Zeichne ins Heft. Gib jeweils einen Bruch für die gefärbte Fläche an.

    a) Unterteile jedes Teil in zwei gleich große Teile.   **b)** Unterteile jedes Teil in drei gleich große Teile.

(1)   (2)   (3) 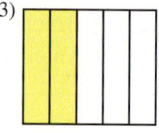   (1)   (2)   (3)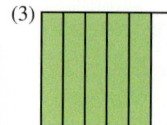

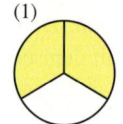 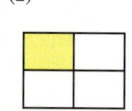 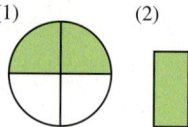

7. Veranschauliche und beschreibe: $\frac{1}{2} = \frac{2}{4} = \frac{4}{8} = \frac{8}{16}$.

8. Erweitere den Bruch nacheinander mit 4, mit 5, mit 6, mit 7 und mit 8.

    a) $\frac{3}{7}$ **b)** $\frac{9}{5}$ **c)** $\frac{11}{8}$ **d)** $\frac{10}{2}$ **e)** $\frac{2}{3}$ **f)** $\frac{1}{8}$ **g)** $\frac{11}{1}$

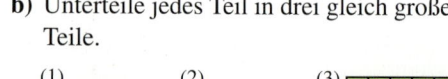

Erweiterungszahl

$\frac{2}{3} \overset{4}{=} \frac{8}{12}$; $\frac{2}{3} \overset{5}{=} \frac{10}{15}$;   …

9. Gib die Erweiterungszahl an. Notiere wie im Beispiel.

    a) $\frac{5}{9} = \frac{35}{63}$ **b)** $\frac{7}{8} = \frac{56}{64}$ **c)** $\frac{11}{3} = \frac{55}{15}$ **d)** $\frac{3}{1} = \frac{21}{7}$ **e)** $\frac{6}{7} = \frac{54}{63}$

$\frac{4}{5} \overset{3}{=} \frac{12}{15}$

 10. Jeder wählt fünf Brüche und erweitert sie. Er nennt seinem Partner die Brüche und die erweiterten Brüche. Der Partner ordnet die wertgleichen Brüche einander zu und ermittelt die Erweiterungszahlen.

11. Nenne verschiedene Brüche, die alle den Wert $\frac{2}{5}$ haben.

12. a) Erweitere $\frac{5}{8}, \frac{2}{3}, \frac{7}{12}, \frac{5}{4}, \frac{4}{6}, \frac{3}{8}, \frac{5}{1}$ so, dass der Nenner 24 ist.

    b) Erweitere $\frac{3}{5}, \frac{10}{15}, \frac{6}{10}, \frac{2}{30}, \frac{6}{1}, \frac{5}{2}, \frac{5}{6}$ so, dass der Nenner 30 ist.

    c) Erweitere die Brüche aus Teilaufgabe b) so, dass der Zähler 30 ist.

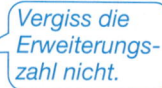

Vergiss die Erweiterungszahl nicht.

13. Erweitere, falls möglich $\frac{6}{5}, \frac{18}{25}, \frac{25}{6}, \frac{5}{8}, \frac{9}{20}, \frac{8}{15}, \frac{45}{11}, \frac{15}{4}, \frac{5}{12}, \frac{10}{9}, \frac{3}{50}, \frac{3}{125}, \frac{30}{7}, \frac{9}{40}$ so, dass der Nenner eine Stufenzahl (10, 100, 1 000, …) wird. Erkläre.

14. Kontrolliere Stefans Hausaufgaben. Berichtige bei der 2. Zahl gegebenenfalls nur den Nenner.

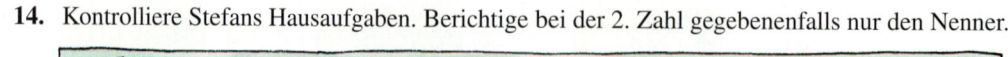

a) $\frac{5}{8} = \frac{35}{56}$ b) $\frac{11}{9} = \frac{110}{99}$ c) $\frac{4}{11} = \frac{36}{99}$ d) $\frac{17}{23} = \frac{54}{96}$ e) $\frac{16}{15} = \frac{256}{225}$ f) $\frac{12}{7} = \frac{48}{28}$

1.1.2 Kürzen eines Bruches

Einstig

Maxim hat ein DIN-A4-Blatt mehrfach gefaltet und $\frac{12}{16}$ gefärbt.
Anna hat die gleiche Fläche gefärbt, aber weniger oft gefaltet.
Welchen Anteil des Blattes hat sie gefärbt?
Beschreibt den Anteil der gefärbten Fläche durch andere Brüche und faltet die dazugehörige Unterteilung.

Aufgabe 1

Der rechts im Bild dargestellte Bruch $\frac{12}{30}$ ist durch Erweitern aus einem anderen Bruch entstanden.
Wie kann dieser Bruch heißen?
Erkläre das Rückgängigmachen des Erweiterns auch anhand der Unterteilung des Rechtecks.

Lösung

Zerlegt man die Fläche statt in 30 in nur *halb* so viele, also 15 gleich große Teile, so muss man statt 12 Teile auch nur *halb* so viele, also 6 gleich große Teile, grün färben (siehe Zeichnung (1)). Entsprechendes gilt für die Zeichnungen (2) und (3).

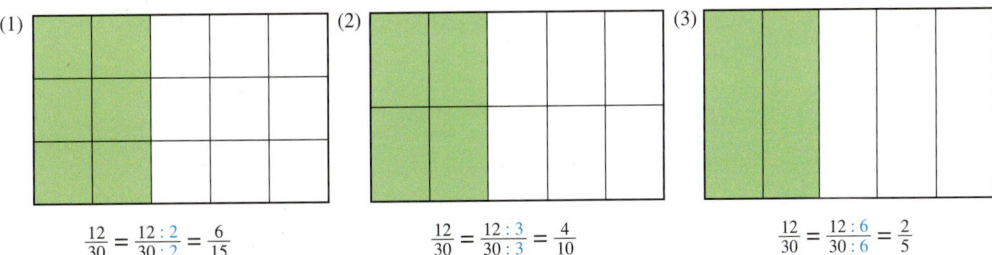

(1) $$\frac{12}{30} = \frac{12:2}{30:2} = \frac{6}{15}$$

(2) $$\frac{12}{30} = \frac{12:3}{30:3} = \frac{4}{10}$$

(3) $$\frac{12}{30} = \frac{12:6}{30:6} = \frac{2}{5}$$

Ergebnis: Der Bruch $\frac{12}{30}$ kann durch Erweitern aus den Brüchen $\frac{6}{15}$, $\frac{4}{10}$ oder $\frac{2}{5}$ entstanden sein. Die entsprechenden Erweiterungszahlen sind 2, 3 bzw. 6. Andere Möglichkeiten für Brüche, aus denen $\frac{12}{30}$ durch Erweitern entstanden sein könnte, gibt es nicht, da die Erweiterungszahlen 2, 3 und 6 die einzigen gemeinsamen Teiler des Zählers 12 und des Nenners 30 sind.

Information

Das Erweitern eines Bruches wird wieder rückgängig gemacht, indem man Zähler und auch Nenner durch dieselbe Zahl dividiert. Die Einteilung wird dabei wieder vergröbert.

Kürzen eines Bruches

Ein Bruch wird gekürzt, indem man zugleich seinen Zähler und seinen Nenner durch dieselbe (von 0 und 1 verschiedene) natürliche Zahl (Kürzungszahl) dividiert.
Der Wert eines Bruches ändert sich dabei nicht.

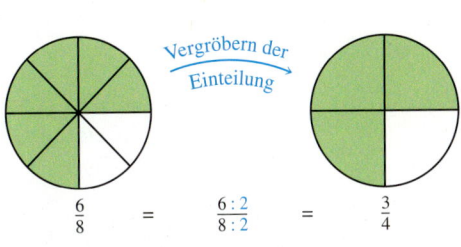

$$\frac{6}{8} = \frac{6:2}{8:2} = \frac{3}{4}$$

Beispiel:

$\frac{12}{30} = \frac{12:2}{30:2} = \frac{6}{15}$; $\frac{12}{30} = \frac{12:3}{30:3} = \frac{4}{10}$; $\frac{12}{30} = \frac{12:6}{30:6} = \frac{2}{5}$; also: $\frac{12}{30} = \frac{6}{15} = \frac{4}{10} = \frac{2}{5}$

Weiterführende Aufgaben

2. *Sprechweisen im Alltag*

Lies die Zeitungsnotiz. Gib den Anteil der Kinder, die sich nicht sportlich betätigen, als Bruch an.

Jedes fünfte Kind ist ein Bewegungsmuffel

Erfurt Bei einer schulärztlichen Untersuchung wurde festgestellt, dass jedes fünfte Kind sich in seiner Freizeit nicht sportlich betätigt.

 . . . . .

3. *Grunddarstellung eines Anteils*

   a) Kürze die Brüche so weit wie möglich: $\frac{24}{36}$; $\frac{75}{100}$; $\frac{42}{70}$.

   b) Erkläre: Brüche wie $\frac{4}{7}$, $\frac{11}{5}$, $\frac{8}{9}$ lassen sich nicht kürzen. Gib fünf weitere solche Brüche an.

Teiler einer Zahl

6 ist Teiler von 42, denn 42 ist ohne Rest durch 6 teilbar.

$42 : 6 = 7$

Einen Bruch kann man mit *jeder* natürlichen Zahl (außer 0 und 1) *erweitern*. Einen Bruch kann man *nur* mit den (von 1 verschiedenen) *gemeinsamen Teilern* von Zähler und Nenner *kürzen*.

Beispiel: $\frac{12}{8}$ kann mit 4 und mit 2 gekürzt werden.

Ein Bruch, dessen Zähler und Nenner außer 1 keinen gemeinsamen Teiler haben, heißt *Grunddarstellung* des betreffenden Anteils.

Übungsaufgaben

4. Von der Quadratfläche sind $\frac{8}{16}$ blau gefärbt. Vergröbere schrittweise die Einteilung. Gib jeweils die blau gefärbte Fläche durch einen entsprechenden Bruch an.

5. Kürze die Brüche $\frac{12}{30}$, $\frac{18}{24}$, $\frac{24}{6}$, $\frac{48}{60}$ und $\frac{108}{144}$

   a) mit 2;   **b)** mit 3;   **c)** mit 6.

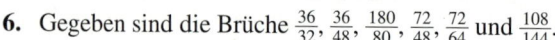

6. Gegeben sind die Brüche $\frac{36}{32}$, $\frac{36}{48}$, $\frac{180}{80}$, $\frac{72}{48}$, $\frac{72}{64}$ und $\frac{108}{144}$.

   a) Kürze jeden der Brüche mit der Kürzungszahl 4.

   b) Kürze jeden der Brüche so, dass du den Nenner 16 [den Zähler 9] erhältst.

7. Kürze; es gibt mehrere Möglichkeiten. Gib wie im Beispiel jeweils die Kürzungszahl an.

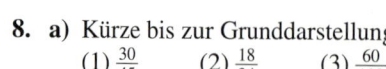
$$\frac{30}{48} = \frac{15}{24}; \quad \frac{30}{48} = \frac{10}{16}; \quad \frac{30}{48} = \frac{5}{8}$$

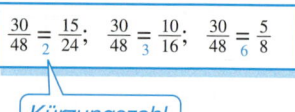
Kürzungszahl

   a) $\frac{30}{40}$ **c)** $\frac{18}{12}$ **e)** $\frac{34}{36}$ **g)** $\frac{40}{60}$ **i)** $\frac{80}{120}$

   b) $\frac{20}{16}$ **d)** $\frac{45}{30}$ **f)** $\frac{16}{40}$ **h)** $\frac{20}{10}$ **j)** $\frac{144}{60}$

8. a) Kürze bis zur Grunddarstellung.

    (1) $\frac{30}{45}$ (2) $\frac{18}{24}$ (3) $\frac{60}{100}$ (4) $\frac{150}{90}$ (5) $\frac{120}{24}$

   b) Mit welcher Kürzungszahl kommt man sofort zur Grunddarstellung? Vergleiche mit den Kürzungszahlen beim schrittweisen Kürzen. Was fällt auf? Beschreibe deine Beobachtungen.

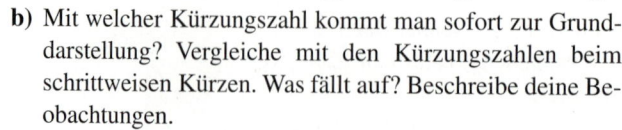
$$\frac{36}{60} = \frac{18}{30} = \frac{9}{15} = \frac{3}{5}$$
$$\frac{36}{60} = \frac{9}{15} = \frac{3}{5}$$
$$\frac{36}{60} = \frac{3}{5}$$

Lösungen zu a)

9. Finde vier Brüche mit dem Nenner 24, die sich nicht mehr kürzen lassen. Beschreibe dein Vorgehen.

10. Kontrolliere Lenas Hausaufgaben. Berichtige gegebenenfalls den zweiten Bruch.

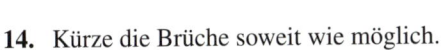

a) $\frac{36}{40} = \frac{9}{10}$ b) $\frac{63}{45} = \frac{7}{5}$ c) $\frac{49}{63} = \frac{7}{8}$ d) $\frac{48}{64} = \frac{3}{4}$ e) $\frac{165}{180} = \frac{11}{12}$ f) $\frac{78}{169} = \frac{6}{13}$

   $\frac{56}{32} = \frac{7}{4}$ $\frac{35}{65} = \frac{7}{13}$ $\frac{33}{77} = \frac{3}{7}$ $\frac{45}{33} = \frac{15}{11}$ $\frac{64}{400} = \frac{4}{25}$ $\frac{108}{144} = \frac{9}{11}$

11. Kürze jeweils: **a)** $\frac{14}{24}$; $\frac{15}{25}$; $\frac{16}{26}$ **b)** $\frac{21}{35}$; $\frac{27}{33}$; $\frac{33}{55}$ **c)** $\frac{32}{20}$; $\frac{27}{18}$; $\frac{36}{60}$ **d)** $\frac{84}{96}$; $\frac{60}{75}$; $\frac{78}{91}$

12. Kürze die Brüche.   **a)** $\frac{24}{16}$ **b)** $\frac{18}{24}$ **c)** $\frac{80}{32}$ **d)** $\frac{96}{72}$ **e)** $\frac{72}{12}$

Vergleiche anschließend mit deinem Nachbarn. Erläutert auch euer Vorgehen.

13. Milena und Jan haben begonnen, den Bruch $\frac{48}{72}$ schrittweise zu kürzen. Vervollständige beide Wege. Was stellst du fest?

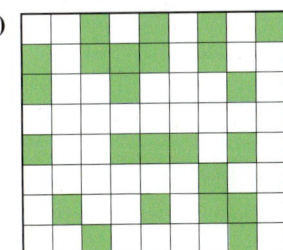

Milena: $\frac{48}{72} \overset{2}{=} \frac{24}{36} =$

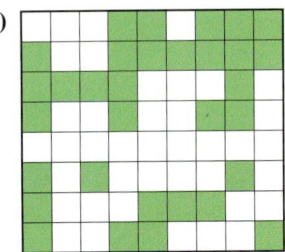

Jan: $\frac{48}{72} \overset{3}{=} \frac{16}{24} =$

14. Kürze die Brüche soweit wie möglich.

   a) $\frac{4}{10}$; $\frac{5}{11}$; $\frac{6}{12}$; $\frac{7}{13}$; $\frac{8}{14}$; $\frac{9}{15}$; $\frac{10}{16}$; $\frac{11}{17}$

   b) $\frac{16}{22}$; $\frac{17}{23}$; $\frac{18}{24}$; $\frac{19}{25}$; $\frac{20}{26}$; $\frac{21}{27}$; $\frac{22}{28}$; $\frac{23}{29}$

   c) $\frac{40}{2}$; $\frac{39}{3}$; $\frac{38}{4}$; $\frac{37}{5}$; $\frac{36}{6}$; $\frac{35}{7}$; $\frac{34}{8}$; $\frac{33}{9}$

   d) $\frac{32}{12}$; $\frac{33}{13}$; $\frac{34}{14}$; $\frac{35}{15}$; $\frac{36}{16}$; $\frac{37}{17}$; $\frac{38}{18}$; $\frac{39}{19}$

15. Welcher Anteil der Fläche ist farbig markiert? Schätze erst.

a)   b)   c)

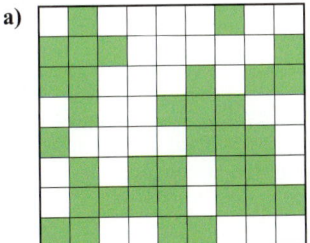

16. Bestimme den Anteil; gib ihn in der Grunddarstellung an.

   (1) 24 min von 60 min   (3) 18 h von 24 h   (5) 24 *l* von 36 *l*

   (2) 40 cm von 100 cm   (4) 625 g von 1 000 g   (6) 60 € von 80 €

17. In folgenden Ausschnitten aus einer Schülerzeitung ist von Anteilen die Rede. Gib sie an.

Großes Schulfest
Bei der Tombola ist jedes zehnte Los ein Gewinn. 20 der 144 Preise sind wertvolle CDs.

Raser vor der Schule
15 von 96 Fahrzeugen fahren schneller als 30 km pro Stunde. Besonders hoch war der Anteil der Lkws. Jeder zweite Lkw fuhr zu schnell.

Grippewelle am Goethegymnasium
In der Klasse 6a fehlten heute sogar 12 von 27 Schülern. In der Klasse 6b fehlte jeder vierte Schüler.

18. Julia behaupet: „Ich kann einen Bruch immer erweitern, aber nicht immer kürzen." Was meinst du dazu? Finde Beispiele und erkläre dabei auch, wie man erweitert und wie man kürzt.

19. Setze für □ im Heft die passende Zahl ein. Gib die Kürzungs- bzw. Erweiterungszahl an.

a) $\frac{12}{20} = \frac{\square}{5}$ **b)** $\frac{\square}{5} = \frac{15}{25}$ **c)** $\frac{3}{\square} = \frac{6}{8}$ **d)** $\frac{10}{12} = \frac{\square}{6}$ **e)** $\frac{72}{96} = \frac{6}{\square}$ **f)** $\frac{\square}{4} = \frac{90}{72}$

Spiel

20. Stellt euch ein *Domino-Spiel* wie dieses aus Pappe her. Die „Spielsteine" werden gemischt und an die Mitspieler verteilt. Ein Spieler legt einen Stein in die Mitte. Reihum darf jeder Spieler links und rechts Brüche mit gleichem Wert anlegen.

Wer keinen passenden Stein besitzt, setzt aus. Sieger ist, wer zuerst alle Steine anlegen konnte.

1.1.3 Angabe von Anteilen in Prozent

Einstieg

Die folgenden Angaben findest du häufig im Alltag. Erkläre sie. Finde weitere Beispiele.

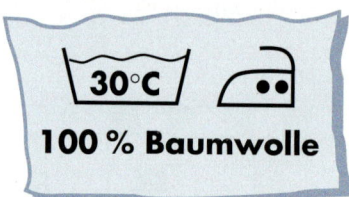

Aufgabe 1

Bei einer Schulsprecherwahl wurden 684 Stimmen abgegeben.

a) Vanessa erhielt 341 Stimmen. Hat Tim Recht?

b) Auf Lukas entfielen 25 % der Stimmen.
Wie viele Stimmen sind das?

Lösung

a) 50 % der Stimmen bedeutet dasselbe wie die Hälfte der Stimmen:
50 % von 684 Stimmen sind $\frac{1}{2}$ von 684 Stimmen, also 342 Stimmen.
Tim hat Recht.

b) 25 % sind die Hälfte von 50 %, also die Hälfte von $\frac{1}{2}$. Das sind $\frac{1}{4}$.
$\frac{1}{4}$ von 684 Stimmen sind 171 Stimmen.
Ergebnis: Auf Lukas entfielen 171 Stimmen.

Information

pro ⟨lat.⟩ für
centum ⟨lat.⟩
Hundert

Anteile werden auch in Prozent angegeben.

1 **Prozent** bedeutet 1 Hundertstel:
$1\ \% = \frac{1}{100}$

17 Prozent bedeutet 17 Hundertstel:
$17\ \% = \frac{17}{100}$

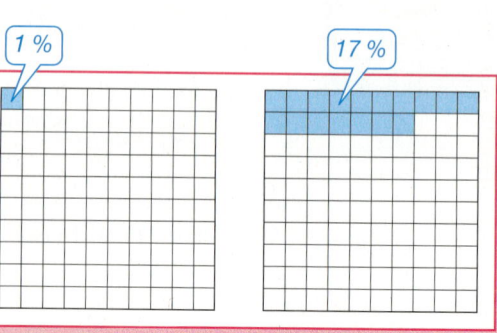

Übungsaufgaben

2. Gib den Anteil der grünen [gelben] Fläche an der gesamten Fläche in Prozent an.

a) 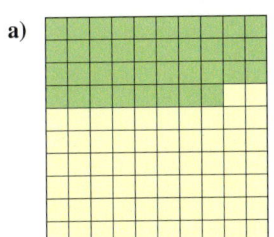 b) 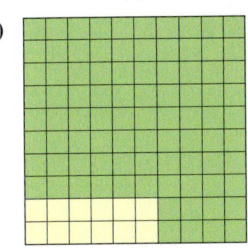 c)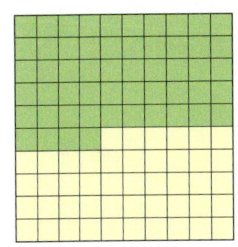

3. Zeichne ein geeignetes Rechteck. Färbe 20 % [26 %; 33 %; 60 %; 55 %; 80 %] der Fläche rot.

4. a) Schreibe als Hundertstelbruch: 2 %; 16 %; 28 %; 35 %; 54 %; 89 %; 100 %

b) Schreibe in Prozent: $\frac{7}{100}$; $\frac{22}{100}$; $\frac{34}{100}$; $\frac{76}{100}$; $\frac{82}{100}$; $\frac{94}{100}$

5. Tanja ist 14 Jahre alt, ihr jüngerer Bruder Julian 12 Jahre. Beide wollen mit dem Zug von Eisenach nach Leipzig zu ihren Groß-eltern fahren. Eine einfache Fahrt mit der Regionalbahn von Eisenach nach Leipzig kostet 28 €. Kinder von 6 bis 15 Jahren zahlen die Hälfte. Tanja und Julian haben eine Bahncard 50; Besitzer dieser Bahncard zahlen nur 50 %.
Stellt euch geeignete Aufgaben; löst sie.

6. Schreibe die Prozentangaben als vollständig gekürzte Brüche:
5 %; 15 %; 20 %; 25 %; 45 %; 66 %; 84 %; 100 %

$$40\ \% = \frac{40}{100} = \frac{2}{5}$$

7. Versuche, folgende Brüche in der Prozentschreibweise anzu-geben. Was stellst du fest? Erkläre.

$$\frac{7}{10} = \frac{70}{100} = 70\ \%$$

a) $\frac{1}{2}$; $\frac{2}{3}$; $\frac{1}{4}$; $\frac{3}{4}$; $\frac{1}{5}$; $\frac{2}{5}$; $\frac{3}{5}$; $\frac{4}{5}$; $\frac{5}{6}$ b) $\frac{1}{10}$; $\frac{3}{10}$; $\frac{1}{20}$; $\frac{11}{20}$; $\frac{1}{25}$; $\frac{8}{25}$; $\frac{3}{30}$; $\frac{5}{30}$

8. Wie viel Prozent sind

a) 20 € von 100 €; b) 43 € von 100 €; c) 84 € von 200 €; d) 7 kg von 20 kg?

9. Im Alltag werden Anteile oft mit Brüchen oder in Prozent angegeben. Schreibe die Sätze jeweils mit der anderen Angabe auf.

Eiscreme enthält 10 % Fett.

3 % der Deutschen leben in Thüringen.

$\frac{3}{10}$ der Schüler einer Schule kommen mit dem Bus zur Schule.

$\frac{3}{4}$ des Benzinpreises sind Steuern.

Beim Ausverkauf hat ein Geschäft alle Preise um die Hälfte gesenkt.

Das Fußballstadion war am letzten Spieltag nur zu $\frac{4}{5}$ besetzt.

20 % der Schüler einer Klasse kommen mit dem Bus.

33 % der Fläche von Thüringen ist mit Wald bedeckt.

10. Sucht Beispiele, wo im Alltag Angaben mit Prozent vorkommen. Was bedeuten sie? Gestaltet damit ein Plakat, das ihr im Klassenraum aushängt.

Auf den Punkt gebracht:
Arbeiten im Team

So wird gemeinsames Arbeiten effektiv!

Beim gemeinsamen Arbeiten in einer Gruppe muss darauf geachtet werden, dass sich jedes Gruppenmitglied gut beteiligen kann. Dies ist auch wichtig dafür, dass die Gruppe als Ganzes ein möglichst gutes Ergebnis erzielt. Dafür ist die ganze Gruppe und nicht nur ein Teil oder sogar nur ein Einzelner verantwortlich. Damit das alles reibungslos klappt, ist es sinnvoll, dass eine zusammen arbeitende Gruppe sich Regeln gibt. Unten seht ihr die Regeln, die zwei Gruppen aufgestellt haben.

● Was erscheint euch besonders wichtig? Was würdet ihr ergänzen? Setzt euch eigene Regeln für eure Gruppe.

> • Wir lassen den anderen ausreden.
> • Jeder ist für die Gruppe verantwortlich
> • und arbeitet engagiert mit.
> • Konflikte lösen wir leise und friedlich.
>
> • Wir hören gut zu.
> • Wir fassen uns kurz.
> • Wir äußern unsere Ideen und Vorschläge öfter.
> • Wir notieren ein Ergebnis schriftlich.

So gelingt das Vorstellen von Ergebnissen

Für das Vorstellen von Gruppenergebnissen in der Klasse gibt es einige wichtige Tipps:

● Plant gemeinsam, was ihr vorstellen wollt. Überlegt euch Hilfsmittel wie Plakate, Folien, Handzettel, …

● Teilt auf, wer was vorbereitet und wer was vorträgt.

● Spielt euren Vortrag einmal zur Probe durch, falls ihr Zeit dazu habt.

1.2 Mischungs- und Teilverhältnisse

Einstieg

Bei einem Auto soll die Kühlflüssigkeit erneuert werden. Der Kühlkreislauf fasst 6 *l*.
Stellt einander geeignete Fragen und beantwortet sie.

Aufgabe 1

Mischungsverhältnis

Zum Kochen von Konfitüre mit einer besonderen Sorte Gelierzucker sind Früchte und Gelierzucker im Verhältnis 3 : 2 (gelesen: *3 zu 2*) zu mischen. Das bedeutet: Für 3 Teile Früchte sind 2 Teile Gelierzucker zu verwenden.

a) Für wie viel Früchte reicht eine 500 g-Packung Gelierzucker?

b) Gib andere Früchte- und Gelierzuckermengen an, die zusammen gehören. Vergleiche jeweils die Früchtemenge mit der Gelierzuckermenge.

c) Welchen Fruchtanteil hat die fertige Konfitüre?

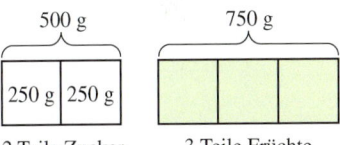

Lösung

a) 500 g Gelierzucker sind 2 Teile, also wiegt 1 Teil 250 g. Für die Herstellung der Konfitüre braucht man 3 solcher Teile, also 3 · 250 g = 750 g.
Ergebnis: Die Packung reicht für 750 g Früchte.

500 g

| 250 g | 250 g |

2 Teile Zucker

750 g

3 Teile Früchte

b) In Teilaufgabe a) haben wir die Fruchtmenge aus der Gelierzuckermenge wie folgt berechnet: 500 g : 2 · 3, also $\frac{3}{2}$ von 500 g. Das gilt auch für andere Gewichtsmengen als 500 g. Die Fruchtmenge muss also jeweils anderthalb mal so groß sein wie die Gelierzuckermenge, zum Beispiel:

Menge an Gelierzucker (in g)	100	200	300	400
Menge an Früchten (in g)	150	300	450	600

c) Mit 200 g Gelierzucker und 300 g Früchten erhält man 500 g Konfitüre.
Also beträgt der Fruchtanteil $\frac{300}{500} = \frac{3}{5}$.
Dieses Ergebnis kannst du auch sofort dem Mischungsverhältnis 3 : 2 entnehmen. Aus 3 Teilen Früchte und 2 Teilen Gelierzucker erhält man 5 Teile Konfitüre. Also beträgt der Fruchtanteil:

$$\frac{3 \text{ Teile}}{5 \text{ Teile}} = \frac{3}{5}$$

Konfitüre

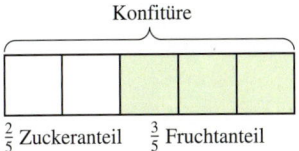

$\frac{2}{5}$ Zuckeranteil $\frac{3}{5}$ Fruchtanteil

Information

Mit der Angabe 3 : 2 wurde die Fruchtmenge mit der Gelierzuckermenge verglichen, die man benötigt. Da die Fruchtmenge immer anderthalb mal so groß ist wie die Gelierzuckermenge, hat der Quotient aus beiden stets denselben Wert: $\dfrac{\text{Fruchtmenge}}{\text{Gelierzuckermenge}} = \dfrac{3}{2}$

> Zum Vergleichen zweier gleichartiger Größen a und b kann man den Quotienten a : b bilden.
> In dieser Form liest man den Quotienten als *a zu b* und bezeichnet ihn als **Verhältnis**.
> Man kann das Verhältnis a : b auch in Form des Bruches $\dfrac{a}{b}$ angeben.

Beispiel: Bei einem anderen Gelierzucker ist das Verhältnis von Fruchtmenge zu Zuckermenge 2 : 1, d.h. die Fruchtmenge ist stets doppelt so groß wie die dafür benötigte Gelierzuckermenge.

Aufgabe 2

Teilverhältnis

Lies das Testament rechts. Wie ist ein Guthaben von 10 000 € aufzuteilen?
Welchen Anteil erhält jeder der beiden Erben?

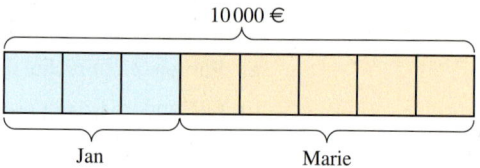

Mein letzter Wille
Mein Vermögen soll im Verhältnis 3:5 zwischen meinem Neffen Jan und meiner Tochter Marie aufgeteilt werden.

Lösung

Neffe Jan erhält 3, Tochter Marie 5 Teile. Das Vermögen muss folglich in 3 + 5, also 8 gleiche Teile aufgeteilt werden. Jeder dieser Teile beträgt dann 10 000 € : 8, also 1 250 €.
Jan erhält dann 3 · 1 250 €, also 3 750 €.
Marie erhält 5 · 1 250 €, also 6 250 €.
Jans Anteil ist 3 von 8 Teilen, also $\dfrac{3}{8}$. Maries dementsprechend 5 von 8 Teilen, also $\dfrac{5}{8}$.

10 000 €

Jan   Marie

Information

> Beim Zusammenfügen und Aufteilen können zwei Teile eines Ganzen mithilfe eines Verhältnisses verglichen werden, z.B.: Verhältnis 2 : 5, gelesen: *2 zu 5*.
>
>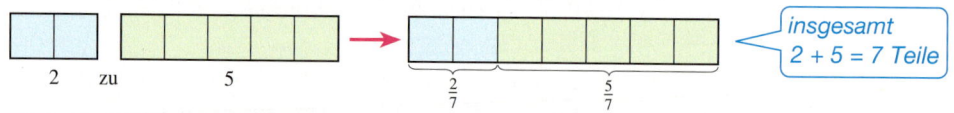
>
> 2   zu   5
>
> $\dfrac{2}{7}$ $\dfrac{5}{7}$
>
> *insgesamt 2 + 5 = 7 Teile*

Übungsaufgaben

3. Aus einem Testament: „Mein Vermögen soll im Verhältnis 7 : 3 zwischen Frau Carolin Stamp und Herrn Manuel Heine aufgeteilt werden."
   Wie ist ein Guthaben von 20 000 € aufzuteilen? Welchen Anteil erhält jeder?

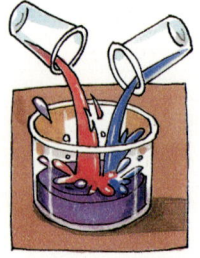

4. Violette Farbtöne können aus blauer und roter Farbe gemischt werden; je nach Mischungsverhältnis ergibt sich ein anderer Farbton.

Farbton					
Mischungsverhältnis blau : rot	1 : 1	1 : 2	2 : 1	2 : 3	3 : 5

   a) Gib jeweils an, welchen Anteil die blaue Farbe an der Mischung hat.

   b) Bestimme, wie viel blaue Farbe man benötigt, um 240 ml eines Farbtons herzustellen.

5. Aus Fruchtsaftsirup kann durch Verdünnen mit Wasser gebrauchsfertiger Fruchtsaft hergestellt werden.

   a) In welchem Verhältnis müssen Wasser und Multivitaminsirup gemischt werden?

   b) Wie viel von den einzelnen Zutaten benötigt man für (1) 200 ml, (2) 4 *l*, (3) 1,6 *l* Multivitaminsaft?

   c) Anne will bei ihrer Geburtstagsfeier ein Fruchtgetränk durch Mischen von Sodawasser und Himbeersirup herstellen. Stelle geeignete Fragen und beantworte sie.

MultivitaminSirup

1 Flasche ergibt 8 Flaschen fertigen Saft!

Himbeersirup

500 ml Mische Sirup / Soda 1 : 5

6. Herr Meyer und Frau Schulz tragen einen Streit vor Gericht aus. Die Kosten für den Prozess betragen 525 €. Sie sollen von beiden im Verhältnis 3 : 4 getragen werden. Wie viel zahlt jeder?

Mischungsverhältnis
1 : 50 bedeutet:
1 *l* Öl auf 50 *l* Benzin.

7. Für Zweitakt-Motoren benötigt man ein Öl-Benzin-Gemisch im Verhältnis 1 : 50.

   a) Ein Tankwart möchte mit 500 ml Öl dieses Gemisch herstellen. Wie viel Benzin benötigt er?

   b) Marc hat 7,8 *l* Zweitakt-Gemisch getankt. Wie viel Benzin ist darin enthalten?

   c) Wie groß ist der Anteil des Öls am Kraftstoffgemisch?

8. Die Flüssigkeit für die Scheibenwaschanlage eines Pkw besteht bei einer Frostsicherheit bis −27° aus 2 Teilen Frostschutzmittel und 3 Teilen Wasser. Die Scheibenwaschanlage fasst 2,5 *l*. Wie viel *l* Frostschutzmittel und wie viel *l* Wasser braucht man?

9. Ein Manager behauptet: „Drei Fünftel meiner Arbeitszeit bin ich unterwegs."
Schreibe zu dieser Angabe ein Verhältnis.

10. Beschreibe Veränderungen bei folgenden Mischungsverhältnissen von Apfelsaft und Wasser.
   (1) 1 : 2,   (2) 1 : 3,   (3) 2 : 3,   (4) 2 : 1.

11. In der Klasse 6a des Erich-Kästner-Gymnasiums sind 28 Schüler(innen). Das Verhältnis Mädchen zu Jungen beträgt 4 : 3. Stelle selbst Aufgaben und beantworte sie.

12.

Durch Anzupfen einer Saite kann man einen Ton erzeugen. Verkürzt man die Saite (z.B. durch Fingerdruck), so erhält man einen höheren Ton. Grundton und höhere Töne bilden zusammen ein Tonintervall. Bestimmte Tonintervalle haben eigene Namen: Sekunde (10 : 9), Terz (5 : 4), Quarte (4 : 3), Quinte (3 : 2), Sexte (5 : 3), Septime (15 : 8), Oktave (2 : 1) usw. In Klammern steht jeweils das Längenverhältnis der langen zur verkürzten Saite.

   a) Gib den Text mit eigenen Worten wieder.

   b) Eine Saite ist 60 cm lang. Wie lang muss jeweils die verkürzte Saite sein, damit man die einzelnen Intervalle erhält?

   c) Die verkürzte Saite ist 36 cm lang. Wie lang muss die längere Saite sein, damit man die angegebenen Intervalle erhält?

1.3 Zahlenstrahl – Gebrochene Zahlen

Einstieg

Auf dem Messbecher rechts siehst du eine Skala mit Brüchen. Zeichne selber eine Skala in dein Heft, auf der man Achtel, Viertel und Halbe ablesen kann.

Aufgabe 1

Rechts siehst du einen Zahlenstrahl für natürliche Zahlen. Zeichne den Abschnitt von 0 bis 3 vergrößert; wähle dazu 12 Kästchen für die (Einheits-)Strecke von 0 bis 1.

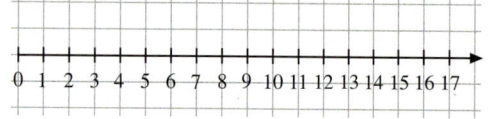

Trage vom Anfangspunkt 0 aus ab:

(1) $\frac{1}{2}$; $\frac{2}{2}$; $\frac{3}{2}$; $\frac{4}{2}$; $\frac{5}{2}$ (2) $\frac{1}{4}$; $\frac{2}{4}$; $\frac{3}{4}$; $\frac{4}{4}$; $\frac{5}{4}$; ...; $\frac{9}{4}$; $\frac{10}{4}$ (3) $\frac{1}{8}$; $\frac{2}{8}$; $\frac{3}{8}$; $\frac{4}{8}$; ...; $\frac{19}{8}$; $\frac{20}{8}$

Lösung

Zunächst unterteilst du die (Einheits-)Strecke von 0 bis 1 in 2 gleich lange Teile. Dann setzt du 1, 2, 3, 4, bzw. 5 solcher Teilstrecken aneinander; diese trägst du von 0 aus ab. Entsprechend verfährst du mit den Vierteln und Achteln.

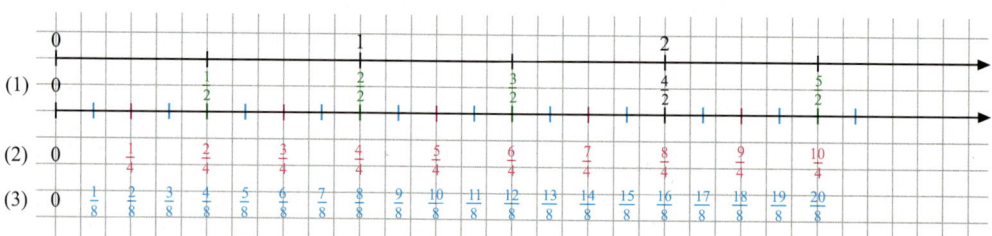

Weiterführende Aufgabe

2. *Abtragen auf dem Zahlenstrahl auch bei gemischter Schreibweise*

Trage auf dem Zahlenstrahl ab.   **a)** $\frac{1}{3}$; $\frac{2}{3}$; $\frac{3}{3}$; $\frac{4}{3}$; $2\frac{1}{3}$ **b)** $\frac{1}{6}$; $\frac{2}{6}$; $\frac{3}{6}$; $\frac{4}{6}$; $\frac{5}{6}$; $1\frac{5}{6}$; $2\frac{1}{6}$

Information

Ebenso wie die natürlichen Zahlen 0, 1, 2, 3, ... kann man auch gemeine Brüche wie $\frac{1}{2}$; $\frac{3}{4}$; $\frac{5}{8}$; $\frac{4}{3}$ durch einen Punkt auf dem Zahlenstrahl festlegen. Wir nennen daher $\frac{1}{2}$; $\frac{3}{4}$; $\frac{5}{8}$; $\frac{4}{3}$; $1\frac{5}{6}$; $2\frac{2}{5}$; $\frac{0}{12}$; ... **gebrochene Zahlen.**

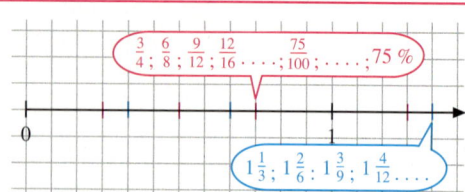

Zu einer gebrochenen Zahl (einem Punkt des Zahlenstrahls) gehören verschiedene gemeine Brüche.

Beispiel: $\frac{3}{4}$; $\frac{6}{8}$; $\frac{9}{12}$; $\frac{12}{16}$ gehören zu *demselben* Punkt: $\frac{3}{4} = \frac{6}{8} = \frac{9}{12} = \frac{12}{16}$

Wir sagen: $\frac{3}{4}$; $\frac{6}{8}$; $\frac{9}{12}$ und $\frac{12}{16}$ sind *verschiedene Namen für dieselbe gebrochene Zahl,*

oder auch: *die verschiedenen Brüche* $\frac{3}{4}$; $\frac{6}{8}$; $\frac{9}{12}$ und $\frac{12}{16}$ haben denselben Wert.

Beachte: Die natürlichen Zahlen sind besondere gebrochene Zahlen, da man sie als Bruch schreiben kann (z. B. $2 = \frac{2}{1} = \frac{8}{4} = \ldots$).

Übungsaufgaben

3. Zeichne einen Zahlenstrahl; wähle 10 Kästchen für die Strecke von 0 bis 1.
Trage die Punkte ein für:

a) $\frac{1}{5}$; $\frac{2}{5}$; $\frac{3}{5}$; $\frac{4}{5}$; $\frac{5}{5}$; $\frac{6}{5}$; $1\frac{4}{5}$; $2\frac{2}{5}$ 　　　　　　**b)** $\frac{1}{10}$; $\frac{2}{10}$; $\frac{3}{10}$; $\frac{7}{10}$; $1\frac{5}{10}$; $2\frac{3}{10}$; $\frac{0}{10}$

4. Zeichne einen Zahlenstrahl; wähle für die Strecke von 0 bis 1 die in Klammern angegebene Länge. Trage die Punkte ein für:

a) $\frac{3}{2}$; $\frac{3}{4}$; $\frac{2}{3}$; $1\frac{2}{3}$; $2\frac{1}{6}$　　　　(6 cm)　　　　**c)** $\frac{7}{5}$; $\frac{9}{10}$; $1\frac{7}{10}$; $2\frac{1}{5}$; $2\frac{1}{10}$; $2\frac{1}{4}$; $\frac{21}{10}$　(5 cm)

b) $\frac{5}{4}$; $\frac{7}{8}$; $\frac{19}{8}$; $2\frac{7}{8}$; $2\frac{11}{16}$; $3\frac{1}{16}$　(4 cm)　　　**d)** $\frac{5}{12}$; $\frac{2}{3}$; $\frac{7}{6}$; $\frac{3}{4}$; $\frac{7}{12}$; $\frac{4}{6}$; $\frac{11}{24}$　　(12 cm)

5. Auch im Alltag findet ihr Skalen mit gebrochenen Zahlen (siehe Bild links). Was fällt euch auf? Findet ihr weitere Beispiele?

6. Notiere zu den angegebenen Punkten des Zahlenstrahls die gebrochenen Zahlen.

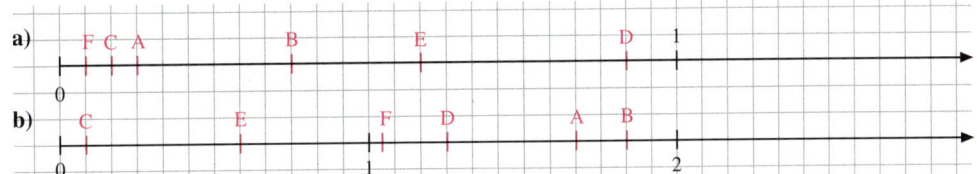

7. a) Gib zu den markierten Punkten des Zahlenstrahls die entsprechenden gebrochenen Zahlen an.

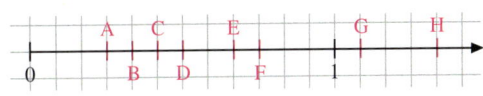

b) Trage die Punkte ein für die gebrochene Zahlen $\frac{1}{6}$; $\frac{5}{6}$; $\frac{11}{12}$; $\frac{1}{8}$ und $2\frac{1}{12}$.

c) Gib für jeden der Punkte von Teilaufgabe a) noch zwei weitere Brüche an.

8. Zeichne einen Zahlenstrahl. Trage einige Punkte ein und lasse deinen Nachbarn zugehörige Brüche angeben.

9. Zum Punkt P in Abbildung (1) gehört die gebrochene Zahl $\frac{2}{3}$.

a) Lies aus den Abbildungen (2) und (3) andere Brüche ab, die auch zum Punkt P gehören.

b) Denke dir den Zahlenstrahl noch weiter unterteilt. Welche Brüche gehören dann z. B. auch zum Punkt P?

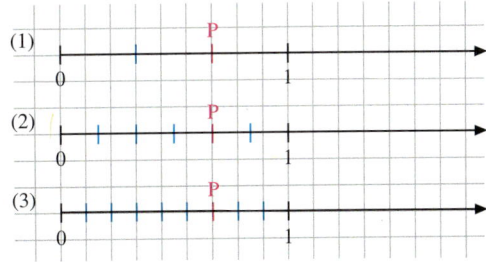

10. Zu welchen der Brüche $\frac{1}{4}$; $\frac{10}{6}$; $\frac{8}{12}$; $\frac{4}{3}$; $\frac{2}{3}$; $\frac{2}{8}$; $\frac{15}{12}$; $\frac{5}{3}$; $\frac{9}{12}$; $\frac{4}{6}$; $\frac{3}{12}$ gehört derselbe Punkt des Zahlenstrahls?

11. Welche der folgenden Brüche können einfacher als natürliche Zahlen geschrieben werden?
$\frac{12}{6}$; $\frac{4}{8}$; $\frac{0}{10}$; $\frac{13}{1}$; $\frac{14}{2}$; $\frac{15}{3}$; $\frac{16}{4}$; $\frac{17}{5}$; $\frac{18}{6}$; $\frac{19}{7}$

12. Mit welchem Bruch kannst du den Punkt angeben, der genau in der Mitte liegt von:

a) 4 und 5　　　**c)** $3\frac{1}{2}$ und 4　　　**e)** $3\frac{2}{9}$ und $4\frac{5}{9}$　　　**g)** $\frac{8}{7}$ und $\frac{10}{7}$　　　**i)** $2\frac{1}{2}$ und $2\frac{1}{4}$

b) $2\frac{1}{2}$ und 3　　　**d)** $3\frac{1}{2}$ und $4\frac{1}{2}$　　　**f)** $3\frac{2}{9}$ und $4\frac{1}{9}$　　　**h)** $\frac{2}{5}$ und $\frac{3}{5}$　　　**j)** $2\frac{1}{2}$ und $2\frac{1}{3}$

1.4 Vergleichen und Ordnen von gemeinen Brüchen

Einstieg

Drei Geschwister gewinnen im Lotto. Tanja erhält $\frac{3}{10}$ des Gesamtgewinns G, Tim erhält $\frac{1}{4}$ von G, Anne erhält $\frac{9}{20}$ von G. Wer erhält am meisten, wer am wenigsten? Erläutere.

Aufgabe 1

Zu Annes Geburtstag gibt es Torten.

a) Von der Himbeertorte bleiben $\frac{7}{12}$ übrig, von der Ananastorte $\frac{5}{12}$.
Von welcher Torte bleibt weniger übrig?

b) Von der Himbeertorte bleiben $\frac{7}{12}$ übrig, von der Kiwitorte $\frac{2}{3}$.
Von welcher Torte bleibt weniger übrig?

Lösung

a) Der gleiche Nenner 12 der beiden Brüche zeigt: Himbeertorte und Ananastorte sind beide in 12 gleich große Stücke, also Zwölftel, aufgeteilt.
Die Zähler zeigen uns: Von der Himbeertorte sind 7 Teilstücke übrig, von der Ananastorte nur 5 Teilstücke, also weniger, übrig.
Also: $\frac{5}{12} < \frac{7}{12}$ (5 Zwölftel < 7 Zwölftel)
Ergebnis: Von der Ananastorte bleibt weniger übrig.

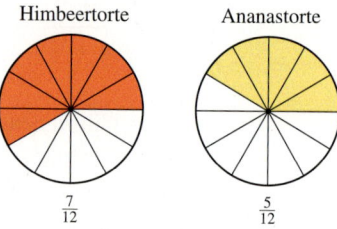

Himbeertorte   Ananastorte

$\frac{7}{12}$ $\frac{5}{12}$

b) Hier lassen sich die beiden Brüche nicht so einfach vergleichen. Wir können aber die Einteilung der Kiwitorte so verfeinern, dass auch hier jedes Teilstück $\frac{1}{12}$ der Torte ist. Das bedeutet, wir erweitern den Bruch $\frac{2}{3}$ mit 4 und erhalten $\frac{2}{3} = \frac{8}{12}$.
Wir erkennen: $\frac{7}{12} < \frac{8}{12}$. ⟶ *Hauptnenner 12*
Ergebnis: Von der Himbeertorte bleibt weniger übrig.

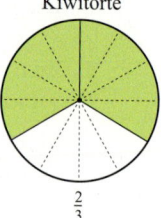

Kiwitorte

$\frac{2}{3}$

Information

> ***Kleiner* bei Brüchen**
>
> Brüche lassen sich vergleichen und der Größe nach ordnen.
> Wenn die Nenner von Brüchen *gleich* sind, lassen sich die Brüche leicht ordnen.
> Man braucht dann nur die Zähler zu vergleichen.
> *Beispiel:* $\frac{5}{12} < \frac{7}{12}$, denn 5 < 7
>
> Wenn die Nenner der Brüche *verschieden* sind, kann man durch Erweitern zu Brüchen mit *gleichem Nenner* (zu gleichnamigen Brüchen) übergehen.
> *Beispiel:* $\frac{3}{4} < \frac{5}{6}$ da $\frac{9}{12} < \frac{10}{12}$ oder $\frac{18}{24} < \frac{20}{24}$
> Der kleinste gemeinsame Nenner heißt auch **Hauptnenner.**

Weiterführende Aufgaben

2. *Vergleich von Brüchen am Zahlenstrahl*

Markiere die Brüche auf dem Zahlenstrahl und ordne sie nach der Größe: $\frac{5}{8}$; $\frac{7}{8}$; $\frac{3}{8}$; $\frac{11}{8}$; $\frac{15}{8}$.

3. *Dichtheit der Lage von gebrochenen Zahlen*

Erweitere die Brüche $\frac{8}{10}$ und $\frac{9}{10}$ so, dass du zwischen $\frac{8}{10}$ und $\frac{9}{10}$ mindestens einen Bruch [mindestens 9 Brüche; mindestens 1 000 Brüche] leicht angeben kannst.

Information

(1) *Kleiner* und *größer* am Zahlenstrahl

Brüche lassen sich auch am Zahlenstrahl vergleichen.

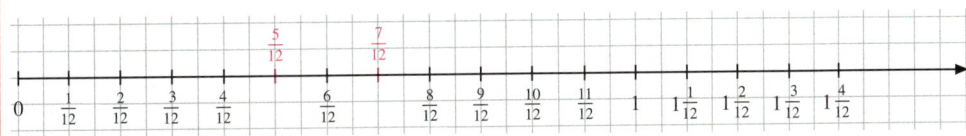

Auf dem Zahlenstrahl liegt der Punkt für den *kleineren* Bruch *links* von dem für den *größeren* Bruch: $\frac{5}{12}$ liegt links von $\frac{7}{12}$, also $\frac{5}{12} < \frac{7}{12}$; $\frac{7}{12}$ liegt rechts von $\frac{5}{12}$, also $\frac{7}{12} > \frac{5}{12}$.

(2) Dichtliegen von gebrochenen Zahlen auf dem Zahlenstrahl

Zwischen zwei natürlichen Zahlen liegt *nicht immer* eine natürliche Zahl, z. B. zwischen 8 und 9. Die Lösung der Aufgabe 3 zeigt uns:

Zwischen zwei verschiedenen gebrochenen Zahlen findet man *immer* beliebig viele weitere gebrochene Zahlen.

Man sagt: Gebrochene Zahlen liegen auf dem Zahlenstrahl *dicht*.

Übungsaufgaben

4. Betrachte die Zutaten zur Herstellung von Eisschokolade rechts im Rezept.

Wovon muss man am meisten nehmen, wovon am wenigsten?

5. Zeichne ein Rechteck mit den Seitenlängen 12 und 10 Karolängen.

Schraffiere von der Fläche folgende Anteile in Rot bzw. Blau:

a) $\frac{4}{5}$ und $\frac{2}{3}$, **b)** $\frac{5}{6}$ und $\frac{4}{5}$, **c)** $\frac{3}{4}$ und $\frac{7}{10}$.

Welches farbige Gebiet ist größer?

6. Welche Zeitspanne ist länger? Betrachte dazu ein Zifferblatt.

a) $\frac{3}{4}$ h oder $\frac{7}{12}$ h **b)** $\frac{5}{6}$ h oder $\frac{9}{10}$ h **c)** $\frac{9}{10}$ h oder $\frac{11}{12}$ h

7. Vergleiche durch Erweitern. Überprüfe dein Ergebnis durch Umwandeln der Größen in eine kleinere Einheit.

a) $\frac{5}{8}$ kg und $\frac{11}{10}$ kg **b)** $\frac{7}{20}$ h und $\frac{5}{12}$ h **c)** $\frac{3}{4}$ m; $\frac{2}{5}$ m und $\frac{6}{25}$ m **d)** $\frac{3}{10}$ h; $\frac{1}{6}$ h und $\frac{5}{12}$ h

8. Vergleiche: **a)** $\frac{7}{10}$ m und $\frac{3}{5}$ m **b)** $\frac{4}{5}$ m und $\frac{9}{10}$ m **c)** $\frac{7}{10}$ m und $\frac{3}{4}$ m **d)** $\frac{3}{4}$ m und $\frac{9}{10}$ m

9. Setze im Heft das passende Zeichen < bzw. > ein.

a) $\dfrac{3}{5}\ \square\ \dfrac{2}{5}$; $\dfrac{3}{7}\ \square\ \dfrac{5}{7}$; $\dfrac{11}{8}\ \square\ \dfrac{9}{8}$; $\dfrac{15}{4}\ \square\ \dfrac{17}{4}$ c) $\dfrac{5}{8}\ \square\ \dfrac{7}{8}$; $\dfrac{3}{8}\ \square\ \dfrac{9}{8}$; $\dfrac{9}{11}\ \square\ \dfrac{7}{11}$; $\dfrac{11}{12}\ \square\ \dfrac{5}{12}$

b) $\dfrac{3}{4}\ \square\ \dfrac{1}{4}$; $\dfrac{3}{5}\ \square\ \dfrac{7}{5}$; $\dfrac{3}{7}\ \square\ \dfrac{5}{7}$; $\dfrac{14}{3}\ \square\ \dfrac{11}{3}$ d) $3\dfrac{1}{2}\ \square\ 2\dfrac{7}{10}$; $5\dfrac{3}{8}\ \square\ 5\dfrac{7}{8}$; $7\dfrac{5}{6}\ \square\ 7\dfrac{1}{6}$

10. Ordne nach der Größe; beginne mit der kleinsten Zahl [größten Zahl].

a) $\dfrac{12}{5}$; $\dfrac{17}{5}$; $\dfrac{3}{5}$; $\dfrac{6}{5}$ b) $\dfrac{11}{6}$; $\dfrac{1}{6}$; $\dfrac{21}{6}$; $\dfrac{5}{6}$ c) $2\dfrac{9}{10}$; $2\dfrac{3}{10}$; $2\dfrac{7}{10}$; $2\dfrac{1}{10}$

11. a) Von einer Kirschtorte bleiben $\dfrac{7}{8}$ übrig. Vergleiche mit der Himbeertorte, von der $\dfrac{7}{12}$ übrig bleiben. Von welcher der beiden Torten bleibt weniger übrig?

     Kirschtorte   Himbeertorte

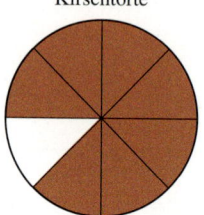 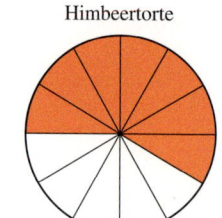

b) Ordne nach der Größe.

(1) $\dfrac{1}{3}$; $\dfrac{1}{5}$; $\dfrac{1}{9}$; $\dfrac{1}{4}$ (2) $\dfrac{7}{8}$; $\dfrac{7}{5}$; $\dfrac{7}{10}$

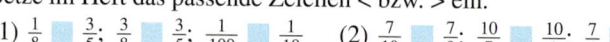

12. Setze im Heft das passende Zeichen < bzw. > ein.

(1) $\dfrac{1}{8}\ \square\ \dfrac{3}{5}$; $\dfrac{3}{8}\ \square\ \dfrac{3}{5}$; $\dfrac{1}{100}\ \square\ \dfrac{1}{10}$ (2) $\dfrac{7}{10}\ \square\ \dfrac{7}{9}$; $\dfrac{10}{7}\ \square\ \dfrac{10}{9}$; $\dfrac{7}{4}\ \square\ \dfrac{7}{8}$ (3) $3\dfrac{4}{5}\ \square\ 1\dfrac{5}{6}$; $4\dfrac{2}{3}\ \square\ 4\dfrac{4}{5}$

13. Setze im Heft das passende Zeichen <, > bzw. = ein; mache zunächst gleichnamig.

a) $\dfrac{3}{5}\ \square\ \dfrac{8}{15}$ b) $\dfrac{7}{10}\ \square\ \dfrac{11}{20}$ c) $\dfrac{3}{4}\ \square\ \dfrac{5}{6}$ d) $\dfrac{27}{50}\ \square\ \dfrac{11}{20}$

$\dfrac{1}{24}\ \square\ \dfrac{5}{8}$ $\dfrac{10}{15}\ \square\ \dfrac{2}{3}$ $\dfrac{7}{10}\ \square\ \dfrac{11}{15}$ $\dfrac{7}{15}\ \square\ \dfrac{9}{20}$

$\dfrac{2}{3}\ \square\ \dfrac{4}{7}$ $\dfrac{5}{6}\ \square\ \dfrac{7}{10}$ $\dfrac{7}{12}\ \square\ \dfrac{5}{8}$ $\dfrac{7}{20}\ \square\ \dfrac{5}{8}$

$\dfrac{9}{11}\ \square\ \dfrac{5}{6}$ $\dfrac{11}{6}\ \square\ \dfrac{7}{4}$ $\dfrac{9}{12}\ \square\ \dfrac{15}{20}$ $\dfrac{11}{6}\ \square\ \dfrac{21}{8}$

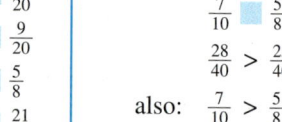

$$\dfrac{7}{10}\ \square\ \dfrac{5}{8}$$
$$\dfrac{28}{40}\ >\ \dfrac{25}{40}$$
$$\text{also:}\quad \dfrac{7}{10}\ >\ \dfrac{5}{8}$$

14. Setze im Heft das Zeichen <, > bzw. = ein.

a) $\dfrac{3}{4}\ \square\ \dfrac{5}{8}$ b) $\dfrac{4}{10}\ \square\ \dfrac{2}{5}$ c) $\dfrac{2}{3}\ \square\ \dfrac{3}{5}$ d) $\dfrac{3}{4}\ \square\ \dfrac{2}{5}$ e) $\dfrac{11}{6}\ \square\ \dfrac{13}{8}$ f) $75\%\ \square\ \dfrac{3}{5}$

$\dfrac{2}{3}\ \square\ \dfrac{5}{6}$ $\dfrac{5}{6}\ \square\ \dfrac{11}{12}$ $\dfrac{6}{5}\ \square\ \dfrac{8}{7}$ $\dfrac{4}{5}\ \square\ \dfrac{5}{6}$ $\dfrac{7}{10}\ \square\ \dfrac{11}{12}$ $\dfrac{40}{99}\ \square\ 40\%$

15. Ordne die Brüche.

a) $\dfrac{7}{12}$; $\dfrac{5}{6}$; $\dfrac{3}{4}$ c) $\dfrac{7}{8}$; $\dfrac{3}{4}$; $\dfrac{5}{6}$ e) $\dfrac{5}{9}$; $\dfrac{7}{12}$; $\dfrac{8}{15}$

b) $\dfrac{13}{20}$; $\dfrac{4}{5}$; $\dfrac{7}{10}$ d) $\dfrac{3}{10}$; $\dfrac{7}{15}$; $\dfrac{5}{12}$ f) $\dfrac{6}{7}$; $\dfrac{13}{14}$; $\dfrac{2}{3}$

$$\dfrac{5}{3}=\dfrac{30}{18} \qquad \dfrac{26}{18}<\dfrac{30}{18}<\dfrac{33}{18}$$
$$\dfrac{11}{6}=\dfrac{33}{18}$$
$$\dfrac{13}{9}=\dfrac{26}{18} \qquad \dfrac{13}{9}<\dfrac{5}{3}<\dfrac{11}{6}$$

16. Auf welcher der beiden Obstschalen ist der Anteil der Kiwi größer? Erkläre.

17. Tim und Maria wollen die Brüche $\dfrac{20}{7}$ und $\dfrac{53}{13}$ nach der Größe ordnen. Vervollständige ihre Lösungswege und vergleiche sie.

18. Ordne nach der Größe. Verwandle zunächst in die gemischte Schreibweise.

a) 4 und $\dfrac{17}{4}$ c) $\dfrac{9}{2}$ und $\dfrac{7}{5}$ e) $\dfrac{52}{5}$, $\dfrac{45}{4}$ und $\dfrac{68}{7}$

b) $\dfrac{19}{3}$ und $\dfrac{23}{5}$ d) $\dfrac{51}{8}$ und $\dfrac{52}{9}$ f) $\dfrac{62}{7}$, $\dfrac{89}{10}$ und $\dfrac{71}{8}$

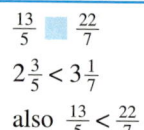

$$\dfrac{13}{5}\ \square\ \dfrac{22}{7}$$
$$2\dfrac{3}{5}<3\dfrac{1}{7}$$
$$\text{also}\ \ \dfrac{13}{5}<\dfrac{22}{7}$$

19. Zum Vergleichen von zwei Brüchen kann man verschieden vorgehen. Schreibe eine Zusammenfassung mit mehreren Möglichkeiten.

20. Ordne nach der Größe.

a) $\frac{7}{10}; \frac{9}{10}; \frac{7}{12}$ **b)** $\frac{11}{15}; \frac{11}{20}; \frac{9}{20}$ **c)** $\frac{3}{20}; \frac{7}{16}; \frac{9}{16}; \frac{7}{20}$ **d)** $\frac{9}{5}; \frac{5}{8}; \frac{11}{5}; \frac{9}{8}$

21. Ordne. Überlege zunächst, ob du das Ergebnis unmittelbar erkennen kannst.

a) $\frac{1}{3}; \frac{1}{4}; \frac{1}{5}$ **c)** $\frac{2}{3}; \frac{3}{4}; \frac{4}{5}$ **e)** $\frac{10}{7}; \frac{7}{10}; \frac{2}{9}$ **g)** $\frac{5}{4}; \frac{7}{6}; \frac{8}{7}; \frac{6}{5}$ **i)** $\frac{19}{20}; \frac{9}{4}; \frac{12}{25}; \frac{13}{10}$

b) $\frac{4}{3}; \frac{5}{4}; \frac{6}{5}$ **d)** $\frac{3}{8}; \frac{9}{4}; \frac{7}{5}$ **f)** $\frac{11}{4}; \frac{7}{5}; \frac{25}{8}$ **h)** $\frac{9}{10}; \frac{10}{9}; \frac{14}{15}; \frac{15}{14}$ **j)** $\frac{17}{36}; \frac{41}{35}; \frac{71}{45}; \frac{13}{24}$

22. Gib einen kleineren und einen größeren Bruch an. Ändere nur (1) den Zähler des Bruches, (2) den Nenner des Bruches.

$$\frac{2}{9} < \frac{4}{9} < \frac{5}{9}; \quad \frac{4}{11} < \frac{4}{9} < \frac{4}{7}$$

a) $\frac{7}{20}$ **b)** $\frac{13}{40}$ **c)** $\frac{3}{4}$ **d)** $\frac{17}{8}$

23. Welche Zahl kannst du für $\square$ setzen?   **a)** $\frac{5}{8} < \frac{\square}{8} < \frac{7}{8}$ **b)** $\frac{3}{10} < \frac{\square}{10} < \frac{7}{10}$ **c)** $\frac{3}{10} < \frac{3}{\square} < \frac{3}{8}$

24. Suche einen Bruch zwischen: **a)** $\frac{3}{8}$ und $\frac{7}{8}$ **b)** $\frac{2}{9}$ und $\frac{5}{9}$ **c)** $\frac{1}{5}$ und $\frac{1}{3}$ **d)** $\frac{1}{15}$ und $\frac{2}{15}$

25. Welcher der Brüche $\frac{5}{8}; \frac{7}{4}; \frac{3}{7}; \frac{5}{9}; \frac{12}{5}; \frac{5}{12}; \frac{7}{5}; \frac{9}{8}; \frac{7}{20}; \frac{11}{9}; \frac{7}{15}; \frac{13}{8}; \frac{5}{3}; \frac{4}{9}$ sind

a) größer als 1;   **b)** kleiner als 1;   **c)** kleiner als $\frac{1}{2}$;   **d)** größer als $1\frac{1}{2}$?

26. Gib fünf Brüche an, die
a) kleiner als 1;   **b)** größer als 1;   **c)** kleiner als $\frac{1}{2}$;   **d)** größer als $\frac{1}{2}$;   **e)** größer als 2   sind.

27. Jeder notiert vier Brüche und lässt sie von seinem Partner ordnen.

28. Beim Schießen auf eine Torwand erzielt Tanja bei 20 Schüssen 7 Treffer, Tim bei 30 Schüssen 11 Treffer und Maria bei 40 Schüssen 17 Treffer.
Den Anteil der Treffer an der Gesamtzahl der Schüsse nennt man auch *Trefferquote*.
Stelle die Daten in einer geeigneten Tabelle zusammen. Wer hat die beste, wer hat die schlechteste Trefferquote?

29. Tim erzählt seinem Freund Tobias: „Wir waren 14 Tage im Urlaub und hatten 4 Regentage. „Wir hatten aber nur 3 Regentage bei 10 Urlaubstagen", erwidert Tobias. Wer hatte das bessere Wetter?

30. Max trägt auf dem Zahlenstrahl zwei verschiedene gebrochene Zahlen ein. Dann bestimmt er die Zahl, die genau in der Mitte dieser beiden gebrochenen Zahlen liegt. Danach bestimmt er die Zahl, die in der Mitte zwischen der kleineren Zahl und der mittleren Zahl liegt. Ebenso bestimmt er die Zahl in der Mitte zwischen der zuerst bestimmten Mitte und der größeren Zahl.

a) Führe das Verfahren durch für   (1) $\frac{2}{7}$ und $\frac{4}{7}$,   (2) $\frac{3}{4}$ und $\frac{3}{5}$.

b) Welche Zahl liegt in der Mitte zwischen der zweitkleinsten und der zweitgrößten Zahl?

Im Blickpunkt
Im Blickpunkt

| Gangschaltung beim Fahrrad

Niklas' Freund Markus hat ein neues Fahrrad mit 21 Gängen bekommen. Niklas wünscht sich zum Geburtstag auch ein solches Fahrrad. Seine Mutter hat Bedenken:

„Bei einer 21-Gang-Kettenschaltung gibt es keine Rücktrittbremse wie bei einer Nabenschaltung. Brauchst du denn wirklich so viele Gänge? Reichen die 7 Gänge einer Nabenschaltung nicht aus?"

Zur Klärung solcher Fragen wollen wir die Leistung verschiedener Gangschaltungen untersuchen.

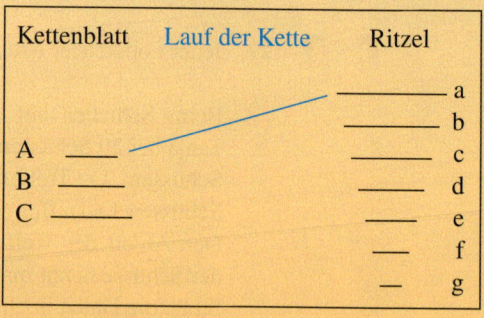

1. Bei einer 21-Gang-Schaltung sind vorne bei den Pedalen 3 Zahnräder (Kettenblätter) und am Hinterrad 7 Zahnräder (Ritzel). In jedem Gang läuft die Kette über ein Kettenblatt und ein Ritzel.
   Wir bezeichnen die Kettenblätter mit A, B und C sowie die Ritzel mit a, b, c, d, e, f und g.
   Schreibe die verschiedenen Kombinationsmöglichkeiten für den Lauf der Kette auf, z. B. A – a.
   Wie viele Kombinationen gibt es?

Kettenblatt	Lauf der Kette	Ritzel
		a
		b
A		c
B		d
C		e
		f
		g

2. Je nach Größe dieser Zahnräder ergibt sich eine andere Übersetzung. Markus' Fahrrad hat Kettenblätter mit 24, 36 und 48 Zähnen und Ritzel mit 12, 14, 16, 18, 21, 24 und 28 Zähnen. Läuft die Kette z. B. über das Kettenblatt mit 24 Zähnen und das Ritzel mit 24 Zähnen, so bewirkt eine Pedaldrehung eine volle Umdrehung des Hinterrades. Läuft die Kette dagegen über das Kettenblatt mit 24 Zähnen und das Ritzel mit 12 Zähnen, so bewirkt eine Pedaldrehung sogar 2 volle Umdrehungen des Hinterrades. Man muss dann entsprechend schwerer treten. Läuft die Kette aber über das Kettenblatt mit 24 Zähnen und das Ritzel mit 28 Zähnen, so bewirkt eine volle Pedaldrehung weniger als eine volle Drehung des Hinterrades. Das Treten fällt nun sehr leicht.

   Allgemein beschreibt man den Zusammenhang zwischen den Pedaldrehungen und den Drehungen des Hinterrades durch das Übersetzungsverhältnis. Es gilt:

   $$\text{Übersetzungsverhältnis} = \frac{\text{Zahl der Zähne des Kettenblattes}}{\text{Zahl der Zähne des Ritzels}}$$

a) Lege eine Tabelle an, in der du für jeden Gang, d. h. jede Kombinationsmöglichkeit der Zahnräder, das Übersetzungsverhältnis als gekürzten Bruch einträgst.

	a	b	c	d	e	f	g
A							
B							
C							

b) Wie viele verschiedene Gänge bleiben noch, wenn du mehrfach vorkommende Übersetzungsverhältnisse nicht mehrfach zählst?

3. a) Erweitere alle Übersetzungsverhältnisse auf den Hauptnenner und ordne sie nach zunehmender Größe.

b) Welche Übersetzungsverhältnisse unterscheiden sich nur wenig?
Wie viele Gänge bleiben dann noch übrig, wenn du nicht mehr zwischen wenig voneinander abweichenden Übersetzungsverhältnissen unterscheidest?

4. Beim Schalten kann man entweder die Kette von einem Kettenblatt auf ein benachbartes wechseln oder von einem Ritzel auf ein benachbartes wechseln.
Betrachte den Gang B – d.
In welche Gänge kann man umschalten?
Wie ändert sich jeweils das Übersetzungsverhältnis?

5. Nabenschaltungen haben ein schwierig aufgebautes Getriebe. Bei ihnen lässt sich das Übersetzungsverhältnis nicht so einfach berechnen.
Für eine 7-Gang-Nabenschaltung (mit 46er-Kettenblatt und 24er-Ritzel) hat der Hersteller für die einzelnen Gänge die Gangabwicklung angegeben. Das ist die Strecke, die das Fahrrad bei einer Pedaldrehung zurücklegt. Die in der Tabelle angegebenen Gangabwicklungen gelten für ein 28″-Rad mit dem Umfang 2 250 mm.

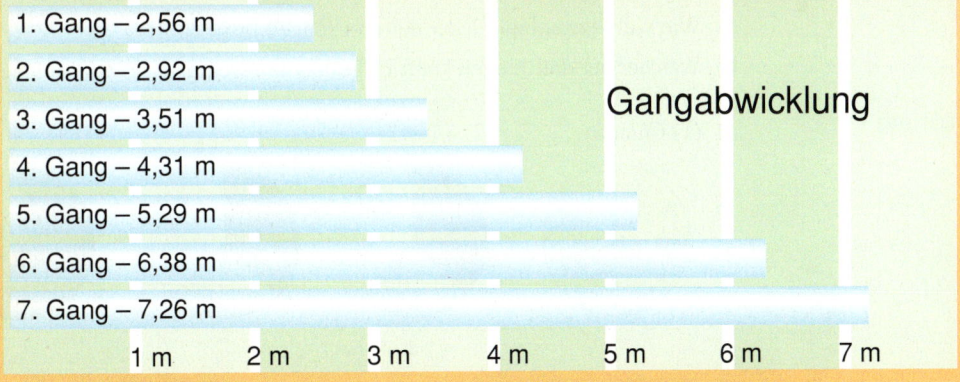

Berechne für die Gänge von Markus' Rad aus dem Übersetzungsverhältnis die Gangabwicklung auf mm gerundet. Zeichne zum Vergleich ein entsprechendes Säulendiagramm.
Vergleiche damit das 21-Gang-Rad mit dem 7-Gang-Rad. Berücksichtige auch, dass man nicht von jedem Gang direkt in jeden anderen schalten kann.
Welchen Rat würdest du Niklas und seiner Mutter geben?

1.5 Addieren und Subtrahieren von gemeinen Brüchen

Einstig

Auf dem Schulfest sind an den Kuchenständen einige Stücke vom Blechkuchen übrig geblieben.

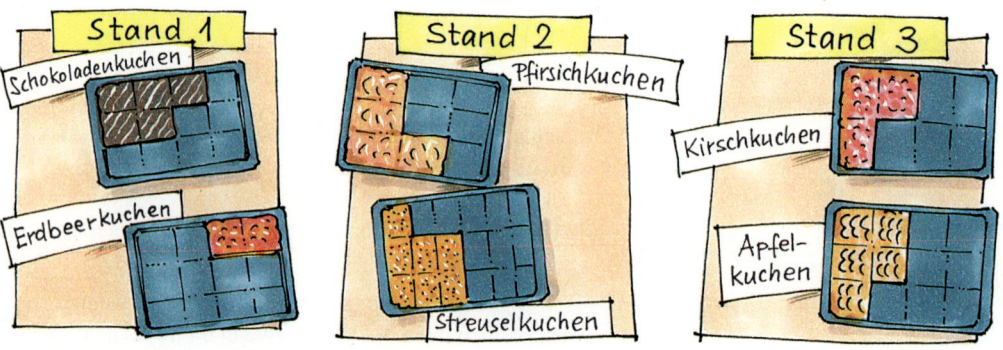

a) Wie viel Kuchen ist an jedem Stand insgesamt nicht verkauft worden?

b) An welchem Stand ist am wenigsten, an welchem am meisten übrig?

c) Wie viel Kuchen ist an einem Stand mehr verkauft worden als an jedem der beiden anderen?

Aufgabe 1

Addieren von Brüchen

Auf dem Schulfest gibt es einen Pizza-Stand. Hier kann man verschiedene Sorten Pizza aussuchen. Die Pizzas sind in unterschiedlicher Art aufgeschnitten.

Claudio, Sören und Mario kaufen verschiedene Stücke Pizza.

(1) Claudio nimmt $\frac{2}{6}$ Pizza mit Salami und $\frac{3}{6}$ Pizza mit Spinat.

(2) Sören nimmt $\frac{3}{8}$ Pizza mit Champignons und $\frac{1}{4}$ Pizza mit Peperoni.

(3) Mario nimmt $\frac{2}{3}$ Pizza mit Thunfisch und $\frac{1}{4}$ Pizza mit Peperoni.

a) Wie viel Pizza nimmt jeder der drei Jungen insgesamt?

b) Welcher der drei Jungen kauft insgesamt am wenigsten Pizza, welcher kauft am meisten?

Lösung

a) (1) *Claudio*   (2) *Sören*   (3) *Mario*

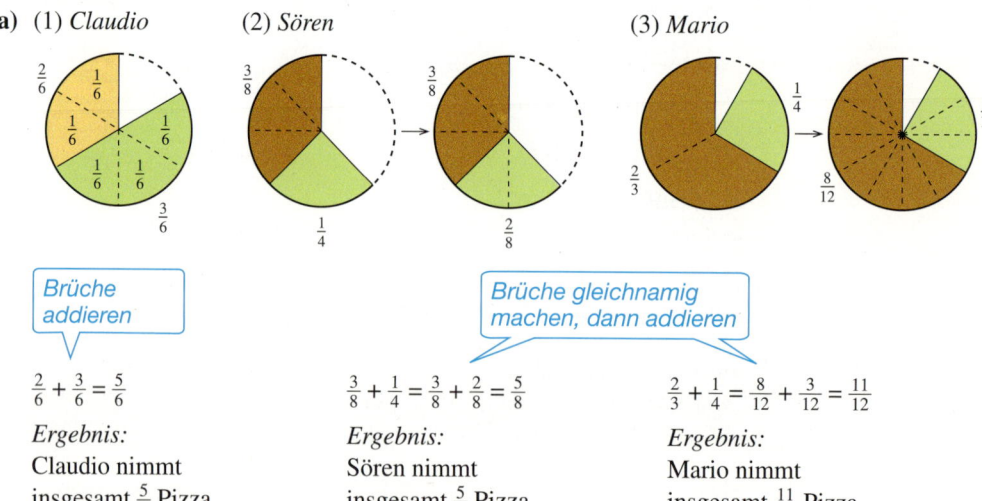

Brüche addieren

$$\frac{2}{6} + \frac{3}{6} = \frac{5}{6}$$

Ergebnis:
Claudio nimmt insgesamt $\frac{5}{6}$ Pizza.

Brüche gleichnamig machen, dann addieren

$$\frac{3}{8} + \frac{1}{4} = \frac{3}{8} + \frac{2}{8} = \frac{5}{8}$$

Ergebnis:
Sören nimmt insgesamt $\frac{5}{8}$ Pizza.

$$\frac{2}{3} + \frac{1}{4} = \frac{8}{12} + \frac{3}{12} = \frac{11}{12}$$

Ergebnis:
Mario nimmt insgesamt $\frac{11}{12}$ Pizza.

b) Die Brüche $\frac{5}{6}$; $\frac{5}{8}$ und $\frac{11}{12}$ müssen der Größe nach geordnet werden.
Dazu kann man sie gleichnamig machen und dann die Zähler vergleichen.

Anschaulich ist jedoch sofort klar: $\frac{5}{8} < \frac{5}{6}$ sowie $\frac{5}{6} < \frac{11}{12}$

> *Achtel sind kleiner als Sechstel.*

> *Hier fehlt nur ein Zwölftel zum Ganzen.*

Ergebnis: Sören kauft am wenigsten, Mario am meisten Pizza.

Aufgabe 2

Subtrahieren von Brüchen

Lauras Mutter will beim Bäcker Torten für ein Fest kaufen. In der Auslage im Laden befinden sich $\frac{3}{4}$ einer ganzen Schokoladentorte, $\frac{7}{12}$ einer ganzen Ananastorte und $\frac{2}{3}$ einer ganzen Pfirsichtorte.
Lauras Mutter kauft $\frac{1}{4}$ einer ganzen Schokoladentorte, $\frac{1}{2}$ einer ganzen Ananastorte und $\frac{1}{2}$ einer ganzen Pfirsichtorte.
Welcher Anteil an einer ganzen Torte bleibt beim Bäcker jeweils übrig?
Notiere dies jeweils als Term und berechne seinen Wert.

Lösung

Schokoladentorte   *Ananastorte*   *Pfirsichtorte*

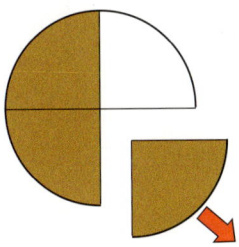   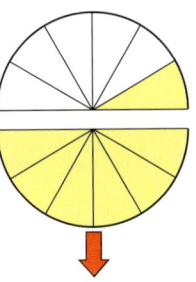   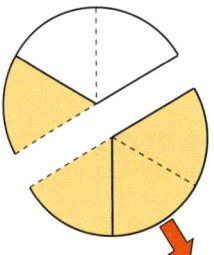

$\frac{3}{4} - \frac{1}{4} = \frac{2}{4} = \frac{1}{2}$ $\frac{7}{12} - \frac{1}{2} = \frac{7}{12} - \frac{6}{12} = \frac{1}{12}$ $\frac{2}{3} - \frac{1}{2} = \frac{4}{6} - \frac{3}{6} = \frac{1}{6}$

Ergebnis: *Ergebnis:*   *Ergebnis:*
Von der Schokoladentorte   Von der Ananastorte   Von der Pfirsichtorte
bleibt $\frac{1}{2}$ Torte übrig.   bleibt $\frac{1}{12}$ übrig.   bleibt $\frac{1}{6}$ übrig.

Information

(1) Additions- und Subtraktionsregel bei Brüchen

Man addiert (subtrahiert) gemeine Brüche so:

Bei *gleichnamigen Brüchen* addiert (subtrahiert) man die Zähler und behält den gemeinsamen Nenner bei.

Beispiele: $\frac{3}{7} + \frac{2}{7} = \frac{5}{7}$ $\frac{8}{11} - \frac{5}{11} = \frac{3}{11}$

Bei *ungleichnamigen Brüchen* werden diese zuerst gleichnamig gemacht und dann addiert (subtrahiert).

Beispiele: $\frac{3}{4} + \frac{1}{6} = \frac{9}{12} + \frac{2}{12} = \frac{11}{12}$ $\frac{4}{5} - \frac{3}{20} = \frac{16}{20} - \frac{3}{20} = \frac{13}{20}$

Beachte: Du kannst wie bei natürlichen Zahlen nur subtrahieren, wenn der Minuend größer ist als der Subtrahend oder gleich.

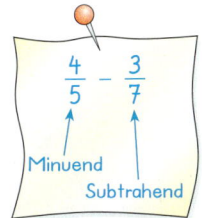

Minuend
      Subtrahend

(2) Darstellung der Addition und Subtraktion am Zahlenstrahl

Addition und Subtraktion von gebrochenen Zahlen kann man wie bei natürlichen Zahlen darstellen.

Beispiel: $\frac{1}{8} + \frac{5}{8} = \frac{6}{8}$

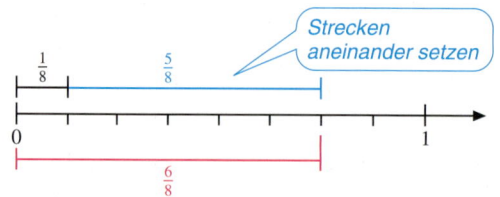

Strecken aneinander setzen

Beispiel: $\frac{19}{20} - \frac{6}{20} = \frac{13}{20}$

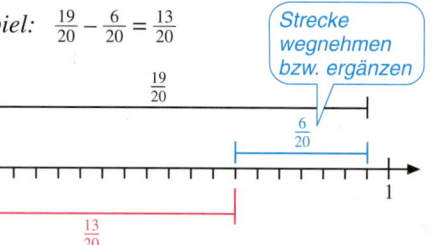

Strecke wegnehmen bzw. ergänzen

Weiterführende Aufgaben

3. *Addieren und Subtrahieren von Brüchen in der gemischten Schreibweise*

Erkläre die Rechnungen. Zeichne auch.

(1)
$$1\frac{7}{8} + 2\frac{1}{2}$$
$$= 1\frac{7}{8} + 2\frac{4}{8}$$
$$= 3\frac{11}{8}$$
$$= 4\frac{3}{8}$$

(2)
$$3\frac{1}{2} - 1\frac{1}{6}$$
$$= 3\frac{3}{6} - 1\frac{1}{6}$$
$$= 2\frac{2}{6}$$
$$= 2\frac{1}{3}$$

(3)
$$3\frac{1}{4} - 1\frac{3}{8}$$
$$= 3\frac{2}{8} - 1\frac{3}{8}$$
$$= 2\frac{10}{8} - 1\frac{3}{8}$$
$$= 1\frac{7}{8}$$

Wenn ich von meiner Zahl $\frac{7}{11}$ subtrahiere, so erhalte ich $\frac{2}{11}$.

4. *Rückgängigmachen von Addition bzw. Subtraktion einer gebrochenen Zahl*

a) Anne stellt gerne Zahlenrätsel. An welche Zahl hat sie jeweils gedacht?

(1) Wenn ich von meiner Zahl $\frac{4}{15}$ subtrahiere, erhalte ich $\frac{9}{15}$.

(2) Die Differenz aus meiner Zahl und $\frac{4}{7}$ ist $\frac{3}{14}$.

(3) Die Summe aus $\frac{3}{8}$ und meiner Zahl ist $\frac{7}{12}$.

Aufgabe: $x - \frac{7}{11} = \frac{2}{11}$

Pfeilbild: $x \xleftarrow{- \frac{7}{11}} \xrightarrow{+ \frac{7}{11}} \frac{2}{11}$

Rechnung: $\frac{2}{11} + \frac{7}{11} = \frac{9}{11}$

Lösung: Die gesuchte Zahl ist $\frac{9}{11}$.

b) Berechne das Ergebnis und kontrolliere die Rechnung durch Addieren.

(1) $\frac{12}{17} - \frac{5}{17}$ (2) $\frac{11}{12} - \frac{1}{3}$ (3) $\frac{2}{3} - \frac{1}{2}$

$\frac{7}{11} - \frac{4}{11} = \frac{3}{11}$

Kontrolle: $\frac{3}{11} + \frac{4}{11} = \frac{7}{11}$

Das *Addieren* einer gebrochenen Zahl wird durch das *Subtrahieren* dieser gebrochenen Zahl *rückgängig* gemacht. Das *Subtrahieren* einer gebrochenen Zahl wird durch das *Addieren* dieser gebrochenen Zahl *rückgängig* gemacht.

Übungsaufgaben

5. Im Bild sind zwei Brüche verschiedenfarbig dargestellt. Addiere die Brüche.

a) 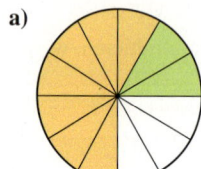 **b)**  **c)** 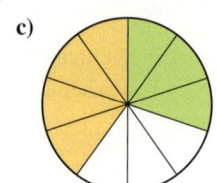 **d)**

6. Hier siehst du die Reste von zwei Torten. Wie viel ist insgesamt übrig geblieben?

a)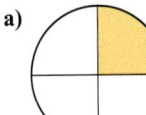

b)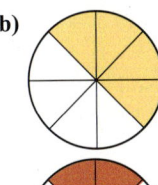

c)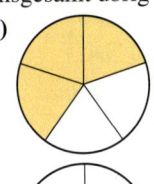

d)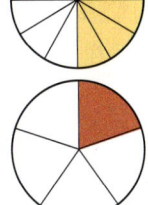

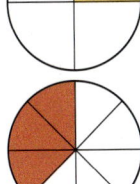

7. Hier siehst du die Reste von zwei Blechkuchen. Wie viel ist insgesamt übrig geblieben?

a)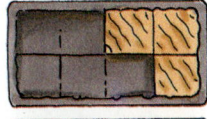

b)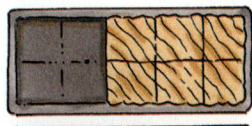

c)

8. Schreibe als Subtraktionsaufgabe und rechne.

a)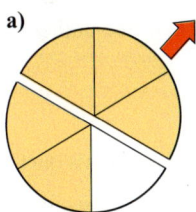

b)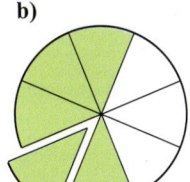

c)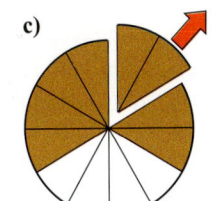

d)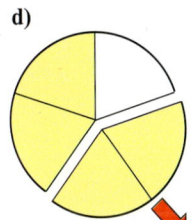

e)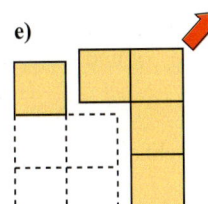

f)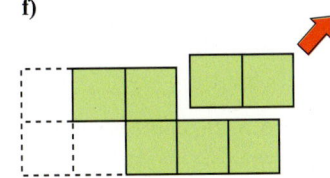

g)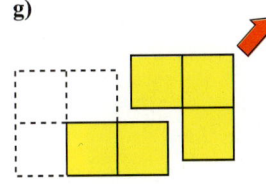

9. Berechne im Kopf. Kürze das Ergebnis, falls möglich.

a) $\frac{4}{10} + \frac{5}{10}$

b) $\frac{8}{25} + \frac{12}{25}$

c) $\frac{11}{17} + \frac{9}{17}$

d) $\frac{3}{20} + \frac{9}{20} + \frac{3}{20}$

e) $\frac{41}{100} + \frac{7}{100} + \frac{32}{100}$

$\frac{11}{12} - \frac{5}{12}$

$\frac{37}{40} - \frac{14}{40}$

$\frac{51}{60} - \frac{43}{60}$

$\frac{17}{33} - \frac{13}{33} - \frac{4}{33}$

$\frac{55}{90} - \frac{17}{90} - \frac{7}{90}$

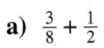

10. Im Lösungssack links stehen die Ergebnisse der folgenden Aufgaben. Zunächst soll nicht gerechnet werden, sondern jeder versucht mithilfe anderer Überlegungen, den Aufgaben die richtigen Ergebnisse zuzuordnen. Dann wird getauscht und der Partner kontrolliert die Ergebnisse durch Rechnung.

a) $\frac{3}{8} + \frac{1}{2}$

b) $\frac{3}{4} - \frac{3}{40}$

c) $\frac{10}{11} - \frac{8}{33}$

d) $\frac{1}{6} + \frac{3}{12} + \frac{5}{12}$

e) $\frac{13}{20} + \frac{1}{10} - \frac{1}{2}$

$\frac{7}{15} - \frac{2}{5}$

$\frac{5}{21} + \frac{3}{7}$

$\frac{6}{7} + \frac{1}{42}$

$\frac{5}{18} + \frac{2}{9} + \frac{1}{3}$

$\frac{14}{15} + \frac{1}{3} - \frac{2}{5}$

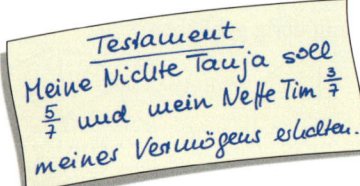

Testament
Meine Nichte Tanja soll $\frac{5}{7}$ und mein Neffe Tim $\frac{3}{7}$ meines Vermögens erhalten.

11. Tanja und Tim erben das Vermögen ihres Onkels. Was meinst du zu dem Testament?

12. $\frac{3}{8}\,l$ Saft soll so verdünnt werden, dass danach das Volumen $\frac{7}{10}\,l$ beträgt. Wie viel Liter Wasser muss zugegossen werden?

13. a) $\frac{4}{5} - \frac{1}{3}$ **b)** $\frac{1}{6} + \frac{5}{13}$ **c)** $\frac{2}{9} + \frac{4}{7}$ **d)** $\frac{1}{2} + \frac{1}{4} + \frac{2}{5}$ **e)** $\frac{5}{8} + \frac{1}{4} - \frac{2}{3}$

        $\frac{6}{7} + \frac{1}{10}$ $\frac{6}{11} - \frac{1}{3}$ $\frac{15}{21} - \frac{3}{5}$ $\frac{2}{3} + \frac{1}{6} + \frac{4}{9}$ $\frac{11}{12} - \frac{1}{8} - \frac{1}{2}$

14. Kontrolliere Leons Hausaufgaben. Wo stecken Fehler? Erkläre.

a) $\frac{2}{5} + \frac{1}{2} = \frac{3}{7}$ **b)** $\frac{5}{6} - \frac{3}{5} = \frac{2}{30}$ **c)** $\frac{3}{8} - \frac{1}{3} = \frac{2}{5}$ **d)** $\frac{3}{8} + \frac{1}{2} = \frac{14}{16}$

15. Veranschauliche die folgenden Rechnungen durch eine Zeichnung.

    a) $\frac{1}{6} + \frac{2}{6}$ **b)** $\frac{1}{4} + \frac{3}{8}$ **c)** $\frac{4}{10} + \frac{1}{5}$ **d)** $\frac{5}{9} - \frac{2}{9}$ **e)** $\frac{5}{6} - \frac{2}{6}$ **f)** $\frac{7}{10} - \frac{2}{5}$

16. Setze im Heft das passende Zeichen <, > bzw. = ein.

    a) $\frac{4}{5} + \frac{30}{20}$ ▢ 1 **c)** $\frac{1}{5} + \frac{1}{9}$ ▢ $\frac{1}{3}$ **e)** $\frac{3}{8} + \frac{1}{6}$ ▢ $\frac{13}{24}$ **g)** $\frac{17}{19} - \frac{16}{21}$ ▢ 0

    b) $2\frac{1}{8} - 1\frac{1}{2}$ ▢ $\frac{10}{16}$ **d)** $\frac{1}{4} - \frac{1}{5}$ ▢ $\frac{1}{40} + \frac{1}{50}$ **f)** $\frac{3}{8} - \frac{1}{6}$ ▢ $\frac{1}{6}$ **h)** $\frac{1}{12} - \frac{1}{13}$ ▢ $\frac{1}{12} + \frac{1}{13}$

17. Ein Naturschutzgebiet besteht aus einem $\frac{7}{8}$ km² großen See und einem angrenzenden Gelände, das $\frac{3}{8}$ km² groß ist.
Wie groß ist das gesamte Naturschutzgebiet?

18. Julia kommt beim Fahrradrennen $\frac{3}{10}$ Sekunden später ins Ziel als die Siegerin. Sarah kommt $\frac{1}{2}$ Sekunde später ins Ziel als ihre Freundin Julia.
Um wie viel Sekunden ist Sarah langsamer als die Siegerin?

19. Ein Gasbehälter für den Campingkocher wiegt voll $\frac{9}{10}$ kg und leer $\frac{1}{4}$ kg. Wie viel kg wiegt die Füllung?

20. Eine Werbesendung für eine Eistorte im Fernsehen besteht aus zwei Teilen. Der erste Teil dauert $\frac{5}{12}$ Minuten, der zweite Teil $\frac{1}{4}$ Minute.

    a) Welcher Teil dauert länger? Um wie viele Minuten dauert dieser Teil länger?

    b) Wie lange dauert die gesamte Werbesendung? Gib das Ergebnis in Minuten [in Sekunden] an.

21. Ein Konditor hat noch Himbeer- und Brombeertorte.

    a) Wie viel Obsttorte hat er insgesamt noch?

    b) Ein Kunde kauft davon $1\frac{1}{2}$ Torten.
       Wie viel Obsttorte hat der Konditor dann noch?

Heute im Angebot: Beerentorten

22. Berechne im Kopf.

    a) $1\frac{2}{7} + \frac{3}{7}$ **b)** $2\frac{7}{10} + 1\frac{2}{10}$ **c)** $1\frac{4}{9} + \frac{5}{9}$ **d)** $9\frac{5}{12} + 3\frac{7}{12}$ **e)** $6\frac{7}{12} + \frac{11}{12}$ **f)** $4\frac{5}{8} + 3\frac{7}{8}$

       $2\frac{7}{15} + \frac{4}{15}$ $8\frac{7}{9} - 8\frac{4}{9}$ $4\frac{4}{7} + \frac{3}{7}$ $3\frac{3}{5} - \frac{4}{5}$ $4\frac{5}{9} + \frac{7}{9}$ $6\frac{2}{5} - 3\frac{4}{5}$

       $3\frac{4}{5} - \frac{3}{5}$ $5\frac{7}{8} - 2\frac{3}{8}$ $3\frac{9}{10} - 1\frac{9}{10}$ $5\frac{4}{9} - \frac{7}{9}$ $3\frac{4}{7} - 1\frac{6}{7}$ $7\frac{6}{25} - 3\frac{8}{25}$

23. a) $3 + \frac{4}{5}$ **b)** $5 + \frac{3}{4}$ **c)** $8 - \frac{9}{5}$ **d)** $3 + \frac{21}{3}$ **e)** $8 - \frac{17}{3}$ **f)** $10 - \frac{19}{6}$

$2 - \frac{1}{8}$ $\quad$ $7 - \frac{9}{14}$ $\quad$ $6 + \frac{11}{7}$ $\quad$ $9 - \frac{15}{5}$ $\quad$ $11 + \frac{14}{8}$ $\quad$ $16 + \frac{30}{9}$

FAQ ⟨engl., **frequently asked questions**⟩ Informationen zu besonders häufig gestellten Fragen

24. Auf einem Schülerforum im Internet findest du die FAQ rechts.
Schreibe eine Antwort.

> ✉
> *Hilfe!*
> *Ich kann es immer noch nicht.*
> *Wie addiert und subtrahiert man*
> *eigentlich Brüche?*

25. Mache die Brüche zunächst gleichnamig. Kürze das Ergebnis, falls möglich.

a) $5\frac{1}{2} + \frac{1}{6}$ **b)** $8\frac{2}{3} - \frac{4}{9}$ **c)** $2\frac{1}{2} + \frac{1}{4}$ **d)** $5\frac{9}{10} - 3\frac{1}{2}$ **e)** $7\frac{5}{8} + 2\frac{91}{96}$ **f)** $9\frac{4}{9} - 7\frac{37}{54}$

$1\frac{3}{4} + \frac{5}{8}$ $\quad$ $6\frac{1}{2} - \frac{3}{4}$ $\quad$ $\frac{3}{8} + 4\frac{1}{4}$ $\quad$ $7\frac{7}{8} - 1\frac{3}{4}$ $\quad$ $7\frac{28}{45} - 3\frac{7}{15}$ $\quad$ $1\frac{2}{13} + 5\frac{77}{78}$

26. An einem Pizza-Verkaufsstand sind noch $1\frac{5}{8}$ Spinatpizza, $2\frac{1}{2}$ Thunfischpizza, $\frac{2}{3}$ Mozarellapizza, $2\frac{1}{2}$ Salamipizza und $\frac{3}{8}$ Schinkenpizza vorhanden.
Wie viel Pizza ist noch vorhanden? Schätze, bevor du genau rechnest.

27. Ordne die Summen der Größe nach.

$8\frac{1}{3} + 5\frac{2}{3}$ $\qquad$ $4\frac{9}{11} + 9\frac{13}{15}$ $\qquad$ $6\frac{8}{25} + 8\frac{3}{20}$ $\qquad$ $10\frac{19}{21} + 3\frac{11}{14}$ $\qquad$ $5\frac{5}{12} + 8\frac{1}{18}$

28. Maria bekommt für ihr Zimmer einen neuen Schrank. Dieser ist $3\frac{1}{4}$ m breit. Maria möchte ihn an die $4\frac{1}{2}$ m lange Wand stellen.
Wie viel Platz bleibt dann noch?

29. Eine Ölkanne fasst $3\frac{1}{2}$ *l*. Die Kanne ist mit $2\frac{3}{4}$ *l* Öl gefüllt.
Wie viel *l* Öl kann noch zugegossen werden?

30. Auf dem Wochenmarkt kauft Frau Ude bei einem Händler $2\frac{1}{2}$ kg Kartoffeln, $\frac{3}{4}$ kg Äpfel und $1\frac{1}{4}$ kg Weintrauben. Herr Wagner kauft bei demselben Händler $3\frac{1}{4}$ kg Kartoffeln, $1\frac{1}{2}$ kg Äpfel und $2\frac{1}{8}$ kg Weintrauben. Stellt einander geeignete Aufgaben und löst sie.

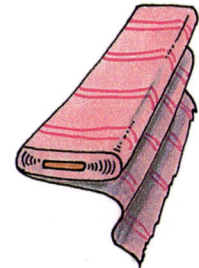

31. Auf einem Ballen befinden sich $12\frac{1}{2}$ m Stoff. Nacheinander werden von diesem Ballen Stoffstücke verkauft, die $2\frac{1}{4}$ m, $3\frac{2}{5}$ m, $1\frac{7}{10}$ m lang sind.
Wie viel m Stoff befinden sich dann noch auf dem Ballen? Mache zunächst einen Überschlag, bevor du genau rechnest.

32. Berechne und kontrolliere durch die entgegengesetzte Rechenart.

Rechnung:	Kontrolle:
$\frac{22}{15} - \frac{2}{3} = \frac{4}{5}$	$\frac{4}{5} + \frac{2}{3} = \frac{22}{15}$

a) $\frac{5}{4} - \frac{1}{2}$ **c)** $\frac{15}{16} - \frac{4}{8}$ **e)** $\frac{47}{55} - \frac{8}{11}$

b) $\frac{17}{30} - \frac{4}{15}$ **d)** $\frac{59}{72} - \frac{4}{9}$ **f)** $\frac{71}{84} - \frac{3}{7}$

33. Bestimme die Lösungsmenge der Gleichung.

a) $x - 3\frac{2}{5} = 4$ **c)** $4\frac{5}{6} - x = 1\frac{1}{4}$ **e)** $x + 4\frac{1}{5} = 7$ **g)** $x + \frac{3}{8} = \frac{8}{3}$

b) $x + 2\frac{1}{3} = 5\frac{1}{2}$ **d)** $3\frac{1}{2} - x = \frac{3}{5}$ **f)** $x - 4\frac{1}{5} = 7$ **h)** $x - \frac{3}{8} = \frac{8}{3}$

34. Erinnere dich an die Eigenschaften eines magischen Quadrats: Die Summe der Zahlen in jeder Zeile und in jeder Spalte und in beiden Diagonalen ist gleich.
Ergänze zu einem magischen Quadrat.

a)

$\frac{2}{5}$		$\frac{1}{5}$
	$\frac{1}{4}$	
		$\frac{1}{10}$

b)

$\frac{1}{3}$		
$\frac{1}{6}$	$\frac{7}{12}$	$\frac{1}{2}$

35. a) Schreibe $\frac{5}{6}$ $\left[\frac{2}{9}; \frac{1}{3}\right]$ auf drei verschiedene Weisen als Summe.

b) Schreibe $\frac{4}{9}$ $\left[\frac{9}{17}; \frac{2}{5}\right]$ auf drei verschiedene Weisen als Differenz.

36. Auffallende Ergebnisse.

a) $\frac{5}{6} + \frac{4}{9} + \frac{3}{20} + \frac{7}{30} + \frac{2}{15} + \frac{1}{45} + \frac{11}{60}$

b) $\frac{71}{80} - \frac{13}{60} + \frac{19}{48} - \frac{5}{16} + \frac{14}{15} - \frac{1}{2} - \frac{3}{16}$

37. Julia erzählt ihrer Freundin: „Von meinem Taschengeld gebe ich $\frac{1}{3}$ fürs Kino und $\frac{1}{5}$ für Eis aus. Das ist weniger als 50 %." Stimmt das?

Edelmetalle sind sehr beständig. Dazu gehören u. a. Gold, Silber und Platin.

38. Weißgold besteht zu $\frac{3}{4}$ aus reinem Gold, zu $\frac{3}{20}$ aus reinem Silber und zum restlichen Teil aus Kupfer.

a) Wie groß ist der Edelmetallanteil im Weißgold? Gib den Anteil auch in Prozent an.

b) Wie groß ist der Kupferanteil?

c) Eine Kette aus Weißgold wiegt 180 g, ein Ring 12 g. Lege eine Tabelle an mit den einzelnen Bestandteilen (in g). Wie viel g Edelmetall [Kupfer] enthält die Kette, wie viel der Ring?

39. Felix fotografiert gern. Sein Film ist schon halb voll. Nach 6 weiteren Aufnahmen sagt seine Schwester Lisa: „Jetzt ist bereits $\frac{2}{3}$ deines Films voll."
Wie viele Aufnahmen sind mit dem Film möglich?

40. Bei den folgenden Rechenmauern steht über zwei benachbarten Steinen die Summe der beiden Zahlen darunter. Ergänze die Mauern in deinem Heft.

a)

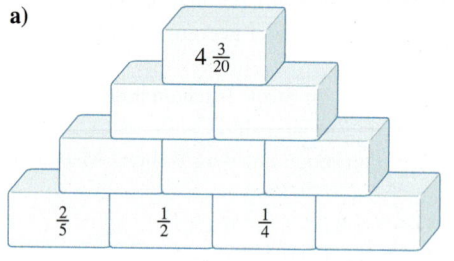

b)

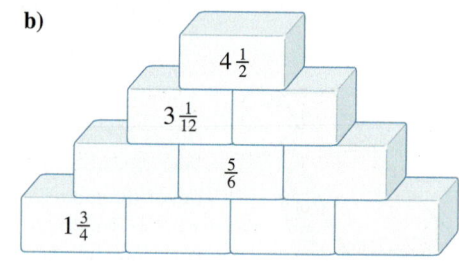

41. Berechne die Differenz [Summe] aus $\frac{1}{2}$ und $\frac{1}{3}$, aus $\frac{1}{3}$ und $\frac{1}{4}$, aus $\frac{1}{4}$ und $\frac{1}{5}$, aus $\frac{1}{5}$ und $\frac{1}{6}$.
Was stellst du fest? Überprüfe deine Vermutung an weiteren Beispielen. Vielleicht kannst du auch eine Erklärung finden.

42. Die Massen von 6 Glaskugeln sind $3\frac{5}{6}$ kg, $3\frac{7}{12}$ kg, $4\frac{1}{8}$ kg, $3\frac{3}{4}$ kg, $4\frac{1}{4}$ kg und $4\frac{3}{8}$ kg.
Wie kann man diese Kugeln so auf die beiden Waagschalen einer Waage verteilen, dass sie genau im Gleichgewicht ist?

1.6 Kommutativ- und Assoziativgesetz der Addition *Zum Selbstlernen*

Ziel

Du weißt schon, dass man zum vorteilhaften Berechnen von Summen natürlicher Zahlen das Kommutativ- und Assoziativgesetz anwenden kann.
Hier lernst du, dass diese Gesetze auch für das Addieren von gebrochenen Zahlen gelten und wie man das begründen kann.

Zum Erarbeiten   Kommutativgesetz

 Berechne die Summe rechts.
Überlege zunächst, wie du vorteilhaft rechnen kannst.
Welches Rechengesetz wendest du dabei an?

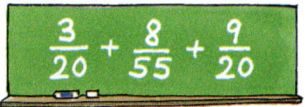

Nach den Vorrangregeln für die Berechnung von Termen müsstest du zunächst $\frac{3}{20}$ und $\frac{8}{55}$ addieren; das ist aber wegen der verschiedenen Nenner ungünstig. Du müsstest die beiden Brüche auf den Hauptnenner 220 erweitern.
Günstiger ist es, den zweiten und dritten Summanden zu vertauschen: Danach ist als erstes die Summe von $\frac{3}{20}$ und $\frac{9}{20}$ zu berechnen. Diese Summe hat den gekürzten Wert $\frac{3}{5}$, sodass der Hauptnenner für die folgende Addition des dritten Summanden nun nur noch 55 ist.

$$\frac{3}{20} + \frac{8}{55} + \frac{9}{20}$$

$$= \frac{3}{20} + \frac{9}{20} + \frac{8}{55}$$

Vertausche den 2. und den 3. Summanden.

$$= \frac{12}{20} + \frac{8}{55}$$

$$= \frac{3}{5} + \frac{8}{55}$$

$$= \frac{33}{55} + \frac{8}{55}$$

$$= \frac{41}{55}$$

Es wurde das *Kommutativgesetz* der Addition angewandt.

 Formuliere das Kommutativgesetz der Addition für gebrochene Zahlen.

Kommutativgesetz (Vertauschungsgesetz) für die Addition

In einer Summe darf man die Summanden vertauschen. Dabei ändert sich der Wert der Summe nicht.
Denke dir gebrochene Zahlen anstelle von a und b. Stets gilt:

a + b = b + a

Beispiel: $\frac{2}{3} + \frac{3}{8} = \frac{3}{8} + \frac{2}{3}$

 Begründe das Kommutativgesetz am Beispiel der Summe $\frac{7}{25} + \frac{2}{25}$. Überlege, warum es ausreicht, die Begründung für gleichnamige Brüche zu geben.

Zum Addieren der beiden gleichnamigen Brüche sind die Zähler zu addieren. Die Summe der Zähler 7 + 2 ist die Summe natürlicher Zahlen. Für diese gilt das Kommutativgesetz: 7 + 2 = 2 + 7. Der Bruch $\frac{2+7}{25}$ ist dann aber das Ergebnis der Additionsaufgabe mit den vertauschten Brüchen.

$$\frac{7}{25} + \frac{2}{25}$$

$$= \frac{7+2}{25}$$

Kommutativgesetz für das Addieren natürlicher Zahlen

$$= \frac{2+7}{25}$$

$$= \frac{2}{25} + \frac{7}{25}$$

Diese Begründung ist nicht an die konkreten Zahlen 7, 2 und 25 gebunden. Man kann sie genau so für die Addition beliebiger gleichnamiger Brüche geben.
Sind die beiden Summanden nicht gleichnamig, dann kann man sie so erweitern, dass sie gleichnamig werden. Anschließend kann man wieder so begründen wie oben. Damit gilt das Kommutativgesetz auch für die Addition nicht gleichnamiger Brüche.

Assoziativgesetz

 Berechne die Summe rechts.
Überlege zunächst, wie du vorteilhaft rechnen kannst.
Welches Rechengesetz wendest du dabei an?

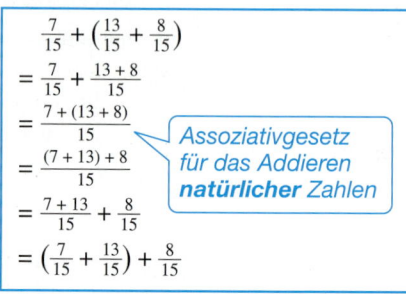

Nach den Vorrangregeln für das Berechnen von Termen müsstest du von links nach rechts rechnen und zunächst $\frac{3}{10}$ und $\frac{1}{8}$ addieren. Das ist wegen der verschiedenen Nenner ungünstig: Du müsstest beide Brüche auf den Hauptnenner 40 erweitern.

Addierst du dagegen zunächst die gleichnamigen zweiten und dritten Summanden, so kannst du das Ergebnis kürzen. Zum Addieren des ersten Summanden reicht dann der Hauptnenner 10.

Es wurde das *Assoziativgesetz* der Addition angewandt.

$$\frac{3}{10} + \frac{1}{8} + \frac{3}{8}$$
$$= \frac{3}{10} + \frac{4}{8}$$
$$= \frac{3}{10} + \frac{1}{2}$$
$$= \frac{3}{10} + \frac{5}{10}$$
$$= \frac{8}{10}$$
$$= \frac{4}{5}$$

Rechne nicht von links nach rechts. Verbinde zuerst die beiden letzten Summanden.

 Formuliere das Assoziativgesetz der Addition für gebrochene Zahlen.

Assoziativgesetz (Verbindungsgesetz) für die Addition

In einer Summe aus drei Summanden kann man Klammern beliebig setzen. Der Wert der Summe ist von der Stellung der Klammern unabhängig. Man darf die Klammern deshalb auch weglassen. Denke dir gebrochene Zahlen anstelle von a, b und c. Stets gilt:

$$(a + b) + c = a + (b + c) = a + b + c$$

Beispiel: $\left(\frac{1}{3} + \frac{3}{8}\right) + \frac{4}{7} = \frac{1}{3} + \left(\frac{3}{8} + \frac{4}{7}\right) = \frac{1}{3} + \frac{3}{8} + \frac{4}{7}$

 Begründe das Assoziativgesetz am Beispiel der Summe $\frac{7}{15} + \left(\frac{13}{15} + \frac{8}{15}\right)$.

Wegen der gleichen Nenner reicht es, die Zähler zu addieren. Die Zähler sind aber natürliche Zahlen, für die das Assoziativgesetz der Addition gilt: Es ist gleich, ob man zunächst 13 und 8 addiert und dies zu 7 addiert, oder ob man erst 7 und 13 addiert und dann 8.

Es reicht auch hier, die Begründung für gleichnamige Brüche zu geben, da man alle Brüche so erweitern kann, dass sie gleichnamig werden.

$$\frac{7}{15} + \left(\frac{13}{15} + \frac{8}{15}\right)$$
$$= \frac{7}{15} + \frac{13 + 8}{15}$$
$$= \frac{7 + (13 + 8)}{15}$$
$$= \frac{(7 + 13) + 8}{15}$$
$$= \frac{7 + 13}{15} + \frac{8}{15}$$
$$= \left(\frac{7}{15} + \frac{13}{15}\right) + \frac{8}{15}$$

*Assoziativgesetz für das Addieren **natürlicher** Zahlen*

Zum Üben

1. Rechne vorteilhaft.

a) $\frac{9}{14} + \frac{7}{20} + \frac{3}{20}$ **b)** $\frac{3}{25} + \frac{7}{15} + \frac{2}{25}$ **c)** $\frac{11}{60} + \frac{6}{35} + \frac{13}{60}$ **d)** $\frac{19}{88} + \frac{3}{7} + \frac{3}{88} + \frac{1}{14} + \frac{1}{4}$

$\frac{2}{9} + \frac{1}{9} + \frac{5}{12}$ $\frac{1}{10} + \frac{1}{15} + \frac{7}{10}$ $\frac{9}{100} + \frac{13}{75} + \frac{7}{100}$ $\frac{5}{32} + \frac{4}{27} + \frac{1}{5} + \frac{5}{27} + \frac{3}{32} + \frac{1}{10}$

$\frac{1}{20} + \frac{7}{24} + \frac{11}{24}$ $\frac{5}{12} + \frac{3}{14} + \frac{1}{12}$ $\frac{8}{15} + \frac{10}{21} + \frac{2}{15} + \frac{4}{21}$ $\frac{11}{18} + \frac{3}{50} + \frac{2}{9} + \frac{11}{25} + \frac{1}{6} + \frac{1}{10}$

2. Setze im Heft für □ eine passende gebrochene Zahl ein.

a) $\frac{14}{19} + \frac{3}{11} = \frac{3}{11} + □$ **c)** $□ + \frac{1}{3} = \left(\frac{1}{3} + \frac{3}{8}\right) + \frac{1}{8}$ **e)** $\left(\frac{2}{15} + \frac{3}{14}\right) + \frac{7}{8} = \frac{7}{8} + \left(\frac{2}{15} + □\right)$

b) $\frac{6}{27} + □ = \frac{7}{18} + \frac{2}{9}$ **d)** $\frac{5}{18} + \left(□ + \frac{3}{18}\right) = \left(\frac{1}{6} + \frac{3}{7}\right) + \frac{5}{18}$ **f)** $\frac{4}{9} + \left(\frac{2}{9} + \frac{5}{7}\right) = □ + \frac{2}{3}$

3. Zeige an den Termen $\left(\frac{1}{2} - \frac{1}{4}\right) - \frac{1}{8}$ und $\frac{1}{2} - \left(\frac{1}{4} - \frac{1}{8}\right)$, dass das Assoziativgesetz *nicht* für die Subtraktion gilt.

Zum Selbstlernen

1.7 Dezimale Schreibweise für gebrochene Zahlen

1.7.1 Schreibweise und Aufbau von Dezimalbrüchen

Einstieg Sucht Beispiele, wo im Alltag Zahlenangaben mit Komma vorkommen. Was bedeuten Sie?
Gestaltet ein Plakat, das ihr im Klassenraum aushängt.

Aufgabe 1

a) Längenangaben werden häufig mit einem Komma geschrieben:
  • Ein großes Grundstück ist 127,2 m lang.
  • Eine Garage ist 7,13 m lang.
  • Ein Auto ist 4,352 m lang.
Was bedeuten diese Längenangaben? Trage die Angaben dazu auch in eine Einheitentabelle ein.

b) Bei sportlichen Wettkämpfen werden die Leistungen der Teilnehmer möglichst genau gemessen, mit man Unterschiede feststellen kann. Bei manchen Disziplinen liegen die Leistungen der Sportler so nahe beieinander, dass man auch Bruchteile von Sekunden messen muss.
Was bedeuten die Zeitangaben in den Bildern?

Lösung

a)

	m		dm	cm	mm	Schreibweisen
H	Z	E				
1	2	7	2			127,2 m = 127 m 2 dm = 1272 dm
		7	1	3		7,13 m = 7 m 1 dm 3 cm = 7 m 13 cm = 713 cm
		4	3	5	2	4,352 m = 4 m 3 dm 5 cm 2 mm = 4 m 352 mm = 4352 mm

Bei den Längenangaben in m werden an der ersten Stelle nach dem Komma Dezimeter angegeben, an der zweiten Zentimeter und an der dritten Millimeter.
Ein Meter ist in zehn Dezimeter unterteilt: 1 m = 10 dm.
Also gilt:
Ein Dezimeter ist ein zehntel Meter.
Ein Meter ist in hundert Zentimeter unterteilt: 1 m = 100 cm.
Also gilt:
Ein Zentimeter ist ein hundertstel Meter.
Ein Meter ist in tausend Millimeter unterteilt: 1 m = 1000 mm.
Also gilt:
Ein Millimeter ist ein tausendstel Meter.

$$0{,}1 \text{ m} = 1 \text{ dm} = \frac{1}{10} \text{ m}$$

$$0{,}01 \text{ m} = 1 \text{ cm} = \frac{1}{100} \text{ m}$$

$$0{,}001 \text{ m} = 1 \text{ mm} = \frac{1}{1000} \text{ m}$$

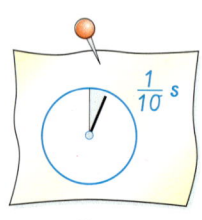

b) 400 m – Männer

1 Sekunde wird in 10 gleich große Teile zerlegt; jeder Teil ist 1 zehntel Sekunde.

Schreibweise: $\frac{1}{10}$ s = 0,1 s

$$54,2 \text{ s} = 54 \text{ s} + \frac{2}{10} \text{ s} \qquad \text{Zerlegen}$$
$$= 54 \tfrac{2}{10} \text{ s}$$

100 m Schmetterling – Frauen

1 zehntel Sekunde wird in 10 gleich große Teile zerlegt; jeder Teil ist also 1 hundertstel Sekunde.

Schreibweise: $\frac{1}{100}$ s = 0,01 s

$$56,61 \text{ s} = 56 \text{ s} + \frac{6}{10} \text{ s} + \frac{1}{100} \text{ s} \qquad \text{Erweitern: } \frac{6}{10} = \frac{60}{100}$$
$$= 56 \text{ s} + \frac{60}{100} \text{ s} + \frac{1}{100} \text{ s} \qquad \text{Addieren: } 60 \text{ hundertstel}$$
$$= 56 \tfrac{61}{100} \text{ s} \qquad\qquad\qquad\qquad + \ 1 \text{ hundertstel}$$
$$= 61 \text{ hunderstel}$$

Shorttrack – Damen, 500 m

1 hundertstel Sekunde wird in 10 gleich große Teile zerlegt; jeder Teil ist also 1 tausendstel Sekunde.

Schreibweise: $\frac{1}{1000}$ s = 0,001 s

$$43,048 \text{ s} = 43 \text{ s} + \frac{0}{10} \text{ s} + \frac{4}{100} \text{ s} + \frac{8}{1000} \text{ s} \qquad \text{Erweitern}$$
$$= 43 \text{ s} + \frac{0}{1000} \text{ s} + \frac{4}{1000} \text{ s} + \frac{8}{1000} \text{ s} \qquad \text{Addieren}$$
$$= 43 \tfrac{048}{1000} \text{ s}$$

Information

Dezimalbrüche und Stellenwerttafel

54,2; 56,61; 43,356 sind **Dezimalbrüche**. Das Komma bei Dezimalbrüchen trennt die Ganzen von den Teilen eines Ganzen.

Die Ziffern rechts vom Komma bedeuten:
die erste Ziffer   – *Zehntel* (z)
die zweite Ziffer   – *Hundertstel* (h)
die dritte Ziffer   – *Tausendstel* (t)
49,715 wird gelesen: *neunundvierzig Komma sieben eins fünf.*

In englischsprachigen Ländern und in der Taschenrechneranzeige steht statt des Kommas ein Punkt.

Zum Darstellen von Dezimalbrüchen in einer Stellenwerttafel wird diese nach rechts erweitert, sodass sie nach rechts wie auch nach links unbegrenzt ist.

Die Stellenwerttafel ist wie die Einheitentabelle für Längen aufgebaut.

Hunderter | Zehner | Einer | Zehntel | Hundertstel | Tausendstel | Zehntausendstel
:10   :10   :10   :10   :10   :10

H	Z	E	z	h	t	zt
	4	8	7			
		2	0	9		
		6	0	0	7	
		0	3	7	1	3

$$48,7 = 48 + \frac{7}{10}$$
$$2,09 = 2 + \frac{0}{10} + \frac{9}{100}$$
$$6,007 = 6 + \frac{0}{10} + \frac{0}{100} + \frac{7}{1000}$$
$$0,3713 = 0 + \frac{3}{10} + \frac{7}{100} + \frac{1}{1000} + \frac{3}{10000}$$

Gebrochene Zahlen haben wir bisher als gemeine Brüche mit Zähler und Nenner angegeben. **Dezimalbrüche** sind weitere Schreibweisen für gebrochene Zahlen. Der gemeine Bruch $\frac{6}{10}$ und der Dezimalbruch 0,6 sind nur *verschiedene* Namen für *dieselbe* gebrochene Zahl: $0,6 = \frac{6}{10}$.

Beachte: Für diese gebrochene Zahl gibt es noch viele andere Namen; auch $\frac{3}{5}$, $\frac{12}{20}$, $\frac{9}{15}$, $\frac{18}{30}$, $\frac{6}{100}$, 60 %, … sind Namen für diese gebrochene Zahl.

Weiterführende Aufgaben

Mit den meisten Zollstöcken kann man keine Längen in Zoll messen !

2. *Umwandeln eines Dezimalbruches in einen Zehnerbruch und umgekehrt*

Brüche mit dem Nenner 10 oder 100 oder 1 000 oder 10 000 usw. nennt man *Zehnerbrüche*.

a) Erläutere die Umwandlung von 1,137 in einen Zehnerbruch am Gliedermaßstab (dem so genannten „Zollstock").

$$1{,}137 = 1 + \frac{1}{10} + \frac{3}{100} + \frac{7}{1\,000}$$
$$= \frac{1\,000}{1\,000} + \frac{100}{1\,000} + \frac{30}{1\,000} + \frac{7}{1\,000}$$
$$= \frac{1\,137}{1\,000}$$

b) Schreibe als Zehnerbruch.

(1) 0,6; 0,07; 0,004; 0,0005

(2) 0,16; 0,027; 0,307; 0,4087

(3) 5,7; 7,26; 4,038; 12,4704

(4) 3,1; 3,01; 3,001; 3,101

c) Schreibe als Dezimalbruch. Wie erkennst du am Nenner, wie viele Stellen der Dezimalbruch rechts vom Komma hat?

(1) $\frac{3}{10}$; $\frac{5}{100}$; $\frac{1}{100\,000}$; $\frac{6}{1\,000\,000}$

(2) $\frac{15}{100}$; $\frac{123}{1\,000}$; $\frac{765}{10\,000}$; $\frac{201}{1\,000}$

(3) $1\frac{5}{10}$; $1\frac{11}{100}$; $2\frac{504}{1\,000}$; $3\frac{1}{100\,000}$

(4) $\frac{25}{10}$; $\frac{625}{10}$; $\frac{102}{100}$; $\frac{398}{100}$; $\frac{9\,375}{1\,000}$

$$3\frac{24}{1\,000} = 3 + \frac{24}{1\,000}$$
$$= 3 + \frac{20}{1\,000} + \frac{4}{1\,000}$$
$$= 3 + \frac{2}{100} + \frac{4}{1\,000}$$
$$= 3{,}024$$

Denke dir $\frac{0}{10}$!

3. *Endnullen bei Dezimalbrüchen*

a) Schreibe jeweils die beiden Dezimalbrüche als gemeine Brüche und vergleiche.

(1) 0,5 und 0,50   (2) 0,3 und 0,300   (3) 2,1 und 2,1000

b) Hänge an den Dezimalbruch 0,8 [1,020] jeweils eine, zwei, drei … Nullen an. Vergleiche die Zahlen. Begründe.

c) Schreibe mit möglichst wenig Nullen. Begründe.

(1) 4,320   (2) 08,30   (3) 3,805   (4) 760,32000   (5) 300,001000

d) Erläutere: Das Anhängen oder Weglassen von Endnullen bei Dezimalbrüchen entspricht dem Erweitern oder Kürzen bei gemeinen Brüchen.

> Wenn man bei einem Dezimalbruch Endnullen anhängt oder weglässt, dann bleibt der Wert unverändert.
>
> *Beispiel:* 0,4 = 0,40 = 0,400 = 0,4000 = …

4. *Dezimalbrüche bei Flächen- und Volumeneinheiten*

Trage die Angaben in eine Einheitentabelle ein. Schreibe sie dann als gemeinen Bruch und anschließend mit einem Komma.

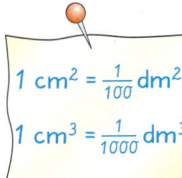

$1\ cm^2 = \frac{1}{100}\ dm^2$

$1\ cm^3 = \frac{1}{1\,000}\ dm^3$

a) 35 cm²; 359 cm²; 3 m² 17 dm²; 559 dm²; 9 m² 4 dm²; 85 dm²; 850 dm²; 7 mm²

b) 751 cm³; 6 842 cm³; 3 dm³ 725 cm³; 7 m³ 54 dm³; 3 cm³ 2 mm³; 97 dm³

$46\ cm^2 = \frac{46}{100}\ dm^2 = 0{,}46\ dm^2$

$73\ cm^3 = \frac{73}{1\,000}\ dm^3 = 0{,}073\ dm^3$

Übungsaufgaben

5. Zerlege die Zeitspannen in ganze, zehntel, hundertstel, tausendstel Sekunden. Gib sie dann mit einem gemeinen Bruch (in gemischter Schreibweise) an.

a) Olympische Spiele Amsterdam 1928 – Leichtathletik
(Hier durften zum ersten Mal Frauen teilnehmen.)
100 m-Frauen: E. Robinson (USA)   12,2 s
4 × 100 m-Frauen: Kanada   48,4 s

b) Olympische Spiele Sydney 2000 – Leichtathletik
100 m-Frauen: M. Jones (USA)   10,75 s
4 × 100 m-Frauen: Bahamas   41,95 s

c) Olympische Winterspiele Vancouver 2010
Rennrodeln / Einzel – Männer: Felix Loch (GER)
1. Lauf: 48,168 s   2. Lauf: 48,402 s

6. Notiere die Dezimalbrüche. Schreibe die Zahlen dann als Bruch.

a)

Z	E	z	h	t
1	2	3	4	5
	7	6	4	
	3	0	8	
	7	2		
1	3	3	0	3

b)

Z	E	z	h	t	zt	ht
	8	7	6	5	4	3
	0	6	1	3	5	
	0	7	8			
	0	0	3	8	7	1
1	1	3	0	0	5	2

c)

Z	E	z	h	t	zt	ht
	3	0	2	0	1	
6	0	4	2	1	8	
3	8	0	0	0	0	2
	0	2	3	0	1	
2	3	0	4	0	0	5

7. Welchen Stellenwert hat jeweils die Ziffer 7?
(1) 7,4   (2) 4,7   (3) 43,718   (4) 16,1671   (5) 51,00070

8. Die Ziffer 1 soll den angegebenen Stellenwert haben. Setze das Komma an die richtige Stelle.
a) 3215 (z)   **b)** 782415 (h)   **c)** 43517 (t)   **d)** 135 (z)   **e)** 21435 (H)

9. Nimm Stellung zu folgenden Behauptungen.
Merle: Die Stellenwerttafel ist regelmäßig aufgebaut: Links von den Hundertern stehen die Tausender, also stehen die Tausendstel links von den Hundertsteln.
Patrick: Rechts vom Komma stehen die Eintel, Zehntel, Hundertstel, usw.
Lea: Die Stellenwerttafel ist symmetrisch zu den Einern aufgebaut.

10. Mit Dezimalbrüchen kann man sehr kleine Zahlen schreiben. Trage die Dezimalbrüche in eine Stellentafel ein. Schreibe auch als gemeine Brüche.

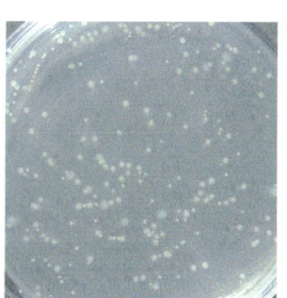

Spinnwebfaden
0,005 mm dick

Haarwuchs
0,00002 cm pro min

Ölfleck
0,000001 mm dick

Bakterien
ca. 0,0005 mm groß

11. Zerlege in Ganze, Zehntel, Hundertstel, Tausendstel, …

a) 17,856   **b)** 6,078   **c)** 0,069   **d)** 0,8472   **e)** 13,005   **f)** 7,51203

12. Schreibe als gemeinen Bruch. Kürze, falls möglich.

a) 0,75	**b)** 0,6	**c)** 0,625	**d)** 0,125	**e)** 0,505	**f)** 0,0003
0,25	4,88	1,0481	1,701	0,5005	3,8200

13. Gib die zugehörigen Dezimalbrüche an. Du kannst sie in eine Stellenwerttafel eintragen.

a) $\frac{2}{10}$; $\frac{19}{100}$; $\frac{4}{100}$; $\frac{49}{1000}$; $\frac{26}{10000}$; $\frac{3}{10000}$ **b)** $2\frac{7}{1000}$; $5\frac{250}{1000}$; $\frac{7850}{1000}$; $\frac{1004}{100}$

14. Wo steckt der Fehler?

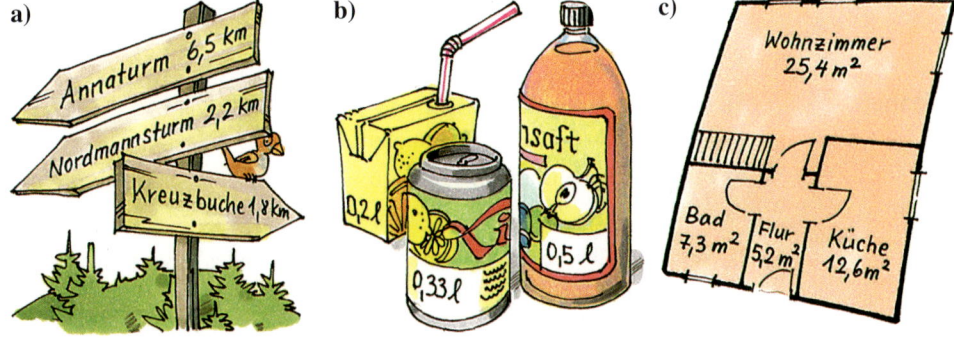

a) $\frac{27}{10} = 0{,}27$ **b)** $5{,}41 = \frac{5}{41}$ **c)** $0{,}58 = \frac{58}{10}$ **d)** $7{,}20 = \frac{720}{10}$

15. Lass überflüssige Nullen weg.

a) 0,600; 0,2500; 0,0302; 0,0002; 1,5000   **c)** 0,300200; 30,000; 10,04; 02,20

b) 2,00500; 5,002001; 0,0060; 04,04040   **d)** 180,400; 70,00; 1,02103; 0; 0,004

16. Was bedeuten die Angaben mit Komma? Hänge so viele Endnullen an, dass man die kleinere Einheit ablesen kann. Schreibe dann in der kleineren Einheit.

a)   **b)**   **c)**

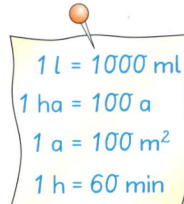

1 l = 1000 ml
1 ha = 100 a
1 a = 100 m²
1 h = 60 min

17. Gib in zwei Einheiten an. Verwandle dann in die kleinere Einheit.

a) 2,3 km	**b)** 6,08 t	**c)** 19,3 m²	**d)** 3,4 m³	**e)** 0,8 l	**f)** 0,5 h
4,75 km	4,85 kg	0,80 dm²	0,8 cm³	0,33 l	0,1 h
0,4 m	0,001 g	0,5 ha	0,4 dm³	1,05 l	2,5 h

18. Schreibe wie im Beispiel rechts.

a) 2,5 Tsd.   **c)** 10,5 Mrd.   **e)** $3\frac{1}{2}$ Mio.

b) 3,04 Mio.   **d)** 0,6 Mrd.   **f)** $\frac{1}{2}$ Billion

> 4,3 Mio. = 4,300000 Mio.
> = 4 300 000

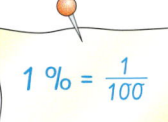

1 ‰ = $\frac{1}{100}$

19. Wegen $\frac{1}{100} = 0{,}01$ gilt auch: 1 % = 0,01.

a) Gib als Dezimalbruch an: 6 %; 25 %; 80 %; 61 %; 150 %; 2 %; 79 %; 131 %; 1 000 %

b) Gib in Prozent an: 0,5; 0,05; 0,25; 1; 0,6; 0,31; 0,1; 1,6; 0,03; 0,95; 2,75; 10,6

20. Schreibe die Zahlenangaben in den Zeitungsartikeln ohne Komma.

14,19 Mio. Zuschauer für „Wetten, dass" am 24.01.2004 …

Im September 2009 wurden in Deutschland 37,5 Mio. Gästeübernachtungen gezählt.

In diesem Jahr sank der Umsatz der Firma Innowap von 10,7 Mrd. € auf 9,25 Mrd. €.

Im Februar 2010 hatte Deutschland 1,67 Billionen € Schulden.

1.7.2 Umformen durch Erweitern oder Kürzen

Einstieg

Lukas benötigt für ein Erfrischungsgetränk neben anderen Zutaten $\frac{1}{4}$ l Orangensaft und $\frac{1}{4}$ l Ananassaft. In einem Getränkehandel gibt es Flaschen mit 0,33 l Orangensaft und Packungen mit 0,2 l Ananassaft.

Aufgabe 1

a) In welche der beiden Flaschen passt mehr Flüssigkeit? Wandle dazu $\frac{3}{4}$ in einen Dezimalbruch um.

b) Forme in einen Dezimalbruch um:
$\frac{2}{5}$; $1\frac{1}{4}$; $\frac{1}{8}$; $\frac{36}{40}$

c) Versuche, den gemeinen Bruch $\frac{1}{3}$ durch passendes Erweitern in einen Dezimalbruch umzuformen.

Lösung

a) Erweitere $\frac{3}{4}$ auf Hundertstel; schreibe dann als Dezimalbruch: $\frac{3}{4} = \frac{3 \cdot 25}{4 \cdot 25} = \frac{75}{100} = 0,75$

Vergleiche nun die Maßzahlen: $\frac{3}{4} > 0,7$; denn $\frac{75}{100} > \frac{70}{100}$.

Ergebnis: In die $\frac{3}{4}$-l-Flasche passt mehr als in die 0,7-l-Flasche.

b) Erweitere oder kürze zunächst passend

auf Zehntel:
$\frac{2}{5} = \frac{4}{10} = 0,4$

auf Hundertstel:
$1\frac{1}{4} = 1\frac{25}{100} = 1,25$

auf Tausendstel:
$\frac{1}{8} = \frac{125}{1\,000} = 0,125$

auf Zehntel:
$\frac{36}{40} = \frac{9}{10} = 0,9$

c) $\frac{1}{3}$ kann man nicht auf Zehntel, Hundertstel, Tausendstel, … erweitern, denn:
10, 100, 1 000, … sind keine Vielfachen von 3.
Den Bruch $\frac{1}{3}$ kann man daher nicht durch Erweitern in einen Dezimalbruch umformen.

Information

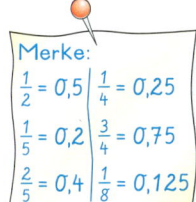

Merke:

$\frac{1}{2} = 0{,}5$ | $\frac{1}{4} = 0{,}25$

$\frac{1}{5} = 0{,}2$ | $\frac{3}{4} = 0{,}75$

$\frac{2}{5} = 0{,}4$ | $\frac{1}{8} = 0{,}125$

> ## Umformen von gemeinen Brüchen in Dezimalbrüche
>
> Manche Brüche kann man folgendermaßen leicht in Dezimalbrüche umformen:
> Man erweitert oder kürzt den Bruch auf Zehntel, Hundertstel, Tausendstel, … und schreibt dann den Dezimalbruch.
> Aber nicht jeden Bruch kann man auf diese Weise in einen Dezimalbruch umformen.

Übungsaufgaben

2. Verwandle jeweils in einen Dezimalbruch. Erweitere oder kürze passend.

a) $\frac{2}{5}$, $\frac{3}{4}$, $\frac{3}{8}$, $2\frac{1}{2}$, $3\frac{1}{8}$, $2\frac{3}{4}$, $1\frac{1}{5}$, $\frac{7}{2}$ **b)** $\frac{12}{40}$, $\frac{12}{30}$, $\frac{36}{60}$, $\frac{49}{70}$, $\frac{36}{400}$, $\frac{60}{300}$, $\frac{8}{200}$

3. Schreibe die Größenangaben mit einem Dezimalbruch.

4. Welche Zahlen auf dem Band sind gleich? Schreibe wie im Beispiel: $\frac{1}{8} = 0{,}125$

a) 0,4 0,25 0,5 $\frac{2}{8}$ $\frac{2}{5}$ $\frac{4}{8}$ $\frac{1}{4}$ $\frac{1}{2}$

c) $\frac{1}{5}$ 0,5 $\frac{3}{15}$ 0,1 0,2 $\frac{10}{100}$ $\frac{7}{35}$ $\frac{3}{6}$ 20 %

b) $\frac{6}{10}$ 0,3 $\frac{8}{10}$ 0,6 $\frac{3}{10}$ $\frac{4}{5}$ $\frac{3}{5}$ 0,8

d) 0,10 0,05 $\frac{1}{10}$ 5 % 0,1 $\frac{5}{100}$ $\frac{1}{5}$ 0,20 $\frac{1}{20}$

5. Notiert auf der linken Seite eures Heftes 15 Dezimalbrüche oder gemeine Brüche untereinander und auf der rechten Seite in anderer Reihenfolge die zugehörigen umgewandelten Brüche – ebenfalls untereinander. Tauscht die Hefte aus und ordnet durch Pfeile die Dezimalbrüche den gemeinen Brüchen mit demselben Wert zu. Wer schafft es fehlerfrei?

6. Kontrolliere Toms Hausaufgaben.

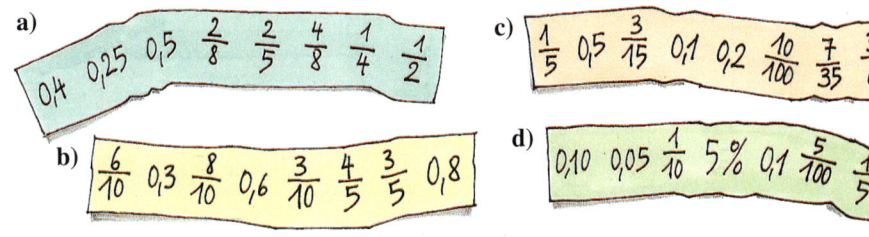

a) $\frac{3}{4} = 0{,}75$ **b)** $4\frac{1}{5} = 4{,}15$ **c)** $\frac{2}{5} = \frac{40}{100}$ **d)** $\frac{8}{5} = 8{,}5$

7. Forme in einen Dezimalbruch um. Bei welchen Brüchen gelingt das nicht? Begründe.

a) $\frac{5}{8}$; $\frac{13}{125}$; $\frac{2}{3}$; $\frac{1}{6}$ **b)** $\frac{3}{25}$; $\frac{1}{40}$; $\frac{2}{3}$; $\frac{1}{9}$ **c)** $\frac{3}{5}$; $\frac{3}{15}$; $\frac{5}{15}$; $\frac{8}{12}$ **d)** $3\frac{2}{5}$; $5\frac{5}{6}$; $1\frac{11}{20}$ $7\frac{7}{8}$

Spiel

8. *Bruch-Memory:* Schreibt auf 12 Karten je einen Dezimalbruch und auf 12 weitere Karten die gemeinen Brüche, die denselben Wert haben. Legt die 24 Karten verdeckt auf den Tisch. Jeder Spieler darf 2 Karten aufdecken. Hat er zwei gleichwertige, darf er das Paar behalten. Sind die Brüche nicht gleichwertig, werden sie an derselben Stelle wieder verdeckt abgelegt.
Wer die meisten Paare besitzt, hat gewonnen.

1.8 Vergleichen und Ordnen von Dezimalbrüchen

Einstieg

Auf dem Schwebebalken erzielten die Frauen bei den Olympischen Spielen in Peking 2008 folgende Punktzahlen:

Ksenia Afanasjewa		RUS	14,825 Punkte
Fei Cheng		CHN	15,950 Punkte
Gabriela Dragoi		ROU	15,625 Punkte
Shawn Johnson		USA	16,225 Punkte
Shanshan Li		CHN	15,300 Punkte
Nastia Liukin		USA	16,025 Punkte
Anna Pawlowa		RUS	15,900 Punkte
Koko Tsurumi		JPN	14,450 Punkte

Wer gewann die Goldmedaille, die Silbermedaille, die Bronzemedaille?

Aufgabe 1

a) Bei den Olympischen Spielen 2008 in Peking erzielten die Männer im 400-m-Lauf die rechts angegebenen Zeiten.
Wer erhielt den ersten, zweiten, dritten Platz usw.?

b) Ordne die mit Dezimalbrüchen geschriebenen Zahlen nach ihrer Größe. Beginne mit der kleinsten Zahl.
3,17; 2,71; 3,364; 3,304; 3,369

Chris Brown		BAH	44,84 s
Leslie Djhone		FRA	45,11 s
LaShawn Merritt		USA	43,75 s
David Neville		USA	44,80 s
Renny Quow		TRI	45,22 s
Martyn Rooney		GBR	45,12 s
Jeremy Wariner		USA	44,74 s
Johan Wissmann		SWE	45,39 s

Lösung

a) Wir vergleichen zuerst die Ganzen links vom Komma.

So erhalten wir die kleinste Zahl: 43,75. Die nächsten Zahlen 44,84; 44,80 und 44,74 stimmen in den Ganzen überein. Wir vergleichen daher die Stellen nach dem Komma und beginnen mit den Zehnteln:

7 Zehntel ist kleiner als 8 Zehntel. So erhalten wir die nächstgrößere Zahl 44,74. Die nächsten beiden Zahlen 44,84 und 44,80 stimmen nicht nur in den Ganzen, sondern auch den Zehnteln überein. Daher vergleichen wird die Hundertstel.

0 Hundertstel ist kleiner als 4 Hundertstel, also 44,80 < 44,84.

Wir finden insgesamt: 43,75 < 44,74 < 44,80 < 44,84 < 45,11 < 45,12 < 45,22 < 45,39

Ergebnis: Reihenfolge der Läufer

1. Gold	Merrit	43,75 s	4. Brown	44,84 s	7. Quow	45,22 s
2. Silber	Wariner	44,74 s	5. Djhone	45,11 s	8. Wissmann	45,39 s
3. Bronze	Neville	44,80 s	6. Rooney	45,12 s		

b) Wie bei den Zeitspannen vergleichen wir auch hier zuerst die Ganzen. Sind die Ganzen gleich, vergleichen wir die Zehntel. Sind diese auch gleich, vergleichen wir die Hundertstel usw.:

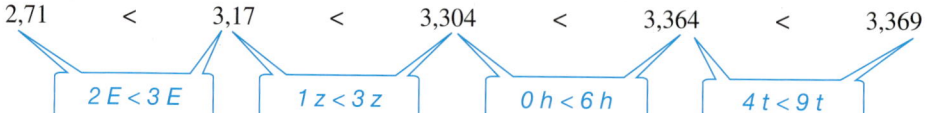

$$2,71 \quad < \quad 3,17 \quad < \quad 3,304 \quad < \quad 3,364 \quad < \quad 3,369$$

| $2E < 3E$ | $1z < 3z$ | $0h < 6h$ | $4t < 9t$ |

Vergleich von Dezimalbrüchen

Man vergleicht zuerst die Ganzen.	3,25 < 7,5, denn 3 < 7
Sind die Ganzen gleich, vergleicht man die Zehntel.	8,36 < 8,59, denn 3 z < 5 z
Sind auch die Zehntel gleich, vergleicht man die Hundertstel; usw.	0,6758 < 0,691, denn 7 h < 9 h

---

Weiterführende Aufgabe

2. *Darstellen und Vergleichen von Dezimalbrüchen am Zahlenstrahl*

a) Welche Zahlen werden durch die roten Striche markiert?

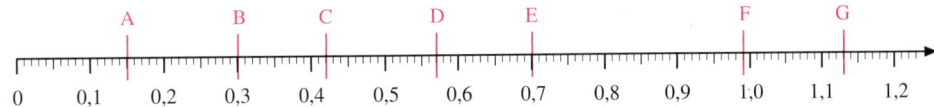

b) Wie kann man am Zahlenstrahl erkennen, welcher von zwei Dezimalbrüchen der kleinere ist?

Übungsaufgaben

3. Setze im Heft das passende Zeichen (< oder >) ein.

a)	b)	c)	d)
1,63 ▢ 1,36	3,756 ▢ 3,765	0,7 ▢ 0,75	1,007 ▢ 1,07
0,645 ▢ 0,654	0,457 ▢ 0,547	0,66 ▢ 0,6	7,55 ▢ 7,545
0,989 ▢ 0,998	0,787 ▢ 0,778	0,14 ▢ 0,104	1,335 ▢ 1,3305

4. Setze im Heft das passende Zeichen (=, < oder >) ein.

a)	b)	c)	d)
0,3 ▢ 0,03	1,1 ▢ 1,10	1,04 ▢ 1,040	0,25 ▢ 0,205
0,3 ▢ 0,300	1,1 ▢ 1,01	1,04 ▢ 1,004	0,25 ▢ 0,025
0,3 ▢ 0,33	1,1 ▢ 1,11	1,04 ▢ 1,4	0,25 ▢ 0,2500

5. Wo steckt der Fehler?

a) 0,35 < 0,278   b) 3,43 < 3,234   c) 0,4 < 0,04   d) 0,9 < 0,90

6. Sarahs Mutter will sich ein Auto kaufen. Sie vergleicht drei Modelle nach dem Benzinverbrauch pro 100 km.
Ordne die Autos nach dem Benzinverbrauch.

	Mars	Venus	Pluto
Stadt	8,9 l	9,3 l	9,7 l
90 km/h	5,5 l	5,4 l	5,6 l
120 km/h	7,1 l	6,9 l	7,0 l

7. Gebt für jede Sportart an, welcher Schüler den 1. Platz, welcher den 2. Platz, welcher den 3. Platz usw. erreicht hat. Könnt ihr aus den Ergebnissen einen Gesamtsieger ermitteln?

Name	Andreas	Christian	Felix	Michael	Tim	Philipp	Florian
Weitsprung	3,24 m	3,95 m	4,05 m	2,98 m	3,45 m	3,68 m	3,60 m
100-m-Lauf	15,1 s	15,9 s	15,7 s	17,1 s	16,4 s	15,6 s	15,0 s
Hochsprung	1,15 m	1,20 m	1,45 m	0,97 m	1,43 m	1,09 m	1,51 m

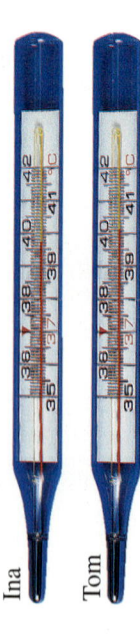

Ina   Tom

8. Setze im Heft das passende Zeichen (=, < oder >) ein.

a) $\frac{3}{4}$ ☐ 0,75   **c)** $\frac{1}{10}$ ☐ 0,09   **e)** 0,95 ☐ $\frac{9}{10}$ **g)** $\frac{1}{3}$ ☐ 0,3

b) 0,59 ☐ $\frac{3}{5}$ **d)** $3\frac{1}{2}$ ☐ 3,45   **f)** 2,6 ☐ $2\frac{2}{3}$ **h)** $\frac{1}{6}$ ☐ 0,16

9. Ina und Tom haben ihre Körpertemperatur mit dem Fieberthermometer gemessen. Lies ab.

10. Gib die mit roten Strichen markierten Zahlen als Dezimalbruch und als gemeinen Bruch an.

a)

c)

b)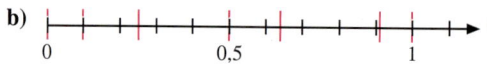

d)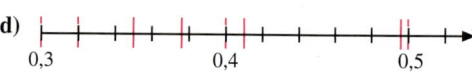

11. Zeichne auf Millimeterpapier einen Zahlenstrahl von 0 bis 1,5. Wähle 1 dm von 0 bis 1. Trage die Striche für die Zehntel ein. Markiere die folgenden Zahlen mit roten Strichen.

a) 0,8; 0,55; 0,93; 1,05; 1,25   **c)** $\frac{3}{10}$; $\frac{5}{10}$; $\frac{35}{100}$; $\frac{1}{10}$; $\frac{53}{100}$; $\frac{31}{100}$

b) 0,73; 1,1; 0,61; 1,46; 0,23; 0,04   **d)** $\frac{1}{10}$; $\frac{1}{5}$; $\frac{3}{5}$; $\frac{2}{5}$; $\frac{4}{4}$; $1\frac{1}{10}$; $1\frac{1}{4}$

12. a) Rechts siehst du einen Ausschnitt des Zahlenstrahls. Welche Zahlen werden durch die roten Striche markiert?

b) Zeichne den Ausschnitt des Zahlenstrahls ab. Markiere darauf die Zahlen 0,93; 1,05; 0,83; 1,17; 1,1; 1,01; 0,98. Ordne zunächst die Zahlen nach der Größe.

13. Gib jeweils 5 Dezimalbrüche an, die zwischen den beiden genannten liegen. Welche Zahl liegt genau in der Mitte?

a) 5 und 6   **b)** 1,6 und 1,7   **c)** 3,81 und 3,82   **d)** 0,09 und 0,1

14. Mit einem Messzylinder kann man das Volumen von Flüssigkeiten bestimmen.

a) Wie viel Liter sind im Messzylinder? Schreibe mit einem Dezimalbruch. Wie viel cm³ sind das?

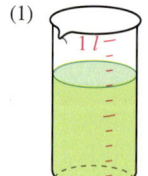 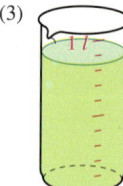 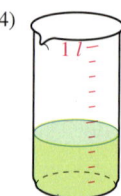 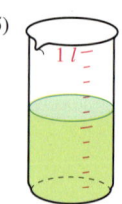 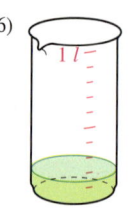

b) Zeichne die Skalen von Messzylindern und trage ein: $\frac{1}{4}$ l; $\frac{3}{4}$ l; $\frac{3}{8}$ l; 0,8 l; 0,2 l.

15. Schreibe die angezeigten Zahlen als Dezimalbruch und als gemeinen Bruch auf.

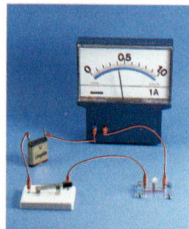

a)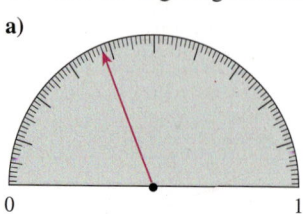

b)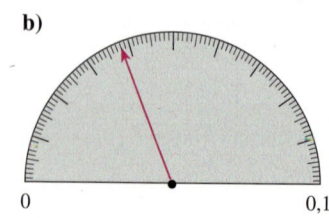

c)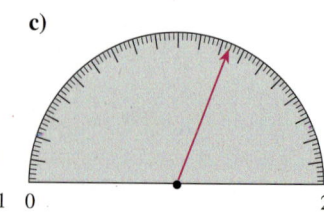

1.9 Runden von Dezimalbrüchen – Säulendiagramme

Einstieg

In einer Umfrage wurde ermittelt, wie viel jede Woche in einem Vier-Personen-Haushalt durchschnittlich ausgegeben wird.
Veranschauliche die Ergebnisse in einem Säulendiagramm.

Brot, Backwaren 18,59 €
Fleisch, Wurst 38,34 €
Milch, Eier, Käse 16,27 €
Obst, Gemüse 17,43 €
sonstige Nahrungsmittel 25,66 €

Aufgabe 1

Runden von Dezimalbrüchen

a) Runde die Längenangaben aus dem Motorrad-Prospekt rechts auf zwei Nachkommastellen – so wie Längen im Alltag meistens angegeben werden.

b) Runde 2,141 und 4,867 auf Zehntel.

JAMAMOTO
Abmessungen
Länge 2,142 m
Höhe 1,158 m
(ohne Spiegel)
Breite 0,915 m
(über Spiegel)

Lösung

a) Die Länge 2,142 m liegt zwischen 2,14 m und 2,15 m, jedoch näher an 2,14 m. Also runden wir ab: 2,142 m ≈ 2,14 m

Die Höhe 1,158 m liegt zwischen 1,15 m und 1,16, jedoch näher an 1,16 m. Also runden wir auf: 1,158 m ≈ 1,16 m

Die Breite 0,915 m liegt zwischen 0,91 m und 0,92 m, und zwar genau in der Mitte. Wie bei den natürlichen Zahlen runden wir auch hier auf: 0,915 m ≈ 0,92 m

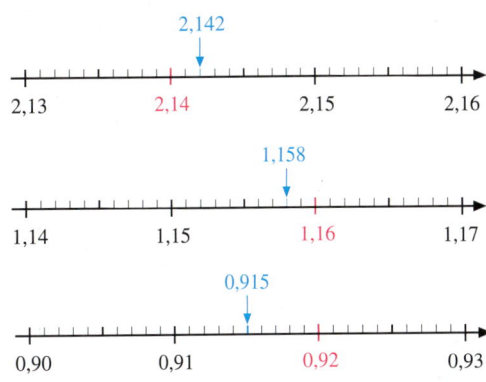

b) 2,141 liegt zwischen 2,1 und 2,2, aber näher an 2,1. Also runden wir ab: 2,141 ≈ 2,14.
4,867 liegt zwischen 4,8 und 4,9, aber näher an 4,9. Also runden wir auf: 4,867 ≈ 4,9.

Information

Oft ist es nicht erforderlich, eine Zahl genau anzugeben. Dann kann man runden.
Beim **Runden** richtet man sich stets nach der Ziffer rechts von der Rundungsstelle.
Wenn die Ziffer rechts von der Rundungsstelle 0, 1, 2, 3, 4 ist, wird *abgerundet*.
Wenn die Ziffer rechts von der Rundungsstelle 5, 6, 7, 8, 9 ist, wird *aufgerundet*.

Runden auf
Einer: 6,**8**512 ≈ 7
Zehntel: 6,8**5**12 ≈ 6,9
Hundertstel: 6,85**1**2 ≈ 6,85
Tausendstel: 6,851**2** ≈ 6,851

Aufgabe 2

Säulendiagramm

Die Klasse 6a bereitet sich auf eine Klassenfahrt nach Ostfriesland vor. Tanjas Gruppe befasst sich mit den Ostfriesischen Inseln. Die Größe der Inseln sollen in einem Säulendiagramm veranschaulicht werden.
Zeichne ein solches Säulendiagramm.

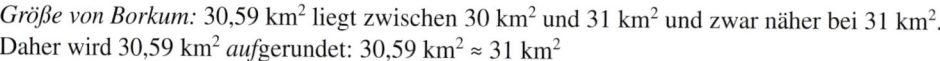

Lösung

Wir zeichnen für je 1 km² Flächeninhalt 1 mm Säulenhöhe. Daher runden wir die Größe zunächst auf volle km².

Größe von Borkum: 30,59 km² liegt zwischen 30 km² und 31 km² und zwar näher bei 31 km². Daher wird 30,59 km² *auf*gerundet: 30,59 km² ≈ 31 km²

Zeichne für Borkum also eine 31 mm = 3,1 cm hohe Säule. Bei den übrigen Inseln gehst du entsprechend vor. Alle Ergebnisse lassen sich übersichtlich in einer Tabelle darstellen:

Insel	Größe (in km²)	Gerundete Größe (in km²)	Säulenhöhe (in cm)
Borkum	30,59	31	3,1
Memmert	5,17	5	0,5
Juist	16,33	16	1,6
Norderney	26,29	26	2,6
Baltrum	6,50	7	0,7
Langeoog	19,67	20	2,0
Spiekeroog	17,65	18	1,8
Wangerooge	4,91	5	0,5

Säulendiagramm

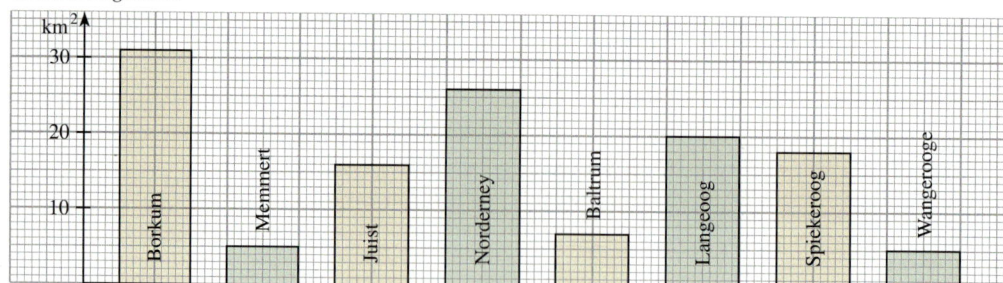

Weiterführende Aufgabe

3. *Endnullen bei Dezimalbrüchen in Größenangaben*

Die Dezimalbrüche 2,4 und 2,40 stellen dieselbe Zahl dar. Begründe das.
Bei Messergebnissen ist jedoch vereinbart, dass die Angaben 2,4 m und 2,40 m etwas Verschiedenes bedeuten: 2,4 m ist eine Länge, die so genau gemessen wurde, dass sie auf zehntel Meter gerundet angegeben wurde. 2,40 m ist dagegen eine Länge, die so genau gemessen wurde, dass sie auf hundertstel Meter gerundet angegeben wurde.

a) Wie lang kann eine Länge sein, die mit 2,4 m angegeben wurde?
   Wie lang kann eine Länge sein, die mit 2,40 m angegeben wurde?

b) Gib jeweils den kleinsten bzw. größten zur Angabe passenden Messwert an:
   (1) 3,9 km;   3,90 km;   3,900 km
   (2) 5,1 kg;   5,10 kg;   5,100 kg
   (3) 2,7 m²;   2,70 m²;   2,700 m²
   (4) 1,3 cm³;   1,30 cm³;   1,300 cm³

Übungsaufgaben

4. Eine Waage zeigt die Masse auf 0,1 kg genau. Runde 48,2 kg [59,7 kg; 71,5 kg] auf volle kg.

5. Runde **a)** auf Hundertstel; **b)** auf Zehntel; **c)** auf Einer; **d)** auf Tausendstel.

(1) 10,1473 (2) 12,8476 (3) 9,96784 (4) 2,43504 (5) 4,2999 (6) 0,77777

6. Runde so, dass nur eine von 0 verschiedene Ziffer bleibt.

a) 215,6 **b)** 7,51 **c)** 0,94 **d)** 0,098 **e)** 0,00975

> 12,3 ≈ 10; 0,075 ≈ 0,08

7. Runde

a) auf €: 3,75 €; 2,13 €; 19,45 €;

b) auf m: 5,6 m; 3,48 m; 9,5 m;

c) auf kg: 4,8 kg; 0,65 kg; 14,49 kg;

d) auf m^3: 34,605 m^3; 99,099 m^3; 6,58 m^3.

8. Runde so, dass du die Angabe in zwei Einheiten ohne Komma schreiben kannst.

> 4,7535 km ≈ 4,754 km = 4 km 754 m

a) 6,4506 km **b)** 2,4085 kg **c)** 13,0609 t **d)** 14,533 € **e)** 17,09 cm

9. Nenne sechs Zahlen, die auf Einer gerundet 14 [auf Zehntel gerundet 0,6; auf Hundertstel gerundet 7,13] ergeben.

10. Gib die Einwohnerzahlen in Millionen mit *einer* Stelle nach dem Komma an.

Chicago	7 104 000	London	6 755 000	Paris	2 166 000	Sydney	3 333 000
Hamburg	1 580 000	Moskau	8 642 000	Peking	9 450 000	Tokio	8 323 000
Kairo	5 921 000	New York	9 120 000	Rom	2 831 000	Wien	1 516 000

11. Fasse die Informationen in einer Tabelle zusammen und zeichne ein Säulendiagramm.

Bedeutende Weltrekord-Halter im Stabhochsprung

Den ersten Weltrekord, seit mit Kunststoffstäben gesprungen wird, errang im Jahr 1961 der US-Amerikaner George Davies mit 4,83 m. Sein Landsmann John Pennel hielt insgesamt 8-mal den Weltrekord, zuletzt 1969 mit 5,44 m. Der Schwede Kjell Isaksson schaffte dies nur 3-mal, verbesserte aber den Weltrekord auf 5,59 m im Mai 1972. Thierry Vignerson aus Frankreich konnte 5-mal den Weltrekord halten, zuletzt im Jahr 1984 mit 5,94 m.

Die prägendste Gestalt des Stabhochsprungs der Männer ist aber der Ukrainer Sergej Bubka. Bubka überquerte als Erster am 3. Juli 1985 in Paris die magische Sechs-Meter-Marke.

Mit seinem bis heute unübertroffenen Weltrekord von 6,14 m am 31. Juli 1994 setzte der „Himmelsstürmer" neue Maßstäbe und gewann alles, was es zu gewinnen gab. 35 Mal verbesserte Bubka meist zentimeterweise den Weltrekord. Sechsmal in Folge wurde der Stabartist Weltmeister (1983 bis 1997), jedoch nur einmal Olympiasieger.

12. 1 kg Früchte enthalten jeweils folgende Mengen an Vitamin E. Ordne sie nach dem Gehalt an Vitamin E und zeichne ein Säulendiagramm.

6,65 mg 0,87 mg 1,68 mg 1,17 mg 1,23 mg 4,52 mg 2,51 mg

13. Gib jeweils den kleinsten bzw. den größten zur Angabe passenden Messwert an.

a) 2,7 kg; 2,70 kg; 2,700 kg **b)** 0,4 m; 0,40 m; 0,400 m **c)** 4,3 *l*; 4,30 *l*; 4,300 *l*

1.10 Addieren und Subtrahieren von Dezimalbrüchen   *Zum Selbstlerne*

Ziel

Hier lernst du, wie man Dezimalbrüche addiert und subtrahiert.

Zum Erarbeiten

 Addieren von Dezimalbrüchen

Bei den Olympischen Winterspielen 2010 in Vancouver gewann Tatjana Hüfner (Oberwiesenthal) die Goldmedaille Rodeln Einsitzer. Die Gesamtzeit von vier Läufen entscheidet über die Platzierung.
Berechne die Gesamtzeit von Tatjana Hüfner.

Man kann ähnlich vorgehen wie beim Addieren natürlicher Zahlen.

Tatjana Hüfner			
1. Lauf	41,760 s	3. Lauf	41,666 s
2. Lauf	41,481 s	4. Lauf	41,617 s

1. Schritt: Man schreibt die Zahlen (ohne die Einheit **s**) stellengerecht untereinander.

2. Schritt: Man addiert zunächst die *Tausendstel* und achtet auf die Überträge:

$$\frac{7}{1\,000} + \frac{6}{1\,000} + \frac{1}{1\,000} + \frac{0}{1\,000} = \frac{14}{1\,000} = \frac{1}{100} + \frac{4}{1\,000}$$

Dann addiert man die *Hundertstel:*

$$\frac{1}{100} + \frac{1}{100} + \frac{6}{100} + \frac{8}{100} + \frac{6}{100} = \frac{22}{100} = \frac{2}{10} + \frac{2}{100}$$

die *Zehntel:*

$$\frac{2}{10} + \frac{6}{10} + \frac{6}{10} + \frac{4}{10} + \frac{7}{10} = \frac{25}{10} = 2 + \frac{5}{10}$$

die *Einer:*

$$2 + 1 + 1 + 1 + 1 = 6$$

die *Zehner:*

$$4 \cdot 10 + 4 \cdot 10 + 4 \cdot 10 + 4 \cdot 10 = 16 \cdot 10 = 1 \cdot 100 + 6 \cdot 10$$

H	Z	E	z	h	t
	4	1	7	6	0
	4	1	4	8	1
	4	1	6	6	6
	4	1	6	1	7
		2	2	1	
1	6	6	5	2	4

$$
\begin{array}{r}
41,760 \\
+\ 41,481 \\
+\ 41,666 \\
+\ 41,617 \\
\hline
{\scriptstyle 2\ \ 21} \\
\hline
166,524
\end{array}
$$

Komma
unter
Komma

Ergebnis: Tatjana Hüfner erzielte die Gesamtzeit 166,524 s, das sind 2 min 46,524 s.

 Subtrahieren von Dezimalbrüchen

Wie groß ist der Zeitunterschied zwischen dem schnellsten und dem langsamsten Lauf von Tatjana Hüfner?
Der 2. Lauf war der schnellste, der 1. Lauf der langsamste.

1. Schritt: Man schreibt die Zahlen (ohne die Einheit s) stellengerecht untereinander.

2. Schritt: Man subtrahiert nacheinander die Tausendstel, Hundertstel, Zehntel, Einer, Zehner und achtet auf die Überträge.

Komma
unter
Komma

Z	E	z	h	t
4	1	7	6	0
4	1	4	8	1
		1	1	
0	0	2	7	9

$$
\begin{array}{r}
41,760 \\
-\ 41,481 \\
\hline
{\scriptstyle 1\ 1} \\
\hline
0,279
\end{array}
$$

Kontrolliere
durch
Addieren

Ergebnis: Der Zeitunterschied beträgt 0,279 s.

Addieren und Subtrahieren von Dezimalbrüchen

Wie bei natürlichen Zahlen werden Dezimalbrüche stellenweise addiert und subtrahiert. Dabei muss Komma unter Komma stehen.

Beispiele:

$$
\begin{array}{r}
78,432 \\
+\ 10,0897 \\
\hline
{\scriptstyle 11} \\
\hline
88,5217
\end{array}
\qquad
\begin{array}{r}
136,35 \\
-\ 84,275 \\
\hline
{\scriptstyle 1\ \ 11} \\
\hline
52,075
\end{array}
$$

Zum Üben

1. Erläutere die Berechnung von
0,2 + 0,9 + 0,3 am Bild rechts.

2. Rechne im Kopf.

a) 1,2 + 0,6   **c)** 4,8 + 3,91   **e)** 2,8 − 0,9
2,5 + 0,8   0,54 + 0,27   3,8 − 0,4

b) 3,8 + 1,3   **d)** 0,7 + 0,19   **f)** 9,6 − 1,3
2 + 3,49   9,99 + 0,1   7,4 − 0,8

g) 3,4 − 0,6   **h)** 3 − 0,7   **i)** 6,49 − 2

3. Julia hat zum Geburtstag Inlineskater und
einen Helm bekommen. Damit bei einem
Sturz die Verletzungsgefahr nicht so groß
ist, braucht sie wenigstens noch Handschu-
he, Ellenbogenschützer und Knieschützer.
Ein Sportgeschäft hat ein Sonderangebot.

a) Wie viel Euro muss sie für die Ausrüs-
tung noch ausgeben?

b) Julia hat in ihrer Spardose 62,45 €.
Wie viel bleibt noch übrig?

4. Welche Fehler wurden gemacht? Berichtige.

a) 5,43 + 3,8 = 8,51   c) 12,59 + 2,8 = 12,87   e) 7,8 − 5 = 7,3

b) 0,4 + 3 = 0,7   d) 3,64 − 1,3 = 2,61   f) 9,58 − 1,4 = 9,44

5. Gib die nächsten sechs Zahlen an.

a) Zähle in Zehntelschritten bei 0,6 [1,75] beginnend weiter.

b) Zähle in Hundertstelschritten bei 0,95 [2,957] beginnend weiter.

c) Zähle in Zehntelschritten bei 2,4 [5,24] beginnend rückwärts.

d) Zähle in Hundertstelschritten bei 1,05 [3,022] beginnend rückwärts.

6. Rechne schriftlich. Führe zuerst einen Überschlag durch.

16,598
187,2574
6,51
231,9331
17,6671
103,8914

a)   11,634   **b)**   16,38   **c)**   36,51   **d)**   17,683   **e)**   156,6301   **f)**   438,347
     + 3,8931   − 9,87   + 59,7284   − 1,085   + 46,123   − 251,0896
     + 2,14   + 7,653   + 29,18

7. **a)** 27,246 + 10,031   **d)** 1,6843 + 5,0090   **g)** 27,035 + 125,96   **j)** 38,79 + 0,804 + 4,378

b) 4,603 + 11,046   **e)** 26,66 + 14,7   **h)** 0,7607 + 0,40681   **k)** 4,865 + 0,95 + 10,6

c) 49,002 + 50,719   **f)** 3,6571 + 0,9   **i)** 26,39 + 18,376   **l)** 16,15 + 7,387 + 31,9

8. **a)** 38,246 − 10,031   **c)** 59,002 − 50,997   **e)** 29,09 − 12,7   **g)** 0,7806 − 0,40681

b) 11,608 − 5,304   **d)** 3,8642 − 1,0090   **f)** 143,96 − 27,053   **h)** 6,7859 − 0,9

9. Du erhältst auffallende Ergebnisse.

a) 1,2745 + 2,0588   **c)** 6,20873 + 4,65547   **e)** 3,6842 − 1,462   **g)** 14,3765 − 4,5

b) 0,5326 + 0,7019   **d)** 63,403 + 2,2332   **f)** 1,7671 − 0,5326   **h)** 62,403 − 0,7767

Zum Selbstlernen

337,127

59,775

339,171

59,335

10. Rechne wie im Beispiel.

a)　　463,747
　　　　– 106,052
　　　　–　18,524

c)　　80,675
　　　　–　7,24
　　　　– 14,1

b)　　92,549
　　　　–　7,851
　　　　– 24,923

d)　　479,9
　　　　– 38,423
　　　　– 104,35

```
   43,75
–   7,28
– 12,54
─────────
   1 1 1
   23,93
```

Zuerst die Hundertstel:
4 + 8 = 12; 12 + 3 = 15
3 hinschreiben, 1 Übertrag

Dann die Zehntel:
1 + 5 + 2 = 8　8 + 9 = 17
9 hinschreiben, 1 Übertrag

11. a) 214,6 – 37,98 – 2,40　　**c)** 93,55 – 14,003 – 22,1　　**e)** 34,075 – 0,081 – 7,4

b) 176,5 – 8,91 – 3　　**d)** 200 – 18,75 – 44,557　　**f)** 3,4032 – 0,48 – 1,00245

12. Janas Vater hat auf seiner Geldkarte noch ein Guthaben von 178,32 €. An der Tankstelle lässt er für Benzin 35,86 € abbuchen. Welches neue Guthaben hat die Geldkarte noch?

13. Ein Wagen mit der Leermasse 0,75 t wurde mit Rüben beladen. Er wiegt jetzt 3,46 t. Wie viel wiegt die Ladung?

14. Frau Weise liest jeden Monat den Stand ihrer Wasseruhr ab.

a) Wie viel m³ Wasser hat sie im Januar, im Februar, im März verbraucht?

b) Wie hoch war der Verbrauch im 1. Vierteljahr?

Datum	Stand der Wasseruhr
1. Januar	1923,225 m³
1. Februar	1939,164 m³
1. März	1958,966 m³
1. April	1976,346 m³

15. Ein Versandhändler hat für alle Waren deren Masse tabelliert. Ein Kunde bestellt ein 1,023 kg schweres Buch, ein 0,523 kg schweres Buch, ein 0,196 kg schweres Taschenbuch und eine 0,087 kg schwere CD. Die Verpackung wiegt 0,127 kg.

Sendungen bis zu einer Masse von 2 kg sind Päckchen, schwerere sind Pakete.
Stelle geeignete Fragen und beantworte sie.

16. Vervollständige in deinem Heft. Die Summe zweier Zahlen steht im Feld darüber.

a)

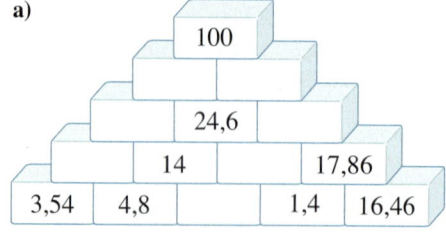

b)

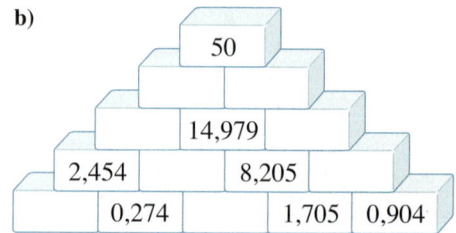

17. Addiere die Zahlen in jeder Zeile und jeder Spalte. Addiere zuletzt die drei Ergebnisse in den Zeilen und die drei Ergebnisse in den Spalten. Was fällt dir auf?

a)

14,8	44,3	0,798	
9,25	0,84	12,9	
10,62	0,413	4,28	

b)

24,15	0,196	0,461	
9,8	42		
1,965		0,97	3,235
		16,501	

18. Berechne den Umfang folgender Grundstücke (Angaben in Meter).

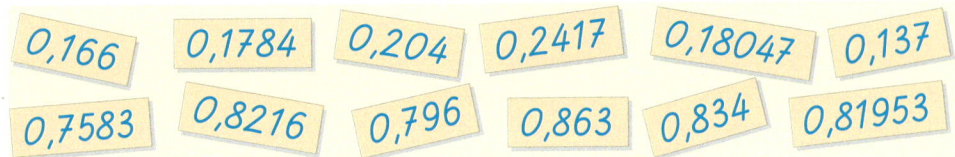

a)

63,2

55,4

b)

36,0

40,8

53,7

33,6

c)

70,3

205,8

180,2

207,3

d)

66,2

8,0

8,0

30,0

Brachland,
Ackerland auf dem
nichts geerntet wird.

19. Ein Bauernhof ist 32,95 ha groß. Davon sind 22,4 ha Ackerland, 3,2 ha Wald, 4,85 ha Wiesen und Weiden. Auf Hofraum und Wege entfallen 1,1 ha. Der Rest ist Brachland.
Wie viel ha Brachland sind es? Schätze zunächst.

20. Stelle aus den Zahlen Additionsaufgaben mit dem Ergebnis 1 zusammen.

0,166   0,1784   0,204   0,2417   0,18047   0,137

0,7583   0,8216   0,796   0,863   0,834   0,81953

21. Aus je zwei Zahlen kannst du eine Additionsaufgabe bilden.

a) Suche die Aufgabe mit dem größten Ergebnis; löse sie.

b) Suche die Aufgabe mit dem kleinsten Ergebnis; löse sie.

c) Suche die Aufgaben, bei denen das Ergebnis zwischen 20 und 30 liegt.

17,55   19,047   12,75   9,9005   6,285   14,089   21,4

22. Zu jedem Ergebnis gehört ein Buchstabe. Die Buchstaben ergeben in der Reihenfolge der Ergebnisse einen Text.

51,6 – 27,44   100 – 5,806   7,39 + 3,805
6,045 + 0,58   33,05 + 13,96   70,02 – 58,9
12,806 + 11,95   50,9 – 31,25   5,008 + 0,996
0,968 + 0,083   1,68 + 34,09   4,17 + 0,856
46,14 – 2,49   78 – 59,66   10 – 8,677
4,06 + 22,38   5,38 – 4,611   12,5 + 6,088
10,5 – 1,048   180 – 31,05   6,013 – 0,847
993,1 – 822,85   12,4 + 41,68

6,625	A
148,95	A
6,004	A
43,65	E
19,65	E
0,769	E
18,588	E
11,12	F
1,051	H
47,01	H
5,026	L
1,323	L

170,25	L
94,194	L
24,16	M
5,166	N
9,452	O
26,44	S
11,195	S
24,756	T
18,34	T
35,77	U
54,08	U

23. Übertrage in dein Heft und ergänze fehlende Ziffern.

a) 1 ,8
     + 4,3
      ——————
      20,14

b) 1 6, 0
     + 4 ,095
      ——————
      204,8 0

c)   98, 4
     + 24,9
      ——————
      12 ,97

d) 156,7 6
     + 2 6, 05
      ——————
       7 ,19

e)   0, 4 6
     + 0,804
      ——————
      ,5 31

Zum Selbstlernen

1.11 Aufgaben zur Vertiefung

1. Tim verkaufte CDs auf einem Flohmarkt. Er verkaufte am Vormittag $\frac{1}{4}$ seiner CDs und am Nachmittag $\frac{1}{3}$ der restlichen CDs. Schließlich hatte er noch 12 CDs übrig.
Wie viele CDs hatte Tim anfangs?

2. **a)** Wie groß ist bei einem Quadrat der Anteil einer Seitenlänge am Umfang?

   b) Wie groß ist bei einem Würfel der Anteil einer Seitenfläche an der Oberfläche?

   c) Wie groß ist bei einem Würfel der Anteil einer Kantenlänge an der gesamten Kantenlänge?

3. Das nebenstehende Bild von Camille Graeser trägt den Titel „Blau – Rot 3 : 1, 1/48 Blau bewegt".
Kontrolliere die Zahlenangaben im Titel.

4. In einer Schule spielen $\frac{19}{20}$ aller Schüler mindestens ein Musikinstrument, $\frac{1}{5}$ aller Schüler sogar mehrere Musikinstrumente.

   a) Wie groß ist der Anteil an der Anzahl aller Schüler, die kein Instrument spielen?

   b) Wie groß ist der Anteil derjenigen, die nur ein Instrument spielen?

5. Onkel Theodor vererbt sein Vermögen an seine Neffen Kai und Dirk und an seine Nichte Claudia.
Kai erbt $\frac{2}{5}$, Dirk $\frac{1}{3}$ des Vermögens, Claudia erhält den Rest.

   a) Welcher Anteil des gesamten Erbes geht an die Neffen?

   b) Welchen Anteil erbt die Nichte?

   c) Wie groß ist das gesamte Vermögen, wenn Claudias Erbteil 80 000 € beträgt?

6. Ein Scheich vererbte seinen drei Söhnen 17 Kamele. Er hatte bestimmt, dass der älteste die Hälfte, der mittlere ein Drittel und der jüngste ein Neuntel erhalten sollte.
Die Söhne waren ratlos, wie sie auf diese Weise 17 Kamele aufteilen sollten.
Ein guter Freund schenkte ihnen ein Kamel. Danach war das Aufteilen leicht, aber doch überraschend für die Söhne. Erkläre, warum.

Bist du fit?

1. Notiere die dargestellten Additions- und Subtraktionsaufgaben. Berechne auch das Ergebnis.

a) 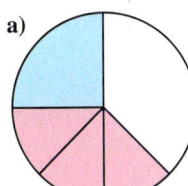 **b)** 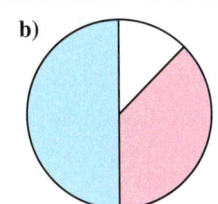 **c)** 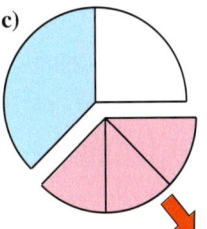 **d)**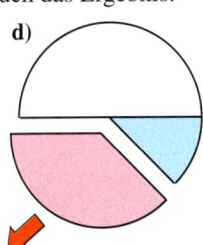

2. Berechne.

a) $\frac{1}{2} + \frac{1}{4}$ **c)** $\frac{4}{5} + \frac{7}{10}$ **e)** $\frac{7}{10} + \frac{2}{25}$ **g)** $\frac{11}{15} + 7$ **i)** $2\frac{2}{3} + \frac{1}{9}$ **k)** $4\frac{2}{3} + 1\frac{4}{5}$

$\frac{2}{3} - \frac{1}{6}$ $\frac{3}{4} - \frac{9}{20}$ $\frac{19}{20} - \frac{11}{30}$ $6 - \frac{5}{8}$ $6\frac{4}{5} - \frac{7}{10}$ $4\frac{2}{3} - 1\frac{4}{5}$

b) $\frac{5}{12} + \frac{2}{3}$ **d)** $\frac{2}{3} + \frac{3}{4}$ **f)** $\frac{5}{7} + \frac{5}{8}$ **h)** $4\frac{1}{3} + \frac{2}{3}$ **j)** $1\frac{1}{2} + \frac{7}{8}$ **l)** $6\frac{4}{15} + 3\frac{5}{6}$

$\frac{11}{15} - \frac{3}{5}$ $\frac{5}{6} - \frac{3}{4}$ $\frac{5}{7} - \frac{5}{8}$ $9 - 1\frac{1}{6}$ $4\frac{3}{10} - \frac{1}{2}$ $6\frac{4}{15} - 3\frac{5}{6}$

3. Addiere. Wie viel fehlt dann noch am nächsten Ganzen?

a) $2\frac{1}{3} + 1\frac{1}{3}$ **b)** $\frac{9}{10} + \frac{5}{12}$ **c)** $\frac{8}{15} + \frac{11}{20}$ **d)** $7\frac{7}{9} + 3\frac{3}{4}$

$4\frac{1}{5} + 3\frac{3}{10}$ $7\frac{5}{8} + 1\frac{3}{5}$ $6\frac{1}{2} + 2\frac{2}{3}$ $1\frac{13}{24} + 5\frac{11}{16}$

> $4\frac{1}{9} + 3\frac{4}{9} = 7\frac{5}{9}$
>
> $\frac{4}{9}$ fehlt dann noch an 8

4. Eine Kiste wiegt mit Inhalt $20\frac{3}{4}$ kg. Die leere Kiste wiegt $3\frac{3}{12}$ kg. Wie schwer ist der Inhalt?

5. Familie Kramer hat ihren Gasverbrauch kontrolliert: $4\frac{1}{2}$ m^3 am Montag, $5\frac{1}{10}$ m^3 am Dienstag.

a) Wie viel m^3 Gas wurden insgesamt an beiden Tagen verbraucht?

b) Wie viel m^3 Gas wurden am Dienstag mehr als am Montag verbraucht?

6. Einfache Ergebnisse.

a) $\frac{1}{2} + \frac{1}{3} + \frac{1}{6}$ **b)** $4\frac{3}{10} + \frac{1}{5} + \frac{1}{2}$ **c)** $\frac{3}{4} + \frac{5}{12} - \frac{1}{6}$ **d)** $8\frac{3}{14} - 5\frac{5}{6} - 1\frac{8}{21}$

$\frac{3}{4} + \frac{2}{5} + \frac{17}{20}$ $1\frac{7}{12} + 6\frac{3}{4} + \frac{2}{3}$ $7\frac{2}{9} + 1\frac{11}{12} - 4\frac{5}{36}$ $6\frac{13}{24} - 4\frac{7}{15} - 2\frac{3}{40}$

$\frac{1}{2} + \frac{1}{9} + \frac{7}{18}$ $8\frac{1}{15} + 9\frac{1}{3} + 2\frac{3}{5}$ $9\frac{1}{6} - 2\frac{1}{10} - 3\frac{1}{15}$ $7\frac{53}{60} - \frac{11}{45} - 5\frac{23}{36}$

7. Vergleiche. Setze im Heft das passende Zeichen $<$, $>$ bzw $=$ ein.

a) $\frac{4}{5} + \frac{3}{20}$ ▢ 1 **b)** $2\frac{1}{8} - 1\frac{1}{2}$ ▢ $\frac{10}{16}$ **c)** $\frac{1}{5} + \frac{1}{9}$ ▢ $\frac{1}{3}$ **d)** $1\frac{1}{40} + \frac{1}{50}$ ▢ $\frac{1}{4} - \frac{1}{5}$

8. Tim hat eingekauft.
Wie schwer ist der Inhalt seiner Einkaufstasche? Mache zunächst einen Überschlag.

9. Leon hat noch $\frac{3}{4}$ l Milch. Zum Waffelbacken benötigt er $\frac{3}{10}$ l, für einen Milchshake $\frac{1}{5}$ l.
Wie viel l Milch bleibt übrig?
Erstelle drei verschiedene Terme, mit denen man die Aufgabe lösen kann. Begründe deine Überlegungen.

10. Gib die mit den roten Strichen markierten Zahlen als Dezimalbrüche und auch als gekürzte gemeine Brüche (in gemischter Schreibweise) an.

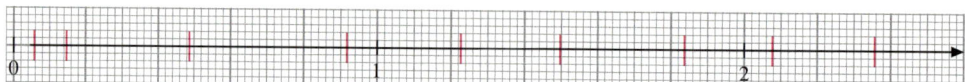

11. **a)** Welche Zahlen sind gleich: 0,2; 0,02; 0,20; 0,002; 0,020; 0,200; 0,202; 0,02020; 0,2020?

b) Hänge so viele Endnullen an, dass du die Größe in zwei Einheiten ohne Komma angeben kannst.

(1) 2,9 km	(4) 1,5 kg	(7) 1,2 cm^2	(10) 4,75 l
(2) 7,5 t	(5) 2,03 g	(8) 3,5 ha	(11) 2,5 m^3
(3) 1,75 t	(6) 9,8 m^2	(9) 2,1 km^2	(12) 8,08 cm^3

12. Runde   **a)** auf Tausendstel;   **b)** auf Hundertstel;   **c)** auf Zehntel;   **d)** auf Einer.
(1) 2,7686   (2) 5,7896   (3) 0,0854   (4) 7,7777   (5) 4,0193   (6) 7,0707

13. Nach einer Umfrage werden in einem Vier-Personen-Haushalt jede Woche für Nahrungsmittel durchschnittlich ausgegeben:

a) Runde die Angaben auf ganze Euro.

b) Zeichne ein Säulendiagramm.

Brot, Backwaren   18,59 €
Fleisch, Wurst   38,34 €
Milch, Eier, Käse   16,27 €
Obst, Gemüse   17,43 €
sonstige
Nahrungsmittel   25,66 €

14. Beim Stundenweltrekord im Radsport wird gemessen, welche Strecke man in einer Stunde zurücklegen kann:

H. Desgrange	(Frankreich, 1893)	35,325 km
M. Berthet	(Frankreich, 1913)	42,741 km
M. Richard	(Frankreich, 1933)	44,777 km
F. Coppi	(Italien, 1942)	45,871 km
E. Baldini	(Italien, 1956)	46,393 km
F. Bracke	(Belgien, 1967)	48,093 km
E. Merckx	(Belgien, 1972)	49,431 km
F. Moser	(Italien, 1984)	51,151 km
C. Boardman	(Großbritannien, 1996)	56,375 km

Zeichne ein Säulendiagramm.

15. Ordne nach der Größe: 0,25; 1,03; 1,30; 0,52; 2,75; 1,3; 1,98; 0,07; 1,976; 1,984; 1,0998

16. Berechne im Kopf:

a) 5,7 + 1,8   **c)** 0,94 + 0,21   **e)** 3,7 + 1,24   **g)** 1,04 + 0,97

b) 9,2 – 3,5   **d)** 1,47 – 0,39   **f)** 8,98 – 2,5   **h)** 2,05 – 0,87

17. Berechne schriftlich:

a) 19,356 + 7,89   **c)** 53,47 + 0,389   **e)** 32,753 – 5,325   **g)** 50,7 – 32,07

b) 0,243 + 0,7785   **d)** 98,42 + 13,763   **f)** 95,7 – 39,183   **h)** 321,65 – 171,8

18. **a)** 12,3 + 7,895 + 23,47 + 0,08   **c)** 87,3 – 12,47 – 13,89 – 5,497

b) 0,96 + 13,785 + 0,07 + 1,0736   **d)** 134 – 19,56 – 37,543 – 0,89

Bleib fit im ...
Umgang mit Flächen- und Volumenberechnungen

Zum Aufwärmen

1. Bestimme den Flächeninhalt der Figuren rechts.

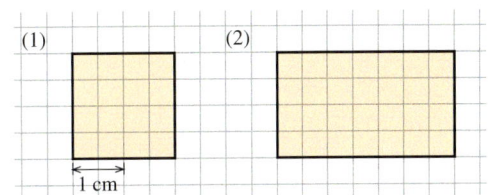

2. Aus Pappe sollen die abgebildeten Quader hergestellt werden.
Für welchen braucht man mehr Pappe?
In welchen Quader passt mehr hinein?

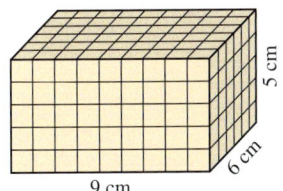
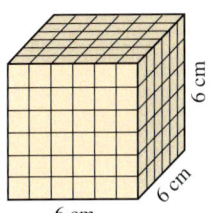

3. a) Erläutere am Quadrat rechts den Zusammenhang zwischen den Flächeninhaltseinheiten mm^2 und cm^2.

b) Erläutere ebenso am Würfel rechts den Zusammenhang zwischen den Volumeneinheiten mm^3 und cm^3.

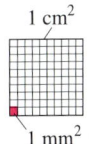
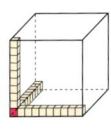

Zum Erinnern

(1) Flächeninhalt von Figuren

Der Flächeninhalt einer Figur gibt an, wie viele Einheitsquadrate in der Figur enthalten sind.

> *Flächeninhalt eines Rechtecks = Länge mal Breite*

Für den **Flächeninhalt A eines Rechtecks** mit den Seitenlängen a und b gilt:

$A = a \cdot b$

Beispiel: a = 6 cm; b = 4 cm
$A = 6\,cm \cdot 4\,cm = (6 \cdot 4)\,cm^2 = 24\,cm^2$

(2) Oberflächeninhalt und Volumen von Quadern

Die Seitenflächen eines Quaders bilden seine *Oberfläche*. Deren Flächeninhalt ist z.B. ein Maß dafür, wie viel Pappe man zur Herstellung benötigt.
Die Anzahl der Einheitswürfel, die in einen Quader lückenlos passen, gibt sein Volumen an. Wählt man Würfel mit der Kantenlänge 1 cm, dann erhält man das Volumen in der Einheit cm^3.

Sind a, b und c die Kantenlängen eines Quaders, dann gilt für
Volumen V und Oberflächeninhalt O des Quaders:

$V = a \cdot b \cdot c$

$A_O = 2 \cdot a \cdot b + 2 \cdot a \cdot c + 2 \cdot b \cdot c$

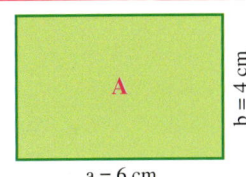
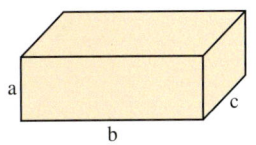

(3) Umwandeln von Flächeninhalts- und Volumeneinheiten

Die Umwandlungszahl der Längeneinheiten ist 10 (z. B. 10 mm = 1 cm; 10 dm = 1 m).
Um ein 1 m² großes Quadrat auszulegen, benötigt man 10 · 10 Quadrate der Seitenlänge 1 dm, also
100 Quadrate der Größe 1 dm².

> Bei Flächeninhaltseinheiten: Umwandlungszahl 100

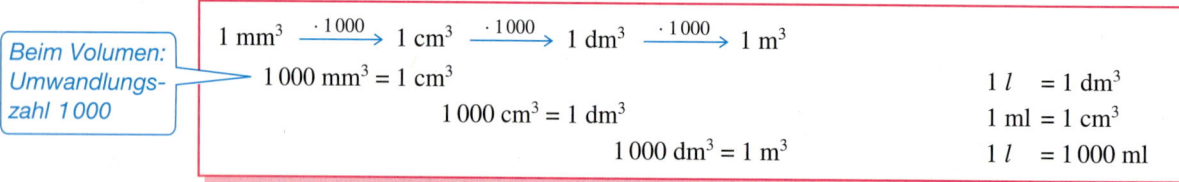

$$1\ mm^2 \xrightarrow{\cdot 100} 1\ cm^2 \xrightarrow{\cdot 100} 1\ dm^2 \xrightarrow{\cdot 100} 1\ m^2 \xrightarrow{\cdot 100} 1\ a \xrightarrow{\cdot 100} 1\ ha \xrightarrow{\cdot 100} 1\ km^2$$

$$100\ mm^2 = 1\ cm^2 \qquad\qquad 100\ m^2 = 1\ a$$
$$100\ cm^2 = 1\ dm^2 \qquad\qquad 100\ a = 1\ ha$$
$$100\ dm^2 = 1\ m^2 \qquad\qquad 100\ ha = 1\ km^2$$

Um einen 1 m³ großen Würfel auszufüllen, benötigt man 10 · 10 · 10 Würfel der Kantenlänge 1 dm, also 1000 Würfel mit dem Volumen 1 dm³.

> Beim Volumen: Umwandlungszahl 1000

$$1\ mm^3 \xrightarrow{\cdot 1000} 1\ cm^3 \xrightarrow{\cdot 1000} 1\ dm^3 \xrightarrow{\cdot 1000} 1\ m^3$$

$$1000\ mm^3 = 1\ cm^3 \qquad\qquad 1\ l\ \ = 1\ dm^3$$
$$1000\ cm^3 = 1\ dm^3 \qquad\qquad 1\ ml = 1\ cm^3$$
$$1000\ dm^3 = 1\ m^3 \qquad\qquad 1\ l\ \ = 1000\ ml$$

Zum Trainieren

4. a) Die Insel Borkum ist etwa 30 600 000 m² groß. Gib die Seitenlängen eines Rechtecks an, das so groß wie Borkum ist.

  b) Thüringen ist 16 172 km² groß [Erfurt 26 910 ha]. Gib die Seitenlängen eines Rechtecks an, das etwa so groß ist wie Thüringen [wie Erfurt].

5. Gib in der in Klammern angegebenen Einheit an.

a) 90 a (m²)	**b)** 8 cm² (mm²)	**c)** 7 km² (m²)	**d)** 560 ha (m²)
120 ha (a)	900 cm² (dm²)	29 km² (a)	56 ha (km²)
2 400 m² (a)	4 500 m² (dm²)	2 400 m² (cm²)	5 600 a (m²)
3 600 ha (km²)	3 000 dm² (mm²)	30 000 m² (ha)	5 600 a (ha)

6. Wie groß ist der Flächeninhalt eines 9 cm langen Rechtecks mit dem Umfang 26 cm? Welche Seitenlänge hätte ein flächeninhaltsgleiches Quadrat?

7. Schreibe in der in Klammern angegebenen Einheit.

a) 715 cm³ (mm³)	**b)** 17 600 dm³ (m³)	**c)** 147 l (ml)	**d)** 1 234 l (dm³)
3 400 cm³ (dm³)	93 000 mm³ (cm³)	9 000 cm³ (l)	399 ml (l)

8. Berechne jeweils den Oberflächeninhalt eines Quaders mit den angegebenen Kantenlängen.

  a) 2,4 cm; 1,8 cm; 5,7 cm   **b)** 1,30 m; 70 cm; 90 cm   **c)** 34 cm; 2,75 m; 3,60 m

9. Der Pappbehälter von 1 l H-Milch ist 9 cm lang und 6 cm breit. Wie viel Pappe wird zu seiner Herstellung mindestens benötigt?

10. Ein Quader mit einem Oberflächeninhalt von 249 cm² ist 8 cm lang und 5 cm breit. Welches Volumen hat er? Schätze zunächst.

2. SYMMETRIE – ABBILDUNGEN – WINKELSÄTZE

Das unten stehende Bild hat der Künstler Wassily Kandinsky 1923 gemalt.
Das Ölgemälde trägt den Titel ‚Komposition 8'. Es ist 2,00 m lang und 1,40 m hoch und hängt im Guggenheim-Museum in New York.

- Welche geometrischen Formen sind zu finden?

- Welche Besonderheiten kannst du noch entdecken?

- Welche Werkzeuge hat Kandinsky beim Malen wohl verwendet?

In diesem Kapitel wirst du deine Kenntnisse über Symmetrie und geometrische Abbildungen zusammenstellen und vertiefen. Du lernst Zusammenhänge zwischen Winkeln in geometrischen Figuren sowie Besonderheiten bei Dreiecken und Vierecken kennen.

2.1 Achsenspiegelungen

Einstieg

Zaubertrick aus einem alten Buch:

Vor eine Glasscheibe wird eine brennende Kerze gestellt, dahinter eine gleich große, nicht brennende. Bei geeigneter Stellung der Kerzen zur Glasscheibe scheint auch die zweite zu brennen. Du kannst dann deine Zuschauer verblüffen: Ein an die zweite Kerze gehaltenes Stück Papier fängt kein Feuer.

Probiert das aus und beschreibt die geeignete Lage der Kerzen zur Glasscheibe. Betrachtet dazu die Anordnung von oben und zeichnet einen Stellplan.

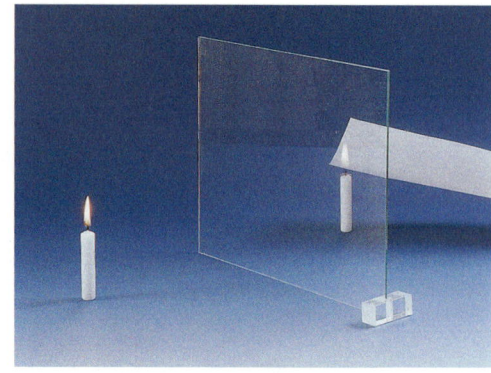

Aufgabe 1

Die alte Steinbrücke auf der spanischen Halbinsel La Manga ist ein schönes Fotomotiv, wenn man das Spiegelbild im Wasser mit fotografiert.

a) Zeichne die Brücke in vereinfachter Form mit Strecken und Halbkreisen.
Ergänze dann ihr Spiegelbild im Wasser.

b) Kontrolliere mit einer kleinen durchsichtigen Scheibe, ob du richtig gezeichnet hast.
Stelle diese dazu an der Grenzlinie zum Wasser auf.

Lösung

a) Zeichne zunächst die Brücke in vereinfachter Form und die Grenzlinie zum Wasser. Das Spiegelbild der Brücke erhältst du so:

Jeder Punkt der Brücke liegt bezüglich der Grenzlinie zu seinem Spiegelbild im Wasser so wie einander entsprechende Punkte in einer achsensymmetrischen Figur.

Du weißt: Jeder Punkt ist genauso weit von der Symmetrieachse entfernt wie sein Symmetriepartner. Liegt ein Punkt nicht auf der Symmetrieachse, so ist die Verbindungslinie zu seinem Symmetriepartner senkrecht zur Symmetrieachse.

b) Stellt man die Scheibe senkrecht zum Zeichenblatt an der Grenzlinie auf, muss das Spiegelbild in der Scheibe mit dem gezeichneten Spiegelbild übereinstimmen.

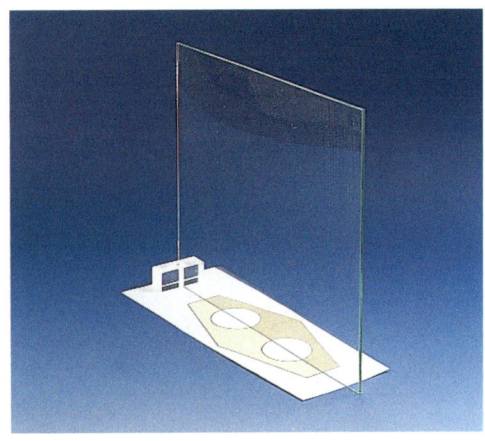

Information

Spiegeln an einer Geraden

So erhältst du zu einem Punkt P beim Spiegeln an einer Geraden g sein Spiegelbild, den *Bildpunkt* P′: Der Punkt P′ muss den gleichen Abstand von der Geraden g haben wie P. Ferner muss die Verbindungslinie $\overline{PP'}$ senkrecht zur Geraden g sein.

> Am einfachsten spiegelst du an einer Geraden mithilfe eines Geodreiecks:
>
> (1) Lege es mit seiner Mittellinie so auf die Gerade g, dass P an der Zentimeterskala liegt.
>
> (2) Markiere dann im gleichen Abstand auf der anderen Seite den Bildpunkt P′.
>
> In dem Sonderfall, dass der zu spiegelnde Punkt auf der Geraden liegt, ist es ganz einfach: Er ist sein eigener Bildpunkt. Man nennt einen solchen Punkt auch *Fixpunkt*.

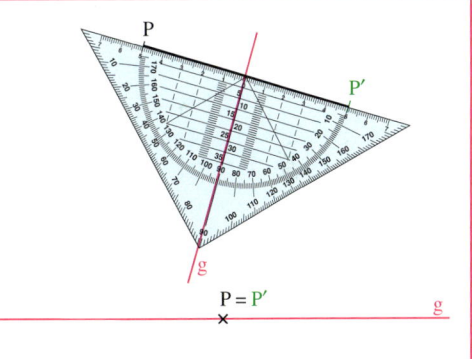

Weiterführende Aufgaben

2. *Zusammenhang zwischen Achsensymmetrie und Spiegeln an einer Geraden*

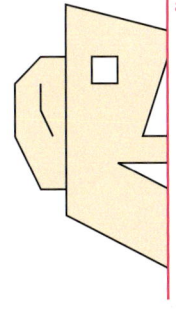

    a) Links siehst du den Teil einer Maske. Zeichne die Figur nach Augenmaß ab und ergänze sie zu einer achsensymmetrischen Figur mit der Symmetrieachse a.

    b) Spiegele die unter Teilaufgabe a) erhaltene achsensymmetrische Figur an der Achse a. Was stellst du fest?

> Eine Figur heißt **achsensymmetrisch** zur Achse a, wenn sie bei der Achsenspiegelung an der Achse a auf sich abgebildet wird.
> Die Spiegelachse heißt dann **Symmetrieachse**.

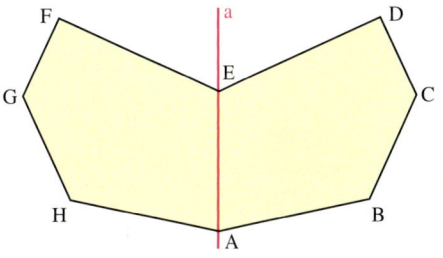

3. *Eigenschaften der Achsenspiegelung*

a) Zeichne das Ziffernblatt einer Uhr und eine Gerade a außerhalb des Ziffernblattes. Spiegele das Ziffernblatt an der Achse a. Die Zeiger der Uhr laufen rechts herum.
Wie laufen dann die Zeiger auf dem Spiegelbild?

b) Jan und Feline hatten jeweils die Aufgabe, einen Gegenstand an einer Geraden zu spiegeln.
Woran erkennst du sofort, dass die Spiegelbilder falsch sein müssen?

Jans Zeichnung:

Felines Zeichnung:

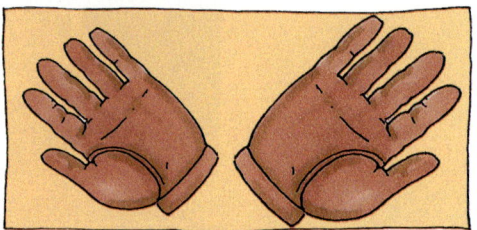

Für *jede* Achsenspiegelung gilt:

(1) Figur und Bildfigur sind deckungsgleich zueinander.

(2) Strecke und Bildstrecke sind gleich lang.

(3) Winkel und Bildwinkel sind gleich groß.

(4) Figur und Bildfigur haben verschiedenen Umlaufsinn.

$\overline{AB} = \overline{A'B'}$

$\alpha = \alpha'$

---

4. *Zeichnen der Spiegelachse – Mittelsenkrechte*

a) Rechts siehst du die achsensymmetrische Vorderansicht eines Gebäudes.
Wie kannst du die Symmetrieachse finden?
Beschreibe mehrere Möglichkeiten.

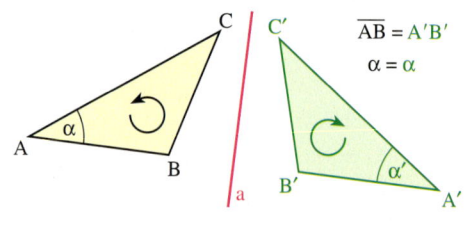

b) Übertrage die Zeichnung rechts in dein Heft. Der Punkt P' ist Bildpunkt von Punkt P bei einer Achsenspiegelung. Die Spiegelachse wurde wegradiert. Zeichne sie wieder.

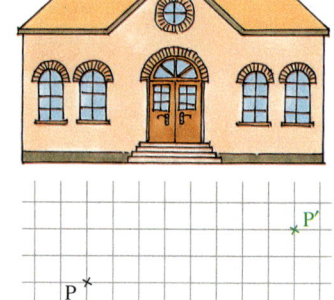

5. *Zeichnen der Spiegelachse – Winkelhalbierende*

a) Archäologen fanden bei Ausgrabungen eine verzierte Lanzenspitze, die teilweise zerstört und teilweise gut erhalten ist. Für die Ausstellung im Museum soll ein Modell der Lanze einschließlich Schaft hergestellt werden.
Gib mehrere Möglichkeiten an, wie die Lanzenspitze ausgesehen haben könnte.

b) Gegeben ist ein Winkel. Zeichne seine Symmetrieachse ein.

Information

(1) Mittelsenkrechte

In Aufgabe 4 haben wir zu mehreren Punkten und ihren Bildpunkten die Spiegelachse konstruiert. Sie ist senkrecht zur Strecke zwischen Punkt und Bildpunkt und halbiert diese Strecke. Man sagt auch: Die Spiegelachse ist die *Mittelsenkrechte* der Strecke zwischen Punkt und Bildpunkt.

> Gegeben ist eine Strecke $\overline{AB}$.
> Unter der **Mittelsenkrechten** m der Strecke $\overline{AB}$ versteht man die Gerade, die senkrecht zu der Strecke $\overline{AB}$ ist und durch den Mittelpunkt M der Strecke $\overline{AB}$ geht.

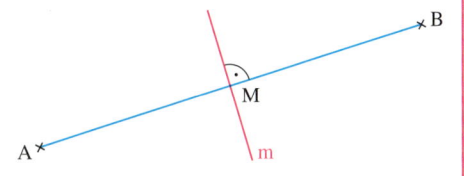

(2) Winkelhalbierende

In Aufgabe 5 a) kann man die Lanzenspitze durch Spiegeln ergänzen. Dazu zeichnet man durch die Spitze einen Strahl, der den Winkel in zwei gleich große Teile zerlegt. Diesen Strahl bezeichnet man als *Winkelhalbierende*.

> Gegeben ist ein Winkel α mit dem Scheitel S.
> Den Strahl w mit dem Anfangspunkt S, der den Winkel α in zwei gleich große Teilwinkel zerlegt, nennt man die **Winkelhalbierende** von α.

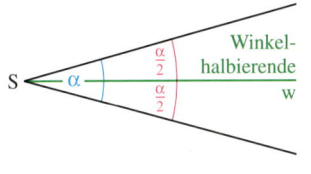

Übungsaufgaben

6. Erzeuge im Heft Spiegelbilder von

    a) dem Wort LAGER;   **b)** dem Wort OTTO;   **c)** dem Wort ANNA.

    Kontrolliere mit einer kleinen Glasscheibe oder einem blanken Geodreieck.

7. Jan fährt mit seinen Eltern auf der Autobahn. Als er durch die Heckscheibe schaut, entdeckt er einen Transporter mit einer merkwürdigen Aufschrift.
Sein Vater dagegen schaut in den Rückspiegel und wundert sich gar nicht.
Erläutere diesen Sachverhalt.

8. Übertrage in dein Heft und spiegele an der Geraden g.

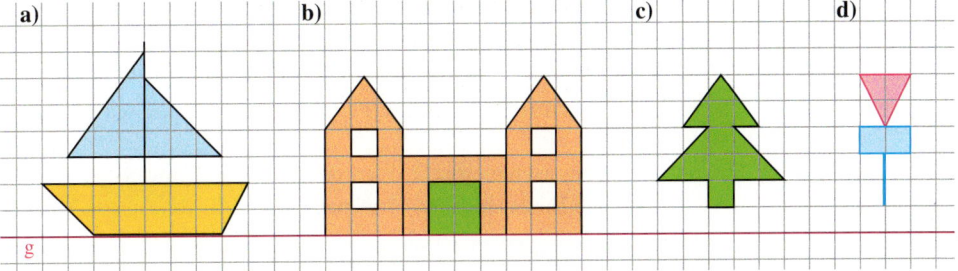

9. Hier wurde nicht korrekt gespiegelt. Finde die Fehler.

a)

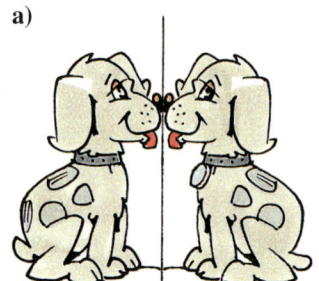

b)

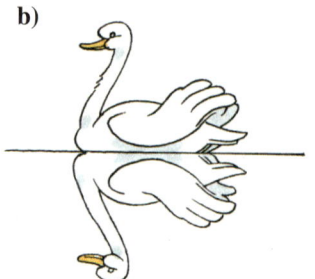

c)

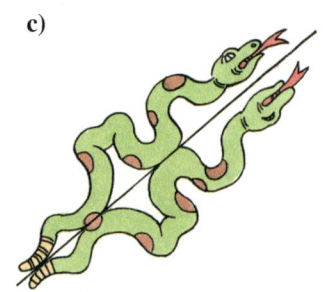

10. Untersuche, ob korrekt gespiegelt wurde. Nenne gegebenenfalls die Fehler.

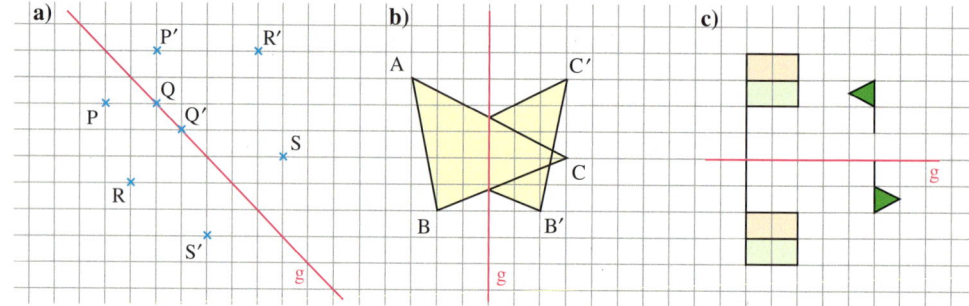

11. Zeichne das Dreieck ABC und die Gerade g in dein Heft. Spiegele dann das Dreieck an der Geraden. Gib die Koordinaten der Bildpunkte an.

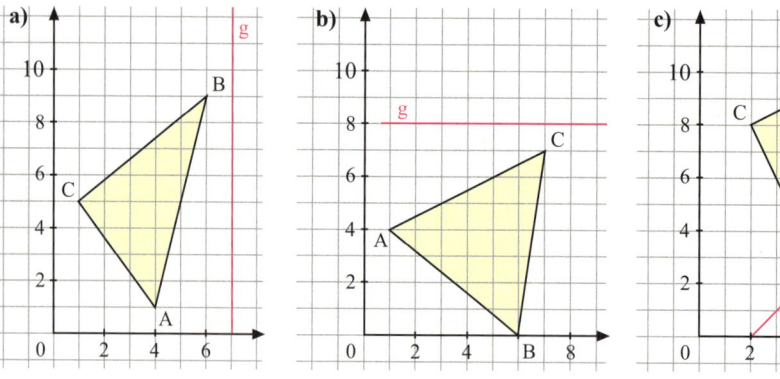

12. Zeichne das Dreieck mit den Eckpunkten A (3│1), B (7│3) und C (0│7).

  a) Spiegele das Dreieck ABC dann an der Geraden durch die Punkte P (8│3) und Q (7│9). Vergleiche die Längen der Seiten des Dreiecks ABC mit den Längen der Seiten des Bilddreiecks A′B′C′. Vergleiche auch die Größe der Winkel in beiden Dreiecken.

  b) Wie musst du das Dreieck A′B′C′ spiegeln, damit du wieder das Ausgangsdreieck erhältst?

13. a) Gebt achsensymmetrische Figuren aus eurer Umwelt an. Denkt auch an Spielfelder beim Sport, bei Brettspielen, an Firmenzeichen (z. B. von Autos), Verkehrsschilder und an Wappen.

  b) Welche Ziffern sind achsensymmetrisch?

  c) Gebt Zahlen wie 808 an, die achsensymmetrisch sind.

14. Im Spiegel eines Uhrengeschäftes siehst du die drei Uhren. Welche wird zuerst schlagen, welche dann?

15. Zeichne in ein Koordinatensystem mit der Einheit 1 cm einen Kreis mit dem Mittelpunkt M(4|3) und dem Radius r = 2,5 cm. Spiegele den Kreis an der Geraden PQ mit

   a) P(9|1), Q(5|7);   **b)** P(1|6), Q(7|3);   **c)** P(6|5), Q(9|2).

16. Zeichne das Dreieck ABC mit den Eckpunkten A(3|2), B(5|4) und C(9|6) sowie sein Bilddreieck mit den Eckpunkten A′(2|3), B′(4|5) und C′(6|9).

   a) Zeichne die Spiegelachse g ein und gib zwei Punkte auf ihr mit ihren Koordinaten an.

   b) Welche Besonderheiten weisen die Koordinaten aller Punkte der Spiegelachse auf?

   c) Wie erhält man die Koordinaten eines Bildpunktes aus den Koordinaten des Punktes beim Spiegeln an dieser Geraden?

17. Lukas hat die Gerade g an der Achse a gespiegelt. Kontrolliere und begründe deine Antwort.

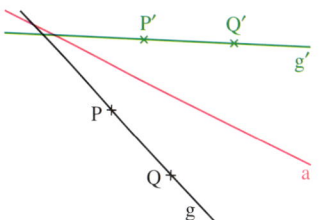

18. Zeichne in ein Koordinatensystem das Dreieck ABC mit A(1|0), B(5|1) und C(4|5) sowie die Gerade g durch die Punkte P(0|12) und Q(12|0).

   a) Spiegele das Dreieck an der Achse g. Wähle weitere Punkte innerhalb und außerhalb des Dreiecks ABC und konstruiere auch ihre Bildpunkte.

   b) Wie liegen die Geraden AA′, BB′ und CC′   (1) zur Spiegelachse g;   (2) zueinander?

   c) Bearbeite Teilaufgabe a) für andere Lagen der Spiegelachse zum Dreieck ABC.

19. Herr Petri sucht zum Angeln eine möglichst ruhige Stelle, gleich weit entfernt zu beiden Straßen. Kannst du ihm helfen?

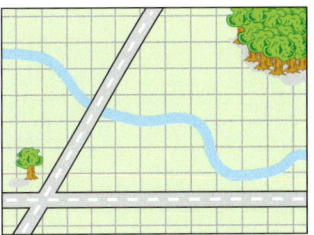

20. Zeichne zu der Geraden g die Bildgerade g′ bei der Achsenspiegelung an der Spiegelachse a. Begründe dein Vorgehen. Vergleiche. Was stellst du fest? Was kannst du über die Bildgerade g′ aussagen, wenn die Gerade g und die Achse a zusammenfallen?

1. Fall:

h schneidet g im Punkt S

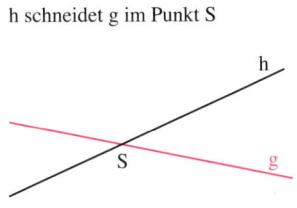

2. Fall:

h ist senkrecht zu g

3. Fall:

h ist parallel zu g

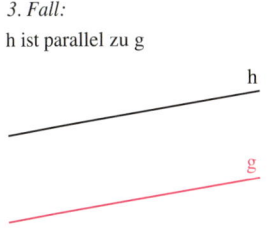

21. Stelle durch Falten und Schneiden Figuren der folgenden Art her.

22. a) Aus welcher Teilfigur kannst du das achsensymmetrische Vieleck durch Achsenspiegelung herstellen? Färbe die Teilfigur. Wie viele Ecken hat sie?

b) Gib ein (1) Siebeneck, (2) Achteck an, aus dem man durch Achsenspiegelung das Siebeneck erzeugen kann.

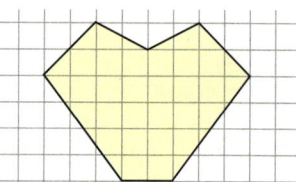

Spiel
(für 2
Personen)

23. *Das Spiegelspiel*

Das Spiegelspiel wird auf kariertem Papier mit einer frei beweglichen Spiegelachse (z. B. einer Stricknadel oder einem Mikadostab, ...) gespielt.
Das Spielfeld sollte rechteckig sein, z. B. 9 Kästchen lang und 11 Kästchen breit.

Spielregeln:

(1) Jeder Spieler bekommt ein Zeichen: einer ×, der andere ○.

(2) Der Spieler, der anfängt, trägt sein Zeichen in ein beliebiges Kästchen ein. Der andere Spieler legt dann die Spiegelachse auf eine der unten gezeichneten Arten auf das Spielfeld. Anschließend spiegelt er alle bisher eingetragenen Zeichen (also auch die gegnerischen) an der Spiegelachse und trägt die Bilder ein. Schon belegte Kästchen dürfen nicht überschrieben werden.

(3) Nun darf der andere Spieler auch noch ein Zeichen in ein beliebiges Kästchen eintragen, und der erste Spieler legt die Spiegelachse fest usw.

Sieger ist, wer so auf dem gesamten Spielfeld die meisten Zeichen erzielt.
Spiele dieses Spiel mehrfach und versuche einige gewinnbringende Tricks herauszufinden.

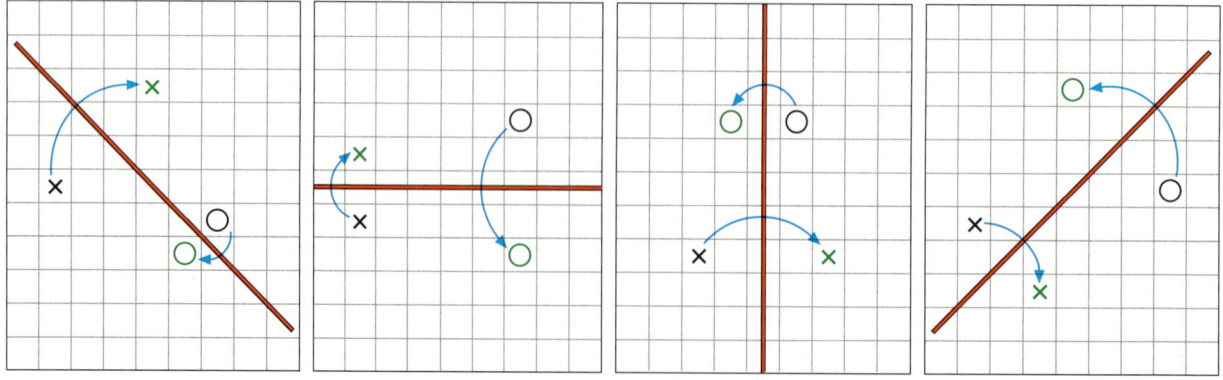

Im Blickpunkt
Im Blickpunkt

DGS | Dynamische Geometrie-Systeme (DGS)

Wenn du dich bei einer Zeichnung im Heft vertan hast, musst du radieren, und das bleibt nicht spurenlos. Auch Änderungen einer Zeichnung sind nicht einfach möglich. Dies beides ist anders beim Arbeiten mit dynamischen Geometrie-Systemen, die es für Computer und Taschencomputer gibt. Du kannst hier problemlos Konstruktionsschritte zurücknehmen und auch die Form einer konstruierten Figur nachträglich ändern.

1. Mit den meisten Programmen kannst du Punkte, Strecken, Kreise und Vielecke zeichnen. Oben am Bildschirmrand findest du ein Menü zur Auswahl und unten am Bildschirmrand Hilfen zur Eingabe (Bild links). Probiere das aus und versuche eine lustige Figur zu zeichnen.

2. Verändere nun die Zeichnung, indem du einen der gewählten Punkte mit der Maus anwählst und ihn bewegst (Bild rechts). Deine Figur fällt auseinander, wenn du nicht daran gedacht hast, Punkte mithilfe des Befehls „Punkt auf eine Linie" zu erzeugen. Hast du einen solchen Punkt erzeugt, kannst du ihn nicht von der Linie fortbewegen. Entsprechend steht dir ein Schnittpunkt erst dann für weitere Konstruktionsschritte zur Verfügung, wenn du ihn mit dem Befehl „Schnitt zweier Linien" erzeugt hast.
    Benutze diese Befehle, um ein Bild zu erzeugen, das beim Verändern nicht in Einzelteile zerfällt.

3. Zur besseren Übersicht benennst du im Heft Punkte und Geraden mit Buchstaben. Dies ist auch mit dynamischen Geometrie-Systemen möglich. Zeichne ein Dreieck und benenne seine Endpunkte mit A, B, C. Zeichne auch eine Gerade g.

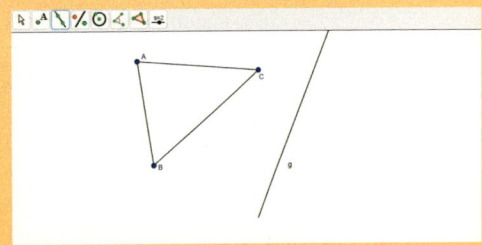

Strecke $\overline{AB}$ hat zwei Endpunkte.

A   B

Strahl $\overline{AB}$ hat einen Anfangspunkt.

A   B

Gerade AB hat keinen Endpunkt.

A   B

4. a) Ein Schiff fährt von einem Punkt A aus 5 km direkt in östlicher Richtung zu einem Punkt E. Dort ändert es seinen Kurs um 50° zur Nordrichtung hin und fährt von dort aus 7 km weiter zu einem Punkt F.
Zeichne diesen Weg, indem du mit einem Strahl für die Ostrichtung beginnst. Um den Punkt F an die richtige Stelle zu ziehen, kannst du Streckenlängen und Winkelgrößen messen lassen.

b) Stelle fest, in welchem Winkel zur Nordrichtung und wie weit das Schiff fahren müsste, um von A direkt nach F zu gelangen.

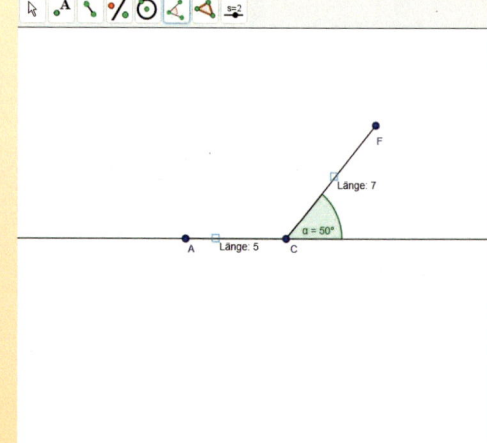

5. In Aufgabe 3 hast du gemerkt, dass beim Ziehen am Punkt F sich auch der Punkt E mit bewegt hat. Günstiger ist es daher, wenn du Strecken bestimmter Länge mithilfe von Kreisen und Winkel durch Antragen konstruierst. Nicht mehr benötigte Hilfslinien kannst du anschließend in der Zeichnung verbergen lassen.

a) Führe das für das Beispiel aus Aufgabe 4 durch.

b) Zeichne mit dem dynamischen Geometrie-System eine parallele Gerade zu der Geraden EF durch den Punkt A.

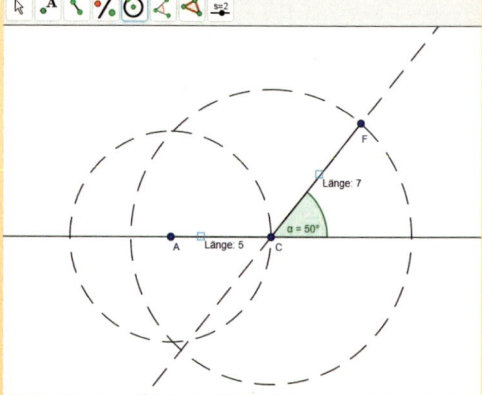

6. Zeichne mit deinem dynamischen Geometrie-System ein Viereck und eine Gerade. Spiegele dann das Viereck an dieser Geraden.
Verändere die Lage des Vierecks und auch die Lage der Geraden. Was stellst du fest?

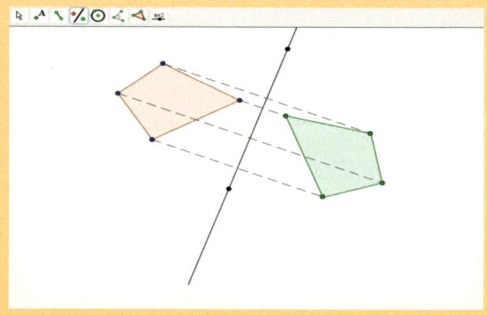

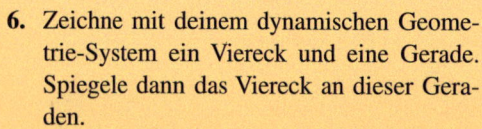

7. Zeichne mit deinem dynamischen Geometrie-System die Dreiecke ABC und PQR mit den Punkten A(2|0), B(6|8), C(4|6), P(6|2), Q(10|4), R(0|4).
Untersuche dann, ob man das Dreieck ABC so spiegeln kann, dass man das Dreieck PQR erhält.

2.2 Punktsymmetrische Figuren

Einstieg

„Centgrab" ist ein Spiel, bei dem zwei Spieler abwechselnd einen Cent auf eine quadratische Spielfläche der Seitenlänge 5 cm legen. Wer als letzter einen Cent legen kann, erhält alle liegenden Cents.

Frank behauptet, dass er stets gewinnt, wenn er anfangen darf. Janina hat beobachtet, dass er den ersten Cent immer genau in die Mitte legt. Wie spielt er weiter?

Einführung

Die meisten Karten eines Kartenspiels sind nicht achsensymmetrisch. Dennoch weisen die Karten eine gewisse Regelmäßigkeit auf. Nimmt man sie auf die Hand, so ergibt sich dasselbe Aussehen, wenn man die obere oder untere Seite der Karte nach oben steckt.

Nicht nur bei einer Volldrehung um den Mittelpunkt der Karte, sondern sogar schon bei einer halben Drehung um ihren Mittelpunkt kommt die Karte mit sich zur Deckung.

Man sagt: Die Karte ist *punktsymmetrisch*.

Wenn eine Figur nach einer Halbdrehung (Drehung um 180°) um einen Punkt Z mit sich selbst zur Deckung kommt, nennt man die Figur **punktsymmetrisch**.
Der Punkt Z heißt **Symmetriezentrum** der Figur.

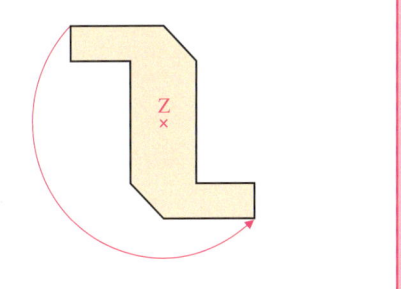

Aufgabe 1

a) Ergänze die Figur durch Halbdrehung um Z zu einer punktsymmetrischen Figur.

b) Verbinde jeden Eckpunkt mit seinem Symmetriepartner. Was fällt auf?

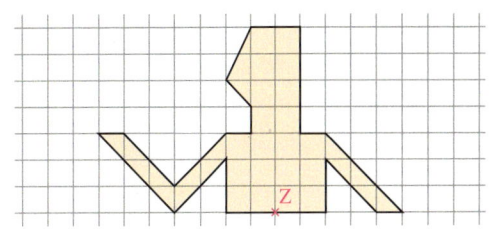

Lösung

a) Durch Abzählen im Quadratgitter kann man die Figur ergänzen.

b) Für die Verbindungslinien eines Punktes mit seinem Symmetriepartner gilt:
   (1) Alle Verbindungslinien schneiden sich im Punkt Z.
   (2) Der Punkt Z halbiert jede Verbindungslinie.

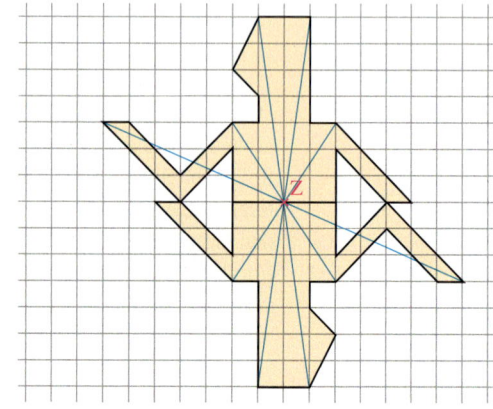

Information

In einer punktsymmetrischen Figur mit dem Symmetriezentrum Z gilt für einen Punkt P und dem Symmetriepartner P′:

P und P′ müssen den gleichen Abstand von Z haben. Ferner muss P′ auf der Geraden durch P und Z liegen.

Am einfachsten findest du zu einem Punkt den Symmetriepartner mithilfe eines Geodreiecks:

(1) Lege den Nullpunkt so auf den Punkt Z, dass P an der Zentimeterskala liegt.

(2) Markiere dann im gleichen Abstand auf der anderen Seite den Punkt P′.

Z ist sein eigener Symmetriepartner.
Man nennt Z auch *Fixpunkt*.

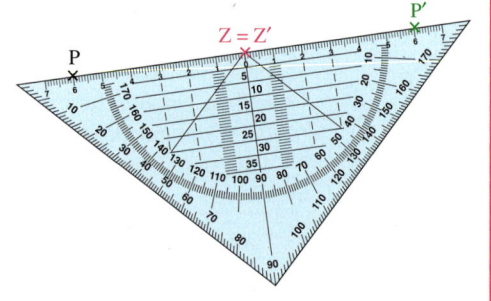

Übungsaufgaben

3. Welche Figuren sind punktsymmetrisch?

4. a) Welche Figur ist punktsymmetrisch? Gib – falls möglich – das Symmetriezentrum an.

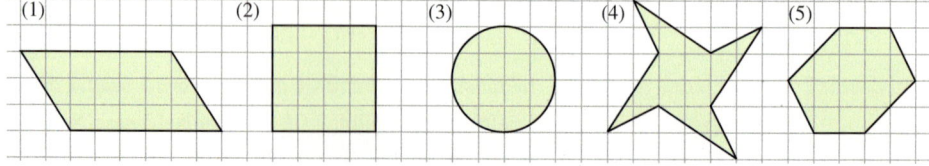

b) Welche Figur ist achsensymmetrisch? Welche Figur ist punkt- und achsensymmetrisch?

5. a) Untersuche auf Punktsymmetrie und auf Achsensymmetrie.

 **b)** Gestaltet ein Plakat mit punktsymmetrischen Figuren aus eurer Umwelt für die Klasse.

6.

a) Welche Karten sind achsensymmetrisch? Welche Karten sind punktsymmetrisch?

b) Welche Karten sind achsen-, aber nicht punktsymmetrisch?

c) Welche Karten sind punkt-, aber nicht achsensymmetrisch?

d) Welche Karten sind weder punkt- noch achsensymmetrisch?

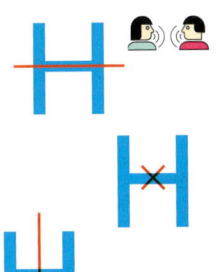 **7. a)** Untersucht die Druckbuchstaben auf Symmetrie.

b) Findet ihr ein ganzes Wort, das (1) achsensymmetrisch, aber nicht punktsymmetrisch ist;
(2) punktsymmetrisch, aber nicht achsensymmetrisch ist;
(3) achsen- und punktsymmetrisch ist?

8. Ergänze zu einer punktsymmetrischen Figur.

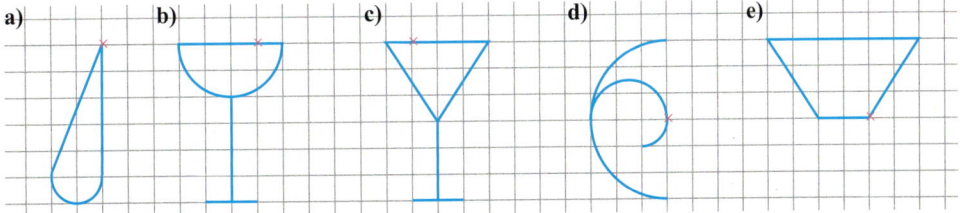

9. Die Bilder sind nicht genau punktsymmetrisch. Jedes enthält Fehler. Finde sie.

a) b) c)

Im Blickpunkt

Im Blickpunkt

Symmetrie bei Körpern

Ebene Figuren hast du schon auf Symmetrie untersucht. Die Figur rechts ist *achsensymmetrisch*, ihre *Symmetrieachse* ist die Gerade a. Der Punkt B ist Symmetriepartner von Punkt A und umgekehrt; der Punkt C ist Symmetriepartner von sich selbst.

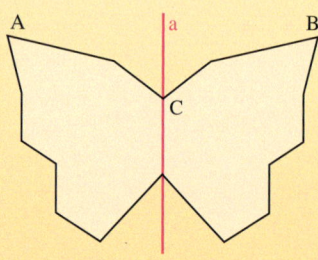

Auch Körper können symmetrisch sein:

(1)   (2)   (3)   (4)

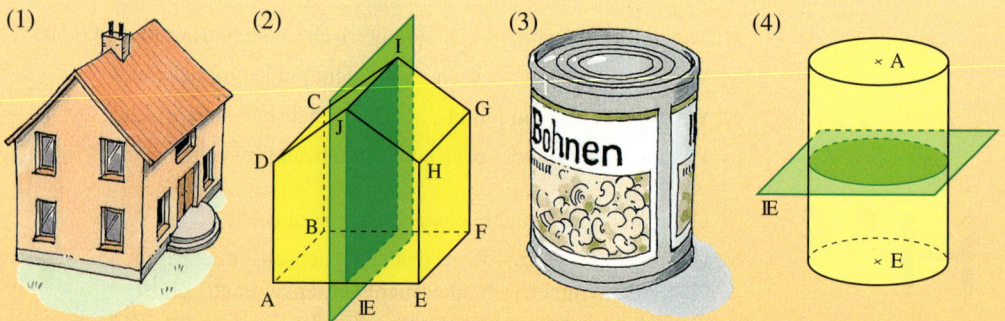

Die Körper im Bild sind symmetrisch zur Ebene IE. Wir sagen auch: Die Körper sind **ebenensymmetrisch**. Die Ebene IE heißt **Symmetrieebene**, sie schneidet den Körper in einer Fläche. Die *Schnittfläche* ist beim Haus in Bild (2) ein Rechteck, bei der Dose in Bild (4) eine Kreisfläche. Auch hier sagen wir beispielsweise: Der Punkt E ist *Symmetriepartner* von Punkt A.

1. a) Welche der Körper sind ebenensymmetrisch? Wie viele Symmetrieebenen haben sie?

     b) Nenne weitere Körper aus dem täglichen Leben, die Symmetrieebenen besitzen.

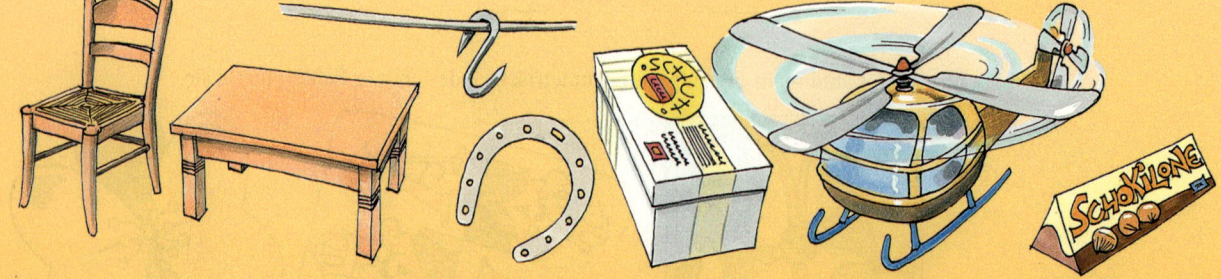

2. Begründe, dass die Ebene IE durch die Diagonalen keine Symmetrieebene des Quaders ist.
Anleitung: Zeige, dass A nicht Symmetriepartner von B ist.

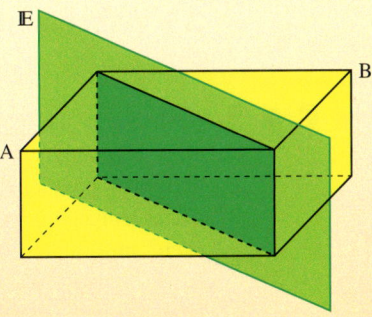

3. a) Zeichne ein Schrägbild eines Quaders mit den Seitenlängen 6 cm, 3 cm und 4 cm.

b) Wie viele Symmetrieebenen hat ein Quader? Zeichne für jede Symmetrieebene ein Schrägbild. Färbe in ihm die Schnittfläche, die beim Zerschneiden des Quaders längs der Symmetrieebene entsteht. Um was für eine Fläche handelt es sich?

c) Wie viele Symmetrieebenen hat ein Würfel? Zeichne die Schnittfläche jeder Symmetrieebene in ein Schrägbild des Würfels ein. Um was für eine Fläche handelt es sich?

d) Erläutere deine Zeichnungen zu Teilaufgabe a) und Teilaufgabe b).

Symmetrieebenen bei Quadern und Würfeln

(1) Ein *Quader* hat 3 Symmetrieebenen. Jede Symmetrieebene geht durch die Mittelpunkte zueinander paralleler Kanten des Quaders. Ihre Schnittfläche mit dem Quader ist ein Rechteck.

(2) Ein *Würfel* hat 9 Symmetrieebenen. Jede der drei Symmetrieebenen durch die Mittelpunkte zueinander paralleler Kanten hat als Schnittfläche mit dem Würfel ein Quadrat. Die übrigen 6 Symmetrieebenen gehen jeweils durch Diagonalen einander gegenüberliegender Quadrate. Ihre Schnittflächen mit dem Würfel sind Rechtecke.

---

4. a) Zeichne das Schrägbild eines Quaders, der mehr als 3 Symmetrieebenen hat, aber kein Würfel ist. Zeichne für jede Symmetrieebene ein Schrägbild.

b) Zeichne ein Netz dieses Quaders und trage die Schnittlinien der Symmetrieebenen ein.

5. Häuser haben verschiedene Dachformen, deren Namen du im Bild findest. Untersuche die Häuser auf Symmetrie; gib dabei auch an, wie viele Symmetrieebenen jedes Haus hat.

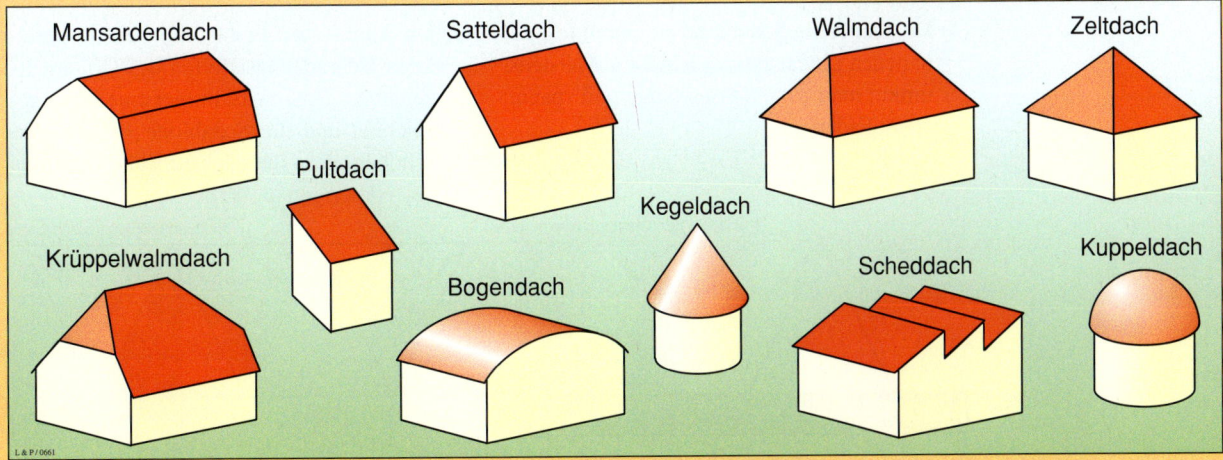

2.3 Verschiebungen

Einstieg

Rechts seht ihr eine Verzierung an einem ägyptischen Mumienschrein (ca. 1500 v. Chr.).

Schon zu allen Zeiten hat der Mensch versucht, Gegenstände seiner Umgebung zu verzieren – zu „schmücken". Da „schmücken" im Lateinischen „ornare" heißt, wurde eine bestimmte Form der Verzierung von Gegenständen später Ornament genannt. Von Bandornament spricht man, wenn eine Figur nach

einer bestimmten Regelmäßigkeit in einem Streifen (Band) aneinander gereiht wird. Dies kann eine einfache geometrische Figur sein, wie ein Viereck oder ein Kreis, sie kann aber auch kompliziertere Formen haben, z. B. verschlungene Ranken. Das Bandornament war von Anfang an die häufigste Verzierungsart.

Entwerft selber Bandornamente und stellt sie im Klassenraum aus.

Aufgabe 1

Herstellen eines Bandornaments

Die Wand eines Blumenladens soll mit folgendem Blütenornament verschönert werden.

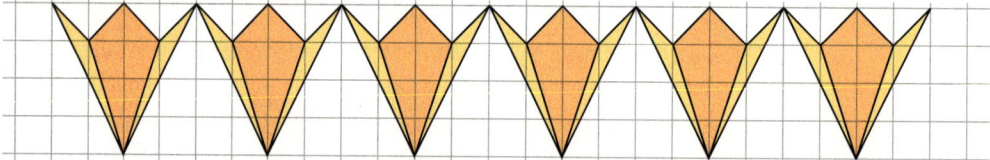

a) Fertige eine Schablone aus Pappe an und zeichne damit das Ornament auf nicht kariertes Papier.

b) Zeichne nun eine solche Blüte auf kariertes Papier. Stelle dann ein schräg verlaufendes Bandornament her: Die untere Ecke einer Blüte soll immer an der rechten oberen Ecke der vorherigen Blüte ansetzen.

c) Zeichne einen Ausschnitt von 2 Blüten aus dem Ornament von Teilaufgabe b). Verbinde in diesen beiden Blüten einander entsprechende Eckpunkte durch Pfeile. Welche Aussage kannst du über diese Pfeile machen?

Lösung

a) Jede Blüte muss genau richtig an der vorherigen angesetzt werden. Um das zu erreichen, gibt es zwei Möglichkeiten:

(1) Du kannst die Schablone an einem festgehaltenen Lineal entlangschieben. Meistens nimmt man eine Wasserwaage und spannt einen Faden.

(2) Du kannst als Erstes die beiden parallelen Begrenzungsstreifen des Ornaments zeichnen. Dann wird immer eine Blüte gezeichnet und die Schablone so weit verschoben, dass die nächste Blüte genau an der vorherigen ansetzt.

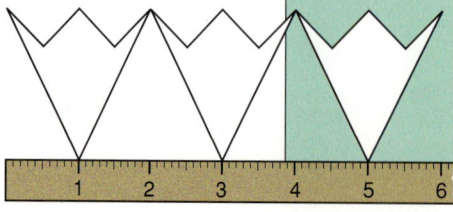

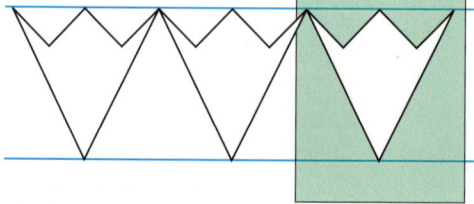

b) Man kann sofort jeden Eckpunkt der Blüte durch Abzählen um 2 Kästchen nach rechts und 4 Kästchen nach oben verschieben. Der Pfeil, der 2 Kästchen nach rechts und 4 Kästchen nach oben verläuft, gibt Richtung und Länge der Verschiebung an.

c) Alle diese Pfeile sind parallel zueinander. Alle haben die gleiche Länge. Ferner zeigen sie alle in die gleiche Richtung.

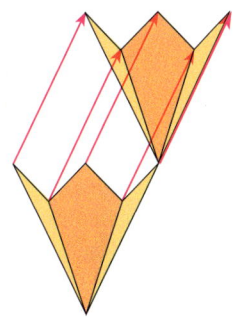

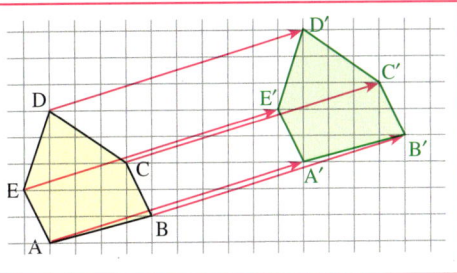

Die grüne Figur entsteht aus der gelben Figur durch **Parallelverschiebung** (kurz: **Verschiebung**). Die Pfeile von Eckpunkten der gelben Figur zu den entsprechenden Eckpunkten der verschobenen Figur sind parallel zueinander; sie zeigen in dieselbe Richtung und sind gleich lang. Eine Verschiebung geben wir durch einen **Verschiebungspfeil** an.

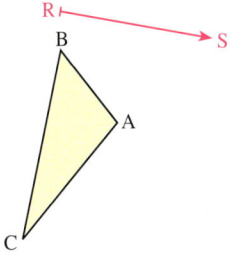

Aufgabe 2

Zeichnen der Bildfigur bei einer Verschiebung

Gegeben ist ein Dreieck ABC sowie eine Verschiebung von R nach S. Sie hat den Verschiebungspfeil $\overrightarrow{RS}$.
Zeichne mithilfe des Geodreiecks das Bilddreieck A′B′C′ bei der Verschiebung $\overrightarrow{RS}$.
Beschreibe dein Vorgehen.

Lösung

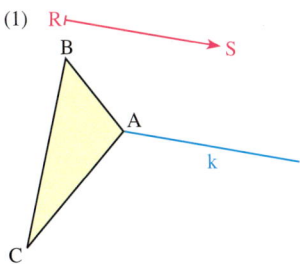

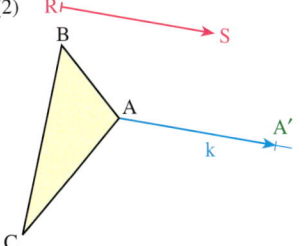

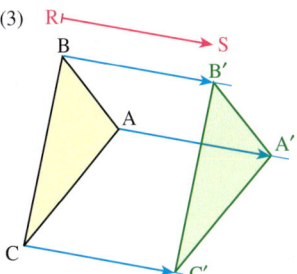

(1) Zeichne den Strahl, der A als Anfangspunkt hat und in dieselbe Richtung zeigt wie der Verschiebungspfeil $\overrightarrow{RS}$.

(2) Zeichne auf dem Strahl den Punkt A′ so, dass die Strecke $\overline{AA'}$ ebenso lang ist wie der Verschiebungspfeil $\overrightarrow{RS}$.

(3) Zeichne die Bildpunkte B′ und C′ entsprechend.
Verbinde die Bildpunkte zum Dreieck A′B′C′.

Information

Verschiebung mit dem Verschiebungspfeil $\vec{RS}$

Zu einem Punkt P erhältst du den Bildpunkt P′ wie folgt:

(1)
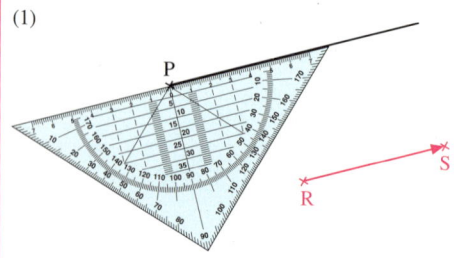

(2)
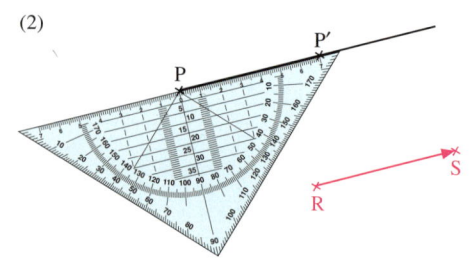

Zeichne den Strahl mit dem Anfangspunkt P, der zum Verschiebungspfeil $\vec{RS}$ parallel ist und in dieselbe Richtung weist.

Trage auf dem Strahl von P aus eine Strecke ab, die genauso lang ist wie der Verschiebungspfeil $\vec{RS}$. Der Endpunkt ist der Bildpunkt P′.

Übungsaufgaben

3. Zeichne das Bandornament in dein Heft und setze es fort. Wie gehst du vor?

a)
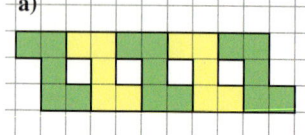

b)
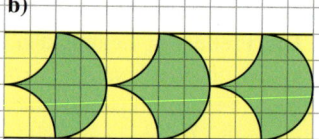

c)
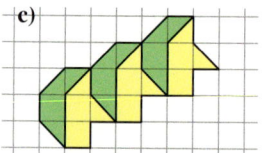

4. Hier siehst du Bandornamente aus deiner Umwelt. Bestimme die Grundfigur und gib die Länge der Verschiebung an.

5. Sucht in eurer Umwelt Gegenstände, die mit Bandornamenten verziert sind. Ihr könnt sie auch fotografieren und ein Plakat damit gestalten.

6. Erzeuge Ornamente, die durch Verschiebung der Figur um 4 Rechenkästchen entstehen.

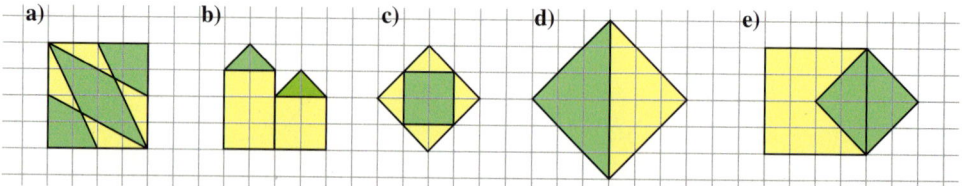

7. Zeichne in ein Koordinatensystem mit der Einheit 1 cm das Dreieck ABC mit A (3|2), B (7|3) und C (6|6). Zeichne dann sein Bild bei der Verschiebung von R nach S. Gib die Koordinaten der Eckpunkte des Bilddreiecks an.

    a) R (4|3); S (1|6)   **b)** R (4|0); S (8|3)   **c)** R (5|4); S (4|2)

8. Prüfe, ob die grüne Bildfigur durch Verschiebung aus der gelben Figur entstanden sein kann. Gib gegebenenfalls auch den Verschiebungspfeil an.

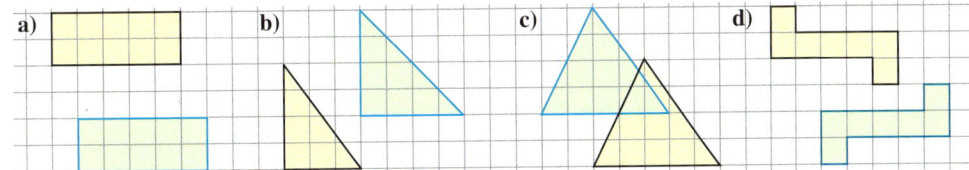

a)   b)   c)   d)

9. Betrachte noch einmal die Eigenschaften der Achsenspiegelungen (Seite 64). Formuliere entsprechend Eigenschaften der Verschiebungen.

10. Faltet einen Papierstreifen ziehharmonika-artig zusammen und schneidet Muster hinein. Nach dem Auseinanderfalten erhaltet ihr ein Bandornament. Durch welchen Verschiebungspfeil kann man sich das Ornament entstanden denken?
Gibt es Symmetrien? Beschreibt eure Ergebnisse.

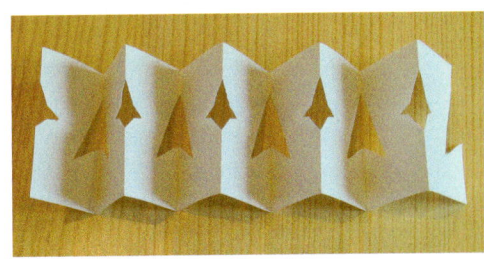

11. Zeichne das Dreieck ABC mit A(2|4), B(6|2) und C(1|8) sowie den Bildpunkt A′ einer Verschiebung. Zeichne das Bilddreieck A′B′C′ und gib auch die Koordinaten von B′ und C′ an.

   a) A′(5|4)   **b)** A′(3|5)   **c)** A′(6|3)   **d)** A′(1|2)

12. Dreieck ABC ist auf Dreieck A′B′C′ verschoben worden. Gib einen Verschiebungspfeil an.

   a) A (0|4); B (4|2); C (3|8); A′ (8|2); B′ (12|0); C′ (11|6)

   b) A (0|3); B (6|1); C (5|5); A′ (2|2); B′ (8|0); C′ (7|4)

13. Zeichne in ein Koordinatensystem mit der Einheit 1 cm die Punkte A (3|2), B (6|2), C (6|5) und D (4|5). Gibt es eine Verschiebung, für die gilt:

   a) A′(7|3), B′(10|3);   **b)** C′(6|5), D′(6|7);   **c)** B′(7|2), D′(9|5);   **d)** A′(3|4), C′(4|5)?

14. Zeichne in ein Koordinatensystem mit der Einheit 1 cm einen Kreis mit dem Mittelpunkt M (5|6) und dem Radius r = 1,5 cm. Verschiebe dann den Kreis mit dem Verschiebungspfeil $\overrightarrow{RS}$.

   a) R (5|2); S (2|2)   **b)** R (3|4); S (7|7)   **c)** R (5|3); S (3|5)

15. Betrachte die Muster und gib die Art der Symmetrie an. Bestimme die Grundfiguren, aus denen das Muster aufgebaut ist, und die Verschiebung.

M. C. Escher's „Symmetry Drawing E18"

M. C. Escher's „Symmetry Drawing E91"

Auf den Punkt gebracht:
Führen von Lerntagebüchern und Merkheften

Lernen, Ordnen und Behalten

Du hast im letzten Schuljahr und in den letzten Monaten sehr viel Neues gelernt. Kannst du dich noch an alles erinnern:

Was ist eine Primzahl? Wie rechnet man mit Brüchen und Dezimalbrüchen? Was ist ein Rhombus?

Sicherlich hast du vieles in deinen Mathematik-Heften aufgeschrieben. Wenn du etwas suchst, wird es aber schwierig, das richtige Heft und den passenden Eintrag auf Anhieb – zwischen den Hausaufgaben und Mitschriften aus dem Unterricht – zu finden.

Wie kann man besser mit wichtigen Informationen umgehen? Hierüber haben sich schon viele Menschen Gedanken gemacht. Auf den Bildern siehst du einige „Wissensspeicher", die sie sich hierzu ausgedacht haben.

1. Schlage mehrere Begriffe (wie z. B. Primzahl, Dezimalbruch, Rhombus) in den verschiedenen Wissensspeichern nach. Nenne dann deren Vor- und Nachteile.

2. Unten siehst du Merkheft-Seiten von zwei verschiedenen Schülern. Vergleiche sie miteinander: Was ist besonders gut gelungen? Wo könnte man noch Verbesserungen vornehmen?

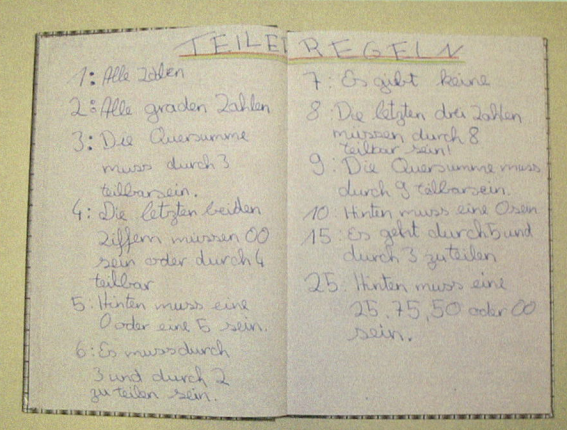 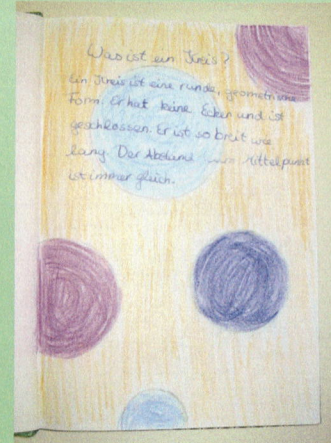

Gründe dafür, sich ein eigenes Merkheft (oder eine Merkkartei) anzulegen:

- Die Schreibweisen der verschiedenen Wissensspeicher stimmen oft nicht mit den Schreibweisen in deinem Schulbuch oder aus deinem Unterricht überein – da musst du erst nachdenken, was gemeint sein könnte. Darüber hinaus wenden sich manche Wissensspeicher eher an Erwachsene mit entsprechend schwierigen Formulierungen.
- An etwas, was man selber aufgeschrieben hat, kann man sich oft besser erinnern.
- Wenn du dir selber etwas in ein Merkheft schreibst, so kannst du Anmerkungen dazu schreiben, z. B.
  - ▲ Warnhinweise zu Fehlern, die dir bei dem Thema oft unterlaufen
  - ▲ Merkhilfen (Eselsbrücken) und einprägsame Beispiele
  - ▲ Hervorhebungen (Unterstreichen, farbige Markierungen, Einrahmen), um deutlich zu machen, was dir persönlich besonders wichtig ist.

Lerntagebuch

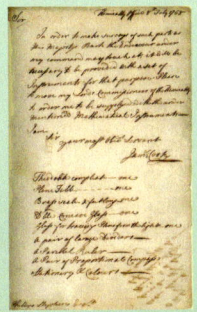

1772 brach James Cook zu seiner zweiten großen Expedition auf. Er beabsichtigte, Terra Australis zu finden, einen nach damaliger Vorstellung riesigen Südkontinent, der angeblich die Erdteile auf der Nordhalbkugel ausbalancieren sollte. Auf dieser Fahrt überquerte er dreimal den südlichen Polarkreis, ohne auf jenen sagenumwobenen Kontinent zu stoßen. Links siehst du einen Eintrag in seinem **Logbuch** aus dem Jahr 1773. Auch heute noch gibt es auf Schiffen Logbücher. In einem Logbuch werden nicht nur Startpunkt und Ziel einer Reise, sondern auch alle besonderen, unvorgesehenen und widrigen Vorkommnisse eingetragen.

Ganz entsprechend notiert man in einem Lerntagebuch nicht nur das neu Gelernte, sondern den eigenen Lernweg mit allen seinen Verzweigungen, Irrtümern, Stimmungen und auch Erfolgen. Dazu muss man bei der Arbeit immer wieder eine kleine Pause machen und das Augenmerk darauf richten.

Folgende Fragen liefern Beispiele für mögliche Einträge in das Lerntagebuch:

- Was war unsere Ausgangsfrage?
- Welche Beispielaufgaben haben wir besprochen?
- Was war besonders wichtig?
- Welche Schwierigkeiten sind beim Verstehen des Stoffes aufgetreten?
- Welche Aufgaben muss ich noch besonders trainieren?
- Welche Fragestellungen kann ich jetzt selbständig bearbeiten?
- Welche Fragestellungen sind noch offen?

Ein Lerntagebuch zu führen, ist manchmal anstrengend und lästig. Trotzdem kann es hilfreich für dich sein. Der wohl wichtigste Vorteil besteht darin, dass du lernst, dich selbst beim Lernen zu beobachten. Dies kann dir helfen, dein Lernverhalten zu verbessern. Um solche Vorteile zu erzielen, musst du aber mit deiner Lehrerin oder deinem Lehrer zusammenarbeiten, damit diese dir dann auf Grundlage deines Lerntagebuches sinnvolle Hinweise geben.

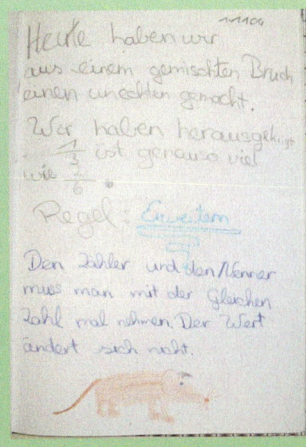

3. Rechts siehst du eine Seite aus dem Lerntagebuch einer Schülerin. Betrachte ihre Gestaltung und vergleiche sie mit der eines Merkhefts.

Im Blickpunkt

Im Blickpunkt

Herstellen von Escher-Bildern

Der holländische Maler Maurits Cornelis Escher (1898–1972) hat viele Bilder gezeichnet, die er lückenlos mit zueinander deckungsgleichen Figuren ausgefüllt hat.

Zunächst scheint es sehr schwierig zu sein, eine Grundfigur für solche Bilder herzustellen. Aber seinen Entwurf-Skizzen kann man eine einfache Idee entnehmen, um derartige Figuren zu erzeugen.

M. C. Escher's „Symmetry Drawing E67"

M. C. Escher's „Symmetry Drawing E1"

1. Betrachte die Skizze links von Escher. Von welcher einfachen Grundfigur ist er ausgegangen? Warum eignet sich diese für das Erzeugen eines solchen Bildes?

2. Begründe, warum Escher sogar ein beliebiges Viereck als Grundfigur hätte nehmen können.

3. Versuche nun, selbst ein Escher-Bild auf folgende Weise herzustellen.

1. Schritt:
Zeichne ein beliebiges Viereck auf ein Stück festes Papier oder Pappe. (Das Viereck darf auch eine einspringende Ecke haben.)

2. Schritt:
Verändere nun das Viereck, indem du an den Seiten Teile abschneidest und sie um den Mittelpunkt der Seite um 180° drehst und dann dort wieder anklebst.

3. Schritt:
Wenn die entstandene Figur dir gefällt, paust du sie auf ein neues Stück Pappe ab.

4. Schritt:
Mit dieser Schablone kannst du nun lückenlos parkettieren. Du musst nur darauf achten, so zusammenzulegen, dass immer alle vier verschiedenen Eckpunkte der Vierecke (oder was davon übrig geblieben ist) zusammenkommen.

Verliere nicht die Geduld: Obwohl diese Grundidee einfach ist, benötigst du wohl einige Versuche, um eine schöne Figur zu erzeugen.

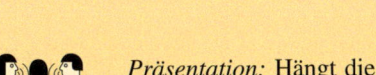

Du kannst dein Vorgehen auch in deinem Lerntagebuch dokumentieren.

Präsentation: Hängt die fertigen Bilder im Klassenraum auf und vergleicht sie.

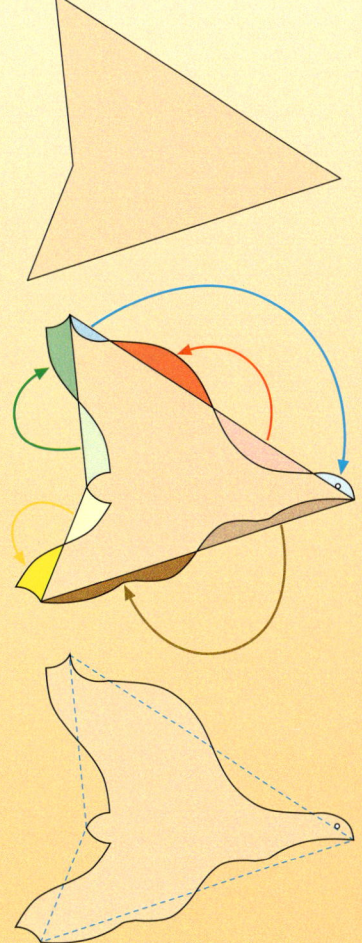

2.4 Winkel an sich schneidenden Geraden

2.4.1 Winkel an zwei sich schneidenden Geraden

Einstieg

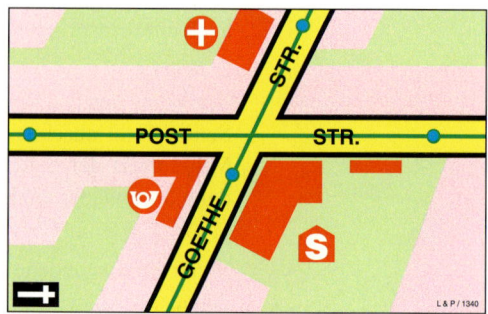

Im Stadtplan ist die Kreuzung der beiden Straßenbahnlinien als Kreuzung zweier Geraden dargestellt. Was muss man kennen, um eine solche „Geradenkreuzung" zu zeichnen?

Aufgabe 1

Zwei sich schneidende Geraden bilden die vier bezeichneten Winkel. Winkel α soll 34° sein.
Wie groß sind die anderen drei Winkel?
Begründe.

Lösung

1. Möglichkeit: β und α bilden zusammen einen gestreckten Winkel an der Geraden h. Deshalb ist
β = 180° – 34° = 146°.
γ und β bilden zusammen einen gestreckten Winkel an der Geraden g. Deshalb ist γ = 34°.
Ebenso ist δ = 146°.
2. Möglichkeit: Die Figur aus den beiden sich schneidenden Geraden ist punktsymmetrisch. Ihr Symmetriezentrum ist der Schnittpunkt der beiden Geraden. Du siehst sofort: γ = 34°.
Wie bei der 1. Möglichkeit ist dann β = 146°. Wegen der Punktsymmetrie ist auch δ = 146°.

Information

Zwei sich schneidende Geraden bezeichnet man auch als Geradenkreuzung.

Gegeben sind zwei Geraden, die sich schneiden.

(1) Liegen zwei Winkel wie α und β in der Zeichnung rechts, so sagt man:

α ist **Nebenwinkel** zu β;
β ist **Nebenwinkel** zu α.

Nebenwinkelsatz: Nebenwinkel ergänzen sich zu 180°.

(2) Liegen zwei Winkel wie γ und δ in der Zeichnung rechts, so sagt man:

γ ist **Scheitelwinkel** zu δ;
δ ist **Scheitelwinkel** zu γ.

Scheitelwinkelsatz: Scheitelwinkel sind gleich groß.

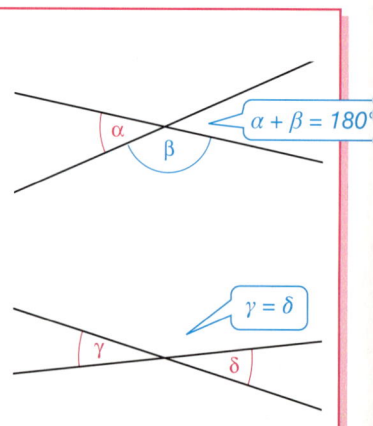

Übungsaufgaben

2. Julia fährt auf der Goethe-Allee geradeaus. An der Kreuzung muss sie auf den Verkehr von rechts aus der Mozart-Straße achten. Wie muss sie ihre Blickrichtung ändern? Lege dazu eine Skizze an und markiere den Winkel.
Betrachte andere Verkehrsteilnehmer. Was fällt dir auf?

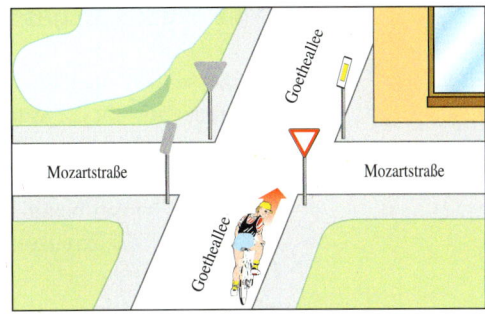

3. a) Welche der Winkel sind Scheitelwinkel, welche Nebenwinkel zueinander?

b) Es soll gelten:
(1) $\alpha = 42°$ (3) $\alpha = 150°$ (5) $\gamma = 23°$
(2) $\alpha = 134°$ (4) $\delta = 92°$ (6) $\beta = 176°$
Berechne die übrigen Winkelgrößen.

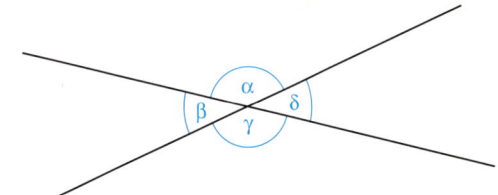

4. Begründe:
Wenn zwei sich schneidende Geraden ein Winkel ein rechter ist, dann sind alle Winkel an ihr rechte Winkel.

5. a) α und β liegen nebeneinander. Erläutere, warum α kein Nebenwinkel zu β ist.

b) γ und δ sind beide gleich groß. Erläutere, warum γ kein Scheitelwinkel zu δ ist.

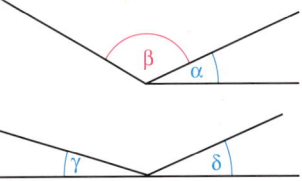

6. Berechne in der Figur rechts die übrigen Winkelgrößen.

a) $\alpha = 37°$
$\gamma = 52°$

c) $\varepsilon = 96°$
$\beta = 34°$

b) $\beta = 19°$
$\delta = 63°$

d) $\alpha + \delta = 210°$
$\gamma = 30°$

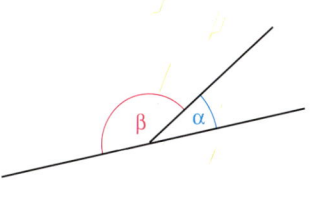

7. a) Ein Winkel ist um 30° größer als sein Nebenwinkel. Wie groß sind die beiden Winkel?

b) Ein Winkel ist dreimal so groß wie sein Nebenwinkel. Wie groß sind die beiden Winkel?

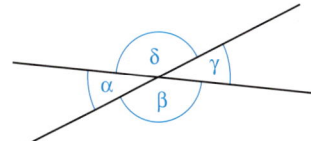

8. Zeichne zwei sich schneidende Geraden mit den Winkeln α, β, γ und δ.

a) β soll doppelt so groß sein wie α.

b) γ soll halb so groß sein wie β.

c) α und γ sollen zusammen genauso groß sein wie β und δ zusammen.

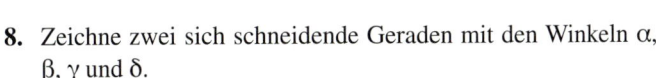

2.4.2 Winkel an geschnittenen Parallelen

Einstieg

Rechts seht ihr einen Stadtplan. Die Goethestraße kreuzt sowohl die Adamstraße als auch die Bachstraße. Die Straßenbahnlinien sind durch zwei Geradenkreuzungen dargestellt.
Wie viele Winkel benötigt ihr, um eine solche doppelte Geradenkreuzung zu zeichnen?

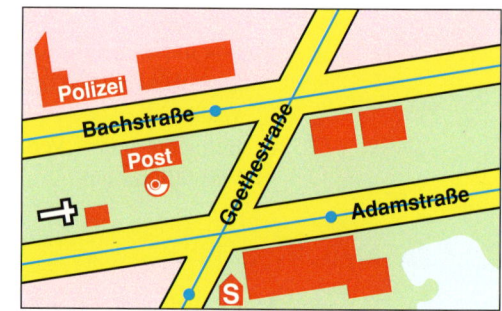

Aufgabe 1

Rechts siehst du zwei Figuren aus drei Geraden. Bei jeder werden zwei Geraden von einer dritten geschnitten. Bei beiden Figuren soll der Winkel α_1 genau 56° groß sein.
Bestimme – soweit möglich – die übrigen Winkel ohne zu messen.

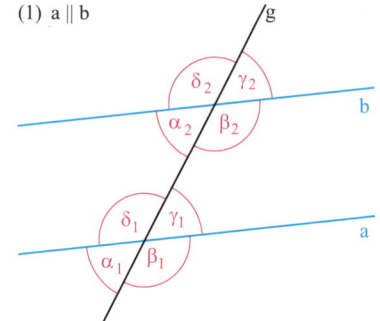

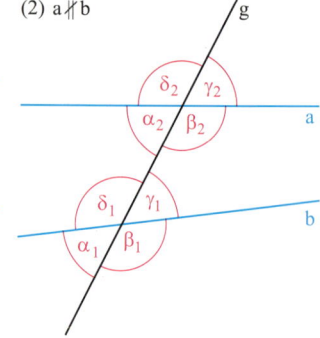

Lösung

Geradenkreuzung (1):

Die Geraden a und b sind parallel zueinander.
An jedem der Schnittpunkte mit der dritten Geraden entstehen 4 (sich nicht überlappende) Winkel.
Wir wissen $\alpha_1 = 56°$.

Die restlichen drei Winkel am Schnittpunkt von a und g lassen sich sofort berechnen:

$\gamma_1 = \alpha_1 = 56°$, da α_1 und γ_1 als Scheitelwinkel gleich groß sind.

$\beta_1 = 180° - 56° = 124°$, da α_1 und β_1 als Nebenwinkel zusammen 180° betragen.

$\delta_1 = \beta_1 = 124°$, da β_1 und δ_1 als Scheitelwinkel gleich groß sind.

Da die Geraden a und b parallel zueinander sind, kann man den Winkel α_1 durch die Parallelverschiebung mit dem Verschiebungspfeil S_1S_2 auf den Winkel α_2 abbilden. Also gilt:

$\alpha_1 = \alpha_2 = 56°$.

Entsprechend gilt:

$\beta_2 = \beta_1 = 124°$

$\gamma_2 = \gamma_1 = 56°$

$\delta_2 = \delta_1 = 124°$

Erinnere dich:

Scheitelwinkel

Nebenwinkel

a ∥ b

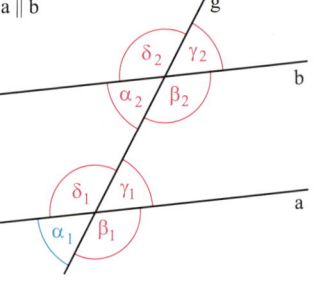

a ∥ b

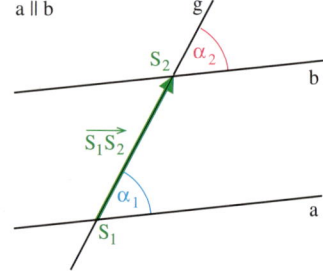

Geradenkreuzung (2):

Die Geraden a und b sind *nicht* parallel zueinander.
Hier kann man wie oben die Winkel am Schnittpunkt von a und g berechnen:
Wegen $\alpha_1 = 56°$ gilt $\gamma_1 = 56°$ und $\beta_1 = \delta_1 = 124°$.

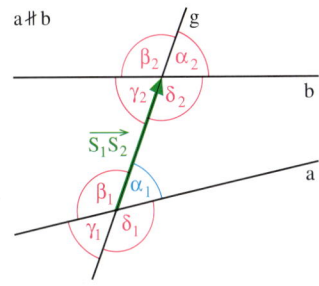

Am Schnittpunkt von b und g jedoch kann man den Winkel α_2 und damit die restlichen Winkel nicht mithilfe der obigen Überlegungen bestimmen. Bei der Verschiebung mit dem Verschiebungspfeil S_1S_2 wird nämlich a *nicht* auf b abgebildet. Folglich sind α_1 und α_2 verschieden groß. Man muss einen der Winkel am Schnittpunkt von g und b noch zusätzlich angeben, um die Figur zu zeichnen.

Information

(1) Stufen- und Wechselwinkel an drei sich schneidenden Geraden

---

Definition

Gegeben sind zwei Geraden a und b, die von einer dritten Geraden g geschnitten werden (*doppelte Geradenkreuzung*).

(1) Die Winkel α und β liegen auf *derselben* Seite der schneidenden Geraden g und auf *entsprechenden* Seiten der geschnittenen Geraden a und b. Wir sagen:
Die beiden Winkel α und β sind **Stufenwinkel** zueinander.

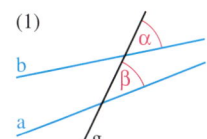 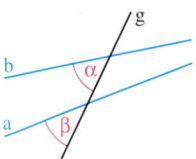

(2) Die Winkel α und γ liegen auf *verschiedenen* Seiten der schneidenden Geraden g und auf *entgegengesetzten* Seiten der geschnittenen Geraden a und b. Wir sagen:
Die beiden Winkel α und γ sind **Wechselwinkel** zueinander.

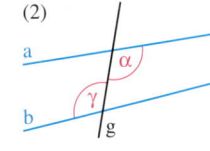 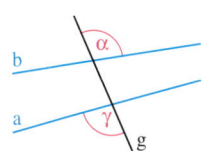

---

(2) Winkelsätze an geschnittenen Parallelen

Die Lösung in der Einführung auf Seite 86 führt uns zu dem folgenden Satz:

Stufenwinkelsatz

α und β sollen Stufenwinkel an drei sich schneidenden Geraden sein.
Dann gilt:
Wenn a∥b, dann sind die Stufenwinkel α und β gleich groß.

Wechselwinkelsatz

α und γ sollen Wechselwinkel an drei sich schneidenden Geraden sein.
Dann gilt:
Wenn a∥b, dann sind die Wechselwinkel α und γ gleich groß.

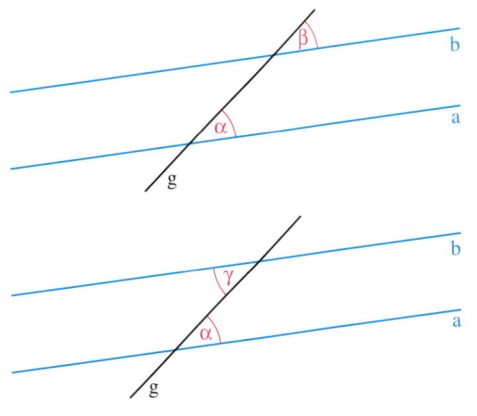

Begründung des Wechselwinkelsatzes

Die Geraden a und b sollen parallel zueinander sein. Dann gilt:
$\gamma = \beta$, da γ und β als Scheitelwinkel gleich groß sind.
$\beta = \alpha$, da β und α als Stufenwinkel an geschnittenen Parallelen
gleich groß sind. Also: $\gamma = \alpha$

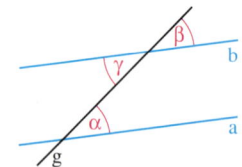

Definition,
genaue Bestimmung
eines Begriffs.

(3) Unterscheidung Definition – Satz

Mit einer *Definition* wird ein Begriff festgelegt: man notiert, was man unter diesem Begriff verstehen
will. Definitionen sind Vereinbarungen.
Sätze (Lehrsätze) stellen Behauptungen dar, die man begründen (beweisen) muss.

**Weiterführende
Aufgaben**

2. *Winkel am Parallelogramm*

   Du weißt schon: Ein *Parallelogramm* ist ein Viereck, bei dem gegenüberliegende Seiten parallel
   zueinander sind.

   a) Begründe für ein Parallelogramm ABCD:
   (1) $\alpha + \beta = 180°$; $\quad \gamma + \delta = 180°$
   (2) $\alpha = \gamma$ und $\beta = \delta$
   (3) $\alpha + \beta + \gamma + \delta = 360°$
   Suche zum Beweis geeignete geschnittene Parallelen.

   b) Begründe: Wenn in einem Parallelogramm ein Winkel ein rechter ist, dann ist das Parallelogramm bereits ein Rechteck.

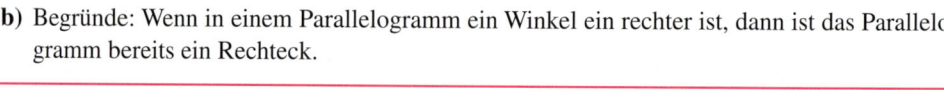

Winkel im Parallelogramm

Für jedes *Parallelogramm* gilt:
– Benachbarte Winkel ergänzen sich zu 180°.
– Gegenüberliegende Winkel sind gleich groß.
– Die Summe aller vier Winkelgrößen beträgt 360°.

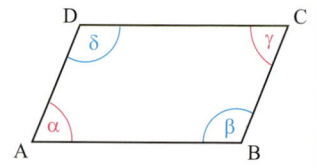

---

3. *Winkel am Trapez*

   Ein Viereck, bei dem mindestens zwei gegenüberliegende Seiten parallel zueinander sind, nennt man *Trapez*.

   a) Es soll gelten: $\alpha = 70°$; $\beta = 50°$ [$\beta = 40°$; $\delta = 135°$].
   Berechne die übrigen Winkel. Was fällt auf?

   b) Verallgemeinere deine Entdeckung aus Teilaufgabe a).
   Begründe diese Eigenschaft des Trapezes.

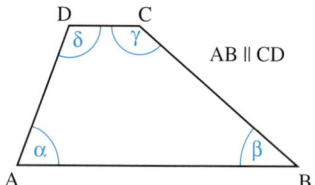

AB ∥ CD

Trapez 〈griech.〉
Tisch

Definition

Ein Viereck, bei dem wenigstens zwei gegenüberliegende Seiten parallel zueinander sind, heißt **Trapez**. Die beiden zueinander parallelen Seiten heißen **Grundseiten**, die beiden anderen
Seiten nennt man **Schenkel** des Trapezes.

Winkel im Trapez

In jedem *Trapez* gilt: Zwei Winkel, die an einem gemeinsamen
Schenkel des Trapezes liegen, ergänzen sich zu 180°.

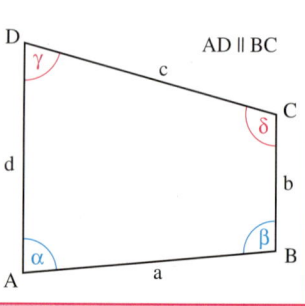

AD ∥ BC

4. a) Auf dem Foto kannst du Stufen- und Wechselwinkel entdecken. Gib sie an.

b) Sucht in eurer Umwelt weitere Beispiele für Stufen- und Wechselwinkel. Ihr könnt sie auch fotografieren und die Fotos auf Plakaten im Klassenraum aushängen.

5. Betrachte die Zeichnung rechts. Welche Winkel sind

  a) Scheitelwinkel zueinander;

  b) Nebenwinkel zueinander;

  c) Wechselwinkel zueinander;

  d) Stufenwinkel zueinander?

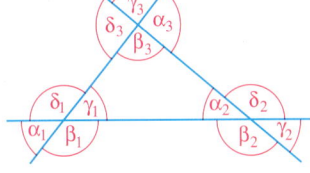

6. Zeichne zwei zueinander parallele Geraden a und b im Abstand von 3,5 cm. Zeichne eine Gerade g, sodass gilt:

  a) $\alpha = 33°$ **b)** $\beta = 125°$ **c)** $\gamma = 137°$ **d)** $\delta = 68°$

Markiere den zum gegebenen Winkel gehörigen Stufenwinkel blau, markiere den zum gegebenen Winkel gehörigen Wechselwinkel grün. Berechne die übrigen sieben Winkel.
Trage die Ergebnisse in die Figur ein.

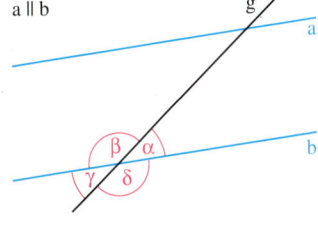

7. Für die Figur rechts soll gelten:

  a) δ_2 ist doppelt so groß wie α_1.

  b) β_1 ist dreimal so groß wie α_1.

  c) δ_1 ist um 60° größer als γ_1.

  Wie groß sind die übrigen Winkel?

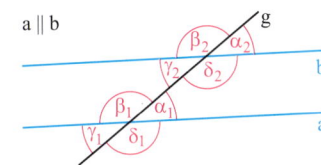

8. Gegeben sind eine Gerade g und ein Punkt P, der nicht auf g liegt. Zeichne eine Gerade h durch P, die mit der Geraden g einen Winkel der Größe 35° [115°] bildet. Begründe.

9. Zeichne auf ein loses Blatt Papier zwei sich schneidende Geraden. Trenne nun den Teil des Blattes ab, der den Schnittpunkt enthält und gib deinem Nachbarn den Rest des Blattes. Den Teil mit dem Schnittpunkt behältst du. Dein Nachbar soll nun die Schnittwinkel der beiden Geraden bestimmen; dabei darf er nur auf dem Restblatt arbeiten, also keinen anderen Papierbogen zu Hilfe nehmen.
Du arbeitest mit dem Restblatt deines Nachbarn. Vergleicht anschließend euer Vorgehen.

10. a) Welche der Vierecke sind Parallelogramme, welche sind Trapeze?

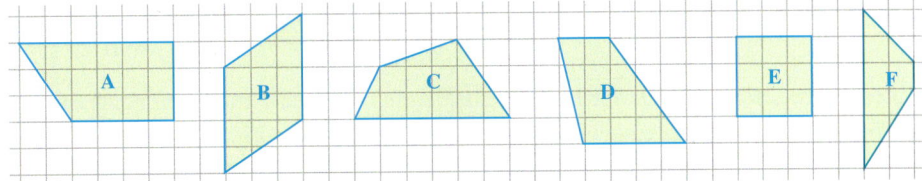

b) Sucht in eurer Umwelt Beispiele für Parallelogramme und Trapeze.

11. Zeichne mit dem Geodreieck den Zaun in dein Heft. Vereinfache dabei die geraden Linien. Wo findest du gleich große Winkel? Markiere sie farbig und begründe.

JÄGERZAUN

Der Jägerzaun, auch Scherengitter- oder Kreuzzaun genannt, wird in manchen Gegenden sehr gerne beim Privathausbau angelegt. Der Zaun besteht aus sich x-förmig kreuzenden Halbrundprofilplatten, die an zwei Querbalken befestigt sind. Ursprünglich stammen solche Holzzäune wie der Jägerzaun aus holzreichen Gegenden, wo sie zum Schutz gegen Wild preiswerte Einfriedungen für Nutzflächen waren.
Jägerzäune werden heute aus vorgefertigten, ausziehbaren Zaunfeldern hergestellt, wobei die Zaunpfähle etwa im Abstand von 2,8 m gesetzt werden.

12. a) In einem Parallelogramm ABCD ist ein Winkel bekannt. Berechne die übrigen Winkel.
    (1) $\gamma = 59°$ (2) $\beta = 117°$ (3) $\alpha = 23°$ (4) $\gamma = 90°$ (5) $\alpha = 1°$ (6) $\beta = 60°$

   b) In einem Parallelogramm ABCD ist α doppelt [dreimal] so groß wie β. Wie groß sind die vier Winkel?

13. a) In dem Parallelogramm ABCD werden die Winkel bei A und C durch die Diagonale $\overline{AC}$ in jeweils zwei Winkel zerlegt. Welche Winkel sind gleich groß? Begründe.

   b) Zeichne ein Parallelogramm mit den beiden Diagonalen. Markiere gleich große Winkel; begründe.

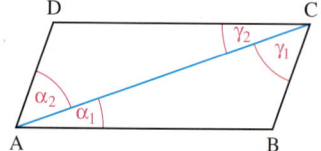

14. Berechne die übrigen Winkel des Trapezes.

AB ∥ CD

α	57°		85°		127°		61°
β		63°	42°		99°	25°	
γ	134°			30°			39°
δ		108°		55°		5°	

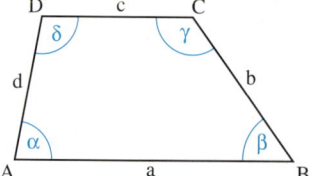

15. Der Leuchtturm Roter Sand (R) wird von einem Schiff aus in Richtung N 22° O gesehen, der Leuchtturm Gelber Sand (G) in Richtung N 60° O. Die Lage der Leuchttürme ist in einem Koordinatensystem mit der Einheit km gegeben:
R (0|0), G (250|−50).
Bestimme die Position des Schiffes.
Beachte: N 22° O gibt die Richtungsänderung von Nord nach Ost an. Winkel? Begründe.

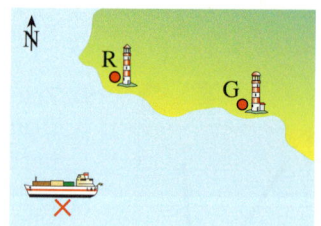

16. Die Geraden g und h sind parallel zueinander. Wie groß sind die markierten Winkel? Begründe.

a)

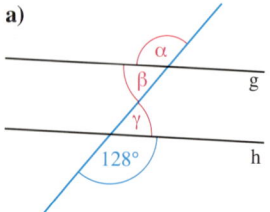

b)

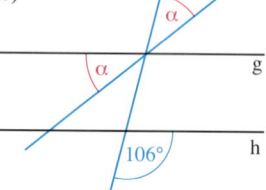

c)

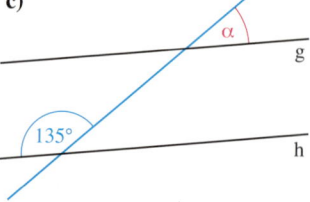

2.5 Winkelsumme in Dreiecken

Einstieg

Zeichnet auf ein DIN-A4-Blatt ein möglichst großes, beliebiges Dreieck.

Legt einen (möglichst kleinen) Bleistift in die Lage 1. Verschiebt dann den Bleistift längs der Seite $\overline{AB}$ in die Lage 2, dreht ihn um B in die Lage 3; fahrt fort, bis er wieder auf der Seite $\overline{AB}$ in der Ecke A liegt.

Was stellt ihr fest? Um wie viel Grad wurde der Bleistift insgesamt gedreht?

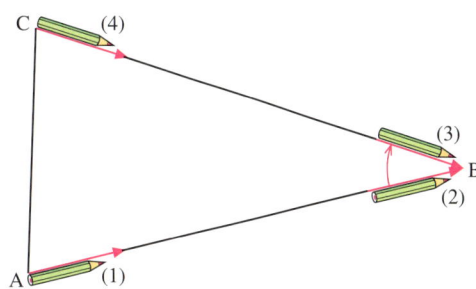

Aufgabe 1

Betrachte den Bildausschnitt „Metamorphose" von Escher. Hier hat der Künstler die Bildfläche mithilfe von Figuren lückenlos ausgefüllt, man sagt auch *parkettiert*.

Du kennst Parkette aus deckungsgleichen Rechtecken, speziell Quadraten. Denke beispielsweise an einen Parkettfußboden und an eine Fliesenwand.

Im Bild rechts ist unmittelbar klar, dass die vier Innenwinkel zusammengelegt einen Vollwinkel ergeben bzw. die Winkelsumme der vier Innenwinkel 360° ergibt.

Quadrate und Rechtecke lassen beim Parkettieren keine Lücken.

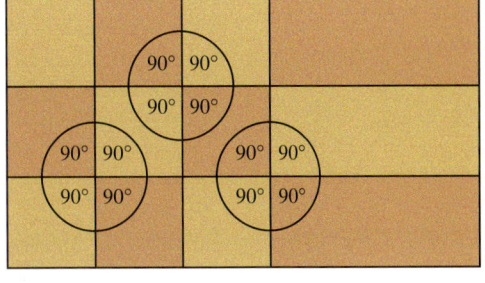

Überlege, ob man auch mit zueinander deckungsgleichen Dreiecken parkettieren kann. Begründe deine Antwort. Stelle dir dazu geeignete deckungsgleiche Dreiecke her.

Lösung

Dem Augenschein nach kann man mit zueinander deckungsgleichen Dreiecken ein Parkett herstellen. In jedem Gitterpunkt stoßen 6 Winkel aneinander. Je zwei sind als Scheitelwinkel gleich groß; drei unterschiedlich gefärbte Winkel bilden zusammen einen gestreckten Winkel.

Information

Innenwinkelsatz für Dreiecke

Die Lösung der Aufgabe 1 auf Seite 91 lässt folgenden Satz vermuten.

> **Innenwinkelsatz für Dreiecke**
>
> In *jedem* Dreieck sind die drei Innenwinkel zusammen 180° groß.
>
> $\alpha + \beta + \gamma = 180°$

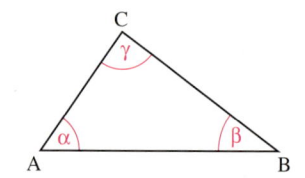

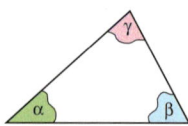

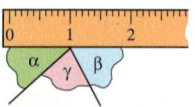

Zur Begründung des Innenwinkelsatzes zeichnen wir zur Seite $\overline{AB}$ des Dreiecks ABC die Parallele g durch C.
Dann gilt: $\alpha_1 + \gamma + \beta_1 = 180°$

Ferner gilt: $\alpha_1 = \alpha$ und $\beta_1 = \beta$, da α_1 und α bzw. β_1 und β als Wechselwinkel an geschnittenen Parallelen gleich groß sind.
Damit erhalten wir: $\alpha + \beta + \gamma = 180°$.

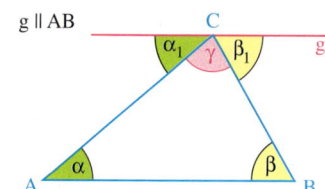

Weiterführende Aufgabe

2. *Spitzwinklige, rechtwinklige, stumpfwinklige Dreiecke*

    a) Wie viele rechte Winkel [stumpfe Winkel] kann ein Dreieck besitzen? Begründe.

> Ein Dreieck heißt **spitzwinklig**, wenn *jeder* der drei Innenwinkel kleiner als 90° ist.
> Es heißt **stumpfwinklig**, wenn *ein* Innenwinkel größer als 90° ist.
> Es heißt **rechtwinklig**, wenn *ein* Innenwinkel 90° groß ist.
>
> 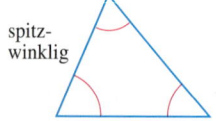      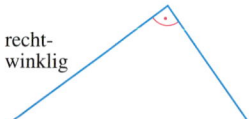
>
> spitz-winklig   stumpf-winklig   recht-winklig

    b) Entscheide, ob das Dreieck spitzwinklig, rechtwinklig oder stumpfwinklig ist. Begründe.

    (1) $\alpha = 67°$; $\beta = 23°$ (3) $\beta = 60°$; $\gamma = 60°$ (5) $\beta = 15°$; $\gamma = 10°$
    (2) $\gamma = 19°$; $\beta = 54°$ (4) $\alpha = 37°$; $\gamma = 53°$ (6) $\alpha = 45°$; $\beta = 45°$

Übungsaufgaben

3. Zeichne ein Dreieck, lasse die drei Innenwinkel messen und betrachte die Winkelsumme. Stelle eine Vermutung auf.

4. Berechne den dritten Innenwinkel des Dreiecks ABC.

    (1) $\alpha = 56°$;   (4) $\beta = 90°$;   (7) $\alpha = 33°$;
       $\gamma = 85°$ $\gamma = 27°$ $\beta = 104°$

    (2) $\alpha = 90°$;   (5) $\alpha = 112°$;   (8) $\beta = 127°$;
       $\gamma = 61°$ $\beta = 25°$ $\gamma = 41°$

    (3) $\beta = 77°$;   (6) $\alpha = 126°$;   (9) $\alpha = 88°$;
       $\gamma = 56°$ $\gamma = 43°$ $\beta = 89°$

5. Gegeben sind zwei Winkel im Dreieck. Beschreibe, wie man den dritten Winkel berechnen kann.

6. Kann man ein Dreieck ABC mit den angegebenen Winkeln zeichnen?
   (1) $\alpha = 89°$; $\beta = 89°$ (2) $\alpha = 89°$; $\beta = 91°$ (3) $\beta = 86°$; $\gamma = 25°$

7. Von drei Dreiecken wurden die Ecken abgerissen. Welche gehören zum selben Dreieck?

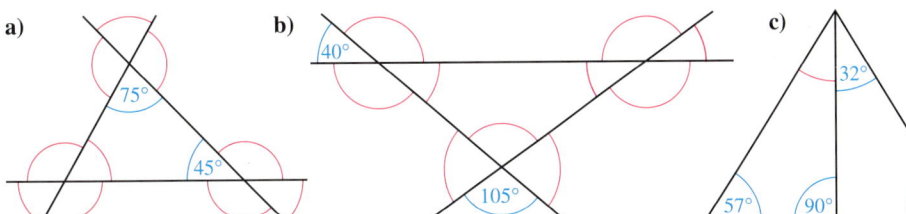

8. ABC soll ein rechtwinkliges Dreieck mit dem rechten Winkel an C sein.

   a) Gegeben ist   (1) $\alpha = 37°$;   (2) $\beta = 49°$;   (3) $\beta = 71°$;   (4) $\alpha = 53°$.
      Berechne den dritten Winkel.

   b) Beschreibe, wie man α aus β [β aus α] berechnen kann.

9. In einem Dreieck soll die Summe zweier Innenwinkel so groß wie der dritte Innenwinkel sein. Um was für ein Dreieck handelt es sich?

10. Serpil behauptet: „Ich habe ein Dreieck gezeichnet, in dem der größte Innenwinkel 58° groß ist."

11. Zeichne eine entsprechende Figur in dein Heft. Berechne die rot markierten Winkel und trage die Ergebnisse ein.

a)

75°
45°

b)

40°
105°

c)

32°
57°   90°

12. Marco behauptet: „Der größte Winkel in einem Dreieck beträgt mindestens 60°."

13. ABC ist ein beliebiges Dreieck, die sechs rot gefärbten Winkel heißen **Außenwinkel** des Dreiecks.

   a) Welche Beziehung besteht zwischen einem Innenwinkel und einem benachbarten Außenwinkel? Erkläre so, was man unter einem Außenwinkel eines Dreiecks versteht.

   b) Begründe den folgenden Satz:

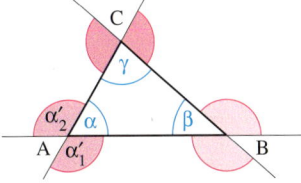

> **Außenwinkelsatz für Dreiecke**
>
> In einem Dreieck ist ein Außenwinkel genau so groß wie die beiden nicht anliegenden Innenwinkel zusammen, z. B. $\alpha' = \beta + \gamma$.

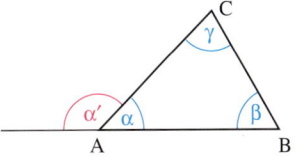

2.6 Winkelsumme in Vierecken und anderen Vielecken
Zum Selbstlernen

Ziel

Du hast im vorigen Abschnitt erfahren, dass in *jedem* Dreieck die Winkelsumme 180° beträgt. Hier sollst du nun untersuchen, ob eine entsprechende Gesetzmäßigkeit auch bei anderen Vielecken gilt.

Zum Erarbeiten

Winkelsumme im Viereck

Wie groß sind die vier Innenwinkel eines Vierecks zusammen? Begründe deine Vermutung.

Zerlege dazu das Viereck durch eine Diagonale in zwei Dreiecke.

In jedem der beiden Teildreiecke beträgt die Winkelsumme 180°, also gilt: $\alpha + \beta_1 + \delta_1 = 180°$ sowie $\delta_2 + \beta_2 + \gamma = 180°$

Durch Addieren folgt daraus

$\alpha + \beta_1 + \delta_1 + \delta_2 + \beta_2 + \gamma = 180° + 180° = 360°$

Durch Umsortieren der Summanden ergibt sich:

$\alpha + \underbrace{\beta_1 + \beta_2} + \gamma + \underbrace{\delta_2 + \delta_1} = 360°$

Da aber $\beta_1 + \beta_2$ die Größe des Winkels β und ebenso $\delta_1 + \delta_2$ die Größe des Winkels δ ist, erhalten wir damit: $\alpha + \beta + \gamma + \delta = 360°$

Das bedeutet, dass alle vier Innenwinkel im Viereck zusammen 360° groß sind.

Winkelsumme bei Vierecken mit einspringender Ecke

Die Begründung für die Winkelsumme eines Vierecks erfolgte oben an einem Viereck ohne einspringende Ecke. Begründe, dass sich dieselbe Winkelsumme auch bei einem Viereck mit einspringender Ecke ergibt.

Man kann dieses Viereck nicht durch die Diagonale $\overline{BD}$ in zwei Teildreiecke zerlegen, da diese Diagonale außerhalb des Vierecks liegt. Aber mit der anderen Diagonale $\overline{AC}$ kann man es in zwei Teildreiecke zerlegen, aus denen man wieder als Winkelsumme des Vierecks 360° erhält.

Information

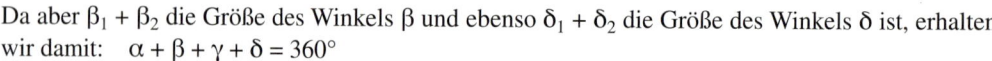

> ### Innenwinkelsatz für Vierecke
>
> In *jedem* Viereck sind die vier Innenwinkel zusammen 360° groß.
>
> $\alpha + \beta + \gamma + \delta = 360°$

Zum Üben

1. Zeichne auf ein DIN-A4-Blatt ein möglichst großes, beliebiges Viereck.
   Lege einen (möglichst kleinen) Bleistift in die Lage 1. Verschiebe dann den Bleistift längs der Seite $\overline{AB}$ in Lage 2, drehe ihn von B in die Lage 3; fahre fort bis er wieder auf der Seite $\overline{AB}$ liegt. Was stellst du fest? Begründe auf diese Weise, dass die Summe der Innenwinkel des Vierecks 360° beträgt.

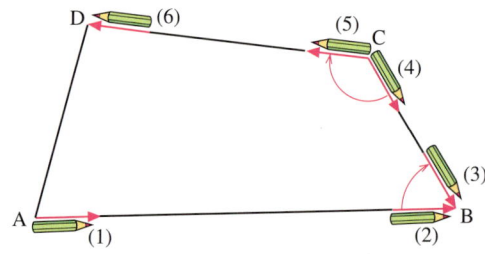

2. Wo steckt der Fehler in Tims Überlegung?

„Ich kann ein Viereck in vier Dreiecke zerlegen. Also beträgt die Winkelsumme im Viereck 4 · 180°. Das sind 720°."

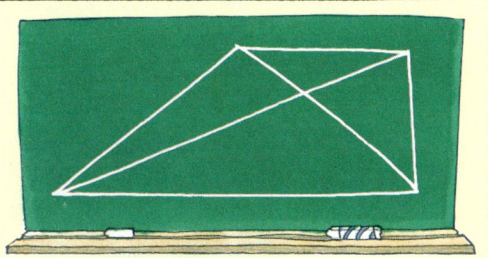

3. Berechne die rot markierten Viereckswinkel. Beachte bei (4) die Symmetrieachse.

(1)   (2)

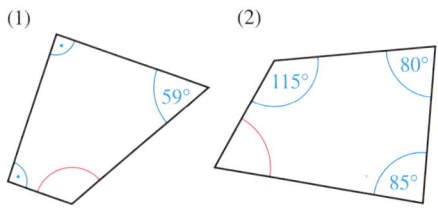

(3)   (4)

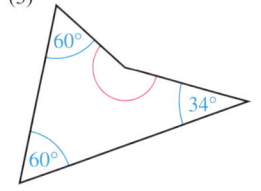   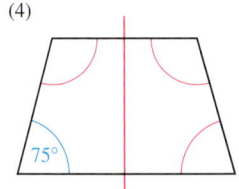

4. Zeichne ein Viereck ABCD. Es soll gelten:

a) α = 50°;   γ ist doppelt so groß wie α;   δ ist doppelt so groß wie β.

b) β ist doppelt so groß wie α;   γ ist dreimal so groß wie α;   δ ist viermal so groß wie α.

5. Betrachte ein Viereck, welches kein Rechteck ist.

a) Wie viele spitze Winkel hat das Viereck mindestens, wie viele höchstens?

b) Wie viele stumpfe Winkel hat das Viereck mindestens, wie viele höchstens?

c) Wie viele überstumpfe Winkel hat das Viereck mindestens, wie viele höchstens?

Winkelsumme in Vielecken

6. Die Winkelsumme in Dreiecken und Vierecken kennst du schon.

a) Untersuche, wie groß jeweils alle Innenwinkel eines
   (1) Fünfecks,
   (2) Sechsecks,
   (3) Siebenecks, …
   zusammen sind.

Vielecke	Winkelsumme
Dreieck	180°
Viereck	360°
Fünfeck	

b) Versuche herauszufinden, wie man aus der Anzahl n der Ecken eines Vielecks die Winkelsumme der Innenwinkel berechnen kann.

7. Vivian behauptet: „Mein Fünfeck hat nur eine Winkelsumme von 360°."
Was würdest du ihr sagen?

8. Wie viele Ecken hat ein Vieleck, wenn die Winkelsumme des Vielecks 3 600° [1 800°] beträgt?

Zum Selbstlernen

2.7 Gleichschenklige Dreiecke – Basiswinkelsatz

Einstieg Die Dachgiebel eines Satteldaches haben die Form von Dreiecken. Betrachtet die Seitenlängen. Eines der beiden Dreiecke weist Besonderheiten auf. Beschreibt.

Information

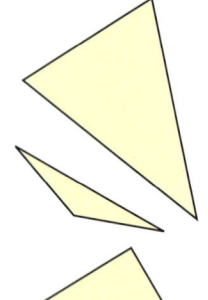

(1) Gleichschenkliges Dreieck als besonderes Dreieck

> **Definition**
>
> Ein Dreieck mit (wenigstens) zwei gleich langen Seiten nennt man **gleichschenkliges Dreieck**.
> Die beiden gleich langen Seiten heißen **Schenkel**; die dritte Seite heißt **Basis**. Die der Basis anliegenden Winkel heißen **Basiswinkel**.

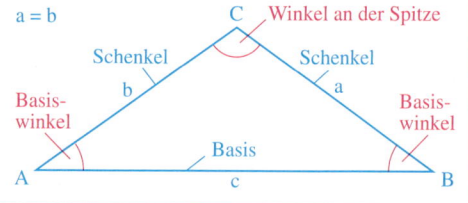

(2) Bezeichnungen am Dreieck

In einem Dreieck gibt
a die Länge der Seite gegenüber dem Eckpunkt A,
b die Länge der Seite gegenüber dem Eckpunkt B und
c die Länge der Seite gegenüber dem Eckpunkt C an.

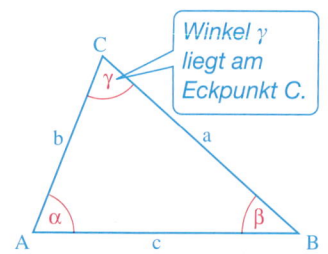

Winkel γ liegt am Eckpunkt C.

Aufgabe 1

Aus einer dünnen Holzplatte soll ein Haus nach einer Bastelanleitung gebaut werden. Der Dachgiebel (Bild rechts) ist ein gleichschenkliges Dreieck.
Zeichne das gleichschenklige Dreieck ABC; miss dazu die Seite a und den Winkel γ.
Beschreibe, wie du vorgehst.
Untersuche dann Dreieck ABC auf Achsensymmetrie; zeichne gegebenenfalls die Symmetrieachse ein.

Lösung

Wir messen: a = 2,8 cm; γ = 80°

Wir zeichnen das Dreieck ABC, z. B. auf folgende Weise:

(1) Wir zeichnen eine Strecke $\overline{BC}$ mit der Länge a = 2,8 cm.

(2) Wir tragen in C an die Strecke $\overline{BC}$ den Winkel γ = 80° an.

(3) Auf dem freien Schenkel von γ tragen wir Eckpunkt A in 2,8 cm Entfernung von Eckpunkt C ein, da b = a. Dann verbinden wir A mit B.

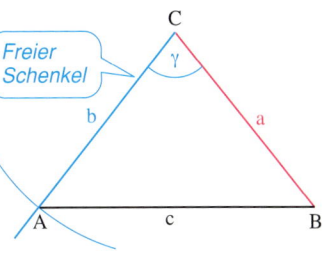

Das gleichschenklige Dreieck ABC mit der Basis $\overline{AB}$ ist achsensymmetrisch. Die Symmetrieachse g geht durch den Eckpunkt C; sie halbiert den Winkel γ und die Basis $\overline{AB}$, ferner ist die Symmetrieachse senkrecht zur Basis.

Denkt man sich nämlich das Dreieck ABC an der Geraden g gespiegelt, so passen offenbar die Teildreiecke ADC und DBC genau aufeinander.

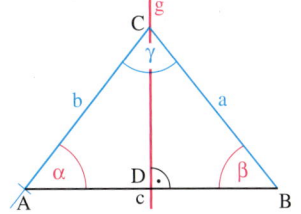

Information

Aus der Symmetrie des gleichschenkligen Dreiecks folgt:

> **Eigenschaften gleichschenkliger Dreiecke**
>
> Für jedes *gleichschenklige Dreieck* gilt:
> (a) Die Winkelhalbierende des Winkels an der Spitze ist Symmetrieachse des Dreiecks ABC.
> (b) Die Symmetrieachse ist die Mittelsenkrechte der Basis.
> (c) Die beiden Basiswinkel sind gleich groß.
>   (**Basiswinkelsatz**)

Gleich langen Seiten liegen gleich große Winkel gegenüber.

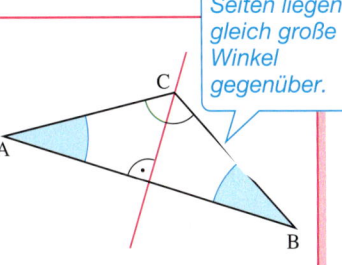

Weiterführende Aufgabe

2. *Gleichseitige Dreiecke – Eigenschaften*

Links siehst du ein dreieckiges Verkehrsschild. Es ist ein besonderes gleichschenkliges Dreieck. Alle drei Seiten sind gleich lang. Man bezeichnet es als *gleichseitiges* Dreieck. Zeichne ein solches Dreieck.

Was kannst du über die Symmetrieachse und die Winkel im gleichseitigen Dreieck aussagen?

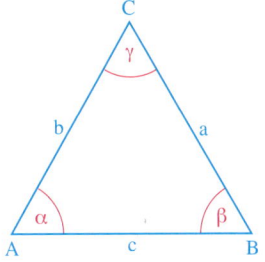

Jedes gleich-seitige Dreieck ist auch gleichschenklig; jede Seite kann man als Basis wählen.

> Ein Dreieck, in dem alle drei Seiten gleich lang sind, heißt **gleichseitiges Dreieck**.
>
> **Eigenschaften des gleichseitigen Dreiecks**
>
> Für jedes *gleichseitige* Dreieck gilt:
>
> (a) Die Winkelhalbierenden der drei Dreieckswinkel sind Symmetrieachsen; sie sind auch die Mittelsenkrechten der Seiten des Dreiecks.
> (b) Alle drei Winkel sind 60° groß.

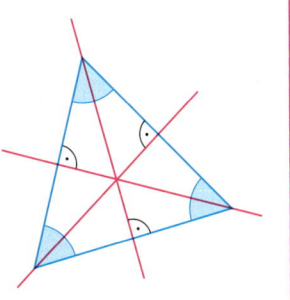

Übungsaufgaben

3. a) Der Hausgiebel rechts ist ein Dreieck mit zwei gleich langen Seiten; die rechte Dachfläche hat eine Neigung von 40°. Wie groß ist die Neigung der linken Dachfläche, wie groß ist der Winkel an der Spitze? Begründe deine Antwort.

b) Für Dachneigungen in einem neuen Baugebiet sind Winkel zwischen 30° und 45° zugelassen. Was kannst du dann über den Winkel an der Spitze aussagen?

 4. a) Zeichne mit einem dynamischen Geometrie-System ein Dreieck, bei dem zwei Seiten gleich lang sind. Kannst du es auch so zeichnen, dass beim Ziehen an den Eckpunkten diese Bedingung erfüllt bleibt? Was fällt dir an den Winkeln auf?

b) Zeichne ein Dreieck, bei dem alle drei Seiten gleich lang sind und auch bleiben, wenn man eine Seitenlänge ändert. Wie groß sind die Winkel? *Hinweis:* Nicht mehr benötigte Hilfslinien kannst du vom Programm verbergen lassen. Später kannst du sie auch wieder anzeigen lassen, wenn du es möchtest.

 5. Gleichschenklige Dreiecke und gleichseitige Dreiecke findet ihr in eurer Umwelt. Gebt Beispiele an. Ihr könnt auch Fotos davon machen und damit ein Plakat für eure Klasse gestalten.

 **6.** Entscheide, welche der folgenden Aussagen wahr oder falsch sind.
(1) Es gibt gleichschenklige Dreiecke, die gleichseitig sind.
(2) Nicht alle gleichschenkligen Dreiecke sind gleichseitig.
(3) Nicht alle gleichseitigen Dreiecke sind gleichschenklig.
(4) Es gibt gleichschenklige Dreiecke, die rechtwinklig sind.
(5) Es gibt gleichseitige Dreiecke, die stumpfwinklig sind.
(6) Es gibt gleichschenklige Dreiecke, die stumpfwinklig sind.

7. Gib bei dem gleichschenkligen Dreieck an, welches die Basis, welches die Basiswinkel, welches der Winkel an der Spitze, welches die Schenkel sind. Berechne die rot markierten Winkel.

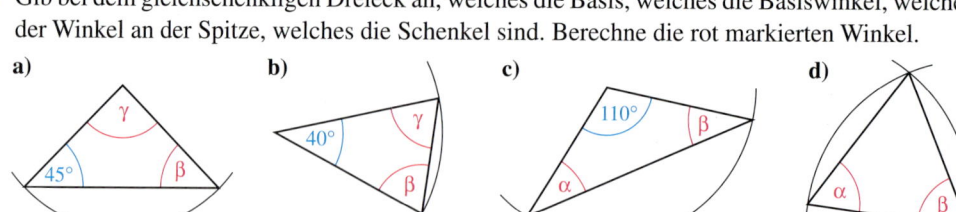

8. a) In einem Dreieck ABC gilt a = c [b = c]. Welche Winkel sind gleich groß?

b) In einem Dreieck DEF gilt d = e [e = f]. Welche Winkel sind gleich groß?

9. Anne und Tim zeichnen jeweils ein gleichschenkliges Dreieck. Bei Annes Dreieck ist ein Innenwinkel 93° groß, bei Tim 52°. Was kannst du über die anderen Winkel aussagen?

2.8 Berechnen von Winkeln mithilfe der Winkelsätze

Einstieg In der Figur rechts sind einige Angaben weggewischt worden. Ergänzt die fehlenden Winkelgrößen im Heft. Erläutert und begründet euer
Vorgehen.

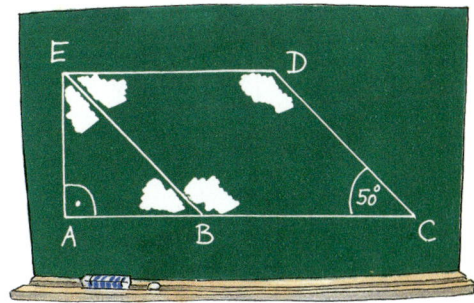

Aufgabe 1

Schrittweises Berechnen von Winkeln

In der rechts (nicht maßstabsgetreu) skizzierten Figur halbiert die
Gerade w den Winkel bei A. Der eingezeichnete Kreisbogen um
A zeigt, dass die Strecke $\overline{AB}$ und $\overline{AG}$ gleich lang sind.
Wie groß ist der Winkel γ?

Anleitung:
Skizziere die Figur in dein Heft – auch dabei müssen die Maße
nicht stimmen. Berechne schrittweise weitere Winkel, bis du den
Winkel β angeben kannst. Begründe jeweils mit einem Winkel-
satz.

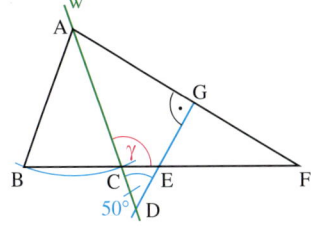

Lösung

Wir notieren die Schritte übersichtlich in einer Tabelle.

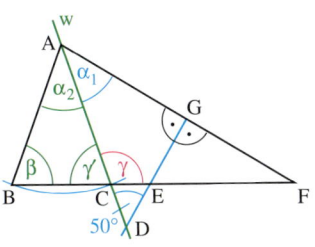

Winkel	Begründung
$\alpha_1 = 180° - 90° - 50° = 40°$	Winkelsumme im Dreieck ABC
$\alpha_2 = \alpha_1 = 40°$	w halbiert den Winkel bei A
$\beta = \gamma' = (180° - \alpha_2) : 2 = 70°$	Basiswinkel im gleichschenkligen Dreieck ABC
$\gamma = 180° - \gamma' = 110°$	γ ist Nebenwinkel von γ'

Ergebnis: Der Winkel γ ist 110° groß.

Aufgabe 2

Verwenden von Hilfslinien zum Berechnen von Winkeln

Tanja und Tim wollen den Steigungswinkel α
einer Straße bestimmen. Mithilfe eines Geodreiecks und eines Senkbleis (Senklots) haben
sie sich das nebenstehende Gerät gebaut.
Wie funktioniert es?

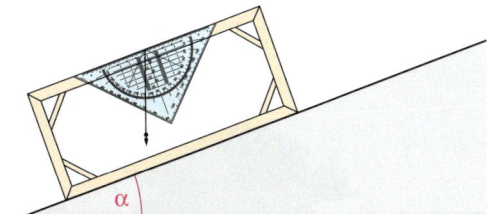

Lösung

Wir skizzieren die Apparatur vereinfacht und verlängern das Senkblei. Gesucht ist der Zusammenhang des gemessenen Winkels β zum Steigungswinkel α der Straße. Wir berechnen schrittweise weitere Winkel aus α.

Winkel	Begründung
$\gamma = 180° - 90° - \alpha$ $= 90° - \alpha$	Winkelsumme im Dreieck ABC
$\beta = \gamma = 90° - \alpha$	Da DEFG ein Rechteck ist, gilt DE ∥ GF; damit ist β ein Stufenwinkel zu γ

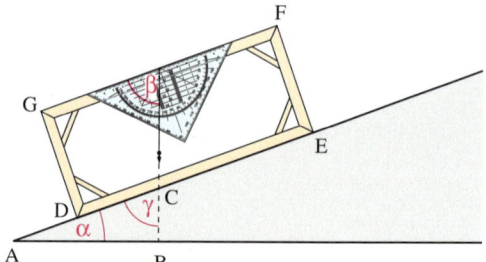

Ergebnis: Um den Steigungswinkel α der Straße zu erhalten, muss man den gemessenen Winkel β von 90° subtrahieren.

Übungsaufgaben

3. Stellt auf einem Poster eure Kenntnisse über Winkel in Figuren zusammen. Ihr könnt diese als Hilfe für die folgenden Aufgaben auch auf einem Plakat im Klassenraum aushängen.

4. Zeichne eine entsprechende Figur in dein Heft. Die Geraden a und b sollen jeweils parallel zueinander sein. Berechne die rot markierten Winkel und trage die Ergebnisse ein.

a)

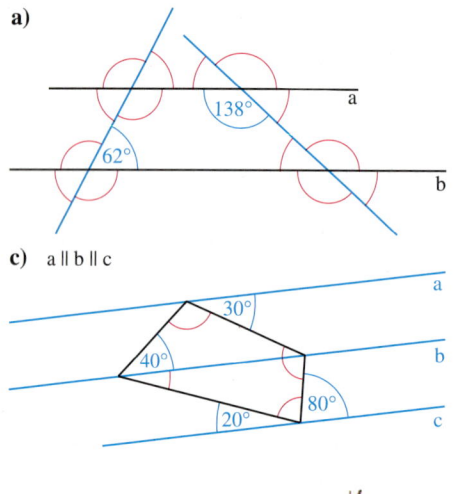

b)

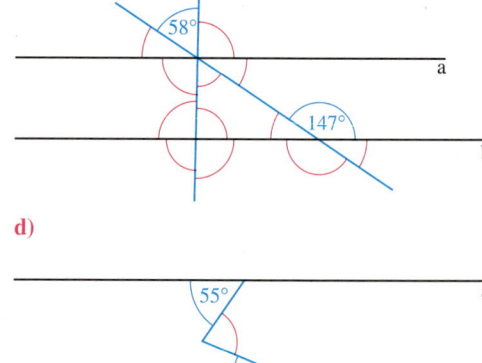

c) a ∥ b ∥ c

d)

5. Der Kranführer kann den Kranarm um den Winkel α heben oder senken.
Wie ändert sich dadurch der Winkel γ, den der Kranarm und das Lastenseil bei S miteinander bilden?

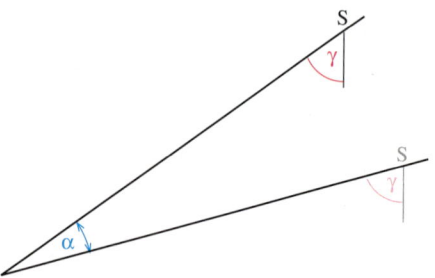

6. Berechne den Winkel β.

    a) $\alpha_1 = 70°$; $\alpha_2 = 30°$ **b)** $\alpha_1 = 50°$; $\alpha_2 = 70°$ **c)** $\alpha_1 = 50°$; $\alpha_2 = 20°$; $\alpha_3 = 35°$

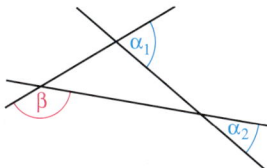 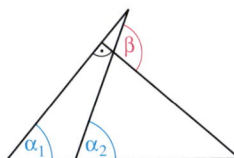

7. Die Geraden a und b sind parallel zueinander. Berechne die rot markierten Winkel.

    a)   **b)**

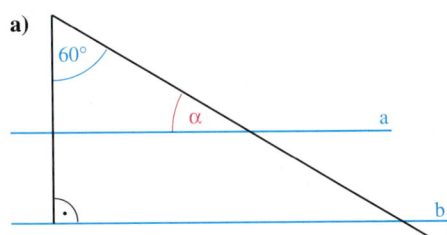 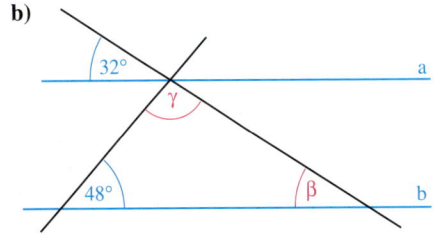

8. Berechne die rot markierten Winkel. Begründe jeden Schritt.

    (1) $\alpha = 20°$ (2) $\alpha = 150°$ (3) $\alpha = 40°$

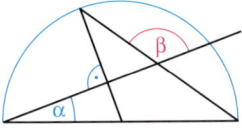 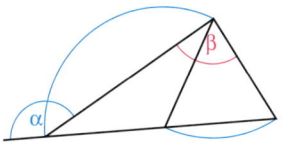 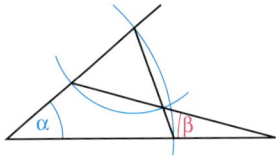

9. **a)** Gegeben ist die Figur mit g∥h und $\alpha = 112°$.
        Berechne den Winkel β.
        Anleitung: Suche Teildreiecke in der Figur. Ergänze dazu
        die Figur durch eine geeignete Strecke als Hilfslinie.

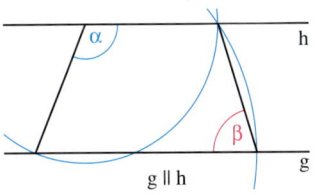

g∥h

    b) Berechne den Winkel β.

        (1) $\alpha = 28°$ (2) $\alpha = 80°$ (3) $\alpha = 22°$

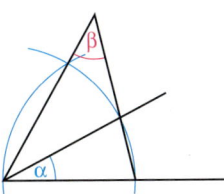 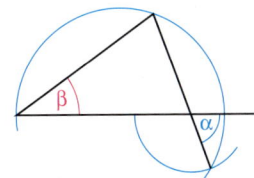 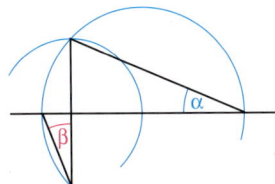

10. Suche in der Figur gleichschenklige Dreiecke. Begründe deine Aussage.

    a)   **b)**   **c)**

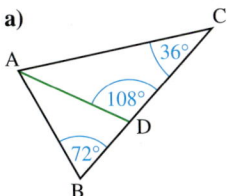 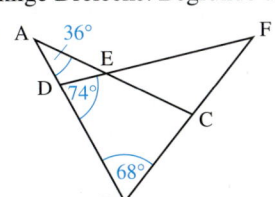 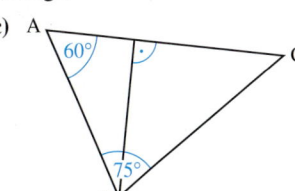

2.9 Dreiecksungleichung

Einstieg

Auf dem Kartenausschnitt siehst du die Fahrradwege zwischen vier Orten. Laura wohnt in Ahnstadt und möchte mit dem Fahrrad ihre Freundin in Creuzberg besuchen.
Welche Wege kann sie wählen? Welcher ist der kürzeste?
Wie müsste ein weiterer Fahrradweg gebaut werden, damit der Weg möglichst kurz ist?

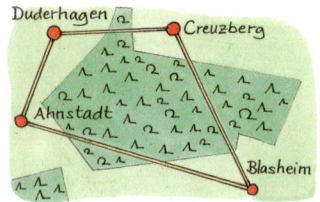

Aufgabe 1

Versuche, ein Dreieck ABC zu zeichnen aus c = 2,5 cm, b = 1,5 cm und (1) a = 0,5 cm; (2) a = 1,0 cm; (3) a = 1,3 cm. Was stellst du fest?

Lösung

Wir zeichnen die Strecke c mit den Endpunkten A und B. Um A zeichnen wir einen Kreis mit dem Radius b, denn auf diesem Kreis um A liegen alle Punkte, die von A die Entfernung b haben. Um B zeichnen wir einen Kreis mit dem Radius a, denn

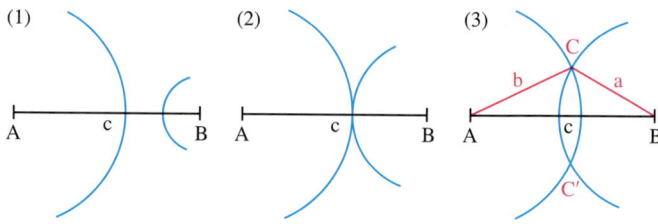

auf ihm liegen alle Punkte, die von A die Entfernung a haben.

Wir stellen fest: Nur im Fall (3) schneiden sich die beiden Kreise. Die Schnittpunkte sind mögliche Eckpunkte für das gesuchte Dreieck. Die beiden Kreise schneiden sich nur, wenn die Seiten a und b zusammen länger sind als die Seite c.

Information

Dreiecksungleichung

In jedem Dreieck ist die Summe zweier Seitenlängen stets größer als die Länge der dritten Seite:

$a + b > c; \quad a + c > b; \quad b + c > a$

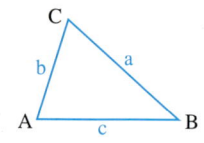

Übungsaufgaben

2. Entscheide, ob man aus den Längen (in cm) ein Dreieck zeichnen kann. Falls ja, zeichne es.

	a)	b)	c)	d)	e)	f)	g)	h)	i)
Seite a	6	12	9	4	9,5	3	5	13	7,4
Seite b	7	4	15	3	3	6	12	10	3,1
Seite c	10	8	5	2	7,5	10	7	5	4,3

3. Von einem Dreieck ABC sind a = 7 cm und b = 4 cm gegeben. Welche der Längen 1 cm, 2 cm, 3 cm, …, 13 cm kannst du für c wählen? Wann erhält man kein Dreieck?

4. In einem gleichschenkligen Dreieck sind die Schenkel jeweils 6 cm lang. Welche Länge könnte die Basis haben? Gib mehrere Möglichkeiten an. Begründe.

2.10 Symmetrische Vierecke

2.10.1 Achsensymmetrische Vierecke

Einstieg Auf den Bildern seht ihr verschiedene besondere Vierecke. Beschreibt sie. Welche Symmetrieeigenschaften besitzen sie? Gebt weitere Beispiele für solche Vierecke an.

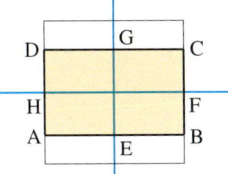

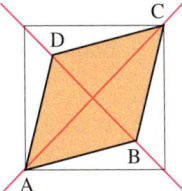

Aufgabe 1

a) Zeichne ein Quadrat. Zeichne alle Symmetrieachsen des Quadrats ein.

b) Versuche ein Viereck ABCD herzustellen, das genau zwei Symmetrieachsen besitzt.

c) Versuche ein Viereck ABCD herzustellen, das genau eine Symmetrieachse besitzt.

Lösung

a) Das Quadrat ABCD hat vier Symmetrieachsen und zwar

- die beiden *Diagonalgeraden* AC und BD (das sind die Verbindungsgeraden der gegenüberliegenden Eckpunkte);
  sowie
- die beiden *Mittellinien* EG und EF (das sind die Verbindungsgeraden der gegenüberliegenden Seitenmitten).

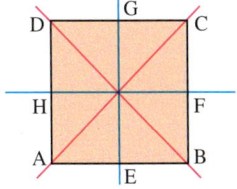

b) Wir versuchen von einem Quadrat passende Stücke so abzuschneiden, dass entweder beide Mittellinien oder beide Diagonalgeraden als Symmetrieachsen erhalten bleiben.

Hier sind nur noch die beiden Mittellinien HF und EG Symmetrieachsen.
Wir erhalten ein *Rechteck*.

Hier sind nur noch die beiden Diagonalgeraden AC und BD Symmetrieachsen.
Wir erhalten einen *Rhombus* (eine *Raute*).

c) Wir gehen nun von einem Rechteck und einem Rhombus aus und versuchen wieder, passende Stücke so abzuschneiden, dass nur noch eine Mittellinie bzw. Diagonalgerade erhalten bleibt.

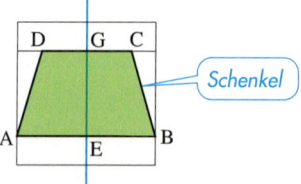 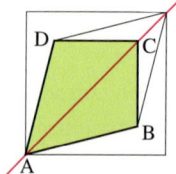 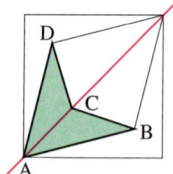

Hier ist nur noch die Mittellinie EG Symmetrieachse.

Wir erhalten so ein *achsensymmetrisches Trapez*.

Ein achsensymmetrisches Trapez wird auch *gleichschenkliges Trapez* genannt.

Hier ist nur noch die Diagonalgerade AC Symmetrieachse.

Wir erhalten ein *Drachenviereck*.

Das Drachenviereck kann auch eine einspringende Ecke besitzen.

Information

(1) Rhombus, gleichschenkliges Trapez und Drachenviereck

Die Lösung der Aufgabe 1 führte uns auf besondere Vierecke, die du auch häufig in der Umwelt findest. Um was für Vierecke handelt es sich?

Beschreibe sie. Einige kennst du schon.

Die Lösung der Teilaufgabe c) führt auf ein Viereck, das Sonderfall eines Trapezes ist.

Links siehst du, wie man sich ein solches Trapez entstanden denken kann.

> **Definition**
>
> (1) Ein Viereck, in dem alle vier Seiten gleich lang sind, heißt **Rhombus** (auch *Raute* genannt).
> (2) Ein achsensymmetrisches Trapez heißt **gleichschenkliges Trapez**.
> (3) Ein Viereck, bei dem zwei benachbarte Seiten und ebenso die beiden anderen benachbarten Seiten jeweils gleich lang sind, heißt **Drachenviereck**.
>
>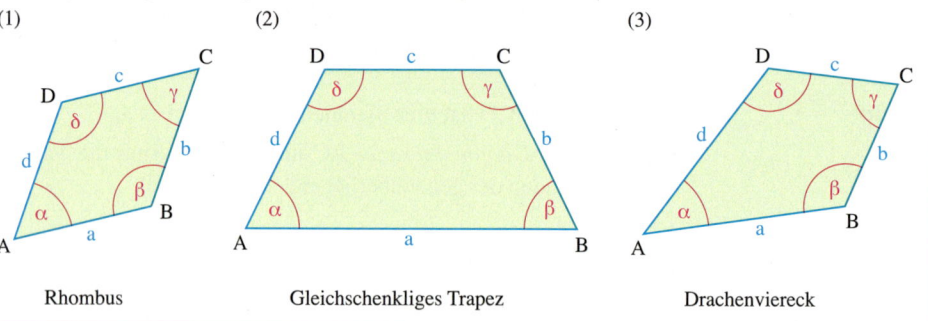
>
> Rhombus Gleichschenkliges Trapez Drachenviereck

Beachte: Ein Drachenviereck kann auch eine einspringende Ecke besitzen.

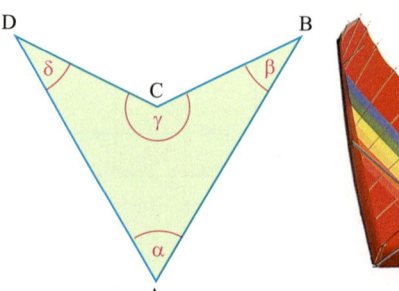 

(2) Achsensymmetrie bei Quadrat, Rechteck, Rhombus, gleichschenkligem Trapez und Drachenviereck

---

Achsensymmetrie bei Quadrat, Rechteck, Rhombus, Trapez und Drachenviereck

(1) Jedes Quadrat ist achsensymmetrisch zu den beiden Diagonalgeraden und zu den beiden Mittellinien.

(2) Jedes Rechteck ist achsensymmetrisch zu den beiden Mittellinien.

(3) Jeder Rhombus ist achsensymmetrisch zu den beiden Diagonalgeraden.

(4) Jedes gleichschenklige Trapez ist achsensymmetrisch zu der Mittellinie einer Grundseite.

(5) Jedes Drachenviereck ist achsensymmetrisch zu einer Diagonalgeraden.

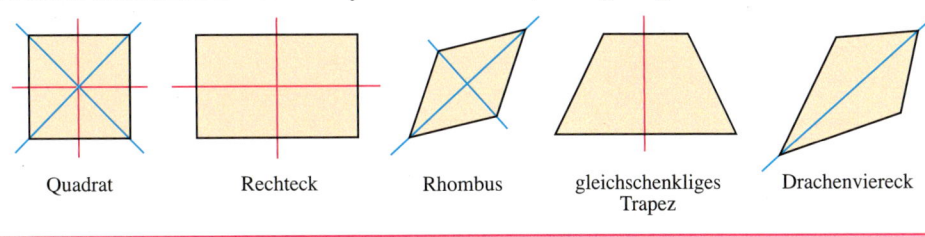

Quadrat Rechteck Rhombus gleichschenkliges Trapez Drachenviereck

---

Übungsaufgaben

2. Zeichne mit einem dynamischen Geometrie-System ein beliebiges Viereck ABCD und eine Gerade g. Spiegele dann das Viereck ABCD an g.

Verforme ABCD auf folgende Weise zu einem achsensymmetrischen Viereck: Verändere die Lage von A, B, C, D so, dass das Viereck mit seinem Bild übereinstimmt. Untersuche so:

(1) Welche gemeinsamen Eigenschaften besitzen alle achsensymmetrischen Vierecke?

(2) Welche besonderen achsensymmetrischen Vierecke gibt es?

3. Sucht in eurer Umwelt Beispiele für achsensymmetrische Vierecke. Ihr könnt sie fotografieren, sie beschriften und damit eure Bildersammlung im Klassenraum ergänzen.

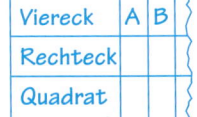

Viereck	A	B
Rechteck		
Quadrat		

4. **a)** Fertige eine Tabelle wie links an; kreuze an, falls für die Figur die Besonderheit zutrifft.

b) Falls die Figur achsensymmetrisch ist, zeichne sie ab und trage die Symmetrieachsen ein.

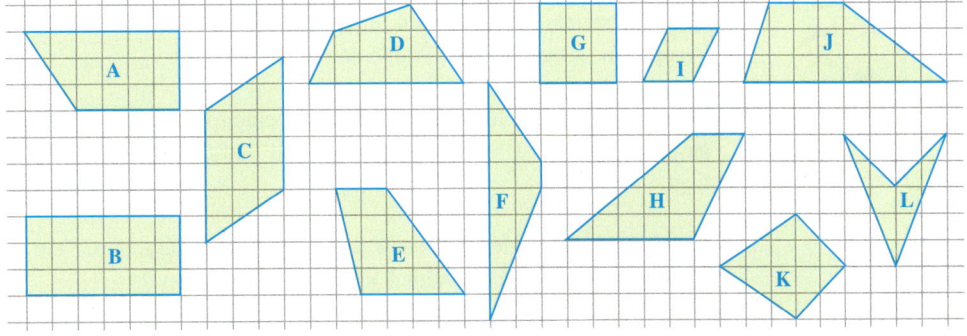

5. Zeichne ein Quadrat [ein Rechteck, einen Rhombus, ein gleichschenkliges Trapez, ein Drachenviereck]. Zeichne auch die Diagonalen ein. Welche besonderen Dreiecke entdeckst du?

6. **a)** Ergänze das stumpfwinklige Dreieck ABC zu einem achsensymmetrischen Viereck.
Es gibt verschiedene Möglichkeiten. Um was für ein Viereck handelt es sich?

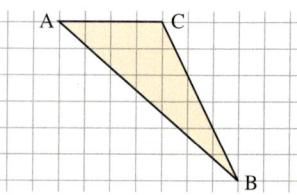

  b) Wähle einen anderen Dreieckstyp als in Teilaufgabe a) und verfahre entsprechend.

7. Zeichne die Figur ins Heft und ergänze sie (1) zu einem Trapez; (2) zu einem gleichschenkligen Trapez; (3) zu einem Drachenviereck.

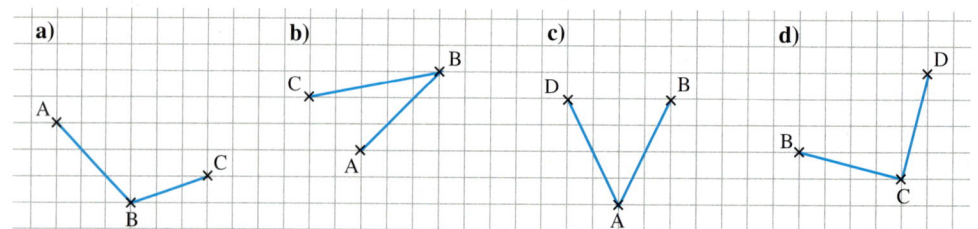

8. Berechne die fehlenden Winkel des Drachenvierecks ABCD mit BD als Symmetrieachse. Begründe.

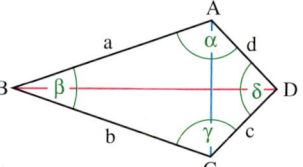

  a) $\beta = 36°$ **b)** $\gamma = 105°$ **c)** $\beta = 90°$ **d)** $\gamma = 100°$
  $\delta = 120°$ $\delta = 80°$ $\gamma = 62°$ $\beta = 100°$

9. Berechne die übrigen Winkel in dem gleichschenkligen Trapez ABCD mit AB∥CD und:

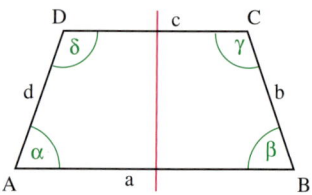

  a) $\alpha = 72°$ **b)** $\beta = 124°$ **c)** $\gamma = 109°$ **d)** $\delta = 56°$
  Begründe.

10. Zeichne drei *nicht* zueinander deckungsgleiche Drachenvierecke, deren Diagonalen 3 cm und 5 cm lang sind.

11. Zum Bau eines Drachens werden zwei Holzleisten der Länge 70 cm und 40 cm verwendet. Der Kreuzungspunkt beider Leisten zerlegt die längere Leiste in 20 cm und 50 cm lange Teilstrecken. Fertige eine Zeichnung an. Wähle den Maßstab 1 : 10.

12. Zeichne in ein gleichschenkliges Dreieck einen Rhombus, die einen Winkel mit dem Winkel an der Spitze des Dreiecks gemeinsam hat und deren Gegenecke auf der Basis des Dreiecks liegt.

13. Bei einem Drachenviereck ist eine Seite 3 cm lang, eine andere 5 cm und ein Winkel ist 40° groß. Wie kann dieses Drachenviereck aussehen?

2.10.2 Punktsymmetrische Vierecke

Einstieg  Auf den Bildern seht ihr verschiedene besondere Vierecke. Beschreibt sie. Welche Symmetrieeigenschaften besitzen sie? Gebt weitere Beispiele für solche Vierecke an.

Aufgabe 1

Das Quadrat hat vier Symmetrieachsen; es ist aber auch punktsymmetrisch. Das Symmetriezentrum ist der Schnittpunkt M der beiden Mittellinien bzw. der beiden Diagonalen.
Du kannst das überprüfen, indem du ein Quadrat ausschneidest und eine Halbdrehung (Drehung um 180°) durchführst.
Versuche ein Viereck herzustellen, das
(1) punktsymmetrisch ist und zwei Symmetrieachsen besitzt.
(2) punktsymmetrisch ist und eine Symmetrieachse besitzt.
(3) punktsymmetrisch ist, aber keine Symmetrieachse besitzt.

Lösung

(1) Durch Abschneiden passender Stücke von einem Quadrat erhältst du bekanntlich ein Rechteck bzw. einen Rhombus, die jeweils zwei Symmetrieachsen besitzen.

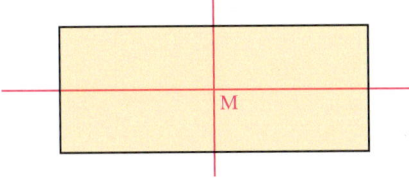 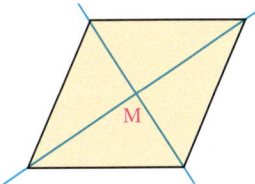

Das Rechteck ist zusätzlich punktsymmetrisch zum Schnittpunkt M der beiden Mittellinien.

Der Rhombus ist zusätzlich punktsymmetrisch zum Schnittpunkt M der beiden Diagonalgeraden.

(2) Durch weiteres Abschneiden von Stücken vom Rechteck und vom Rhombus erhalten wir gleichschenklige Trapeze bzw. Drachenvierecke mit jeweils einer Symmetrieachse. Sie sind aber *nicht* punktsymmetrisch.

(3) Schneiden wir von einem Rechteck oder einem Rhombus passende Stücke ab, so erhalten wir ein Parallelogramm, das nicht achsensymmetrisch ist. Es ist aber punktsymmetrisch zum Schnittpunkt M der Diagonalgeraden. Das können wir durch Ausschneiden und durch eine Halbdrehung überprüfen.

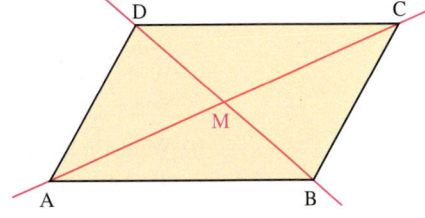

Die Punktsymmetrie des Parallelogramms können wir durch Ausschneiden und durch eine Halbdrehung überprüfen.

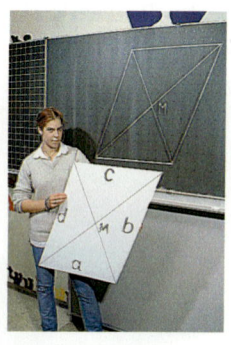   

Information

Statt Rhombus sagt man auch Raute.

Satz

(1) Jedes Quadrat, jedes Rechteck, jedes Parallelogramm und jeder Rhombus ist punktsymmetrisch.

(2) Jedes Quadrat, jedes Rechteck und jeder Rhombus ist ein Parallelogramm, d. h. gegenüberliegende Seiten sind parallel zueinander.

 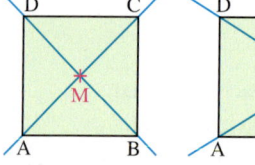 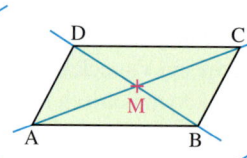 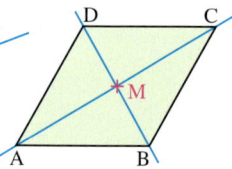

Übungsaufgaben

DGS

2. Zeichne mit einem dynamischen Geometrie-System ein beliebiges Viereck ABCD und einen Punkt M. Spiegele dann das Viereck ABCD an M. Verforme ABCD auf folgende Weise zu einem punktsymmetrischen Viereck: Verändere die Lage von A, B, C, D so, dass das Viereck ABCD mit seinem Bild übereinstimmt. Untersuche so:
   (1) Welche gemeinsamen Eigenschaften besitzen alle punktsymmetrischen Vierecke?
   (2) Welche besonderen punktsymmetrischen Vierecke gibt es?

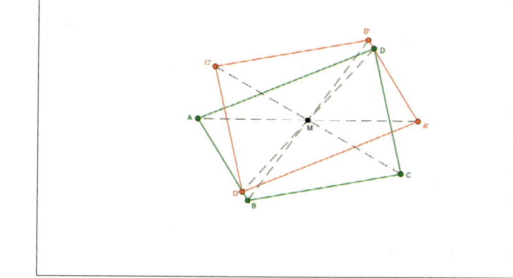

3. **a)** Gegeben ist ein stumpfwinkliges Dreieck ABC. Ergänze es durch Punktspiegelung (Halbdrehung) zu einem punktsymmetrischen Viereck.
   Wie viele verschiedene Möglichkeiten gibt es?
   Was für ein Viereck entsteht?

   b) Wähle in Teilaufgabe a) andere Dreiecksformen und löse die Aufgabe entsprechend.

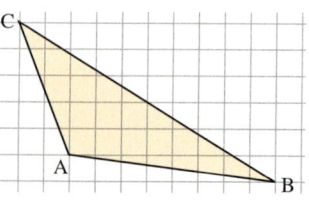

4. Welche der Vierecke sind Parallelogramme? Gib gegebenenfalls das Symmetriezentrum an.

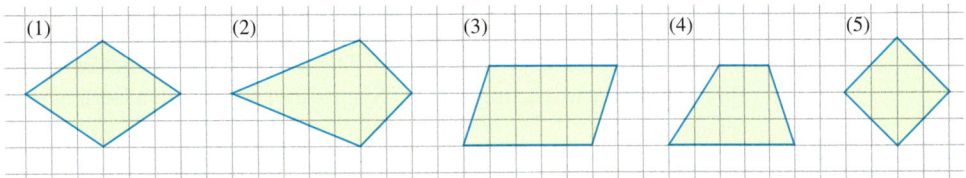

5. Zeichne drei verschiedene nicht zueinander deckungsgleiche Parallelogramme, deren Seiten 3 cm und 5 cm lang sind.

6. Jedes Parallelogramm ist punktsymmetrisch.
Untersuche, ob ein Parallelogramm auch achsensymmetrisch sein kann.

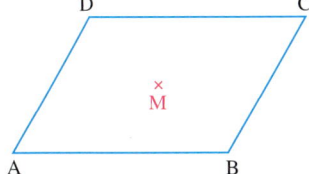

7. Tim behauptet: „Auch ohne Punktsymmetrie weiß ich, dass das Rechteck ein Parallelogramm ist." Prüfe nach.

8. Zeichne ein zu einer Diagonalen symmetrisches Viereck. In was für Dreiecke wird das Viereck zerlegt?

9. Hier sind schon die halben Diagonalen eines Vierecks gezeichnet.
Zeichne sie ab und ergänze die Figur zu einem punktsymmetrischen Viereck. Um was für ein Viereck kann es sich handeln?

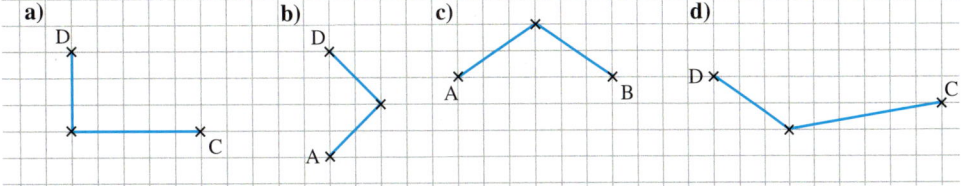

10. a) Felix sagt: „Mein Viereck ist punktsymmetrisch, besitzt aber keine Symmetrieachse."
Welches Viereck hat Felix gezeichnet?

b) Finde selbst weitere Rätsel und lasse sie deine Mitschülerin/deinen Mitschüler lösen. Tauscht nach jedem Rätsel die Rollen.

11. Welche besonderen Vierecke erkennst du im Bild? Welche besonderen Vierecke können noch bei der Bewegung des Gerätes auftreten? Was bewirken sie bei der Bewegung des Gerätes?

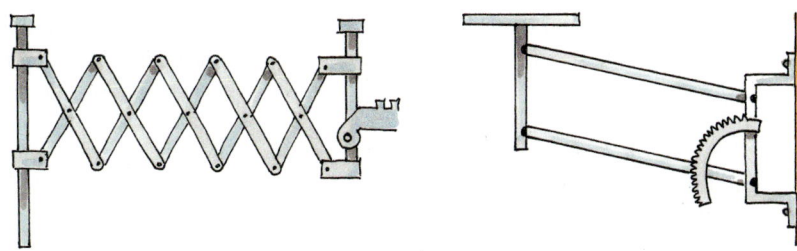

2.11 Haus der Vierecke   *Zum Selbstlernen*

Ziel

Du hast verschiedene Vierecke kennen gelernt, die sich durch besondere Eigenschaften auszeichnen. Hier lernst du, wie man mithilfe der Symmetrieeigenschaften Beziehungen zwischen den Vierecken herstellen kann.

Zum Erarbeiten

Haus der Vierecke

 Skizziere jeweils ein Quadrat, Rechteck, Drachen, Rhombus und gleichschenkliges Trapez mit allen Symmetrieachsen und Symmetriezentren.

Du weißt: Das Quadrat ist ein besonderes Rechteck, weil alle Winkel rechte sind und zusätzlich alle Seiten gleich lang sind. Das Rechteck wiederum ist ein besonderes gleichschenkliges Trapez, da es zwei zueinander parallele Seiten aufweist und auch achsensymmetrisch ist.

Ordne so alle dir bekannten besonderen Vierecke und stelle eine Übersicht her, die diese Zusammenhänge zeigt.

Vergleiche deine Ordnung mit der folgenden Übersicht. Dieses Diagramm wird auch *Haus der symmetrischen Vierecke* genannt. Die Verbindungslinien zeigen Beziehungen zwischen den Vierecken. So ist zum Beispiel das Quadrat (über das Rechteck) mit dem Parallelogramm verbunden, weil es ein besonderes Parallelogramm ist.

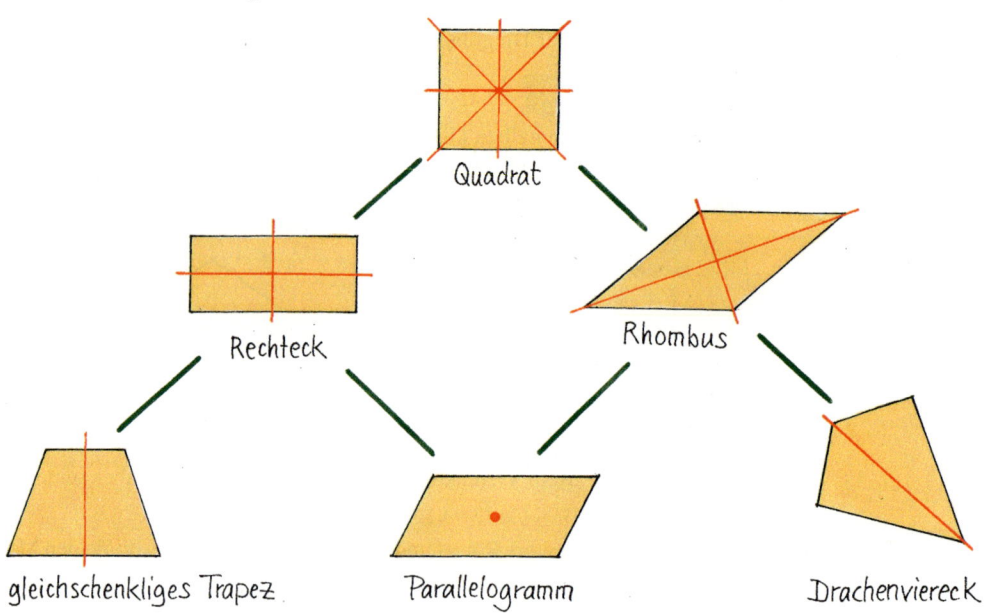

Das Diagramm lässt sich in zwei Richtungen lesen.

Von oben nach unten:
Jedes Quadrat ist ein Rechteck;
jedes Rechteck ist ein Parallelogramm;
jedes Quadrat ist ein Parallelogramm.

Von unten nach oben:
Manche Parallelogramme sind Rechtecke;
manche Rechtecke sind Quadrate;
manche Parallelogramme sind Quadrate.

Zum Üben

1. Lies weitere solche Beziehungen aus dem Haus der symmetrischen Vierecke ab. Lies sowohl von oben nach unten als auch von unten nach oben.

2. Beschreibe am Haus der Vierecke, wie viele Symmetrieeigenschaften die einzelnen besonderen Vierecke aufweisen.
Was fällt auf?

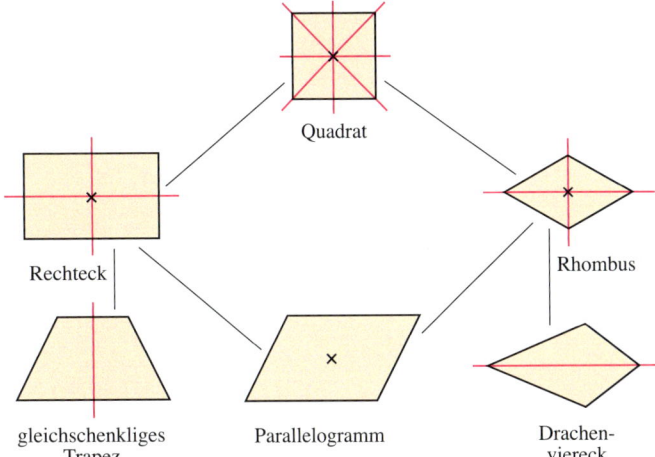

3. Wir wissen: In jedem Parallelogramm halbieren die Diagonalen einander.
Für welche Vierecke trifft dies auch zu?
Wie kann man das am Haus der Vierecke ablesen?

4. a) Felix sagt: „Mein Viereck ist punktsymmetrisch, besitzt aber keine Symmetrieachse."
Welches Viereck hat Felix gezeichnet?

   b) Finde selbst weitere Rätsel und lasse sie deine Mitschülerin/deinen Mitschüler lösen.

5. Entscheide anhand des Hauses der Vierecke, ob die Aussage wahr oder falsch ist. Erläutere.
   (1) Jedes Quadrat ist ein Parallelogramm.
   (2) Jedes Parallelogramm ist ein Rhombus.
   (3) Manche Parallelogramme sind Rhomben.
   (4) Manche Rechtecke sind Rhomben.
   (5) Manche Rechtecke sind Quadrate.
   (6) Jeder Rhombus ist ein Parallelogramm.
   (7) Es gibt Quadrate, die keine Rhomben sind.
   (8) Es gibt Rhomben, die keine Quadrate sind.

6. Entscheide anhand des Hauses der Vierecke, ob die Aussage wahr oder falsch ist. Erläutere.
   (1) Jedes Drachenviereck ist ein Parallelogramm.
   (2) Manche Parallelogramme sind Drachenvierecke.
   (3) Jedes Parallelogramm ist ein Trapez.
   (4) Manche Drachenvierecke sind gleichschenklige Trapeze.
   (5) Jeder Rhombus ist ein gleichschenkliges Trapez.
   (6) Jedes gleichschenklige Trapez ist ein Parallelogramm.
   (7) Manche gleichschenklige Trapeze sind Parallelogramme.
   (8) Es gibt gleichschenklige Trapeze, die keine Rechtecke sind.

7. Zeichne ein Viereck, das folgende Eigenschaften besitzt. Um was für ein Viereck kann es sich handeln?

   a) Zwei benachbarte Seiten sind senkrecht zueinander.

   b) Je zwei Seiten sind senkrecht zueinander.

   c) Zwei Seiten sind parallel zueinander.

   d) Je zwei gegenüberliegende Seiten sind parallel zueinander.

   e) Zwei gegenüberliegende Winkel sind gleich groß.

   f) Je zwei gegenüberliegende Winkel sind gleich groß.

   g) Die Diagonalen halbieren einander.

   h) Die Diagonalen sind senkrecht zueinander.

Zum Selbstlernen

2.12 Bestimmen von Flächeninhalten durch Zerlegen oder Zusammensetzen

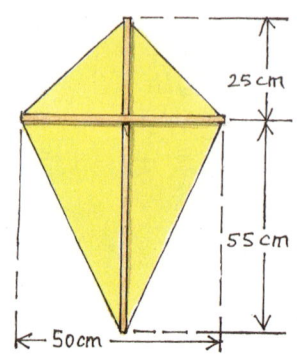

Einstieg

Lorenz und Mattis wollen einen Drachen bauen. Sie haben eine Leiste von 80 cm Länge und eine von 50 cm Länge zur Verfügung. Bestimmt, wie viel Drachenpapier zum Bespannen benötigt werden. Beschreibt euer Vorgehen.

Aufgabe 1

Bestimme den Flächeninhalt (eine Karolänge entspricht 5 mm). Beschreibe dein Vorgehen.

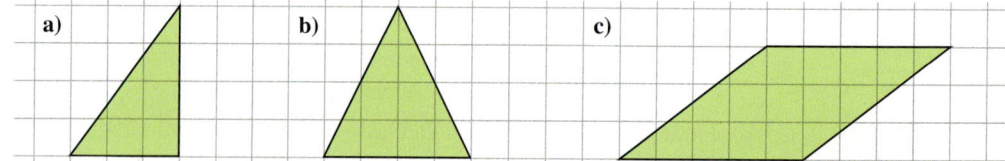

Lösung

a) Das Dreieck ist rechtwinklig. Wir können es zu einem Rechteck mit den Seitenlängen 15 mm und 20 mm ergänzen. Der Flächeninhalt A_R des Rechtecks beträgt:

$A_R = 15 \text{ mm} \cdot 20 \text{ mm} = 300 \text{ mm}^2$

Der Flächeninhalt A_D des Dreiecks ist aber nur halb so groß wie der Flächeninhalt A_R des Rechtecks.

Ergebnis: Der Flächeninhalt A_D des Dreiecks beträgt also 150 mm^2.

b) Das Dreieck ist gleichschenklig. Wir können es entlang der Symmetrieachse zerschneiden und die Teildreiecke F_1 und F_2 zu einem Rechteck mit den Seitenlängen 10 mm und 20 mm zusammensetzen. Der Flächeninhalt A_R des Rechtecks beträgt: $A_R = 10 \text{ mm} \cdot 20 \text{ mm} = 200 \text{ mm}^2$

Der Flächeninhalt A_D des Dreiecks ist genauso groß wie der Flächeninhalt A_R des Rechtecks.

Ergebnis: Der Flächeninhalt A_D des Dreiecks beträgt also 200 mm^2.

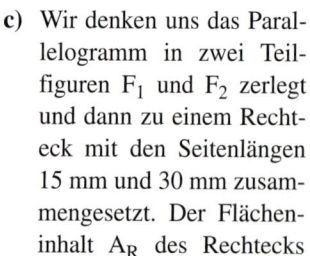

c) Wir denken uns das Parallelogramm in zwei Teilfiguren F_1 und F_2 zerlegt und dann zu einem Rechteck mit den Seitenlängen 15 mm und 30 mm zusammengesetzt. Der Flächeninhalt A_R des Rechtecks beträgt: $A_R = 15 \text{ mm} \cdot 30 \text{ mm} = 450 \text{ mm}^2$

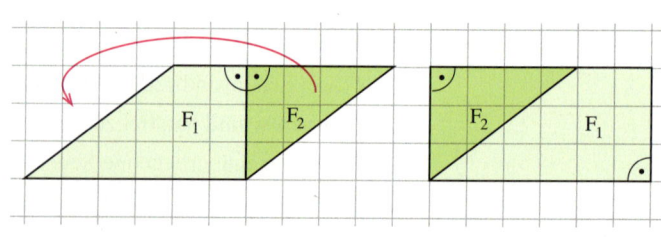

Der Flächeninhalt A_P des Parallelogramms ist genau so groß wie der Flächeninhalt A_R des Rechtecks.

Ergebnis: Der Flächeninhalt A_P des Parallelogramms beträgt also 450 mm^2.

Information

Der Flächeninhalt spezieller Dreiecke und Vierecke kann man wie folgt bestimmen:

1. Möglichkeit:
Man *ergänzt* die Figur zu einem Rechteck.

2. Möglichkeit:
Man *zerlegt* die Figur in geeignete Teilfiguren und setzt diese dann zu einem Rechteck zusammen.

Übungsaufgaben

2. Übertrage das Dreieck in dein Heft. Bestimme Flächeninhalt und Umfang.

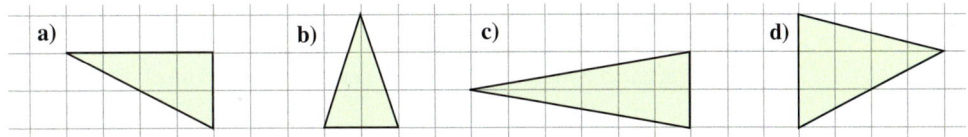

a)   b)   c)   d)

3. Übertrage das Viereck in dein Heft und gib die Art des Vierecks an.
Bestimme Flächeninhalt und Umfang. Beschreibe dein Vorgehen.

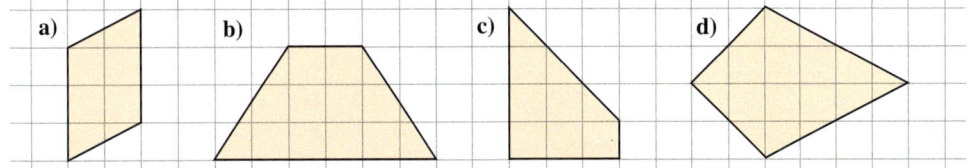

a)   b)   c)   d)

4. Zeichne die Figur in ein rechtwinkliges Koordinatensystem mit der Einheit 1 cm. Gib den Namen der Figur an. Bestimme dann Flächeninhalt und Umfang.

a) $A(1|2)$; $B(3|2)$; $C(3|5)$; $D(1|4)$ **c)** $A(4,5|3)$; $B(5,5|0)$; $C(7,5|0)$; $D(6,5|3)$

b) $A(6|1)$; $B(7|3)$; $C(2|3)$; $D(3|1)$ **d)** $A(4|1)$; $B(4|4)$; $C(2,5|4)$

5. Zeichnet verschiedene (1) rechtwinklige, (2) gleichschenklige Dreiecke mit dem Flächeninhalt 12 cm². Wer hat das Dreieck mit dem größten Umfang?

6. Die Giebelwand des Hauses soll frisch verputzt werden. 1 m² Putz kostet 85 €. Mit welchen Kosten muss man für das Verputzen rechnen? Beschreibe dein Vorgehen.

7. Carla zeichnet ein Rechteck und vier Dreiecke. Sie behauptet:
„Der Flächeninhalt jedes Dreiecks ist genau halb so groß wie der des Rechtecks." Hat Carla Recht? Begründe.

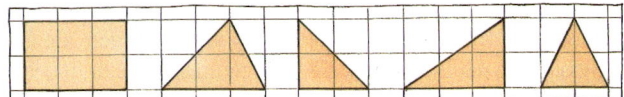

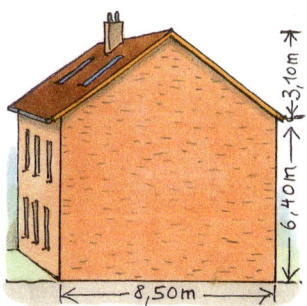

2.13 Aufgaben zur Vertiefung

1. Berechne die rot markierten Winkel. Begründe.

a)

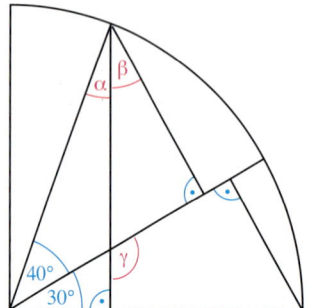

b)

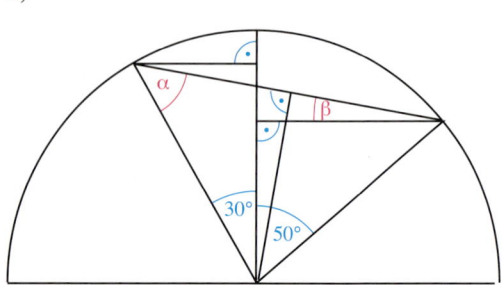

2. Berechne die Summe der Größen der markierten Winkel. Begründe.

a)

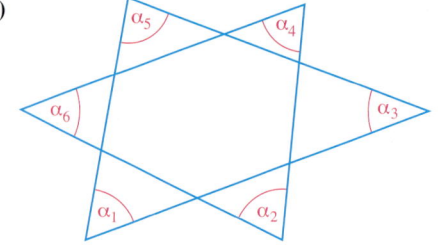

b)

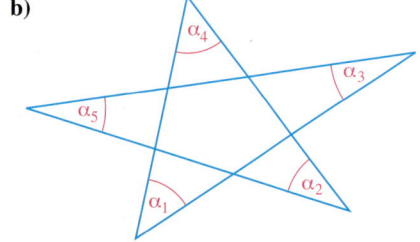

3. Ein Vieleck mit gleich langen Seiten, dessen Ecken auf einem Kreis liegen, heißt *regelmäßig*.

a) Im Foto siehst du ein regelmäßiges Sechseck. Erkunde in deiner Umwelt, wo du regelmäßige Vielecke findest.

b) Welche besonderen Dreiecke und welche besonderen Vierecke sind regelmäßig?

c) Konstruiere ein regelmäßiges Sechseck [Fünfeck], dessen Ecken auf einem Kreis mit dem Radius r = 3,5 cm liegen.

d) Verbindet man die Ecken eines regelmäßigen Vielecks mit dem Mittelpunkt des Umkreises, so erhält man Dreiecke. Um was für Dreiecke handelt es sich? Was kannst du über die Innenwinkel dieser Dreiecke aussagen, deren Scheitelpunkt M ist? Finde in Abhängigkeit von der Eckenzahl eine Gesetzmäßigkeit.

e) Was kannst du über die Innenwinkel eines regelmäßigen Vielecks aussagen? Versuche in Abhängigkeit von der Eckenzahl eine Gesetzmäßigkeit zu finden.

4. a) Kann ein Viereck mehr als vier Symmetrieachsen besitzen? Begründe.

b) Kann ein Viereck genau drei Symmetrieachsen besitzen? Begründe.

Bist du fit?

1. **a)** Welche der Fahnen sind als Ganzes achsensymmetrisch, welche punktsymmetrisch?

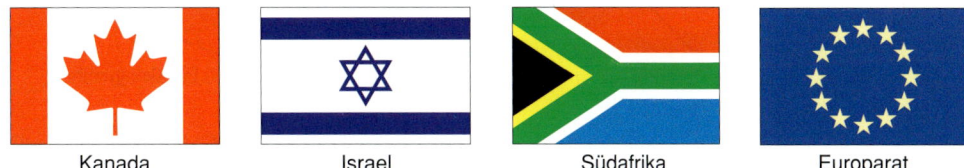

Kanada   Israel   Südafrika   Europarat

   b) Betrachte in den Fahnen die Teilfiguren. Was für Symmetrien weisen sie auf?

2. In einem Koordinatensystem mit der Einheit 1 cm ist das Dreieck ABC mit A(1|3), B(4,5|1,5) und C(4|4,5) gegeben. Zeichne das Bilddreieck bei der angegebenen Abbildung.

   a) Achsenspiegelung an der Geraden PQ mit P(6|0) und Q(4|6)

   b) Verschiebung mit dem Verschiebungspfeil $\overrightarrow{RS}$, wobei R(2|1) und S(6,5|4,5)

3. **a)** Zeichne die Strecke $\overline{AB}$ mit den Endpunkten A(1|2) und B(5|8) in ein Koordinatensystem. Zeichne die Mittelsenkrechte zu $\overline{AB}$. Gib dann die Koordinaten von zwei Punkten auf ihr an.

   b) Zeichne einen Winkel der Größe α = 43° [135°; 217°; 349°] und seine Winkelhalbierende.

4. Gegeben sind das Dreieck ABC mit A(0|1), B(4|3) und C(1|6) sowie der Bildpunkt B′(8|4) von B bei einer Achsenspiegelung. Zeichne das Bild des Dreiecks ABC.

5. Zeichne aus der Grundfigur und dem Verschiebungspfeil ein Bandornament.

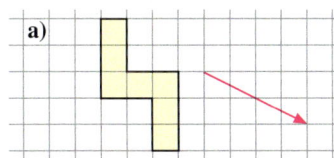 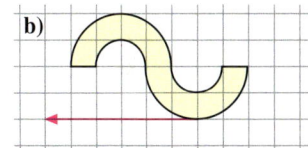

6. Übertrage die Figur rechts in dein Heft. Markiere

   a) einen Winkel und seinen Nebenwinkel blau;

   b) einen Winkel und seinen Scheitelwinkel rot;

   c) einen Winkel und seinen Stufenwinkel grün;

   d) einen Winkel und seinen Wechselwinkel gelb.

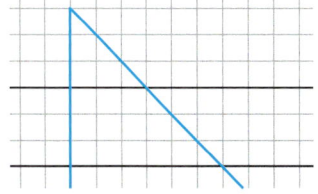

7. Wie groß ist α + β?

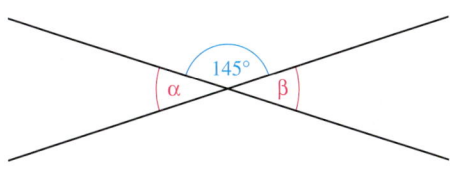 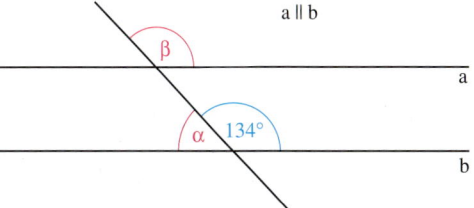

8. **a)** Zeichne zwei sich schneidende Geraden, bei denen ein Winkel dreimal so groß wie sein Nebenwinkel ist.

   b) Zeichne zwei Geraden, die von einer dritten geschnitten werden, sodass α und β Wechselwinkel zueinander sind und der Nebenwinkel von β um 40° größer als α ist.

9. Berechne die fehlenden Winkel.

a)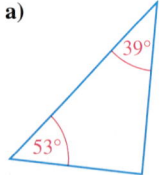

b)

c)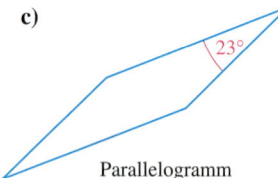

Parallelogramm

d)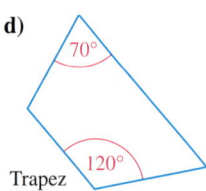

Trapez

10. Berechne den fehlenden Winkel des Dreiecks ABC. Um was für ein Dreieck handelt es sich?

a) $\alpha = 67°$; $\gamma = 23°$ b) $\alpha = 35°$; $\beta = 110°$ c) $\beta = 72°$; $\gamma = 28°$ d) $\alpha = 44°$; $\beta = 45°$

11. Berechne den Winkel α. Begründe jeden Schritt. w bedeutet Winkelhalbierende.

a)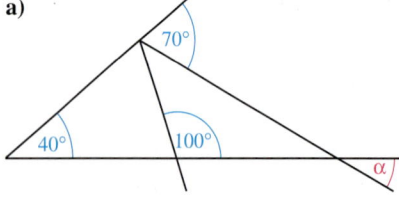

b)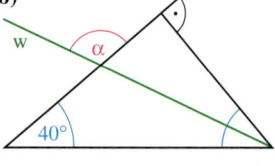

c)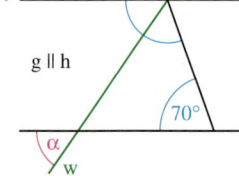

g ∥ h

12. Ein gleichschenkliges Dreieck ABC ist gegeben durch die Basislänge c = 4,2 cm und $\beta = 70°$. Zeichne die Symmetrieachse und berechne die übrigen Winkel des Dreiecks ABC.

13. Der Neigungswinkel eines mit Schiefer gedeckten Satteldachs muss mindestens 30° betragen. Was kannst du über den Winkel an der Spitze aussagen?

14. In einem rechtwinkligen Dreieck ist ein weiterer Winkel 45° groß. Was kannst du über das Dreieck aussagen?

15. Zeichne ein regelmäßiges Achteck. Wie groß sind die Innenwinkel?

16. Entscheide, ob die Aussage wahr oder falsch ist. Begründe.

(1) Jedes Quadrat ist ein Trapez.
(2) Es gibt Trapeze, die Rhomben sind.
(3) Manche Rhomben sind Quadrate.

(4) Jeder Rhombus ist ein Quadrat.
(5) Manche Trapeze sind Quadrate.
(6) Jedes Trapez ist ein Parallelogramm.

17. Um was für ein Viereck kann es sich handeln?

(1) Eine Mittellinie ist Symmetrieachse.
(2) Eine Diagonale ist Symmetrieachse.

(3) Beide Mittellinien sind Symmetrieachsen.
(4) Beide Diagonalen sind Symmetrieachsen.

18. Die Abbildung rechts zeigt einen Modelldrachen. Bestimme den Flächeninhalt.

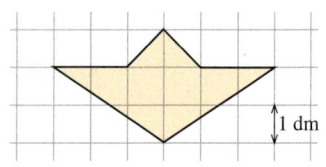

1 dm

3. MULTIPLIZIEREN UND DIVIDIEREN VON GEBROCHENEN ZAHLEN

- Was kosten $3\frac{1}{2}$ kg Spargel?

- Was kostet 1 kg Erdbeeren?

- Wie groß ist die Verkaufsfläche des Blumenstandes?

- Was kostet 1 kg Kartoffeln?

Die obigen Aufgaben kannst du z. B. lösen, indem du mit Brüchen geschriebene Größen mit einem Komma schreibst und dann in kleinere Einheiten umwandelst, sodass kein Bruchstrich mehr vorkommt.

In diesem Kapitel lernst du das Multiplizieren und Dividieren von gemeinen Brüchen und Dezimalbrüchen.

3.1 Vervielfachen und Teilen von gemeinen Brüchen

3.1.1 Vervielfachen von gemeinen Brüchen

Einstieg

Meistens kauft man nicht nur eine Flasche oder Dose eines Getränkes sondern gleich mehrere.

a) Wie viel l Mineralwasser sind in 3 Flaschen?

b) Wie viel l Saft sind in 4 Flaschen?

c) Wie viel l Cola sind in 2 Dosen?

Aufgabe 1

Janina möchte ihren Geburtstag feiern. Mit Janina werden es zusammen 5 Kinder sein.

Janinas Vater will Tortenstücke kaufen. Jedes Stück ist 1 Zwölftel der ganzen Torte. Der Vater rechnet mit 2 Tortenstücken, also 2 Zwölftel pro Kind.

Wie viele Zwölftel muss er kaufen? Schreibe auch als Produkt mit Zwölftel.

Lösung

Wir stellen den Sachverhalt zunächst in einer Zeichnung dar.

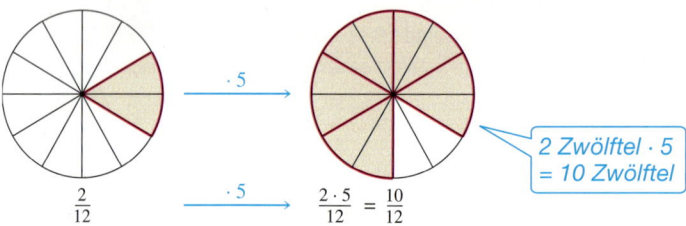

$$\frac{2}{12} \xrightarrow{\cdot 5} \frac{2 \cdot 5}{12} = \frac{10}{12}$$

2 Zwölftel · 5 = 10 Zwölftel

Rechnung:

$$\frac{2}{12} \cdot 5 = \frac{2}{12} + \frac{2}{12} + \frac{2}{12} + \frac{2}{12} + \frac{2}{12}$$

$$= \frac{2+2+2+2+2}{12} = \frac{2 \cdot 5}{12} = \frac{10}{12}$$

Ergebnis: Janinas Vater muss 10 Zwölftel einer Torte kaufen.

Information

(1) Regeln über das Vervielfachen eines Bruches

In Aufgabe 1 hast du gesehen, dass das Addieren mehrerer gleich großer Bruchteile auch als Vervielfachen eines solchen Bruchteils aufgefasst werden kann.

> Man multipliziert (vervielfacht) einen Bruch mit einer natürlichen Zahl, indem man den Zähler des Bruches mit der Zahl multipliziert. Der Nenner bleibt unverändert.
>
> *Beispiel:* $\frac{2}{7} \cdot 3 = \frac{2 \cdot 3}{7} = \frac{6}{7}$

(2) Unterschied zwischen Erweitern und Vervielfachen

$\frac{2}{5}$ mit 2 erweitern bedeutet:
Die Zerlegung wird verfeinert. Zähler *und* Nenner werden mit 2 multipliziert.
Dabei ändert sich der Wert des Bruches nicht.

$\frac{2}{5} \cdot 2$ bedeutet:
2 Bruchteile, welche jeweils $\frac{2}{5}$ darstellen, werden zusammengefasst. *Nur* der Zähler wird mit 2 multipliziert.
Dabei ändert sich der Wert des Bruches.

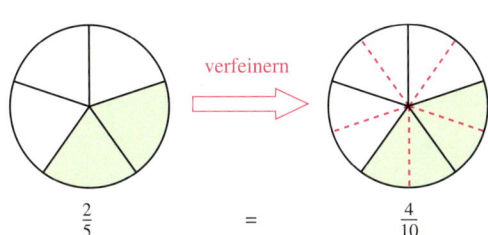

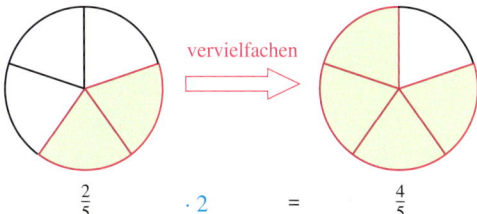

$\frac{2}{5}$ = $\frac{4}{10}$

$\frac{2}{5}$ · 2 = $\frac{4}{5}$

Weiterführende Aufgabe

2. *Kürzen vor dem Ausrechnen*

Man rechnet vorteilhaft, wenn man *vor* dem Ausrechnen kürzt. Erkläre das Beispiel. Rechne ebenso.

a) $\frac{4}{9} \cdot 3$ b) $\frac{4}{7} \cdot 14$ c) $\frac{8}{9} \cdot 12$ d) $\frac{12}{5} \cdot 25$

> *Nur ein Faktor im Zähler und im Nenner wird beim Kürzen verwandt.*

$$\frac{5}{18} \cdot 12 = \frac{5 \cdot 12}{18} = \frac{5 \cdot 2 \cdot \overset{1}{\cancel{6}}}{3 \cdot \cancel{6}_1} = \frac{10}{3} = 3\frac{1}{3}$$

kurz: $\frac{5}{18} \cdot 12 = \frac{5 \cdot \overset{2}{\cancel{12}}}{\underset{3}{\cancel{18}}} = \frac{10}{3} = 3\frac{1}{3}$

Übungsaufgaben

3. Schreibe sowohl als Additions- als auch als Multiplikationsaufgabe und berechne. Bestätige die Regel auf Seite 118.

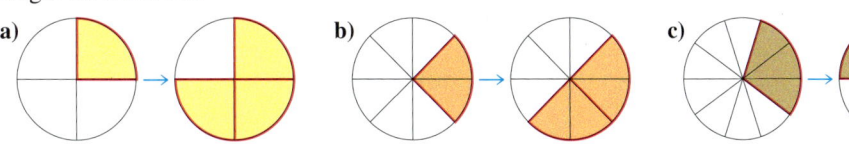

a)   b)   c)

4. Rechne im Kopf.

a) $\frac{3}{4} \cdot 7$ b) $\frac{7}{5} \cdot 2$ c) $\frac{3}{7} \cdot 8$ d) $\frac{4}{9} \cdot 5$ e) $\frac{2}{17} \cdot 19$ f) $\frac{8}{15} \cdot 15$

$\frac{2}{9} \cdot 4$ $\frac{4}{9} \cdot 2$ $\frac{5}{8} \cdot 8$ $\frac{3}{13} \cdot 7$ $\frac{1}{16} \cdot 16$ $\frac{2}{7} \cdot 5$

5. Zeichne $\frac{3}{8}$ eines rechteckigen Kuchens. Verdeutliche zeichnerisch, was es bedeutet,

(1) $\frac{3}{8}$ mit 2 zu erweitern;   (2) $\frac{3}{8}$ mit 2 zu vervielfachen.

6. Berechne. Kürze vor dem Ausrechnen.

a) $\frac{7}{20} \cdot 5$ b) $\frac{7}{12} \cdot 24$ c) $\frac{7}{15} \cdot 25$ d) $\frac{7}{6} \cdot 9$ e) $\frac{27}{32} \cdot 8$ f) $\frac{7}{12} \cdot 8$

$\frac{5}{6} \cdot 4$ $\frac{8}{15} \cdot 35$ $\frac{17}{24} \cdot 8$ $\frac{7}{18} \cdot 6$ $\frac{25}{32} \cdot 16$ $\frac{9}{14} \cdot 21$

7. Multipliziere die Brüche $\frac{3}{4}$; $\frac{7}{5}$; $\frac{17}{15}$; $\frac{17}{20}$; $\frac{11}{30}$; $\frac{1}{12}$; $\frac{9}{2}$; $\frac{14}{3}$; $\frac{13}{60}$; $\frac{19}{10}$ der Reihe nach mit 60.
Bei welchen Brüchen ist das Produkt kleiner, bei welchen größer als 60? Was fällt dir auf?

8. Julian hat seine sechs Freunde zum Waffelessen eingeladen. Julians Mutter rechnet damit, dass jeder eine ganze Waffel und noch $\frac{3}{5}$ einer Waffel isst. Wie viel muss sie backen?

9. Setze für die Variable eine passende natürliche Zahl ein.

a) $\frac{1}{5} \cdot x = \frac{4}{5}$ **b)** $\frac{x}{7} \cdot 3 = \frac{6}{7}$ **c)** $\frac{3}{16} \cdot y = \frac{3}{8}$ **d)** $\frac{3}{4} \cdot y = 1\frac{1}{2}$ **e)** $\frac{4}{9} \cdot y = 4$

10. a) Vergleiche die beiden Rechenwege.

$$\text{Maria: } 3\frac{1}{5} \cdot 4 = \frac{16}{5} \cdot 4 = \frac{64}{5} = 12\frac{4}{5} \qquad \text{Patrick: } 3\frac{1}{5} \cdot 4 = 3 \cdot 4 + \frac{1}{5} \cdot 4 = 12 + \frac{4}{5} = 12\frac{4}{5}$$

b) Rechne möglichst einfach. Kürze, wenn möglich, das Ergebnis.

(1) $2\frac{1}{2} \cdot 3$ (3) $4\frac{2}{3} \cdot 3$ (5) $3\frac{1}{4} \cdot 3$ (7) $3\frac{2}{9} \cdot 4$ (9) $4\frac{3}{5} \cdot 4$

(2) $3\frac{1}{5} \cdot 6$ (4) $5\frac{1}{4} \cdot 6$ (6) $4\frac{2}{5} \cdot 2$ (8) $3\frac{3}{4} \cdot 3$ (10) $5\frac{7}{9} \cdot 8$

11. a) Eine Tasse fasst $\frac{1}{8}$ l Milch. Wie viel l Milch fassen 5 Tassen?

b) Eine Flasche Apfelsaft enthält $\frac{2}{5}$ l Saft. Wie viel l Saft enthalten 6 Flaschen?

c) Für eine Creme-Nougat-Torte benötigt man $\frac{1}{8}$ l Schlagsahne.
Reichen zwei Becher mit jeweils $\frac{2}{10}$ l Sahne für drei Torten?

12. Für eine große Geburtstagsfeier will Neele vier verschiedene Torten haben. Nach Angabe des Backbuchs benötigt sie unterschiedliche Mengen an Schlagsahne.
Waldmeistertorte: $\frac{1}{4}$ l; Schwimmbadtorte: $\frac{3}{8}$ l; Wickeltorte: 800 ml; Kratertorte: $\frac{1}{8}$ l.
Wie viel Becher mit jeweils $\frac{2}{10}$ l Sahne muss sie mindestens kaufen?

13. Meike trinkt zwei Fruchtsaftpäckchen zu $\frac{1}{4}$ l, ihr Bruder trinkt drei dieser Päckchen.
Stelle geeignete Aufgaben und löse sie.

3.1.2 Teilen von gemeinen Brüchen

Einstieg

a) Vom Mittagessen sind noch $\frac{3}{4}$ einer Pizza übrig. Leyla und ihre beiden Geschwister teilen sich diesen Rest.

b) Laura und Marc teilen sich einen halben Apfel und $\frac{1}{4}$ Tafel Schokolade.

Aufgabe 1

a) Mutter hat zum Kaffee am Sonntagnachmittag Waffeln gebacken. Es sind noch 4 Herzen (also $\frac{4}{5}$ einer Waffel) übrig. Die beiden Geschwister Karina und Hendrik wollen sich die Herzen teilen.
Wie viel erhält jeder? Schreibe dazu einen Quotienten mit einem Bruch.

b) Am Abend gibt es Pizza. Es ist noch $\frac{3}{4}$ einer Pizza vorhanden. Wieder wollen sich Karina und Hendrik das Reststück teilen.
Wie viel erhält jeder? Schreibe dazu auch einen Quotienten mit einem Bruch.

Lösung

a)

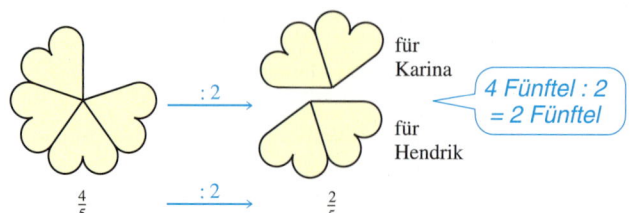

für Karina

4 Fünftel : 2 = 2 Fünftel

für Hendrik

$\frac{4}{5}$: 2 $\frac{2}{5}$

Wir schreiben: $\frac{4}{5} : 2 = \frac{2}{5}$

Ergebnis: Jedes Kind erhält $\frac{2}{5}$ einer ganzen Waffel.

b)

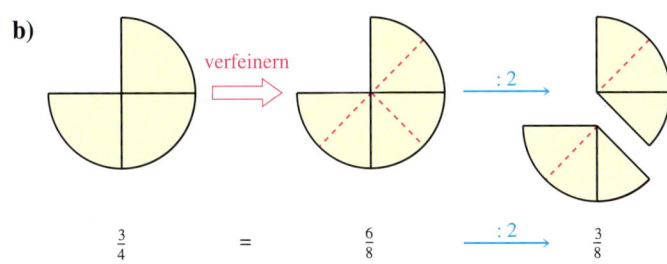

Damit gerecht verteilt werden kann, wird jedes Viertel in 2 gleich große Teile zerlegt. Das bedeutet:
Der Bruch $\frac{3}{4}$ wird mit 2 erweitert. Dann kannst du wie in Teilaufgabe a) verfahren.

$$\frac{3}{4} : 2 = \frac{6}{8} : 2 = \frac{3}{8}$$

Ergebnis: Jedes Kind erhält $\frac{3}{8}$ einer ganzen Pizza.

Information

Regeln für das Dividieren eines Bruches durch eine natürliche Zahl

Zur Lösung der Aufgabe $\frac{3}{4} : 2 = \frac{3}{8}$ kannst du auch folgende Überlegungen durchführen:

$\frac{3}{4}$ Pizza stehen zur Verfügung. Jedes Viertel wird an 2 Kinder verteilt. Jedes Kind bekommt dann von jedem Viertel die Hälfte, also 1 Achtel, insgesamt $3 \cdot 1$ Achtel.
Du erhältst also das Ergebnis $\frac{3}{8}$ durch Multiplikation des Nenners mit 2.

> **Zwei Fälle bei der Division eines Bruches durch eine natürliche Zahl**
>
> *1. Möglichkeit: Nur anwendbar, wenn der Zähler durch die natürliche Zahl teilbar ist*
>
> Der Zähler des Bruches wird durch die natürliche Zahl dividiert.
> Der Nenner bleibt erhalten.
> *Beispiel:* $\frac{15}{19} : 5 = \frac{15 : 5}{19} = \frac{3}{19}$
>
> *2. Möglichkeit: Immer anwendbar*
>
> Der Nenner des Bruches wird mit der natürlichen Zahl multipliziert.
> Der Zähler bleibt erhalten.
> *Beispiel:* $\frac{12}{7} : 5 = \frac{12}{7 \cdot 5} = \frac{12}{35}$

Weiterführende Aufgaben

2. *Unterschied zwischen Dividieren und Kürzen*

    a) Dividiere $\frac{6}{9}$ durch 3. Kürze dann $\frac{6}{9}$ mit 3. Vergleiche.

    b) Worin besteht der Unterschied zwischen Dividieren und Kürzen?

3. *Kürzen vor dem Ausrechnen*

In vielen Fällen ist es vorteilhaft, vor dem Ausrechnen zu kürzen. Siehe das Beispiel rechts. Rechne ebenso:

    a) $\frac{6}{13} : 4$ **b)** $\frac{24}{17} : 18$ **c)** $\frac{36}{25} : 15$ **d)** $\frac{42}{27} : 35$

> *Kürzen vor dem Ausrechnen erspart Rechenarbeit.*
>
> $$\frac{12}{7} : 15 = \frac{\overset{4}{\cancel{12}}}{7 \cdot \underset{5}{\cancel{15}}} = \frac{4}{35}$$

Übungsaufgaben

4. a) Drei Kinder teilen sich $\frac{3}{4}\,l$ Apfelsaft. Wie viel l bekommt jedes Kind?

    b) Ein halber Liter Milch wird an drei Kinder verteilt. Wie viel l bekommt jedes Kind?

    c) In einer Flasche sind $\frac{7}{10}\,l$ Orangensaft. Zwei Geschwister teilen sich den Saft. Wie viel l bekommt jeder?

5. Schreibe als Divisionsaufgabe. Berechne. Bestätige die Regel aus der Information (Seite 121).

a)   **b)**   **c)**

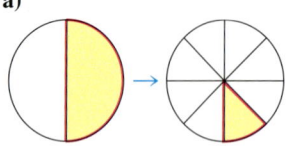 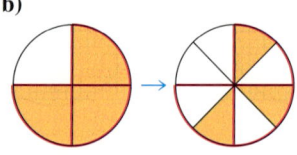 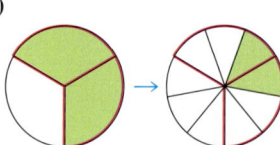

6. Rechne im Kopf.

a) $\frac{1}{2} : 3$ **b)** $\frac{1}{4} : 5$ **c)** $\frac{2}{3} : 3$ **d)** $\frac{21}{25} : 7$ **e)** $\frac{5}{8} : 3$ **f)** $\frac{3}{7} : 9$ **g)** $\frac{12}{13} : 3$ **h)** $\frac{3}{5} : 12$

    $\frac{6}{7} : 3$ $\frac{4}{9} : 2$ $\frac{3}{4} : 2$ $\frac{3}{5} : 2$ $\frac{12}{13} : 2$ $\frac{15}{16} : 5$ $\frac{7}{8} : 8$ $\frac{4}{9} : 7$

7. Zeichne $\frac{6}{8}$ einer Torte. Beschreibe und verdeutliche zeichnerisch, was es bedeutet,

(1) $\frac{6}{8}$ mit 2 zu kürzen;   (2) $\frac{6}{8}$ durch 2 zu teilen.

8. a) Erläutere die Rechenwege von Dennis und Diana. Vergleiche sie.

     Zerlege geschickt!

b) Berechne günstig.

(1) $2\frac{4}{7} : 3$ (2) $4\frac{2}{5} : 5$ (3) $48\frac{1}{4} : 12$ (4) $9\frac{1}{5} : 4$

     $3\frac{4}{5} : 3$ $12\frac{3}{4} : 6$ $75\frac{1}{2} : 15$ $4\frac{2}{3} : 3$

     $1\frac{6}{7} : 3$ $27\frac{7}{8} : 9$ $9\frac{4}{5} : 10$ $8\frac{5}{7} : 7$

     $6\frac{7}{8} : 3$ $7\frac{2}{3} : 10$ $4\frac{3}{5} : 5$ $7\frac{5}{6} : 8$

Dennis	Diana
$6\frac{1}{4} : 3$	$6\frac{1}{4} : 3$
$= \frac{25}{4} : 3$	$= 6 : 3 + \frac{1}{4} : 3$
$= \frac{25}{4 \cdot 3}$	$= 2 + \frac{1}{4 \cdot 3}$
$= \frac{25}{12}$	$= 2 + \frac{1}{12}$
$= 2\frac{1}{12}$	$= 2\frac{1}{12}$

9. Setze für die Variable eine passende natürliche Zahl ein.

a) $\frac{1}{4} : x = \frac{1}{12}$ **b)** $\frac{7}{8} : y = \frac{7}{32}$ **c)** $\frac{7}{x} : 6 = \frac{7}{48}$ **d)** $\frac{8}{x} : 10 = \frac{4}{15}$ **e)** $1\frac{2}{7} : y = \frac{9}{28}$

Pfund
alte Masseneinheit
1 Pfund = $\frac{1}{2}$ kg

10. Janinas Freundin Karina kommt zu Besuch. Daher möchte Janina das nebenstehende Fruchtsaftgetränk für sich und ihre Freundin zubereiten. Wie viel benötigt sie von den einzelnen Zutaten?

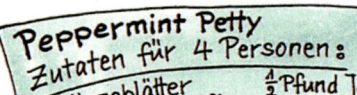

Peppermint Petty
Zutaten für 4 Personen:
8 Minzeblätter $\frac{1}{2}$ Pfund Johannisbeeren
$\frac{1}{8}$ ℓ Zitronensaft $\frac{3}{4}$ ℓ Orangensaft
$\frac{3}{4}$ ℓ heißes Wasser $\frac{7}{10}$ ℓ Mineralwasser

Vermischte Übungen

11. a) $\frac{16}{21} \cdot 28$ **b)** $\frac{12}{15} : 20$ **c)** $\frac{3}{7} \cdot 14$ **d)** $\frac{34}{85} : 17$ **e)** $\frac{138}{92} \cdot 23$ **f)** $\frac{57}{38} : 19$

     $\frac{16}{21} : 28$ $\frac{12}{15} \cdot 20$ $\frac{3}{7} : 14$ $\frac{34}{85} \cdot 17$ $\frac{138}{92} : 23$ $\frac{57}{38} \cdot 19$

12. Berechne

a) den 3. Teil von einer halben Tafel Schokolade;   **c)** den 6. Teil von $1\frac{1}{2}$ Stunden;

b) den 5. Teil von $\frac{3}{4}$ l Milch;   **d)** die Hälfte von $1\frac{3}{4}$ l Saft.

13. a) Aus 1 kg Trauben erhält man $\frac{5}{6}$ l Saft. Wie viel l Traubensaft erhält man aus 15 kg [20 kg; 40 kg] Trauben?

b) Der Schall legt $\frac{1}{3}$ km in 1 s zurück. Wie viel km legt er in 3 s [5 s; 8 s] zurück?

14. Setze für die Variable eine passende natürliche Zahl ein.

a) $\frac{4}{5} \cdot x = \frac{24}{5}$ **b)** $\frac{4}{5} : y = \frac{4}{35}$ **c)** $\frac{4}{5} \cdot z = \frac{24}{15}$ **d)** $\frac{4}{5} : x = \frac{1}{15}$ **e)** $\frac{4}{x} \cdot 5 = \frac{5}{2}$

Auf den Punkt gebracht:
Intuitives Begründen

Richtig oder falsch? – Wann kannst du sicher sein?

An etlichen Stellen im Mathematikunterricht hast du schon Begründungen vorgenommen. Hier untersuchst du näher, wie man eine Vermutung begründen kann und wann eine Begründung stichhaltig ist.

Primzahl
Zahl mit genau zwei Teilern, z.B. 2, 3, 5, 7, 11, …

1. Merlin hat eine Entdeckung gemacht und unterhält sich mit Lisa darüber. Fertige die von Lisa vorgeschlagene Tabelle an und fülle sie aus. Welche Entdeckung machst du?

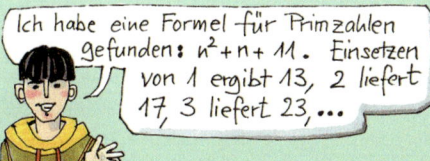

Ich habe eine Formel für Primzahlen gefunden: $n^2 + n + 11$. Einsetzen von 1 ergibt 13, 2 liefert 17, 3 liefert 23, …

Bist du schon sicher? Probier lieber noch weiter. Lege dazu am besten eine Tabelle an.

n	$n^2 + n + 11$	Primzahl?
1	13	ja
2		

2. **a)** Julia und Tom haben entdeckt, dass zwischen zwei durch 3 teilbaren Zahlen stets eine gerade Zahl liegt. Sie haben auch versucht, dies zu begründen. Vergleiche ihre Begründungen. Was hältst du von ihnen?

JULIA
Zwischen zwei durch 3 teilbaren Zahlen liegt stets eine gerade Zahl.
Begründung:
Zwischen 3 und 6 liegt 4,
zwischen 6 und 9 liegt 8,
zwischen 9 und 12 liegt 10,
zwischen 12 und 15 liegt 14,
zwischen 15 und 18 liegt 16.

TOM
Zwischen zwei durch 3 teilbaren Zahlen liegt immer eine gerade Zahl.
Begründung:
Es gibt nur zwei Möglichkeiten:
1) Ist die kleinere durch 3 teilbare Zahl ungerade, so ist die unmittelbar darauf folgende Zahl gerade und kleiner als die nächste durch 3 teilbare Zahl.
2) Ist die kleinere durch 3 teilbare Zahl gerade, so ist die um 2 größere Zahl auch gerade, aber kleiner als die nächste durch 3 teilbare Zahl.

b) Linus behauptet: „Zwischen zwei durch 4 teilbaren Zahlen liegt stets eine durch 5 teilbare Zahl." Begründe oder widerlege.

3. Lukas behauptet: „Anstatt einen Bruch nacheinander mit zwei Zahlen zu erweitern, kann man ihn auch gleich mit dem Produkt dieser Zahlen erweitern." Rechts siehst du seine Begründung.

a) Erläutere seine Überlegung.

b) Lukas führt keine allgemeine Begründung, sondern erläutert an Zahlenbeispielen. Überlege, ob diese Argumentation stichhaltig ist.
Hilfe: Betrachte dazu auch die Begründung für das Kommutativgesetz für das Addieren von Bruchzahlen.

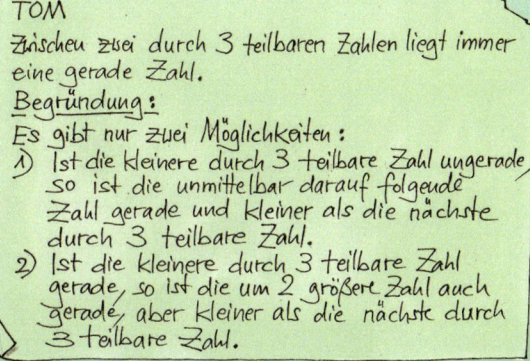

$$\frac{1}{2} = \frac{1 \cdot 3}{2 \cdot 3} \underset{}{\overset{5}{=}} \frac{(1 \cdot 3) \cdot 5}{(2 \cdot 3) \cdot 5}$$

$$= \frac{1 \cdot (3 \cdot 5)}{2 \cdot (3 \cdot 5)}$$

$$= \frac{1 \cdot 15}{2 \cdot 15}$$

Dasselbe Ergebnis erhält man auch in einem Schritt:

$$\frac{1}{2} \overset{15}{=} \frac{1 \cdot 15}{2 \cdot 15}$$

4. Erläutere folgende Zusammenfassung an den Beispielen von Seite 123 und der Begründung für das Kommutativgesetz für das Addieren von Brüchen (Seite 37).

> **Begründen von Behauptungen**
> - Um zu zeigen, dass eine Behauptung falsch ist, reicht es aus, ein einziges Gegenbeispiel zu finden.
> - Auch noch so viele Beispiele reichen nicht aus, um eine allgemeine Behauptung zu begründen. Man muss mithilfe von Argumenten sicherstellen, dass sie gilt.
> - *Ausnahme:* Wenn eine Begründung mit konkreten Beispielen so erfolgt, dass klar ist, dass sie auch für jedes andere Beispiel möglich ist, so ist die Begründung stichhaltig.

5. Ben behauptet: „Zwischen zwei durch 4 teilbaren Zahlen liegt stets mindestens eine Primzahl". Begründe diese Behauptung oder widerlege sie.

6. Sarah sagt: „Vervielfacht man einen Bruch mit einer natürlichen Zahl und dann das Ergebnis noch mal mit einer anderen natürlichen Zahl, so kann man auch die Reihenfolge vertauschen. Man erhält dann dasselbe Ergebnis."
Untersuche, ob diese Behauptung stimmt. Begründe sie gegebenenfalls.

7. Victor überlegt, ob beim Teilen von Brüchen das Assoziativgesetz gilt.
Was meinst du? Begründe deine Meinung.

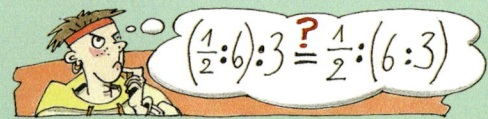

$$\left(\tfrac{1}{2} : 6\right) : 3 \overset{?}{=} \tfrac{1}{2} : (6 : 3)$$

8. a) Überlege, ob beide Rechenwege zum selben Ergebnis führen. Begründe.

$$\tfrac{15}{24} - \tfrac{8}{24} + \tfrac{3}{8} = \tfrac{7}{24} + \tfrac{9}{24} = \dots$$

$$\tfrac{5}{8} - \tfrac{1}{3} + \tfrac{3}{8} =$$

$$\tfrac{5}{8} + \tfrac{3}{8} - \tfrac{1}{3} = 1 - \tfrac{1}{3} = \dots$$

b) Begründe folgende Regel. Überlege dazu, wie du geschickt vorgehen kannst.

> Aufeinander folgende Additions- und Subtraktionsschritte in einem Term darf man vertauschen, falls die Subtraktion ausführbar ist. Dabei ändert sich der Wert des Terms nicht.

c) Überlege, warum in der Regel die Einschränkung „falls die Subtraktion ausführbar ist" gemacht wird.

9. Ein Bruch wird geteilt und anschließend vervielfacht. Untersuche, ob man beim Vertauschen der Reihenfolge (erst vervielfachen und dann teilen) dasselbe Ergebnis erhält. Begründe.

10. Julia sagt: „In unserer Klasse betrug das Verhältnis Jungen zu Mädchen 3:4. Nachdem zwei Mädchen die Klasse verlassen und noch zwei Jungen dazugekommen sind, ist das Verhältnis jetzt 1:1."
Überprüfe, ob Julias Behauptung zutreffen kann.

3.2 Multiplizieren von gemeinen Brüchen

Einstieg

Dominik hat noch eine halbe Tafel Schokolade.

Seine Mutter meint: „Zwei Drittel davon dürfte ich heute wohl noch essen."

Sein Vater sagt: „So wenig? Ich hätte Appetit auf zweieinhalb mal so viel."

Welchen Anteil einer Tafel Schokolade möchten die beiden essen?

Aufgabe 1

Von einer Pizza ist die Hälfte übrig. Julia sagt: „Davon schaffe ich noch $\frac{3}{4}$ ".

Jan prahlt: „Davon würde ich locker das $1\frac{1}{2}$ -fache schaffen".

Welchen Anteil an einer ganzen Pizza meinen Julia bzw. Jan zu schaffen?

Lösung

(1) *Berechnen des Teils, den Julia schafft*

Zu bestimmen ist: $\frac{3}{4}$ von $\frac{1}{2}$ Pizza. Die halbe Pizza muss in 4 gleich große Teile zerlegt werden, drei dieser Teile meint Julia zu schaffen.

Rechnung:

$\frac{1}{2} : 4 \cdot 3$

$= \frac{1}{2 \cdot 4} \cdot 3$

$= \frac{1 \cdot 3}{2 \cdot 4} = \frac{3}{8}$

Ergebnis: Julia meint $\frac{3}{8}$ Pizza zu schaffen.

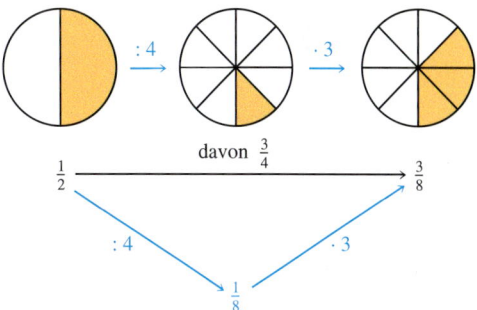

(2) *Berechnen des Teils, den Jan schafft*

Es ist $1\frac{1}{2} = \frac{3}{2}$. Daher gilt:

Zu bestimmen ist: $\frac{3}{2}$ von $\frac{1}{2}$ Pizza

Rechnung:

$\frac{1}{2} : 2 \cdot 3$

$= \frac{1}{2 \cdot 2} \cdot 3$

$= \frac{1 \cdot 3}{2 \cdot 2} = \frac{3}{4}$

Ergebnis: Jan meint $\frac{3}{4}$ Pizza zu schaffen.

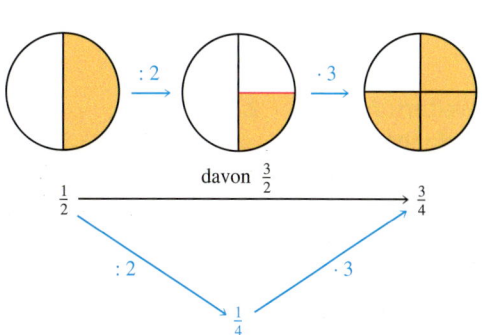

Information

(1) Anschauliche Bedeutung der Multiplikation zweier gemeiner Brüche

Du weißt schon:

- **Das 3-fache von 4** bedeutet: Nimm 4 dreimal, also **4 · 3.**
- **Das 3-fache von $\frac{2}{5}$** bedeutet: Nimm $\frac{2}{5}$ dreimal, also $\frac{2}{5} \cdot \mathbf{3}$.
- **Das $1\frac{1}{2}$-fache von 4** bedeutet: Nimm 4 eineinhalbmal, also $\mathbf{4 \cdot 1\frac{1}{2}}$

Die Aufgabe 1 auf Seite 125 oben legt nahe:

- **Das $1\frac{1}{2}$-fache von $\frac{2}{5}$** bedeutet: Nimm $\frac{2}{5}$ eineinhalbmal, also $\frac{2}{5} \cdot 1\frac{1}{2}$.

Statt „das $1\frac{1}{2}$-fache von 4" bzw. „das $1\frac{1}{2}$-fache von $\frac{2}{5}$ " kann man auch schreiben:

$\frac{3}{2}$ *von 4*, also $4 \cdot \frac{3}{2}$ bzw.   *das $\frac{3}{2}$-fache von $\frac{2}{5}$*, also $\frac{2}{5} \cdot \frac{3}{2}$.

> **Festlegen der anschaulichen Bedeutung der Multiplikation von gebrochenen Zahlen**
>
> $\frac{4}{5} \cdot \frac{2}{3}$ bedeutet: $\frac{4}{5}$, davon $\frac{2}{3}$ bzw. $\frac{2}{3}$ von $\frac{4}{5}$

(2) Regel über das Multiplizieren von gemeinen Brüchen

$\frac{4}{5} \cdot \frac{2}{3}$ bedeutet: $\frac{4}{5}$, davon $\frac{2}{3}$, oder anders gesagt: $\frac{2}{3}$ von $\frac{4}{5}$.

Also: $\frac{4}{5} \cdot \frac{2}{3} = \frac{4}{5} : 3 \cdot 2$

$\qquad\qquad = \frac{4}{5 \cdot 3} \cdot 2$

$\qquad\qquad = \frac{4 \cdot 2}{5 \cdot 3}$

$\qquad\qquad = \frac{8}{15}$

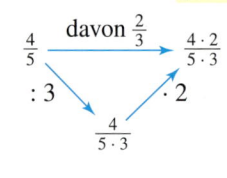

$\frac{4}{5}$ *des Rechtecks ist grün.*

$\frac{2}{3}$ *des grünen Teils ist schraffiert, das sind* $\frac{4 \cdot 2}{5 \cdot 3}$, *also* $\frac{8}{15}$ *des ganzen Rechtecks.*

An diesem Beispiel erkennen wir die folgende Regel:

> **Regel über das Multiplizieren von gemeinen Brüchen**
>
> Brüche werden miteinander multipliziert, indem man bei den Brüchen Zähler mit Zähler und Nenner mit Nenner multipliziert.

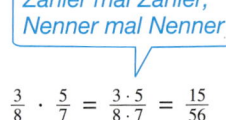

Zähler mal Zähler, Nenner mal Nenner

$$\frac{3}{8} \cdot \frac{5}{7} = \frac{3 \cdot 5}{8 \cdot 7} = \frac{15}{56}$$

Wenn man undeutlich schreibt, kann $3 \cdot \frac{2}{5}$ mit $3\frac{2}{5}$ verwechselt werden. Worin besteht der Unterschied?

Weiterführende Aufgaben

2. *Einordnung besonderer Fälle beim Multiplizieren*

    a) Berechne das Produkt. Wie kannst du auch hier die Regel über die Multiplikation von gemeinen Brüchen anwenden?

       (1) $\frac{3}{4} \cdot 7$ (2) $3 \cdot \frac{2}{5}$ (3) $3 \cdot 4$ (4) $3\frac{3}{4} \cdot 2\frac{3}{5}$

    b) Berechne und vergleiche. Was fällt dir auf?

       (1) $\frac{2}{3} : 4$ und $\frac{2}{3} \cdot \frac{1}{4}$ (2) $\frac{4}{5} \cdot \frac{1}{3}$ und $\frac{4}{5} : 3$ (3) $\frac{5}{6} : 2$ und $\frac{5}{6} \cdot \frac{1}{2}$

3. *Größenvergleich zwischen dem Wert eines Produktes und den einzelnen Faktoren*

Du weißt: Wenn man eine Zahl mit einer natürlichen Zahl außer 0 und 1 multipliziert, dann ist das Ergebnis größer als die Zahl.

Untersuche das bei der Multiplikation mit einem gemeinen Bruch.

Beispiele: (1) $\frac{4}{5} \cdot \frac{2}{3}$ (2) $\frac{4}{5} \cdot \frac{7}{3}$ (3) $5 \cdot \frac{4}{7}$ (4) $5 \cdot \frac{10}{7}$

Was stellst du fest? Formuliere einen Ergebnissatz.

Multiplizieren kann vergrößern aber auch verkleinern.

> Wenn man eine Zahl mit einem gemeinen Bruch größer als 1 multipliziert, dann ist das Ergebnis größer als die Zahl. Multipliziert man jedoch eine Zahl mit einem gemeinen Bruch kleiner als 1, dann ist das Ergebnis kleiner als die Zahl.
>
> *Beispiele:* $7 \cdot \frac{5}{4} = \frac{7}{1} \cdot \frac{5}{4} = \frac{35}{4} = 8\frac{3}{4} > 7$ $7 \cdot \frac{3}{4} = \frac{7}{1} \cdot \frac{3}{4} = \frac{21}{4} = 5\frac{1}{4} < 7$

4. *Potenzen von Brüchen*

Gemeine Brüche können auch als Basis von Potenzen auftreten. Berechne die Potenz.

a) $\left(\frac{3}{4}\right)^3$ **b)** $\left(\frac{2}{5}\right)^4$ **c)** $\left(\frac{8}{9}\right)^2$ **d)** $\left(\frac{1}{3}\right)^4$ **e)** $\left(\frac{3}{2}\right)^6$

$$\left(\frac{5}{6}\right)^3 = \frac{5}{6} \cdot \frac{5}{6} \cdot \frac{5}{6}$$
$$= \frac{5 \cdot 5 \cdot 5}{6 \cdot 6 \cdot 6} = \frac{125}{216}$$

Übungsaufgaben

5. Ein Fahnentuch ist $\frac{4}{5}$ m² groß. $\frac{2}{3}$ des Tuches sind rot.
Wie viel m² sind das?
Du kannst das Ergebnis anschaulich an der Zeichnung finden. Erkläre die Zeichnung.
Du kannst das Ergebnis auch durch Rechnung finden.
Vergleiche die Ergebnisse.

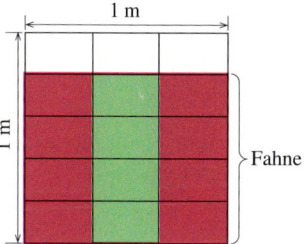

1 m
1 m
Fahne

6. a) In einer Klasse spielen $\frac{3}{4}$ aller Kinder ein Instrument. $\frac{2}{3}$ dieser Kinder sind Mädchen.
Wie groß ist der Anteil der ein Instrument spielenden Mädchen in der Klasse?
Gib diesen Anteil als Bruch an.
Du kannst das Ergebnis anschaulich finden:
Das Rechteck veranschaulicht die Klasse. Erkläre die Unterteilungen.
Du kannst das Ergebnis auch durch Rechnung finden.
Vergleiche die Ergebnisse.

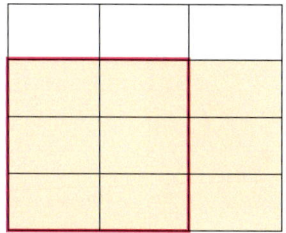

b) In einer Klasse sind 24 Schüler. Kontrolliere das Ergebnis von Teilaufgabe a) an dem Beispiel dieser Klasse.

7. Kais Eltern haben ein großes Grundstück. Dieses ist $1\frac{1}{2}$ ha groß. $\frac{3}{4}$ davon ist Wiese.
Wie viel ha sind Wiese?

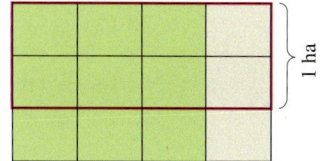

1 ha

8. Ein Partner schreibt die Aufgabe als Produkt und berechnet dieses. Der andere Partner erfindet eine Rechengeschichte dazu. Bei der zweiten Aufgabe werden die Rollen getauscht.

a) $\frac{2}{5}$ von $\frac{3}{4}$ **b)** $\frac{1}{4}$ von $\frac{2}{3}$ **c)** $\frac{2}{5}$, davon $\frac{3}{4}$ **d)** $\frac{3}{7}$, davon $\frac{1}{2}$ **e)** $\frac{4}{5}$, davon $\frac{1}{2}$

$\frac{2}{3}$ von $\frac{7}{8}$ $\frac{2}{4}$ von $\frac{2}{3}$ $\frac{3}{5}$, davon $\frac{3}{4}$ $\frac{4}{7}$, davon $\frac{1}{2}$ $\frac{3}{4}$, davon $\frac{1}{6}$

9. Von Neustadt nach Emstal wird eine neue Autobahn gebaut. Für $\frac{2}{5}$ der Gesamtlänge ist der Schotterunterbau schon fertig, $\frac{5}{6}$ davon sind bereits asphaltiert. Wie groß ist der Anteil des schon asphaltierten Teilstücks an der ganzen Autobahn?

10. Berechne.

a) $\frac{3}{7} \cdot \frac{3}{5}$ b) $\frac{7}{9} \cdot \frac{5}{8}$ c) $\frac{3}{2} \cdot \frac{1}{2}$ d) $\frac{1}{2} \cdot \frac{1}{4}$ e) $\frac{1}{2} \cdot \frac{1}{2}$ f) $\frac{1}{3} \cdot \frac{1}{4}$ g) $\frac{15}{14} \cdot \frac{9}{8}$

$\frac{5}{7} \cdot \frac{4}{9}$ $\frac{1}{8} \cdot \frac{5}{3}$ $\frac{2}{3} \cdot \frac{2}{3}$ $\frac{5}{7} \cdot \frac{3}{4}$ $\frac{1}{3} \cdot \frac{1}{2}$ $\frac{1}{5} \cdot \frac{1}{3}$ $\frac{23}{25} \cdot \frac{4}{7}$

$\frac{8}{9} \cdot \frac{7}{5}$ $\frac{2}{3} \cdot \frac{1}{4}$ $\frac{3}{4} \cdot \frac{3}{4}$ $\frac{7}{8} \cdot \frac{5}{9}$ $\frac{3}{4} \cdot \frac{1}{2}$ $\frac{5}{6} \cdot \frac{1}{2}$ $\frac{19}{18} \cdot \frac{7}{5}$

11. Veranschauliche folgende Rechnungen durch Flächen wie in Aufgabe 6 bzw. 7 (Seite 127).

a) $\frac{1}{2} \cdot \frac{3}{4}$ b) $\frac{2}{3} \cdot \frac{1}{5}$ c) $\frac{3}{4} \cdot \frac{2}{3}$ d) $\frac{1}{2} \cdot \frac{1}{3}$ e) $\frac{1}{4} \cdot \frac{4}{5}$ f) $\frac{1}{2} \cdot \frac{1}{2}$ g) $\frac{1}{2} \cdot \frac{1}{4}$

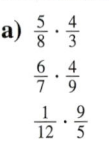

Kürzen spart Rechenarbeit

12. Berechne möglichst vorteilhaft.

a) $\frac{5}{8} \cdot \frac{4}{3}$ b) $\frac{7}{8} \cdot \frac{8}{9}$ c) $\frac{10}{9} \cdot \frac{6}{15}$ d) $\frac{49}{32} \cdot \frac{24}{35}$

$\frac{6}{7} \cdot \frac{4}{9}$ $\frac{8}{9} \cdot \frac{3}{4}$ $\frac{6}{7} \cdot \frac{7}{12}$ $\frac{63}{25} \cdot \frac{45}{49}$

$\frac{1}{12} \cdot \frac{9}{5}$ $\frac{3}{4} \cdot \frac{8}{15}$ $\frac{7}{8} \cdot \frac{16}{21}$ $\frac{26}{56} \cdot \frac{42}{39}$

$$\frac{12}{35} \cdot \frac{14}{15} = \frac{^4 \cancel{12} \cdot \cancel{14}^2}{_5 \cancel{35} \cdot \cancel{15}_5} = \frac{8}{25}$$

13. a) $\frac{3}{7} \cdot \frac{5}{9}$ b) $\frac{4}{5} \cdot \frac{7}{8}$ c) $\frac{6}{7} \cdot \frac{4}{9}$ d) $\frac{12}{7} \cdot \frac{5}{18}$ e) $\frac{42}{5} \cdot \frac{7}{36}$ f) $\frac{23}{56} \cdot \frac{49}{8}$ g) $\frac{63}{11} \cdot \frac{8}{49}$

$\frac{7}{8} \cdot \frac{4}{3}$ $\frac{3}{5} \cdot \frac{10}{7}$ $\frac{5}{6} \cdot \frac{9}{11}$ $\frac{24}{5} \cdot \frac{3}{32}$ $\frac{56}{7} \cdot \frac{11}{48}$ $\frac{19}{72} \cdot \frac{64}{5}$ $\frac{36}{7} \cdot \frac{17}{54}$

$\frac{1}{2} \cdot \frac{8}{9}$ $\frac{4}{9} \cdot \frac{5}{8}$ $\frac{3}{4} \cdot \frac{8}{7}$ $\frac{45}{11} \cdot \frac{8}{35}$ $\frac{5}{27} \cdot \frac{63}{13}$ $\frac{16}{17} \cdot \frac{9}{32}$ $\frac{81}{5} \cdot \frac{8}{27}$

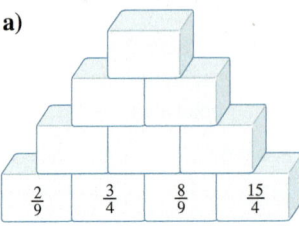

Addieren und Subtrahieren kann ich noch !

14. a) $\frac{3}{5} \cdot \frac{2}{5}$ b) $\frac{1}{2} - \frac{1}{4}$ c) $\frac{2}{3} + \frac{1}{2}$ d) $\frac{4}{5} \cdot \frac{1}{2}$ e) $\frac{5}{6} + \frac{2}{9}$ f) $\frac{5}{12} \cdot \frac{4}{15}$

$\frac{3}{5} - \frac{2}{5}$ $\frac{1}{2} \cdot \frac{1}{4}$ $\frac{2}{3} - \frac{1}{2}$ $\frac{4}{5} + \frac{1}{2}$ $\frac{5}{6} \cdot \frac{2}{9}$ $\frac{5}{12} - \frac{4}{15}$

$\frac{3}{5} + \frac{2}{5}$ $\frac{1}{2} + \frac{1}{4}$ $\frac{2}{3} \cdot \frac{1}{2}$ $\frac{4}{5} - \frac{1}{2}$ $\frac{5}{6} - \frac{2}{9}$ $\frac{5}{12} + \frac{4}{15}$

15. a) $\frac{10}{2} \cdot \frac{4}{5}$ b) $\frac{7}{8} \cdot \frac{4}{7}$ c) $\frac{3}{100} \cdot \frac{10}{9}$ d) $\frac{3}{10} \cdot \frac{5}{9}$ e) $\frac{12}{13} \cdot \frac{26}{36}$ f) $\frac{16}{27} \cdot \frac{36}{24}$ g) $\frac{2}{7} \cdot \frac{14}{4}$

$\frac{2}{3} \cdot \frac{9}{4}$ $\frac{7}{8} \cdot \frac{8}{7}$ $\frac{8}{25} \cdot \frac{35}{18}$ $\frac{5}{12} \cdot \frac{8}{15}$ $\frac{8}{9} \cdot \frac{9}{8}$ $\frac{24}{25} \cdot \frac{15}{16}$ $\frac{5}{12} \cdot \frac{12}{5}$

16. a) Eine $\frac{3}{4}$-l-Flasche ist noch zu $\frac{2}{3}$ mit Obstsaft gefüllt. Wie viel Obstsaft ist in der Flasche?

b) Ein Gefäß fasst $\frac{7}{8}\,l$. Es ist zu $\frac{4}{5}$ mit Milch gefüllt. Wie viel Milch enthält das Gefäß?

17. a) $\frac{3}{5} \cdot 4$ b) $\frac{8}{15} \cdot 1$ c) $7 \cdot \frac{3}{4}$ d) $\frac{5}{24} \cdot 16$ e) $35 \cdot \frac{8}{15}$ f) $42 \cdot \frac{11}{49}$

18. Schreibe in das darüberstehende Feld das Produkt der beiden Zahlen.

a)

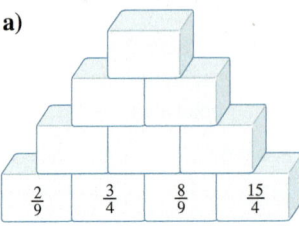

b)

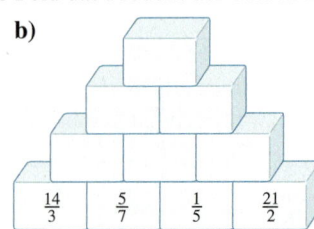

c)

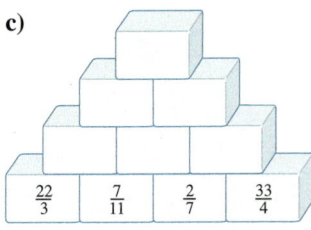

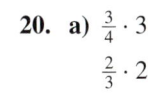

19. Ein Partner gibt an, ob das Ergebnis größer oder kleiner als der 1. bzw. 2. Faktor ist. Der zweite Partner berechnet das Produkt. Bei jeder Teilaufgabe werden die Rollen getauscht.

a) $\frac{11}{9} \cdot \frac{27}{11}$ **b)** $\frac{5}{25} \cdot \frac{5}{15}$ **c)** $\frac{15}{16} \cdot \frac{32}{15}$ **d)** $\frac{27}{25} \cdot \frac{50}{9}$ **e)** $\frac{13}{15} \cdot \frac{20}{17}$ **f)** $\frac{57}{51} \cdot \frac{17}{19}$

20. a) $\frac{3}{4} \cdot 3\frac{1}{2}$ **b)** $\frac{3}{4} \cdot 1\frac{7}{9}$ **c)** $2\frac{1}{2} \cdot 1\frac{1}{4}$ **d)** $1\frac{2}{3} \cdot 3\frac{3}{5}$

$\frac{2}{3} \cdot 2\frac{1}{4}$ $\frac{4}{5} \cdot 1\frac{7}{8}$ $1\frac{3}{4} \cdot 1\frac{1}{2}$ $1\frac{1}{4} \cdot 2\frac{2}{5}$

$$2\frac{1}{2} \cdot 3\frac{2}{3} = \frac{5}{2} \cdot \frac{11}{3} = \frac{55}{6} = 9\frac{1}{6}$$

21. Wo steckt der Fehler?

a) $\frac{3}{8} \cdot \frac{7}{8} = \frac{21}{8}$ b) $4 \cdot \frac{2}{3} = \frac{8}{12}$ c) $3\frac{1}{2} \cdot 5 = 15\frac{1}{2}$ d) $2\frac{1}{5} \cdot 3\frac{2}{3} = 6\frac{2}{15}$

22. Berechne. Veranschauliche durch Flächen wie in Aufgabe 7 bzw. 8 auf Seite 127.

a) Wie viel ist die Hälfte von einem halben Liter?

b) Wie viel ist zwei Drittel von einer Viertelstunde?

c) Wie viel ist das Anderthalbfache von einem dreiviertel Liter?

23. Berechne das Produkt. Kürze möglichst früh.

a) $\frac{3}{4} \cdot \frac{8}{15} \cdot \frac{7}{12}$ **b)** $\frac{2}{3} \cdot \frac{6}{7} \cdot \frac{5}{8}$ **c)** $\frac{3}{4} \cdot \frac{5}{6} \cdot \frac{8}{15}$ **d)** $\frac{2}{3} \cdot \frac{2}{3} \cdot \frac{2}{3} \cdot \frac{2}{3}$ **e)** $\frac{4}{7} \cdot \frac{5}{9} \cdot \frac{36}{23} \cdot \frac{21}{32}$

24. a) Wie viel ist das Doppelte des dritten Teils von einer halben Stunde?

b) Wie viel ist das Vierfache des vierten Teils von $\frac{7}{8}\,l$?

c) Wie viel ist die Hälfte vom Dreifachen eines halben Meters?

25. Schreibe $\frac{6}{35}$ $\left[\frac{5}{7};\, 1;\, 3\right]$ als Produkt von zwei gemeinen Brüchen.

26. Gabi hat noch 5 Flaschen Orangensaft im Kühlschrank. Jede Flasche enthält $\frac{3}{4}\,l$ Saft. Sie will den Inhalt der Flaschen gleichmäßig an 6 Kinder verteilen. Wie viel l Saft bekommt jedes Kind?

27. a) Berechne. Schreibe jedes Produkt auch als Potenz.

(1) $\frac{3}{5} \cdot \frac{3}{5}$ (2) $\frac{7}{8} \cdot \frac{7}{8}$ (3) $\frac{11}{12} \cdot \frac{11}{12}$ (4) $\frac{3}{4} \cdot \frac{3}{4} \cdot \frac{3}{4}$ (5) $\frac{2}{3} \cdot \frac{2}{3} \cdot \frac{2}{3} \cdot \frac{2}{3}$ (6) $\frac{1}{2} \cdot \frac{1}{2} \cdot \frac{1}{2} \cdot \frac{1}{2} \cdot \frac{1}{2}$

b) Schreibe als Potenz: (1) $\frac{4}{9}$ (2) $\frac{125}{64}$ (3) $\frac{1}{625}$ (4) $\frac{144}{169}$ (5) $\frac{243}{1024}$

c) Berechne und vergleiche: (1) $\left(\frac{4}{5}\right)^2$ und $\frac{4}{5} \cdot 2$ (2) $\left(\frac{7}{2}\right)^3$ und $\frac{7}{2} \cdot 3$ (3) $\left(\frac{1}{2}\right)^8$ und $\frac{1}{2} \cdot 8$

28. a) $\left(\frac{2}{3}\right)^4$ **b)** $\left(\frac{1}{6}\right)^3$ **c)** $\left(\frac{1}{10}\right)^6$ **d)** $\left(\frac{5}{4}\right)^2$ **e)** $\left(\frac{1}{2}\right)^5$ **f)** $\left(\frac{5}{6}\right)^2$ **g)** $\left(\frac{3}{2}\right)^5$ **h)** $\left(1\frac{3}{4}\right)^2$ **i)** $\left(1\frac{1}{2}\right)^3$

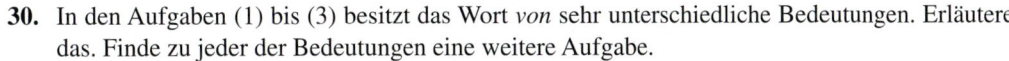

29. Max behauptet:

a) Wenn ich einen Bruch potenziere, ist der Wert der Potenz immer kleiner als der Bruch.

b) Wenn ich einen gekürzten Bruch potenziere, kann ich den Wert der Potenz nicht mehr kürzen. Wenn ich aber einen nicht gekürzten Bruch potenziere, kann ich den Wert der Potenz kürzen.

30. In den Aufgaben (1) bis (3) besitzt das Wort *von* sehr unterschiedliche Bedeutungen. Erläutere das. Finde zu jeder der Bedeutungen eine weitere Aufgabe.

(1) 18 *von* 28 Schülern der Klasse 6c kommen mit dem Fahrrad zur Schule.

(2) Die Klasse 6 LF hat 28 Schüler. 3 *von* 4 Schülern lernen Latein, der Rest Französisch.

(3) Die Laufstrecke ist $\frac{3}{4}$ km lang. Zwei Drittel *von* dieser Strecke liegen im Wald.

3.3 Dividieren von gemeinen Brüchen

Einstieg

a) Ein Landwirt hat seine landwirtschafliche Produktion umgestellt. Im Jahr 2009 erntete er 45 t Weizen, das ist dreimal so viel wie im Jahr 1979. Wie viel Weizen erntete er 1974?

b) Aus Weizenkörnern wird Mehl gewonnen. Die Masse von hellem Mehl (Type 405) beträgt $\frac{2}{5}$ der Masse der Weizenkörner. Wie viel Weizen benötigt man für 800 kg Weizenmehl?

Aufgabe 1

a) Herr Los erhält aus einer Lotterie 48 € ausgezahlt. Das ist das Dreifache seines Einsatzes.
Herr Wag erhält 52 €; das sind $\frac{2}{3}$ seines Einsatzes.
Wie viel Geld hat jeder eingesetzt?

b) Marie denkt sich eine Zahl. Wenn sie diese mit $\frac{5}{7}$ multipliziert, erhält man $\frac{3}{4}$. Welche Zahl hat sich Marie gedacht?

Lösung

a) (1) Wir suchen den Einsatz von Herrn Los.

Die Multiplikation mit 3 wird durch die Division durch 3 rückgängig gemacht.

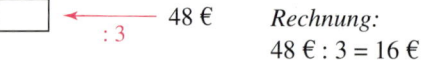

Rechnung:
48 € : 3 = 16 €

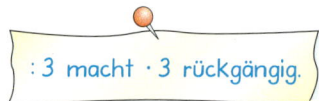

: 3 macht · 3 rückgängig.

Ergebnis: Herr Los hat 16 € eingesetzt.

(2) Wir suchen den Einsatz von Herrn Wag.

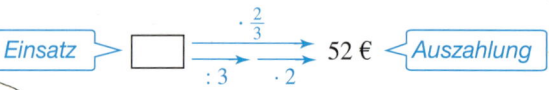

Um $\cdot \frac{2}{3}$ rückgängig zu machen, machen wir die beiden Teilschritte rückgängig.

Rechnung:
52 € : 2 · 3 = 26 € · 3 = 78 €

$\cdot \frac{3}{2}$ macht $\cdot \frac{2}{3}$ rückgängig.

Ergebnis: Herr Wag hat 78 € eingesetzt.

b) Wir suchen Maries Zahl.

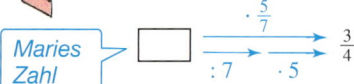

Um $\cdot \frac{5}{7}$ rückgängig zu machen, machen wir die beiden Teilschritte rückgängig.

Rechnung:
$\frac{3}{4} \cdot \frac{7}{5} = \frac{3 \cdot 7}{4 \cdot 5} = \frac{21}{20}$

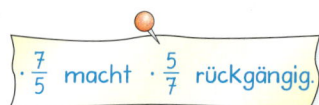

$\cdot \frac{7}{5}$ macht $\cdot \frac{5}{7}$ rückgängig.

Ergebnis: Maries Zahl heißt $\frac{21}{20}$.

Information

(1) Erklärung der Division durch eine gebrochene Zahl

Das Beispiel rechts zeigt den Zusammenhang zwischen dem Multiplizieren und dem Dividieren bei natürlichen Zahlen.
Das Dividieren macht rückgängig, was das Multiplizieren bewirkt.
Das soll auch bei gebrochenen Zahlen gelten:

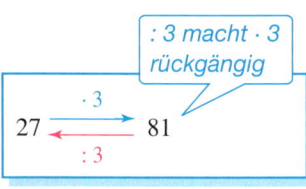

> Das Dividieren durch eine gebrochene Zahl macht rückgängig, was das Multiplizieren mit derselben gebrochenen Zahl bewirkt hat.

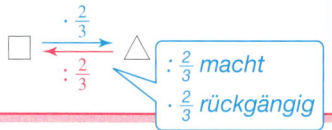

(2) Regel für das Dividieren durch einen gemeinen Bruch

Nun wissen wir aus der Lösung der Teilaufgaben 1 a) und 1 b) auf Seite 130:

$\cdot \frac{3}{2}$ macht $\cdot \frac{2}{3}$ rückgängig; also bewirkt $\cdot \frac{3}{2}$ dasselbe wie $: \frac{2}{3}$

$\cdot \frac{7}{5}$ macht $\cdot \frac{5}{7}$ rückgängig; also bewirkt $\cdot \frac{7}{5}$ dasselbe wie $: \frac{5}{7}$

> $\frac{2}{3}$ ist Kehrwert zu $\frac{3}{2}$

Wir erhalten daher die Regel:

> **Regel über die Division durch einen Bruch**
>
> Man dividiert durch einen Bruch, indem man mit dem Kehrwert des Bruches multipliziert.
> Man erhält den **Kehrwert eines Bruches** durch Vertauschen von Zähler und Nenner.

$$\frac{2}{3} : \frac{5}{7} = \frac{2}{3} \cdot \frac{7}{5} = \frac{14}{15}$$

> $: \frac{5}{7}$ bedeutet dasselbe wie $\cdot \frac{7}{5}$

(3) Die Zahl 0 im Quotienten

> Auf mich muss man aufpassen

Wie bei natürlichen Zahlen gilt auch für eine gebrochene Zahl:

(a) Man kann 0 durch jede andere gebrochene Zahl dividieren, z. B. $0 : \frac{3}{4}$.
Das Ergebnis ist 0.
$0 : \frac{3}{4} = 0$, denn die Kontrolle ergibt $0 \cdot \frac{3}{4} = 0$.

(b) Durch 0 kann man *nicht* dividieren.
Für das mittlere Beispiel rechts findest du *keine* Zahl, für die die Kontrolle $\square \cdot 0 = \frac{3}{4}$ richtig ist.

Andererseits ist im unteren Beispiel rechts *jede* Zahl geeignet für die Kontrolle $\square \cdot 0 = 0$.

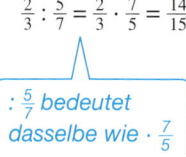

> (1) Wenn ein Faktor 0 ist, so ist das Produkt 0.
> (2) Wenn man 0 durch eine andere Zahl als 0 dividiert, so erhält man als Ergebnis 0.
> (3) Durch 0 kann man *nicht* dividieren.

Weiterführende Aufgaben

2. *Einordnen besonderer Fälle beim Dividieren*

Berechne die Quotienten. Wie kannst du hier die Divisionsregel anwenden?

a) $\frac{3}{4} : 5$ b) $2 : \frac{3}{4}$ c) $3 : 4$ d) $9\frac{5}{7} : 3$ e) $2\frac{3}{4} : 4\frac{1}{3}$

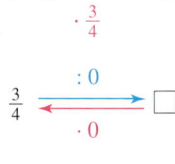

$$4 : \frac{5}{7} = \frac{4}{1} : \frac{5}{7}$$
$$= \frac{4}{1} \cdot \frac{7}{5} = \frac{28}{5}$$

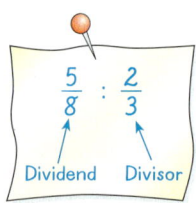

$$\frac{5}{8} : \frac{2}{3}$$

Dividend   Divisor

Dividieren kann verkleinern, aber auch vergrößern.

3. *Größenvergleich von Dividend und Wert des Quotienten*

Du weißt: Wenn man eine Zahl durch eine natürliche Zahl größer als 1 dividiert, dann ist das Ergebnis kleiner als die Zahl.

Untersuche das für Brüche an den Beispielen: (1) $\frac{3}{2} : \frac{3}{4}$; (2) $\frac{27}{4} : \frac{8}{3}$; (3) $\frac{12}{9} : \frac{3}{8}$; (4) $24 : \frac{3}{7}$

Was stellst du fest? Formuliere einen Ergebnissatz.

> Wenn man eine Zahl durch einen gemeinen Bruch größer als 1 dividiert, dann ist das Ergebnis kleiner als die Zahl. Dividiert man jedoch eine Zahl durch einen gemeinen Bruch zwischen 0 und 1, dann ist das Ergebnis größer als die Zahl.
>
> *Beispiele:* $1\frac{4}{5} : \frac{3}{2} = \frac{9}{5} \cdot \frac{2}{3} = \frac{18}{15} = \frac{6}{5} = 1\frac{1}{5} < 1\frac{4}{5}$ $\qquad$ $1\frac{4}{5} : \frac{2}{3} = \frac{9}{5} \cdot \frac{3}{2} = \frac{27}{10} = 2\frac{7}{10} > 1\frac{4}{5}$

4. *Bestimmen des 2. Faktors in einem Produkt*

Bei der Aufgabe 1 auf Seite 130 oben war der 1. Faktor des Produktes gesucht. Hier ist nun der 2. Faktor eines Produktes gesucht. Auch er wird durch Division bestimmt. Berechne wie rechts die Zahl für ▢.

a) $\frac{2}{3} \cdot \square = \frac{3}{7}$ **b)** $\frac{4}{9} \cdot \square = 1\frac{2}{6}$

> *Aufgabe:* Mit welcher Zahl muss man $\frac{3}{4}$ multiplizieren, um $\frac{4}{5}$ zu erhalten?
>
> *Überlegung:* $\frac{3}{4} \cdot \square = \frac{4}{5}$
>
> $\square \cdot \frac{3}{4} = \frac{4}{5}$
>
>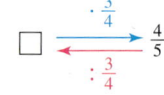
>
> *Rechnung:* $\frac{4}{5} : \frac{3}{4} = \frac{4}{5} \cdot \frac{4}{3} = \frac{16}{15}$

5. *Dividieren zweier Größen*

Lisas Mutter stellt ihrer Tochter gern knifflige Fragen. Auf dem Küchentisch stehen ein Trinkglas und verschiedene Getränke.

Lisas Mutter sagt: „Wie oft kann man das Trinkglas füllen

a) mit Orangensaft;   **b)** mit Apfelsaft;   **c)** mit Milch?

Du kannst das Ergebnis erst einmal ungefähr angeben. Ich will es dann aber auch genau wissen."

> **Division als „Enthalten sein"**
>
> Durch Division kann man feststellen, wie oft eine Größe in einer anderen enthalten ist.
>
> *Beispiel:* Wie oft sind $\frac{2}{7}$ kg in $\frac{3}{5}$ kg enthalten?
>
> *Rechnung:* $\frac{3}{5}$ kg $: \frac{2}{7}$ kg $= \frac{3}{5} : \frac{2}{7} = \frac{3 \cdot 7}{5 \cdot 2} = \frac{21}{10} = 2\frac{1}{10}$
>
> *Ergebnis:* $\frac{2}{7}$ kg ist $2\frac{1}{10}$-mal in $\frac{3}{5}$ kg enthalten.

6. *Doppelbrüche*

Den Quotienten zweier natürlicher Zahlen kann man auch als Bruch schreiben. Der Bruchstrich ersetzt das Divisionszeichen. Diese Schreibweise darf man auch dann verwenden, wenn Brüche dividiert werden sollen. Solche Brüche nennt man *Doppelbrüche.*

Berechne:

a) $\dfrac{\frac{2}{3}}{\frac{5}{9}}$ **b)** $\dfrac{5}{4\frac{1}{6}}$ **c)** $\dfrac{4\frac{1}{6}}{5}$ **d)** $\dfrac{1\frac{1}{2}}{2\frac{1}{4}}$

> $\dfrac{\frac{3}{4}}{\frac{5}{7}} = \frac{3}{4} : \frac{5}{7} = \frac{3}{4} \cdot \frac{7}{5} = \frac{21}{20}$
>
> Bruchstrich durch Divisionszeichen ersetzen

Ein **Doppelbruch** steht für einen Quotienten aus Brüchen.
Bei einem Doppelbruch treten mehrere Bruchstriche auf.
Der *Hauptbruchstrich* ersetzt das Divisionszeichen zwischen den beiden Brüchen.

$$\frac{2}{3} : \frac{5}{9} = \frac{\frac{2}{3}}{\frac{5}{9}}$$

← Zähler des Doppelbruchs
← Hauptbruchstrich
← Nenner des Doppelbruchs

Übungsaufgaben

7. Trage in die Lücken die fehlenden Rechenanweisungen und Zahlen ein. Notiere zu jedem Pfeil die zugehörigen Aufgaben. Die drei untereinander stehenden Aufgaben gehören zusammen.

a) $\square \xrightarrow{\ \cdot \frac{7}{8}\ } 49$ **b)** $\square \xrightarrow{\ \cdot \frac{3}{4}\ } 24$ **c)** $\square \xrightarrow{\ \cdot \frac{5}{6}\ } 35$ **d)** $25 \xrightarrow{\ \cdot \square\ } 15$

$\square \xleftarrow{\ : \square\ } 49$ $\square \xleftarrow{\ : \square\ } 24$ $\square \xleftarrow{\ : \square\ } 35$ $25 \xleftarrow{\ : \square\ } 15$

$\square \xleftarrow{\ \cdot \square\ } 49$ $\square \xleftarrow{\ \cdot \square\ } 24$ $\square \xleftarrow{\ \cdot \square\ } 35$ $25 \xleftarrow{\ \cdot \square\ } 15$

8. Jeder Partner berechnet die angegebenen Divisionsaufgaben und lässt sie von seinem Partner durch Multiplikation kontrollieren.

Partner A: **a)** $9 : \frac{3}{5}$ **b)** $12 : \frac{4}{9}$ **c)** $12 : \frac{3}{4}$ **d)** $18 : \frac{9}{5}$ **e)** $72 : \frac{2}{3}$ **f)** $64 : \frac{8}{9}$

Partner B: $8 : \frac{4}{7}$ $18 : \frac{6}{7}$ $16 : \frac{8}{3}$ $24 : \frac{8}{9}$ $54 : \frac{6}{7}$ $24 : \frac{6}{7}$

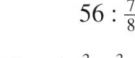

9. a) $45 : \frac{9}{11}$ **b)** $63 : \frac{18}{5}$ **c)** $560 : \frac{7}{8}$ **d)** $133 : \frac{19}{21}$ **e)** $117 : \frac{52}{9}$ **f)** $152 : \frac{114}{13}$

$56 : \frac{7}{8}$ $49 : \frac{21}{15}$ $126 : \frac{18}{7}$ $136 : \frac{17}{12}$ $153 : \frac{68}{11}$ $162 : \frac{72}{15}$

Kürzen spart Rechenarbeit

10. a) $\frac{3}{4} : \frac{3}{5}$ **c)** $\frac{4}{5} : \frac{3}{8}$ **e)** $\frac{7}{12} : \frac{14}{15}$ **g)** $\frac{2}{3} : \frac{3}{4}$ **i)** $\frac{1}{2} : \frac{1}{4}$ **k)** $\frac{1}{4} : \frac{2}{3}$

$\frac{7}{8} \cdot \frac{3}{4}$ $\frac{5}{6} \cdot \frac{9}{10}$ $\frac{15}{16} \cdot \frac{2}{56}$ $\frac{2}{3} \cdot \frac{4}{7}$ $\frac{8}{9} \cdot \frac{4}{7}$ $\frac{2}{3} \cdot \frac{1}{4}$

b) $\frac{5}{6} : \frac{2}{9}$ **d)** $\frac{7}{8} : \frac{7}{8}$ **f)** $\frac{27}{14} : \frac{36}{11}$ **h)** $\frac{2}{7} : \frac{6}{5}$ **j)** $\frac{7}{8} : \frac{1}{2}$ **l)** $\frac{4}{9} : \frac{2}{3}$

$\frac{1}{4} \cdot \frac{1}{2}$ $\frac{2}{3} \cdot \frac{11}{12}$ $\frac{63}{13} \cdot \frac{49}{17}$ $\frac{4}{5} \cdot \frac{2}{3}$ $\frac{3}{4} \cdot \frac{3}{5}$ $\frac{2}{3} \cdot \frac{4}{9}$

11. Berechne die Quotienten. Du kannst verschiedene Regeln anwenden.

a) $\frac{3}{4} : 2$ **b)** $\frac{2}{5} : 3$ **c)** $\frac{4}{7} : 16$ **d)** $8 : \frac{12}{7}$ **e)** $8 : \frac{1}{8}$ **f)** $0 : \frac{12}{13}$

$\frac{5}{6} : 4$ $\frac{9}{10} : 10$ $5 : \frac{3}{4}$ $4 : \frac{2}{3}$ $\frac{5}{7} : 3$ $\frac{3}{8} : 9$

12. Wo steckt der Fehler?

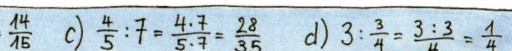

a) $\frac{8}{9} : \frac{2}{9} = \frac{8:2}{9} = \frac{4}{9}$ b) $\frac{5}{7} : \frac{2}{3} = \frac{7}{5} \cdot \frac{2}{3} = \frac{14}{15}$ c) $\frac{4}{5} : 7 = \frac{4 \cdot 7}{5 \cdot 7} = \frac{28}{35}$ d) $3 : \frac{3}{4} = \frac{3:3}{4} = \frac{1}{4}$

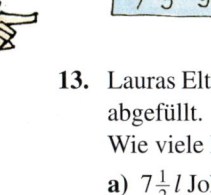

13. Lauras Eltern entsaften Früchte. Der Saft wird in $\frac{3}{4}$-l-Flaschen abgefüllt.
Wie viele Flaschen benötigt man für

a) $7\frac{1}{2}\, l$ Johannisbeersaft;

b) $3\frac{1}{2}\, l$ Himbeersaft;

c) $14\frac{1}{2}\, l$ Apfelsaft?

14. a) Der Inhalt einer $\frac{7}{10}$-l-Flasche soll in kleine Gläschen abgefüllt werden. Jedes Gläschen enthält $\frac{2}{100}\,l$. Wie viele Gläschen kann man füllen?

   b) Eine Weinflasche enthält $\frac{7}{10}\,l$ Wein. Wie viele Flaschen kann man aus einem Fass mit

     (1) $350\,l$,   (2) $175\,l$,   (3) $1\,050\,l$,   (4) $600\,l$ Inhalt füllen?

15. Sabrinas Mutter kauft $2\frac{1}{2}\,kg$ Butter. Wie viele $\frac{1}{4}$-kg-Pakete sind das?

16. Ein Obsthändler verpackt 25 kg Heidelbeeren in Schalen zu $\frac{3}{8}\,kg$, 9 kg Waldpilze in Schalen zu $\frac{3}{4}\,kg$.
Stellt geeignete Aufgaben und löst sie.

17. Eine Landwirtin hat $1\frac{1}{4}\,t$ Süßkartoffeln geerntet.

   a) Die Süßkartoffeln sollen in Säcke zu $12\frac{1}{2}\,kg$ verpackt werden. Wie viele Säcke erhält sie?

   b) Die Landwirtin hat auch blaue Kartoffeln geerntet. Die Menge der Süßkartoffeln ist $2\frac{1}{2}$-mal so groß wie die der blauen Kartoffeln. Wie viel blaue Kartoffeln hat sie geerntet?

18. Schreibe als Bruch. Kürze und notiere, wenn möglich, in gemischter Schreibweise.

   a) $8:5$; $35:5$; $15:9$; $18:36$; $17:13$ **b)** $56:9$; $64:18$; $68:16$; $84:9$; $28:27$

19. a) $\frac{3}{8}:\frac{1}{10}$; $\frac{15}{7}:\frac{10}{1}$; $\frac{10}{1}:\frac{15}{3}$; $0:\frac{1}{12}$; $\frac{1}{2}:\frac{1}{2}$ **c)** $\frac{1}{10}:\frac{1}{8}$; $\frac{1}{10}:\frac{12}{1}$; $\frac{1}{12}:\frac{1}{12}$; $0:\frac{1}{10}$

   b) $\frac{1}{3}:3$; $3:\frac{1}{3}$; $1:\frac{1}{3}$; $\frac{1}{3}:1$; $0:\frac{1}{3}$ **d)** $8:\frac{1}{4}$; $\frac{1}{4}:8$; $\frac{1}{8}:4$; $4:\frac{1}{8}$; $\frac{8}{1}:\frac{4}{1}$

20. Bei diesen Mauern erhält man aus zwei benachbarten Zahlen die darüber stehende so:
Man dividiert die links stehende Zahl durch die rechts davon stehende. Vervollständige im Heft.

  a)   **b)**   **c)**

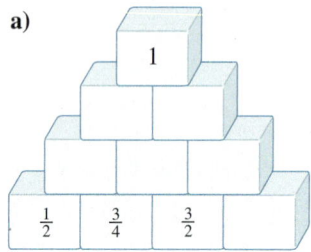
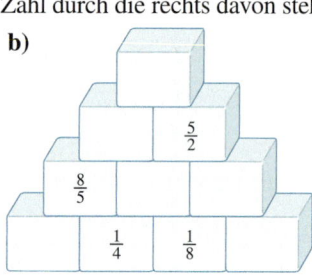
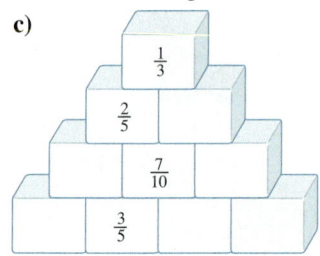

21. a) $\frac{3}{4}\cdot\frac{1}{4}$ **b)** $\frac{5}{6}:\frac{2}{3}$ **c)** $\frac{3}{4}-\frac{2}{3}$ **d)** $\frac{4}{5}-\frac{2}{3}$ **e)** $\frac{5}{6}-\frac{3}{8}$ **f)** $\frac{7}{12}\cdot\frac{2}{15}$

        $\frac{3}{4}-\frac{1}{4}$ $\frac{5}{6}\cdot\frac{2}{3}$ $\frac{3}{4}\cdot\frac{2}{3}$ $\frac{4}{5}\cdot\frac{2}{3}$ $\frac{5}{6}\cdot\frac{3}{8}$ $\frac{7}{12}-\frac{2}{15}$

        $\frac{3}{4}:\frac{1}{4}$ $\frac{5}{6}+\frac{2}{3}$ $\frac{3}{4}:\frac{2}{3}$ $\frac{4}{5}:\frac{2}{3}$ $\frac{5}{6}+\frac{3}{8}$ $\frac{7}{12}+\frac{2}{15}$

        $\frac{3}{4}+\frac{1}{4}$ $\frac{5}{6}-\frac{2}{3}$ $\frac{3}{4}+\frac{2}{3}$ $\frac{4}{5}+\frac{2}{3}$ $\frac{5}{6}:\frac{3}{8}$ $\frac{7}{12}:\frac{2}{15}$

22. Die Goetheschule besuchen 336 Mädchen. Das sind $\frac{4}{7}$ der gesamten Schülerschaft.
Wie viele Schülerinnen und Schüler hat die Goetheschule?

23. a) $1\frac{1}{2}:1\frac{2}{5}$ **b)** $2\frac{1}{2}:1\frac{3}{4}$ **c)** $9\frac{4}{5}:3\frac{9}{11}$ **d)** $2\frac{1}{3}:2\frac{1}{6}$ **e)** $3\frac{1}{9}:4\frac{1}{5}$

        $1\frac{2}{3}:1\frac{1}{2}$ $1\frac{3}{4}:3\frac{1}{5}$ $6\frac{2}{9}:5\frac{5}{6}$ $5\frac{1}{2}:1\frac{1}{2}$ $5\frac{1}{7}:3\frac{3}{8}$

        $2\frac{1}{3}:1\frac{1}{4}$ $1\frac{1}{8}:6\frac{3}{4}$ $2\frac{1}{4}:1\frac{3}{5}$ $7\frac{1}{3}:9\frac{1}{6}$ $6\frac{1}{8}:8\frac{3}{4}$

$$2\frac{1}{3}:1\frac{2}{5}=\frac{7}{3}:\frac{7}{5}$$
$$=\frac{7}{3}\cdot\frac{5}{7}$$
$$=\frac{5}{3}=1\frac{2}{3}$$

24. **a)** In einem Aquarium steht das Wasser 0,75 m hoch. Das Aquarium ist zu $\frac{5}{6}$ gefüllt. Wie hoch ist das Aquarium?

b) Ein Gefäß ist zu $\frac{2}{5}$ gefüllt. Es enthält 0,75 *l* Milch. Wie viel *l* fasst das Gefäß?

c) Wenn man den Inhalt von zwei 0,75 *l*-Flaschen in ein Bowle-Gefäß füllt, ist es zu $\frac{3}{8}$ gefüllt. Wie viel *l* fasst das Bowle-Gefäß?

25. Jörgs Vater ist Landwirt. Er hat auf 0,6 ha Blumenkohl angebaut. Das sind $\frac{3}{4}$ eines Feldes. Wie groß ist das Feld?

26. **a)** Frau Schöne fährt auf der Autobahn in $2\frac{3}{4}$ h eine Strecke von 352 km. Wie viel km fährt sie (durchschnittlich) pro Stunde?

 b) Denkt an eigene Fahrten. Stellt damit entsprechende Aufgaben und löst sie.

27. **a)** $\frac{2}{5} \cdot \frac{5}{9}$ **b)** $\frac{3}{7} \cdot \frac{5}{8}$ **c)** $\frac{5}{4} \cdot \frac{3}{7}$ **d)** $\frac{8}{25} \cdot 1\frac{2}{3}$ **e)** $\frac{12}{13} : 1\frac{1}{5}$ **f)** $5\frac{4}{9} \cdot 6\frac{3}{7}$

$\frac{3}{4} \cdot \frac{5}{8}$ $\frac{2}{3} \cdot \frac{5}{9}$ $\frac{4}{5} \cdot \frac{2}{7}$ $\frac{15}{16} : 1\frac{3}{5}$ $1\frac{1}{2} : 1\frac{1}{4}$ $4\frac{2}{9} : 6\frac{1}{3}$

$\frac{5}{4} \cdot \frac{3}{7}$ $\frac{3}{4} \cdot \frac{5}{8}$ $\frac{7}{9} \cdot \frac{14}{3}$ $1\frac{1}{2} \cdot 1\frac{1}{4}$ $3\frac{4}{7} \cdot 2\frac{4}{15}$ $6\frac{3}{7} : 1\frac{11}{14}$

 28. Nora hat $3 : \frac{1}{4}$ berechnet und als Ergebnis 12 erhalten. Sie wundert sich: „Das Ergebnis ist viel zu groß, ich muss mich verrechnet haben." Ihr Freund Jacob entgegnet: „Klar, $3 : \frac{1}{4} = \frac{3}{4}$." Was würdet ihr beiden sagen?

29. Berechne die Quotienten. Was fällt dir auf?

a) $24 : \frac{6}{7}$; $12 : \frac{6}{7}$; $6 : \frac{6}{7}$; $1 : \frac{6}{7}$; $\frac{1}{2} : \frac{6}{7}$ **b)** $\frac{6}{7} : 3$; $\frac{6}{7} : 2$; $\frac{6}{7} : 1$; $\frac{6}{7} : \frac{1}{2}$; $\frac{6}{7} : \frac{1}{3}$

30. Dividiere $\frac{2}{5}$ nacheinander durch $1, \frac{1}{2}, \frac{1}{4}, \ldots$. Wann ist der Quotient größer als 100?

31. Erfinde eine Rechengeschichte.

a) $\frac{1}{2} \cdot 2\frac{3}{4}$ kg **f)** $12\frac{1}{2}$ m $: \frac{3}{5}$ m

b) $4\frac{1}{2}$ dm $: \frac{2}{3}$ **g)** $3\frac{1}{3}$ h $: 1\frac{2}{5}$ h

c) $2\frac{3}{4}$ *l* $+ 1\frac{1}{2}$ *l* **h)** $5\frac{1}{2}$ km $\cdot \frac{5}{4}$

d) $9\frac{1}{4}$ ha $- 4\frac{1}{2}$ ha **i)** $45\frac{1}{2}$ t $: 5\frac{1}{2}$ t

e) $\frac{3}{4}$ h $\cdot 4$ **j)** $2\frac{1}{2}$ h $- \frac{3}{4}$ h

> *Aufgabe:* $5\frac{1}{2} : \frac{3}{4}$
>
> *Rechengeschichte:* $5\frac{1}{2}$ *l* Saft sollen in $\frac{3}{4}$-*l*-Flaschen abgefüllt werden. Wie viele Flaschen benötigt man?
>
> *Rechnung:* $5\frac{1}{2} : \frac{3}{4} = \frac{11}{2} \cdot \frac{4}{3} = \frac{22}{3} = 7\frac{1}{3}$
>
> *Ergebnis:* Man benötigt 8 Flaschen. Die letzte wird nicht voll.

Doppelbrüche

32. Schreibe als Quotient und berechne.

a) $\dfrac{\frac{2}{5}}{\frac{8}{15}}$ **b)** $\dfrac{\frac{3}{7}}{\frac{9}{14}}$ **c)** $\dfrac{\frac{1}{8}}{\frac{5}{12}}$ **d)** $\dfrac{4\frac{1}{2}}{\frac{3}{10}}$ **e)** $\dfrac{\frac{4}{9}}{3\frac{1}{3}}$ **f)** $\dfrac{2\frac{1}{4}}{4\frac{1}{2}}$ **g)** $\dfrac{12}{\frac{7}{8}}$ **h)** $\dfrac{\frac{4}{15}}{20}$

33. Schreibe als Doppelbruch; berechne auch.

a) $\frac{3}{11} : \frac{5}{7}$ **b)** $4 : \frac{7}{9}$ **c)** $\frac{4}{9} : 2\frac{1}{2}$ **d)** $(3 : 5) : (8 : 13)$ **e)** $(5 : 8) : 11$ **f)** $7 : (2 : 4)$

34. **a)** Der Wert eines Doppelbruches ist $\frac{1}{2}$. Der Nenner beträgt $\frac{2}{3}$. Wie heißt der Zähler?

b) Der Wert eines Doppelbruches ist 2. Der Zähler beträgt $\frac{2}{3}$. Wie heißt der Nenner?

Gleichheits-zeichen in Höhe des Haupt-bruchstrichs setzen.

3.4 Vermischte Übungen zum Rechnen mit gemeinen Brüchen

1. Nenne mit eigenen Worten die Regeln, wie man zwei gemeine Brüche

    a) addiert;   **b)** subtrahiert;   **c)** multipliziert;   **d)** dividiert.

2.

a) $\frac{3}{4}+\frac{2}{5}$ **b)** $\frac{7}{6}\cdot\frac{5}{6}$ **c)** $\frac{8}{9}\cdot\frac{4}{5}$ **d)** $\frac{5}{6}\cdot\frac{5}{7}$ **e)** $5\frac{1}{2}\cdot1\frac{4}{10}$ **f)** $3\frac{1}{3}-2\frac{2}{5}$

    $\frac{3}{4}-\frac{2}{5}$ $\frac{7}{6}+\frac{5}{6}$ $\frac{8}{9}+\frac{4}{5}$ $\frac{5}{6}-\frac{5}{7}$ $5\frac{1}{2}-1\frac{4}{10}$ $3\frac{1}{3}:2\frac{2}{5}$

    $\frac{3}{4}\cdot\frac{2}{5}$ $\frac{7}{6}:\frac{5}{6}$ $\frac{8}{9}:\frac{4}{5}$ $\frac{5}{6}:\frac{5}{7}$ $5\frac{1}{2}:1\frac{4}{10}$ $3\frac{1}{3}\cdot2\frac{2}{5}$

    $\frac{3}{4}:\frac{2}{5}$ $\frac{7}{6}-\frac{5}{6}$ $\frac{8}{9}-\frac{4}{5}$ $\frac{5}{6}+\frac{5}{7}$ $5\frac{1}{2}+1\frac{4}{10}$ $3\frac{1}{3}+2\frac{2}{5}$

3. Berechne. Kürze, wenn es möglich ist.

a) $\frac{35}{36}\cdot\frac{54}{49}$ **b)** $\frac{8}{15}:\frac{4}{5}$ **c)** $\frac{9}{16}:\frac{5}{4}$ **d)** $\frac{81}{65}\cdot\frac{78}{45}$ **e)** $\frac{15}{18}:\frac{5}{3}$ **f)** $\frac{28}{39}:\frac{56}{42}$

    $\frac{21}{22}:\frac{14}{55}$ $\frac{15}{16}\cdot\frac{48}{75}$ $\frac{24}{39}\cdot\frac{26}{60}$ $\frac{48}{55}:\frac{32}{65}$ $\frac{56}{81}\cdot\frac{27}{14}$ $\frac{54}{34}\cdot\frac{51}{81}$

    $\frac{13}{18}-\frac{1}{6}$ $\frac{4}{15}-\frac{1}{12}$ $\frac{4}{15}+\frac{5}{12}$ $\frac{8}{45}+\frac{1}{30}$ $\frac{9}{50}-\frac{3}{20}$ $\frac{6}{25}+\frac{3}{10}$

    $\frac{5}{12}+\frac{4}{15}$ $\frac{7}{30}-\frac{1}{12}$ $\frac{7}{15}-\frac{5}{12}$ $\frac{8}{45}-\frac{1}{30}$ $\frac{7}{45}+\frac{2}{25}$ $\frac{3}{20}-\frac{1}{24}$

4. Berechne: **a)** $\frac{2}{3}+4$ **b)** $\left(\frac{2}{3}\right)^4$ **c)** $4-\frac{2}{3}$ **d)** $4\cdot\frac{2}{3}$ **e)** $4:\frac{2}{3}$ **f)** $\frac{2}{3}:4$

5. Berechne: **a)** $2\frac{1}{2}\cdot1\frac{1}{3}$ **b)** $2\frac{1}{2}-1\frac{1}{3}$ **c)** $2\frac{1}{2}:1\frac{1}{3}$ **d)** $2\frac{1}{2}+1\frac{1}{3}$

6. Ordne die Ergebnisse nach der Größe: **a)** $\frac{4}{5}-\frac{1}{3}$ **b)** $\frac{4}{5}+\frac{1}{3}$ **c)** $\frac{4}{5}:\frac{1}{3}$ **d)** $\frac{4}{5}\cdot\frac{1}{3}$

7. Stelle eine Frage zu dem Sachverhalt. Notiere dann eine Aufgabe und löse sie.

8. Setze für die Variable eine passende gebrochene Zahl ein.

a) $y+\frac{2}{5}=\frac{7}{5}$ **b)** $x\cdot\frac{2}{7}=\frac{6}{7}$ **c)** $x+\frac{1}{3}=\frac{7}{9}$ **d)** $\frac{4}{5}+y=1\frac{1}{10}$ **e)** $\frac{3}{4}:x=\frac{5}{8}$

    $x-\frac{4}{3}=\frac{1}{3}$ $x-\frac{7}{8}=\frac{5}{8}$ $y:\frac{1}{4}=\frac{1}{8}$ $\frac{3}{5}\cdot x=\frac{2}{5}$ $y\cdot\frac{9}{8}=\frac{27}{16}$

9. Gegeben sind die beiden Brüche $\frac{8}{9}$ und $\frac{5}{7}$.
Beantworte die Fragen zunächst ohne zu rechnen. Überprüfe dann durch Rechnung.

    a) Was ist kleiner: Das Produkt der beiden Zahlen oder der Quotient der beiden Zahlen?

    b) Was ist größer: Das Produkt der beiden Zahlen oder die Summe der beiden Zahlen?

    c) Was ist kleiner: Der Quotient der beiden Zahlen oder die Differenz der beiden Zahlen?

10. Ein Liter Spiritus wiegt etwa $\frac{4}{5}$ kg. Wie viel kg wiegen $3\,l$ $[\frac{1}{2}\,l;\ \frac{3}{4}\,l;\ \frac{7}{8}\,l;\ 1\frac{1}{2}\,l;\ 2\frac{3}{4}\,l]$?

11. Für ein Erfrischungsgetränk mischt Elke $\frac{3}{4}\,l$ Mineralwasser und $\frac{3}{8}\,l$ Zitronensaft. Sie verteilt das Erfrischungsgetränk gleichmäßig in 7 Gläser.
Wie viel Getränk sind in jedem Glas?

12. Ein Läufer atmet bei einem Atemzug ungefähr $\frac{3}{4}\,l$ Luft ein. Ungefähr $\frac{1}{5}$ der eingeatmeten Luft ist Sauerstoff. Wie viel Sauerstoff atmet der Läufer mit einem Atemzug ein?

13. Die Schmetterlinge sind auf $\frac{2}{3}$ verkleinert, die Käfer auf $1\frac{1}{2}$ vergrößert. Bestimme durch Messen und Rechnen

    a) die Länge des Körpers (ohne Flügel und Fühler);

    b) die Spannweite der vorderen Flügel der Schmetterlinge.

   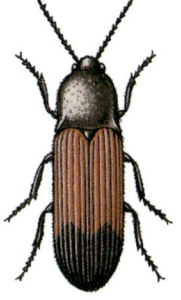 

14. Marie braucht zur Bushaltestelle $\frac{1}{4}$ Stunde zu Fuß. Dann fährt sie $\frac{3}{4}$ Stunde mit dem Bus und muss schließlich noch einmal $\frac{1}{4}$ Stunde zu Fuß bis zur Schule gehen.
Wie viele Stunden braucht sie für ihren Schulweg in einer Unterrichtswoche?

15. Karina spart für ein Fahrrad, das 480 € kostet. Ihre Oma sagt ihr zu, $\frac{1}{3}$ des Preises zu übernehmen, ihre Patentante will ihr $\frac{1}{4}$ des Preises geben und ihre Mutter $\frac{1}{5}$ des Preises. Sie selbst möchte monatlich 10 € von ihrem Taschengeld zurücklegen.
Wie viele Monate muss sie für das Fahrrad sparen?

16. a) Frau Senk kauft $2\frac{1}{2}$ kg Äpfel und $3\frac{1}{2}$ kg Pflaumen sowie $4\frac{1}{4}$ kg Erdbeeren. Frau Senk zahlt mit einem 50-€-Schein.
Wie viel Euro bekommt sie zurück?

    b) Laura kauft zunächst $1\frac{1}{2}$ kg Äpfel und dann noch $2\frac{1}{4}$ kg Pflaumen. Dann sieht sie die Erdbeeren.
Sie überlegt: „Wie viel kg Erdbeeren hätte ich für dasselbe Geld kaufen können?"
Gib das Ergebnis auf $\frac{1}{4}$ kg genau an.

17. Laura und Julia pflücken zusammen mit ihrer Mutter Kirschen. Die Mutter hat $5\frac{3}{4}$ kg, Laura $4\frac{1}{4}$ kg und Julia $2\frac{3}{4}$ kg gepflückt.
$\frac{2}{3}$ der gepflückten Kirschen will die Mutter einfrieren. Den Rest teilen sich die beiden Mädchen.
Wie viel kg erhält jedes Mädchen?

18. Patrick hat erst ein Drittel seiner Murmeln verloren und dann 3 Murmeln gewonnen. Jetzt hat er noch 7 Murmeln. Wie viele Murmeln hatte er zu Beginn des Spieles?

Bist du fit?

1. Berechne. Kürze, wenn möglich.

a) $\frac{7}{8} \cdot 4$ **c)** $\frac{3}{4} : 5$ **e)** $\frac{24}{25} \cdot \frac{35}{36}$ **g)** $\frac{32}{15} : \frac{24}{5}$ **i)** $\left(\frac{1}{2}\right)^2$

$7 \cdot \frac{8}{9}$ $\frac{3}{7} : \frac{4}{5}$ $\frac{15}{16} \cdot \frac{12}{25}$ $\frac{5}{12} : \frac{4}{9}$ $\left(\frac{2}{3}\right)^2$

b) $\frac{7}{8} \cdot \frac{5}{9}$ **d)** $\frac{15}{8} : \frac{9}{10}$ **f)** $\frac{48}{27} : \frac{56}{45}$ **h)** $7\frac{1}{2} \cdot 6\frac{2}{5}$ **j)** $\left(1\frac{3}{4}\right)^2$

$\frac{12}{13} \cdot \frac{26}{15}$ $\frac{15}{17} : \frac{18}{17}$ $\frac{72}{49} \cdot \frac{63}{64}$ $3\frac{7}{9} : 5\frac{2}{3}$ $\left(\frac{2}{5}\right)^3$

2. Setze für die Variable eine passende gebrochene Zahl ein.

a) $x \cdot \frac{2}{3} = \frac{8}{9}$ **b)** $x \cdot \frac{3}{4} = \frac{1}{2}$ **c)** $y : \frac{1}{6} = \frac{2}{3}$ **d)** $z : \frac{2}{3} = \frac{1}{2}$ **e)** $h : \frac{2}{3} - \frac{1}{2} = \frac{1}{3}$

3. a) Eine Kiste enthält 6 Cola-Flaschen mit jeweils $1\frac{1}{2}\,l$. Wie viele $\frac{1}{5}$-l-Gläser kann man damit füllen?

    b) Wie viel Liter Apfelsaft enthält eine Kiste mit 12 Flaschen zu je $\frac{3}{4}\,l$?

    c) Ein halber Liter Milch wird auf 3 Tassen verteilt. Wie viel Liter sind in einer Tasse?

Mischungsverhältnis
1 : 25 bedeutet:
1 *l* Öl auf 25 *l* Benzin.

4. Kraftstoff für Zweitaktmotoren ist ein Öl-Benzin-Gemisch im Verhältnis 1 : 25.
Wie viel Liter Öl sind in $5\,l$, $\frac{1}{2}\,l$, $\frac{3}{4}\,l$, $2\frac{1}{2}\,l$, $3\frac{1}{4}\,l$ Kraftstoff?

5. Tanjas Mutter hat ihre Freundinnen mit Kindern zum Kaffee eingeladen. Ihre größte Kaffee-kanne fasst $1\frac{3}{4}\,l$. Tanjas Mutter muss die Kanne dreimal füllen, es bleibt nichts übrig.
Die Kinder trinken 8 Flaschen Apfelsaft leer. Jede Flasche enthält $\frac{7}{10}\,l$ Saft.
Wurde mehr Kaffee oder mehr Saft getrunken?

6. Jans Vater ist Landwirt. Er hat auf $\frac{1}{2}$ ha Spargel angebaut. Das sind $\frac{2}{3}$ eines Feldes.
Wie groß ist das Feld?

7. a) Der Dividend heißt $\frac{12}{13}$, der Divisor $\frac{8}{5}$. Berechne den Quotienten.

    b) Der Divisor heißt $\frac{3}{4}$, der Wert des Quotienten beträgt $\frac{8}{9}$. Wie heißt der Dividend?

    c) Der Dividend heißt $\frac{4}{5}$, der Wert des Quotienten beträgt $\frac{28}{25}$. Wie heißt der Divisor?

8. Berechne den Doppelbruch mit

a) $\frac{1}{5}$ als Zähler, $\frac{2}{3}$ als Nenner;   **c)** $12\frac{1}{2}$ als Zähler, 10 als Nenner;

b) $\frac{4}{9}$ als Zähler, $\frac{8}{27}$ als Nenner;   **d)** $7\frac{1}{9}$ als Zähler, $10\frac{2}{3}$ als Nenner.

9. Ein Kopiergerät kann von einem Foto als Vorlage vergrößerte oder verkleinerte Kopien her-stellen. Das linke Bild zeigt die Vorlage, daneben siehst du jeweils eine Kopie.
Mit welchem Faktor hat das Kopiergerät vergrößert bzw. verkleinert?

$\leftarrow 1\frac{1}{2}$ dm $\rightarrow$
Maikäfer

$\leftarrow 3\frac{1}{2}$ dm $\rightarrow$

$\leftarrow 4\frac{1}{2}$ dm $\rightarrow$

$\leftarrow$ 2 dm $\rightarrow$
Ohrwurm

Im Blickpunkt
Im Blickpunkt

Berechnen von Steuern und Abgaben mit Brüchen

Zehnt

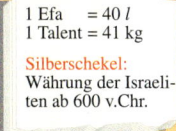

1 Efa = 40 *l*
1 Talent = 41 kg

Silberschekel:
Währung der Israeliten ab 600 v.Chr.

1. Im Alten Testament ist festgelegt, welche Abgabe die Bauern an die Tempeldiener entrichten mussten. Die Abgabe erfolgte nicht in Form von Geld, sondern wirklich mit dem zehnten Teil.

a) Ein Bauer hat 80 neu geborene Lämmer in der Herde, 4 Efa Wein gekeltert, 8 Talent Weizen und 2 Talent Äpfel geerntet.
Welche Abgabe hat er davon zu entrichten?

b) Der Bauer möchte die Lämmer nicht abgeben, sondern stattdessen den Auslösungsbetrag zahlen. Jedes der Lämmer wird auf einen Wert von 15 Silberschekel geschätzt. Welchen Betrag hat der Bauer zu zahlen?

c) Von einem Ernteertrag soll nicht der Zehnt abgegeben werden, sondern stattdessen soll der Auslösungsbetrag gezahlt werden. Überlege, mit welcher Rechenvorschrift man aus dem Wert des Ernteertrags sofort den Auslösungsbetrag erhält.
Es gibt verschiedene Möglichkeiten, vorzugehen; vergleiche sie miteinander.

Ernteertrag $\longrightarrow$ Zehntbetrag $\longrightarrow$ Auslösungsbetrag

> Jeder Zehnt des Landes, der vom Ertrag des Landes oder von den Baumfrüchten abzuziehen ist, gehört dem Herrn; es ist etwas Heiliges für den Herrn. Will ein Mann einen Teil seines Zehnten auslösen, muss er ein Fünftel dazuzahlen.
>
> Jeder Zehnt an Rind, Schaf und Ziege ist dem Herrn geweiht, jedes zehnte Stück von allem, was unter dem Hirtenstab hindurchgeht.
>
> 3. Buch Mose, 27, 30-32

Zehntscheune in Wolfhagen

Auch in Deutschland mussten Bauern im Mittelalter den zehnten Teil ihrer Ernte abliefern, Handwerker den zehnten Teil ihrer Produktion. Zur Aufbewahrung wurden spezielle große Scheunen gebaut, die oft neben der Kirche die größten Bauwerke im Dorf waren. Nach ihrem Verwendungszweck bezeichnet man sie als Zehntscheunen.

In Deutschland wurde der Zehnt erst im 19. Jahrhundert endgültig abgeschafft.

Akzise

2. Die Akzise war eine von den Städten erhobene Steuer auf den Lebensmittelverbrauch (insbesondere Zucker, Salz, Fett, Fleisch) und den Genussmittelverbrauch (Tabak, Kaffee, Tee und alkoholische Getränke). Auch das Gebäude, in dem diese Abgaben erhoben wurden, bezeichnete man als Akzise.

Am Anfang des 16. Jahrhunderts war im Unterwesergebiet die Währungseinheit die Bremer Mark, die als Silbermünze geprägt wurde.

Diese Mark war in 32 Groten unterteilt, die als Kleinsilbermünzen im Umlauf waren.

Die kleinste Einheit war der Schwaren, der in schlechterem Silber geprägt wurde.
Es galt
1 Schwaren = $\frac{1}{5}$ Groten.

Bremer Mark

Groten

Schwaren

Akzise am Markt in Bremen im 16. Jahrhundert

In Bremen betrug im Jahre 1628 die Akzise 3 Schwaren für 1 Mark Warenwert.

a) Gib die Akzise mit einem Bruch als Anteil am Warenwert an. Formuliere dazu auch eine Aufgabe mit Brüchen.

b) Bestimme die Akzise, die erhoben wird für
   (1) eine Zuckerlieferung im Wert von 3 Mark
   (2) eine Kaffeelieferung im Wert von 5 Mark und 10 Groten.

3.5 Multiplizieren und Dividieren von Dezimalbrüchen

3.5.1 Multiplizieren und Dividieren mit einer Zehnerpotenz

Einstieg

Eine 1-Euro-Münze ist 2,125 mm dick und 7,5 g schwer.
Wie hoch ist ein Stapel aus 10, 100, 1 000 Münzen? Wie viel wiegt jeweils der Stapel?

Aufgabe 1

a) Toni weiß, dass ein Blatt Schreibmaschinenpapier ungefähr 0,045 mm dick ist.
Wie dick ist ein Stapel aus 10 Blatt, 100 Blatt, 1 000 Blatt?

b) Florians Schreibblock hat 100 Blatt und ist 7,5 mm dick.
Wie dick sind 10 Blatt? Wie dick ist ein Blatt?

c) Formuliere Regeln über das Multiplizieren und Dividieren eines Dezimalbruches mit einer Zehnerpotenz.

Lösung

a) Ein Blatt ist 0,045 mm, also 45 Tausendstel mm dick. Dann sind 10 Blatt 10-mal so dick, also 450 Tausendstel mm. Das sind 45 Hundertstel mm, also:

$$0{,}045 \cdot 10 = \frac{45}{1\,000} \cdot 10 = \frac{45}{100} = 0{,}45$$

Entsprechend sind 100 Blatt 100-mal so dick wie ein Blatt, also 4 500 Tausendstel mm.
Das sind 450 Hundertstel mm, also 45 Zehntel mm:

$$0{,}045 \cdot 100 = \frac{45}{1\,000} \cdot 100 = \frac{45}{10} = 4{,}5$$

Entsprechend ergibt sich: $0{,}045 \cdot 1\,000 = \frac{45}{1\,000} \cdot 1\,000 = 45$

Ergebnis: 10 Blatt Papier sind 0,45 mm, 100 Blatt 4,5 mm und 1 000 Blatt 45 mm dick.

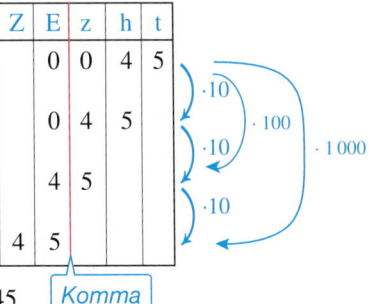

Strategie: Zurückführen auf das Vervielfachen und Teilen eines Bruches.

b) 100 Blatt sind 75 Zehntel mm dick.
10 Blätter sind dann nur ein Zehntel so dick, also 75 Hundertstel mm:

$$7{,}5 : 10 = \frac{75}{10} : 10 = \frac{75}{100} = 0{,}75$$

Entsprechend findest du

$$7{,}5 : 100 = \frac{75}{10} : 100 = \frac{75}{1\,000} = 0{,}075$$

Ergebnis: 10 Blatt Papier sind 0,75 mm, 1 Blatt 0,075 mm dick.

c) Du findest folgende Regeln:

Multiplizieren und Dividieren eines Dezimalbruches mit einer Zehnerpotenz

Man multipliziert einen Dezimalbruch mit 10, 100, 1000, …, indem man das Komma um 1, 2, 3, … Stellen nach rechts verschiebt.

Wenn rechts nicht mehr genügend Ziffern stehen, so ergänzt man Nullen.

Beispiel: $2{,}5 \cdot 100 = 2{,}50 \cdot 100 = 250$

Man dividiert einen Dezimalbruch durch 10, 100, 1000, …, indem man das Komma um 1, 2, 3, … Stellen nach links verschiebt.

Wenn links nicht mehr genügend Ziffern stehen, so ergänzt man Nullen.

Beispiel: $8{,}5 : 100 = 008{,}5 : 100 = 0{,}085$

Übungsaufgaben   **2.** Berechne im Kopf.

a) $3,7 \cdot 100$
$46,46 \cdot 10$
$2,09 \cdot 10$
$0,63 \cdot 100$

b) $0,003 \cdot 10$
$4,2 \cdot 1\,000$
$0,0005 \cdot 100$
$0,0002 \cdot 1\,000$

c) $3,7 : 10$
$63,63 : 100$
$2,081 : 10$
$60 : 100$

d) $700 : 1\,000$
$789,3 : 1\,000$
$92 : 10$
$0,1 : 100$

3. Betrachte den Dezimalbruch 8,673. Wie ändert sich der Stellenwert der Ziffer 7 [der Ziffer 6], wenn man den Dezimalbruch

a) mit 10, 100, 1 000, 10 000 multipliziert?

b) durch 10, 100, 1 000, 10 000 dividiert?

4. a) Berechne das Zehnfache von 0,0024.

d) Berechne ein Zehntel von 0,86.

b) Berechne das Hundertfache von 0,036.

e) Berechne ein Tausendstel von 3,71.

c) Berechne das Tausendfache von 0,071.

f) Berechne ein Hunderttausendstel von 658.

5. Rechenzeichen und Zahlen sind weggewischt worden. Ergänze sie im Heft.

a) $14,25 \ \blacksquare = 142,5$
$14,25 \ \blacksquare = 1,425$
$14,25 \ \blacksquare = 0,01425$
$14,25 \ \blacksquare = 1425$

b) $0,933 \ \blacksquare = 0,0933$
$0,933 \ \blacksquare = 93,3$
$0,0933 \ \blacksquare = 93,3$
$930 \ \blacksquare = 0,0930$

c) $6,42 \ \blacksquare = 0,00642$
$40 \ \blacksquare = 0,04$
$0,007 \ \blacksquare = 7$
$0,012 \ \blacksquare = 1\,200$

6. a) Ein menschliches Haar erscheint unter einem Mikroskop bei 1 000facher Vergrößerung 60 mm dick. Wie dick ist das menschliche Haar in Wirklichkeit?

b) Wie dick erscheint ein Spinnwebfaden (0,005 mm) bei 1 000facher Vergrößerung?

7. a) Legt 10 CDs übereinander und messt die Höhe des Stapels. Wie dick ist eine CD?

b) Die Blätter eines Telefonbuches sind sehr dünn. Überlegt euch ein Verfahren, um die Dicke eines Blattes zu bestimmen.

8. Der Maßstab 1 : 10 000 000 bedeutet, dass 1 cm auf der Karte einer Strecke von 10 000 000 cm in Wirklichkeit entspricht.

a) Wie lang wird ein 180 km langes Schienenstück auf einer Karte mit dem oben angegebenen Maßstab?

b) Wie weit sind die Städte voneinander entfernt (Luftlinie)?
Düsseldorf – Stuttgart
Berlin – Bonn
Erfurt – Leipzig
Köln – Rostock
Dresden – Münster
Mainz – Magdeburg
Erfurt – Bremen
Hamburg – Mannheim

c) Stellt euch weitere Aufgaben; löst sie.

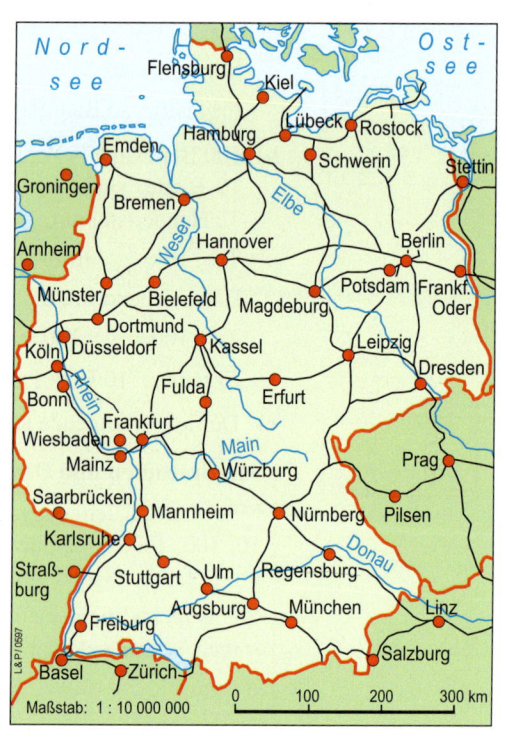

3.5.2 Multiplizieren von Dezimalbrüchen

Einstieg

a) In einen Kanister werden 5 *l* Benzin für den Rasenmäher eingefüllt. Berechnet den Preis.

b) Frau May tankt 59,97 *l* Benzin. Wie viel muss sie bezahlen?

Aufgabe 1

a) Stephanie hat auf ihrem Fahrradtacho abgelesen, dass sie für den Schulweg (Hin- und Rückweg) täglich 3,74 km zurücklegt. Wie viel km fährt sie in einem Monat mit 23 Schultagen?

b) Bukets Mutter möchte für das Kinderzimmer neue Gardinen kaufen. Vom einen Ende der Gardinenstange bis zum anderen sind es 1,7 m. Damit die Gardine Falten werfen kann, wird das 2,5fache der gewünschten Breite genommen. Wie viel m Gardine wird benötigt?

c) Ulrike hat eine 1,5-*l*-Flasche mit Mineralwasser zum schnellen Abkühlen in die Kühltruhe gelegt. Als sie nach einigen Tagen die Flasche herausholen will, ist das Mineralwasser gefroren und die Flasche geborsten.
Wenn Wasser zu Eis gefriert, dehnt es sich auf das 1,09fache seines ursprünglichen Volumens aus. Wie viel Liter Eis sind entstanden?

d) Beschreibe, wie du zwei Dezimalbrüche miteinander multiplizieren kannst, ohne sie zuvor in gemeine Brüche umzuwandeln.

Lösung

a) $3,74 \cdot 23 = 86,02$

$$\frac{374}{100} \cdot 23 = \frac{8\,602}{100}$$

Nebenrechnung:
$$
\begin{array}{r}
374 \cdot 23 \\
\hline
748 \\
1122 \\
\hline
8602
\end{array}
$$

Ergebnis: Sie fährt in dem Monat 86,02 km.

b) $2,5 \cdot 1,7 = 4,25$

$$\frac{25}{10} \cdot \frac{17}{10} = \frac{425}{100}$$

> *Zehntel mal Zehntel ergibt Hundertstel, daher zwei Stellen nach dem Komma.*

Nebenrechnung:
$$
\begin{array}{r}
25 \cdot 17 \\
\hline
25 \\
175 \\
\hline
425
\end{array}
$$

Ergebnis: Es werden 4,25 m Gardine benötigt.

c) $1,09 \cdot 1,5 = 1,635$

$$\frac{109}{100} \cdot \frac{15}{10} = \frac{1\,635}{1\,000}$$

> *Hundertstel mal Zehntel ergibt Tausendstel, daher 3 Stellen nach dem Komma.*

Nebenrechnung:
$$
\begin{array}{r}
109 \cdot 15 \\
\hline
109 \\
545 \\
\hline
1635
\end{array}
$$

Ergebnis: Es sind 1,635 Liter Eis entstanden.

d) Beim Vergleichen mit der Nebenrechnung erkennst du, dass man $1,09 \cdot 1,5$ in zwei Schritten berechnen kann.

1. Schritt: Multipliziere die Dezimalbrüche wie natürliche Zahlen: $109 \cdot 15$

2. Schritt: Trenne im Ergebnis 1635 mit dem Komma drei Ziffern von rechts ab. Das entspricht dem Dividieren durch den Nenner 1000.

Regel für das Multiplizieren von Dezimalbrüchen

(1) Multipliziere zuerst so, als wäre kein Komma vorhanden.

(2) Setze dann das Komma. Rechts vom Komma müssen im Ergebnis so viel Ziffern stehen, wie die beiden Faktoren zusammen nach dem Komma haben.

Beispiel:

$Zehntel$　$Hundertstel$

$$2,7 \cdot 1,25$$
$$27$$
$$5\ 4$$
$$1\ 35$$
$$1$$
$$\overline{3,375}$$

$Tausendstel$

Weiterführende Aufgaben

2. *Multiplikation mit einem Faktor kleiner 1*

Du weißt: Wenn man eine Zahl mit einer natürlichen Zahl außer 0 und 1 multipliziert, dann ist das Ergebnis größer als die Zahl. Untersuche das bei der Multiplikation mit einem Dezimalbruch, indem du den Preis für 5 *l*, 1,5 *l* und 0,4 *l* Cola berechnest.

1 *l*
0,80 €

1,5 *l*
▢ €

0,4 *l*
▢ €

> Wenn man eine Zahl mit einem Dezimalbruch größer als 1 multipliziert, dann ist das Ergebnis größer als die Zahl. Multipliziert man jedoch eine Zahl mit einem Dezimalbruch kleiner als 1, dann ist das Ergebnis kleiner als die Zahl.
>
> *Beispiele:* $7 \cdot 1,3 = 9,1 > 7$　　　$7 \cdot 0,6 = 4,2 < 7$

3. *Kommaverschiebungsregel für Produkte*

a) Berechne folgende Produkte und vergleiche. Was fällt auf?

(1) $1,5 \cdot 0,06$　　　　(2) $0,15 \cdot 0,6$　　　　(3) $15 \cdot 0,006$　　　　(4) $0,015 \cdot 6$

b) Begründe die folgende Kommaverschiebungsregel.

> Der Wert des Produktes ändert sich nicht, wenn man das Komma in beiden Faktoren um gleich viele Stellen *entgegengesetzt* verschiebt.
>
> *Beispiel:*　　$1 Stelle nach rechts \cdot 10$　　$0{,}12 \cdot 0{,}07$　　$1 Stelle nach links : 10$
>
> 　　　　　$= 1{,}2 \cdot 0{,}007$

c) Die obige Kommaverschiebungsregel kannst du auch beim Überschlagsrechnen anwenden. Überlege dir, um wie viele Stellen man günstigerweise das Komma verschiebt. Führe eine Überschlagsrechnung durch für:

(1) $243,2 \cdot 0,058$　　　　(2) $9759,52 \cdot 0,0012$

$$314 \cdot 0,047$$
$$= 3,14 \cdot 4,7$$
$$\approx 3 \cdot 5 = 15$$

Übungsaufgaben

4. Rechne im Kopf. Beachte das Beispiel.

a) $0,5 \cdot 30$　　　　**c)** $1,3 \cdot 30$　　　　**e)** $0,15 \cdot 200$
　　$0,6 \cdot 300$　　　　　　$1,2 \cdot 4000$　　　　　$0,05 \cdot 40$

b) $70 \cdot 0,02$　　　　**d)** $600 \cdot 1,5$　　　　**f)** $1,25 \cdot 800$
　　$500 \cdot 0,4$　　　　　　$3000 \cdot 2,5$　　　　　$2,05 \cdot 2000$

$$40 \cdot 0,5 = 4 \cdot 10 \cdot 0,5$$
$$= 4 \cdot 5$$
$$= 20$$

5. Mache zuerst einen Überschlag. Rechne schriftlich.

a) $3,15 \cdot 7$　　**b)** $10,53 \cdot 5$　　**c)** $4,36 \cdot 13$　　**d)** $0,533 \cdot 28$　　**e)** $74,65 \cdot 37$　　**f)** $4,909 \cdot 378$
　　$0,859 \cdot 8$　　　　$6,9 \cdot 23$　　　　$12,7 \cdot 15$　　　　$17,5 \cdot 25$　　　　$0,568 \cdot 62$　　　　$64,08 \cdot 492$

6. In einem Teebeutel befinden sich 2,25 g Tee. Wie viel Tee befindet sich in 25 Beuteln?

7. Immer zwei Aufgaben haben dasselbe Ergebnis. Suche diese Aufgaben heraus.

$0,12 \cdot 4$	$0,2 \cdot 30$	$0,2 \cdot 7$	$1,5 \cdot 6$	$0,35 \cdot 4$	$3 \cdot 0,16$	$35 \cdot 0,06$
$5 \cdot 1,8$	$0,15 \cdot 40$	$25 \cdot 0,5$	$0,9 \cdot 15$	$6 \cdot 2,25$	$3,125 \cdot 4$	$3 \cdot 0,7$

8. Berechne nur eines der Produkte. Bestimme die anderen durch Kommaverschiebung.

a) $49 \cdot 17$	**b)** $52 \cdot 13$	**c)** $29 \cdot 22$	**d)** $12 \cdot 24$	**e)** $25 \cdot 18$	**f)** $36 \cdot 29$
$4,9 \cdot 17$	$13 \cdot 0,52$	$0,22 \cdot 29$	$1,2 \cdot 24$	$25 \cdot 0,18$	$0,36 \cdot 29$
$17 \cdot 0,049$	$5,2 \cdot 13$	$29 \cdot 0,022$	$0,012 \cdot 24$	$2,5 \cdot 18$	$2,9 \cdot 36$

9. Ein Blatt Papier ist ungefähr 0,055 mm dick, ein Buchdeckel 2 mm. Wie dick ist ein Buch mit
a) 224 Seiten, **b)** 448 Seiten?

10. Führe zunächst einen Überschlag durch. Rechne dann genau.

a) $46,2 \cdot 3,1$	**b)** $12,4 \cdot 11,55$	**c)** $12,3 \cdot 5,4$	**d)** $5,34 \cdot 2,79$
$73,2 \cdot 1,25$	$36,6 \cdot 2,5$	$36,04 \cdot 3,6$	$1,86 \cdot 8,01$
$9,3 \cdot 15,4$	$36,9 \cdot 1,8$	$9,01 \cdot 14,4$	$16,02 \cdot 0,93$

11. Wo steckt der Fehler? Berichtige und erkläre.

a) $7,4 \cdot 0,1 = 7,4$ b) $0,2 \cdot 0,4 = 0,8$ c) $4,7 \cdot 10 = 4,70$ d) $5,3 \cdot 7,2 = 35,6$

12. Multipliziere die außen stehenden Zahlen jeweils mit der Zahl im Kreis. Rechne im Kopf. Ordne die Ergebnisse der Größe nach.

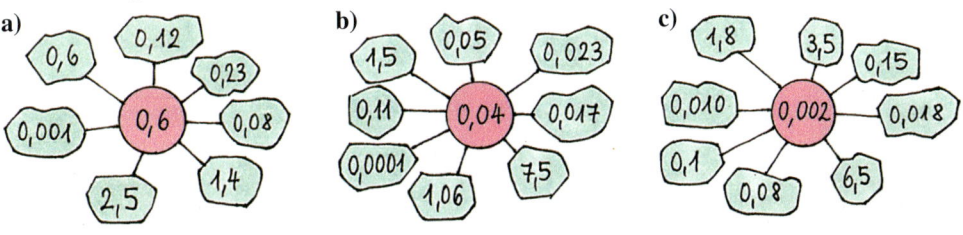

a) 0,6; 0,12; 0,23; 0,08; 1,4; 2,5; 0,001 — Kreis: 0,6

b) 1,5; 0,05; 0,023; 0,017; 7,5; 1,06; 0,0001; 0,11 — Kreis: 0,04

c) 1,8; 3,5; 0,15; 0,018; 6,5; 0,08; 0,1; 0,010 — Kreis: 0,002

13. Multipliziere 2,7; 27; 0,027 und 0,27 der Reihe nach mit der angegebenen Zahl.

a) 1,5 **b)** 3,6 **c)** 0,72 **d)** 0,018 **e)** 12 **f)** 0,25

14. Aus diesen Zahlen kannst du neun Produkte bilden.

1. Zahl: 0,15; 0,092; 14,8

2. Zahl: 26,4; 0,015; 0,29

Ergebnisse:
390,72; 0,02668; 3,96
0,00138; 2,4288; 0,0435
0,00225; 4,292; 0,222

15. Berechne. Führe zunächst einen Überschlag durch.

a) $30,8 \cdot 0,29$	**b)** $0,13 \cdot 8,84$	**c)** $543,6 \cdot 0,27$	**d)** $8,37 \cdot 0,56$
$5,46 \cdot 0,7$	$9,93 \cdot 0,19$	$8,58 \cdot 0,74$	$86,7 \cdot 0,19$
$0,43 \cdot 7,09$	$0,502 \cdot 7,95$	$18,9 \cdot 0,348$	$0,508 \cdot 53,6$

$53,6 \cdot 0,29 = 5,36 \cdot 2,9$
Überschlag: $5 \cdot 3 = 15$

16. **a)** $1{,}4 \cdot 2{,}6 \cdot 3$ **b)** $0{,}62 \cdot 0{,}25 \cdot 17{,}8$ **c)** $13 \cdot 10{,}8 \cdot 0{,}34$ **d)** $7{,}2 \cdot 0{,}004 \cdot 0{,}08$

        $4{,}9 \cdot 7 \cdot 1{,}5$ $0{,}3 \cdot 1{,}3 \cdot 10{,}3$ $1{,}6 \cdot 0{,}12 \cdot 28$ $0{,}32 \cdot 4{,}5 \cdot 0{,}005$

17. Wie verändert sich der Wert des Produktes $0{,}6 \cdot 0{,}04$, wenn du

a) den 1. Faktor verdoppelst;

b) den 2. Faktor verdoppelst;

c) beide Faktoren verdoppelst;

d) den 1. Faktor halbierst;

e) beide Faktoren halbierst;

f) beide Faktoren verzehnfachst;

g) den 1. Faktor halbierst und gleichzeitig den 2. Faktor verdoppelst?

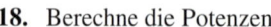

$4{,}8^3$
$= 4{,}8 \cdot 4{,}8 \cdot 4{,}8$

18. Berechne die Potenzen.

a) $1{,}5^2$ **b)** $8{,}9^2$ **c)** $0{,}23^2$ **d)** $0{,}06^2$ **e)** $1{,}2^3$ **f)** $2{,}5^3$ **g)** $0{,}6^3$ **h)** 3^4

19. Rechts siehst du einen Ausschnitt aus den täglichen Produktionszahlen einer Schokoladenfabrik. Die Geschäftsleitung hat beschlossen, die Produktion auf das 1,5fache zu steigern.
Wie viele Tafeln Schokolade von jeder Sorte sollen hergestellt werden?

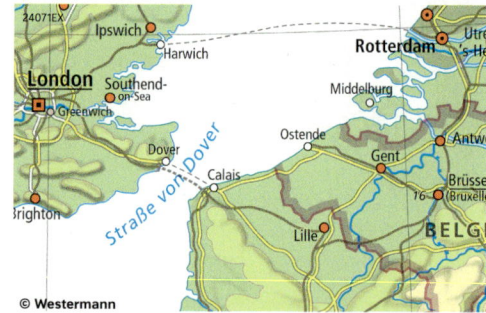

	A	B	C	D	E
1		Anzahl der Tafeln Schokolade			
2	Datum	Vollmilch	Halbbitter	Marzipan	Nuss
3	01.07.02	110000	14000	12000	9000

20. Der Ärmelkanal ist zwischen der französischen Stadt Calais und der englischen Stadt Dover 17,8 Seemeilen breit.
1 Seemeile ist umgerechnet 1,852 km.
Wie viel km ist der Kanal breit?
Runde das Ergebnis auf ganze km.

21. Rechts sind die Daten über Kraftstoffe zusammengestellt.
Ein Kleinwagen-Tank fasst $43{,}5\ l$.
Stelle geeignete Fragen und beantworte sie.

Kraftstoff	Preis pro l	Masse pro l	So weit kommt ein Kleinwagen mit 1 l
Benzin	1,36 €	0,7 kg	12,8 km
Diesel	1,18 €	0,84 kg	18,9 km

22. Berechne. Runde sinnvoll.

a) 1 m Feuchtraumkabel kostet 0,49 €. Wie viel kosten 6,30 m?

b) 1 kg Rindfleisch kostet 10,80 €. Wie viel kosten 0,745 kg?

c) 1 l Benzin kostet 1,379 €. Wie viel kosten 24,68 l?

d) 1 m² Teppichboden kostet 9,69 €. Wie viel kosten 21,20 m²?

23. Das alte französische Überschallflugzeug „Concorde" ist im Museum in Sinsheim zu besichtigen. Es hatte eine Höchstgeschwindigkeit von 2,2 Mach (das 2,2fache der Schallgeschwindigkeit).

a) Wie viele km kann die „Concorde" in einer Minute [Stunde] zurücklegen?

b) Am 7.2.1996 legte die Concorde die Strecke von New York nach London in der Rekordzeit von 2 h 53 min zurück.
Wie lang ist die Flugstrecke höchstens?

1 Mach bedeutet, dass in einer Sekunde 0,34 km zurückgelegt werden.

24. a) Ein rechteckiges Baugrundstück ist 32,80 m lang und 24,50 m breit. Wie groß ist es?

   b) Ein rechteckiges Fenster ist 3,10 m breit und 1,30 m hoch. Wie viel m² Glas braucht man?

25. Rechts siehst du den Grundriss eines Wohnzimmers. Es soll einen neuen Teppichboden erhalten.

   a) Wie viel m² Teppichboden müssen verlegt werden?

   b) Die Wohnzimmertür ist 0,80 m breit.
   Wie viel m Fußleiste müssen angebracht werden?

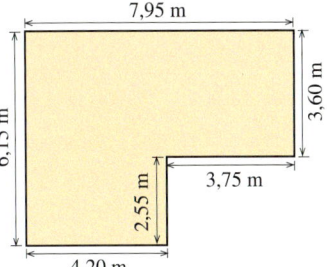

26. Berechne Flächeninhalt und Umfang des Rechtecks.

   a) a = 4,7 cm; b = 3,5 cm   **b)** a = 3,75 m; b = 1,12 m

27. Die Räume einer Wohnung erhalten einen neuen Fußbodenbelag.

   a) Wie groß ist jede Fußbodenfläche?   **b)** Berechne die Gesamtkosten.

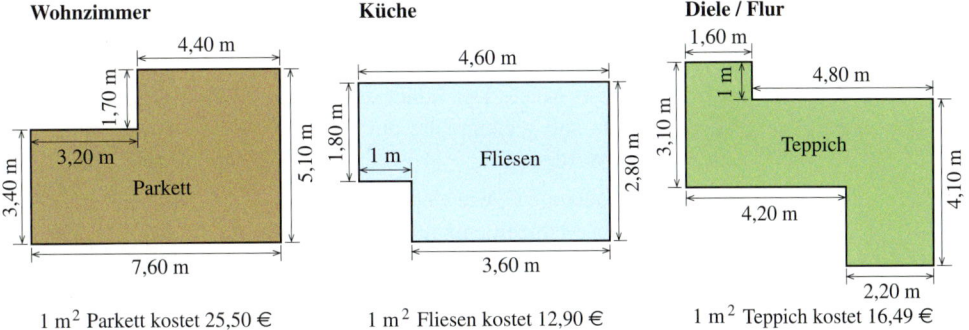

Wohnzimmer   **Küche**   **Diele / Flur**

1 m² Parkett kostet 25,50 €   1 m² Fliesen kostet 12,90 €   1 m² Teppich kostet 16,49 €

28. Berechne das Volumen und die Größe der Oberfläche des Quaders.

   a) a = 6,5 cm; b = 4,5 cm; c = 2,5 cm   **b)** a = 56,20 m; b = 37,30 m; c = 22,70 m

29. Ein quaderförmiges Wasserbecken ist 12,50 m lang, 6,50 m breit und 1,80 m tief.
   Wie viel l Wasser fasst es? Schätze zuerst.

30. Berechne das Volumen des Körpers (Maße in cm).

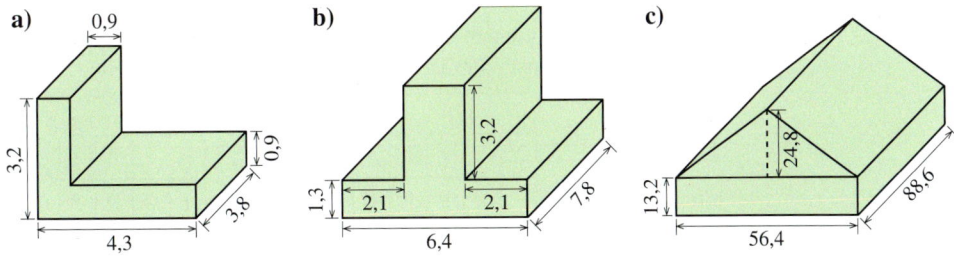

a)   **b)**   **c)**

31. Sebastians Eltern besitzen einen quaderförmigen Heizöltank. Der Heizöltank hat die Maße
   1,50 m × 1,20 m × 1,80 m. Sie verbrauchen im Jahr durchschnittlich 3 250 l Heizöl.

   a) Reicht eine Tankfüllung für ein ganzes Jahr?

   b) Erkundige dich nach den aktuellen Heizölpreisen. Wie viel Euro kostet eine Tankfüllung?

 **32.** Wie groß sind die Fußboden- und Wandflächen in eurer Klasse? Vergleicht eure Ergebnisse.

3.5.3 Dividieren von Dezimalbrüchen durch natürliche Zahlen

Einstieg

Vanessa möchte gern wissen, wie dick eine Münze ist. Die Dicke einer einzelnen Münze lässt sich nur ungenau messen. Deshalb legt sie acht gleiche Münzen aus ihrem Portmonee übereinander und misst die Höhe des Stapels.

Aufgabe 1

Der menschliche Körper braucht täglich Vitamine (Vitamin C, Vitamin E und andere Vitamine) und Mineralstoffe (Calcium, Eisen, Magnesium u. a.).

Meyers ernähren sich gesundheitsbewusst. Zum Frühstück gibt es Müsli. Der Inhalt der Müsli-Packung rechts soll gleichmäßig auf 6 Mahlzeiten verteilt werden.

a) Wie viel g Vitamin C, wie viel mg Vitamin E sind in einer Mahlzeit enthalten?

b) Wie viel g Mineralstoffe sind in einer Mahlzeit enthalten?

Lösung

a) *Vitamin C:*

Zu berechnen: 0,18 : 6

Rechnung: 18 Hundertstel : 3
= 6 Hundertstel

also: 0,18 : 6 = 0,03

Vitamin E:

Zu berechnen: 1,5 : 6

Rechnung: 15 Zehntel : 6
= 150 Hundertstel : 6
= 25 Hundertstel

also: 1,5 : 6 = 0,25

Ergebnis: In einer Mahlzeit sind 0,03 g Vitamin C und 0,25 mg Vitamin E enthalten.

b) Berechne den Quotienten 8,97 : 6 schriftlich. Wähle beim Überschlag die Zahlen so, dass du im Kopf rechnen kannst, zum Beispiel 6 : 6 = 1 oder 9 : 6 = 1,5.

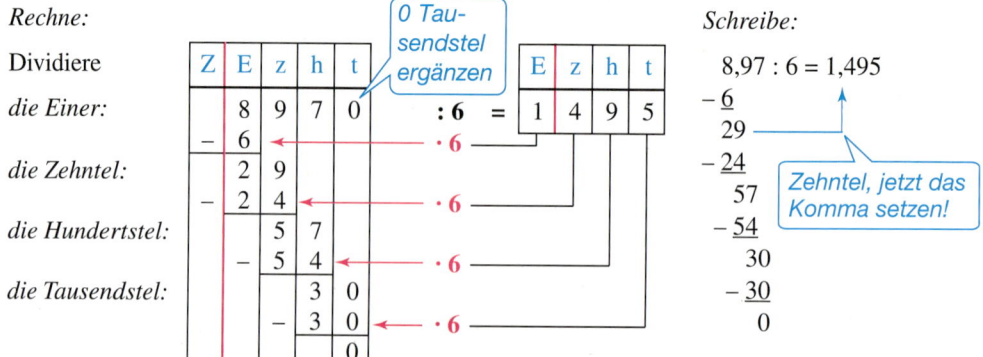

Ergebnis: In einer Mahlzeit sind 1,495 g Mineralstoffe enthalten.

Information

Dividieren eines Dezimalbruches durch eine natürliche Zahl

Man dividiert einen Dezimalbruch stellenweise wie eine natürliche Zahl.
Sobald man während der Rechnung das Komma überschreitet,
setzt man auch im Ergebnis ein Komma.
Zum Ende der Rechnung kann man gegebenenfalls beim Dezimalbruch nicht geschriebene Endnullen ergänzen.

Beispiele: $2{,}7 : 6 = 0{,}45$

$$\begin{array}{r} 0 \\ \overline{27} \\ 24 \\ \overline{30} \\ 30 \\ \overline{0} \end{array}$$

Übungsaufgaben

2. Rechne im Kopf.

a) $3{,}5 : 5$ b) $5{,}6 : 7$ c) $12 : 5$ d) $0{,}48 : 3$ e) $10{,}8 : 9$
    $2{,}4 : 3$ $3{,}6 : 2$ $13 : 4$ $0{,}28 : 7$ $14{,}4 : 12$

3. Rechne im Kopf. Dividiere jede äußere Zahl durch die beiden anliegenden inneren Zahlen. Du
erhältst jeweils 6 Aufgaben.

a) 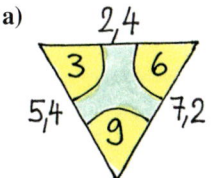   b) 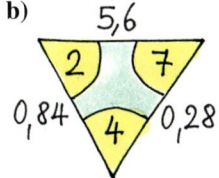   c) 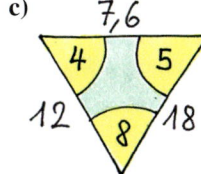   d)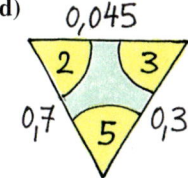

4. Mache zunächst einen Überschlag. Rechne schriftlich.
Kontrolliere dein Ergebnis.

a) $8{,}435 : 5$ c) $123{,}54 : 6$ e) $136{,}96 : 32$
    $45{,}12 : 12$ $9{,}36 : 8$ $106{,}92 : 36$
    $43{,}52 : 17$ $72{,}09 : 9$ $137{,}75 : 19$

b) $5{,}224 : 8$ d) $0{,}714 : 3$ f) $1{,}9244 : 68$
    $2{,}436 : 12$ $4{,}315 : 5$ $1{,}0047 : 17$
    $0{,}1977 : 3$ $7{,}028 : 7$ $0{,}2738 : 74$

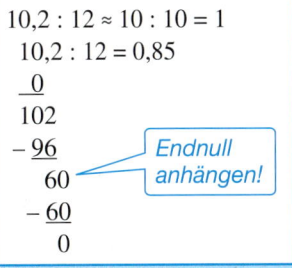

$10{,}2 : 12 \approx 10 : 10 = 1$
$10{,}2 : 12 = 0{,}85$

$$\begin{array}{r} \underline{0} \\ 102 \\ -\underline{96} \\ 60 \\ -\underline{60} \\ 0 \end{array}$$

Endnull anhängen!

$0{,}06875$
$0{,}418$ $0{,}056$
$0{,}935$

Lösungen
zu e) und f)

5. a) $75{,}6 : 25$ b) $18{,}6 : 5$ c) $18{,}3 : 64$ d) $0{,}21 : 12$ e) $5{,}61 : 6$ f) $0{,}55 : 8$
    $11{,}4 : 15$ $14{,}9 : 4$ $21{,}7 : 16$ $0{,}609 : 7$ $4{,}598 : 11$ $0{,}504 : 9$

6. Zu jedem Ergebnis gehört ein Buchstabe. Die Buchstaben ergeben in der Reihenfolge der
Ergebnisse einen Text.

2,8 A	0,17 E	0,1752 S	$18{,}5 \ : 5$	$6{,}76 : 8$	$11{,}9 \ : 14$
0,54 A	0,127 E	0,027 S	$19{,}6 \ : 7$	$8{,}127 : 9$	$0{,}635 : 5$
3,24 A	1,305 F	0,975 S	$5{,}44 \ : 4$	$5{,}94 : 11$	$7{,}83 \ : 6$
0,38 B	2,95 H	0,845 T	$17{,}7 \ : 6$	$0{,}54 : 20$	$22{,}68 \ : 7$
0,177 C	0,076 H	0,85 T	$50{,}4 \ : 12$	$9{,}5 : 25$	$0{,}354 : 2$
0,903 D	2,3 I	1,36 T	$34{,}5 \ : 15$	$5{,}1 : 30$	$0{,}228 : 3$
4,2 E	3,7 M		$1{,}752 : 10$	$3{,}9 \ : 4$	

7. Aus diesen Zahlen kannst du neun Quotienten bilden.

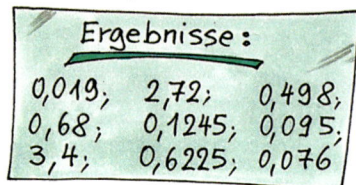

8. Runde das Ergebnis auf die angegebene Stelle.

a) 8,3 : 13 (z)   **b)** 28,5 : 9 (h)   **c)** 8,26 : 14 (z)   **d)** 21 : 8 (h)
   3,7 : 29 (h)   10,4 : 48 (t)   348,4 : 18 (h)   12 : 7 (t)

9. a) Ein Notizblock mit 75 Blatt Papier ist 4,5 mm dick. Wie dick ist ein Blatt Papier?

   b) Der Notizblock wiegt 77,4 g. Wie viel g wiegt ein Blatt Papier aus diesem Block?

10. In den beiden Fahrstühlen eines Hotels sieht man diese Schilder. Vergleiche.

zuläss. Gesamtmasse
1000 kg oder
13 Personen

450 kg oder
6 Personen

11. Formuliere selbst Aufgaben. Runde die Ergebnisse sinnvoll.

Das Anwenden der Rundungsregel ist nicht immer sinnvoll.

   a) Eine Erdbeertorte kostet 11,50 €. Sie wird in 12 Stücke zerlegt.

   b) Nach einer Klassenfahrt sind noch 83,00 € übrig. Der Betrag soll an die 28 Schüler der Klasse zurückgezahlt werden.

   c) In einem Sonderangebot kosten 6 Schreibblöcke 8,50 €.

   d) Ein Dreierpack DVD-Rohlinge kostet 5,50 €.

   e) Ein Block mit 6 Fahrscheinen kostet 8,00 €. Ein Einzelfahrschein kostet 1,50 €.

12. Eine Schachtel mit 15 Schrauben wiegt 305 g. Die leere Schachtel wiegt 33,5 g.

13. Berechne nur einen der Quotienten schriftlich. Gib dann die Werte der 4 anderen Quotienten an.

a)	**b)**	**c)**	**d)**
81 : 18	0,216 : 9	8,799 : 7	1 801,6 : 32
8,1 : 18	21,6 : 9	0,8799 : 7	1,8016 : 32
0,081 : 18	0,0216 : 9	87,99 : 7	180,16 : 32
0,81 : 18	2,16 : 9	879,9 : 7	18,016 : 32
810 : 18	2 160 : 9	8799 : 7	0,018016 : 32

14. Wie verändert sich der Wert eines Quotienten, wenn du

18,6 : 6

   a) den Dividend verdoppelst;

   b) den Divisor verdoppelst;

   c) Dividend und Divisor gleichzeitig verdoppelst;

   d) den Dividenden halbierst;

   e) den Divisor halbierst;

   f) Dividend und Divisor gleichzeitig halbierst;

   g) den Dividenden halbierst und den Divisor verdoppelst;

   h) den Dividenden verdoppelst und den Divisor halbierst?

3.5.4 Dividieren von Dezimalbrüchen

Einstieg

Ein Geldstück wiegt 2,7 g. Wie viele Geldstücke liegen auf der Waage?

Einführung

Eine 19,5 m lange Grundstücksgrenze soll mit 0,75 m langen Zaunelementen versehen werden.
Wie viele werden davon benötigt?
Um zu berechnen, wie viele 0,75 m lange Zaunelemente aneinandergereiht einen 19,5 m langen Zaun ergeben, muss 19,5 durch 0,75 dividiert werden. Bislang können wir nur durch natürliche Zahlen dividieren.
Gibt man beide Längen nicht in m sondern in cm an, so sind beide Maßzahlen 100-mal so groß und damit natürliche Zahlen:

$19,5$ m $: 0,75$ m $= 1\,950$ cm $: 75$ cm $= 26$

Es gilt also: $19,5 \ : \ 0,75 \ = \ 1950 \ : \ 75$

$\cdot\,100 \qquad \cdot\,100$

Verhundertfacht man sowohl den Dividend als auch den Divisor, so ändert sich der Wert des Quotienten nicht.

Ergebnis: Es werden 26 Zaunelemente benötigt.

Das ist wie beim Erweitern von Brüchen.

$2 : 3 = \frac{2}{3} =$

$\frac{2 \cdot 100}{3 \cdot 100} = \frac{200}{300}$

Entsprechend bestimmt man, wie viele dieser Zaunelemente für eine 10,95 m lange Grundstücksgrenze benötigt werden:

$10,95$ m $: 0,75$ m $= 1\,095$ cm $: 75$ cm
$\qquad\qquad\qquad\qquad = 14,6$

Es gilt also: $1,095 : 0,75 = 14,6$

Ergebnis: Für diese Grundstückgrenze benötigt man 14 ganze Zaunelemente. Das 15. Zaunelement muss zerschnitten werden. Von ihm benötigt man nur einen Teil, etwas mehr als die Hälfte, genau $\frac{3}{5}$.

$1\,095 : 75 = 14,6$
$\underline{75}$
$\ \ 345$
$\ \ \underline{300}$
$\ \ \ \ 450$
$\ \ \ \ \underline{450}$
$\ \ \ \ \ \ \ 0$

$0,6 = \frac{6}{10} = \frac{3}{5}$

Aufgabe 1

Berechne den Quotienten. Erweitere so, dass der Divisor eine natürliche Zahl ist.

a) $4,05 : 2,7$ 　　　　　　 b) $2 : 0,16$ 　　　　　　 c) $0,002 : 0,005$

Lösung

erweitert mit 10

a) $4,05 : 2,7 = \frac{4,05}{2,7}$

$= \frac{4,05 \cdot 10}{2,7 \cdot 10}$

$= \frac{40,5}{27}$

$= 1,5$

erweitert mit 100

b) $2 : 0,16 = \frac{2}{0,16}$

$= \frac{2 \cdot 100}{0,16 \cdot 100}$

$= \frac{200}{16}$

$= 12,5$

erweitert mit 1 000

c) $0,002 : 0,005 = \frac{0,002}{0,005}$

$= \frac{0,002 \cdot 1\,000}{0,005 \cdot 1\,000}$

$= \frac{2}{5}$

$= 0,4$

$10,95 : 0,75 = 14,6$

Dividend   Divisor   Quotient

Information

Da die Multiplikation eines Dezimalbruchs mit einer Zehnerpotenz nur eine Verschiebung des Kommas bewirkt, gilt:

Dividieren durch einen Dezimalbruch – Regel für das Verschieben des Kommas

Man verschiebt bei beiden Zahlen das Komma um gleich viele Stellen nach rechts, bis der Divisor eine natürliche Zahl ist.
Dann dividiert man durch die natürliche Zahl.

Beispiele:

$6{,}75 : 1{,}5 = 67{,}5 : 15 = 4{,}5$

$0{,}0035 : 0{,}07 = 0{,}35 : 7 = 0{,}05$

Weiterführende Aufgaben

2. *Größenvergleich von Dividend und Wert des Quotienten*

Du weißt: Wenn man eine Zahl durch eine natürliche Zahl größer 1 dividiert, dann ist das Ergebnis kleiner als die Zahl.

Untersuche das bei der Division durch einen von 0 verschiedenen Dezimalbruch an folgendem Sachverhalt:

21 *l* Saft sollen in 1,5-*l*-Flaschen abgefüllt werden. Wie viele Flaschen benötigt man? Wie viele 0,7-*l*-Flaschen würde man benötigen?

Wenn man eine Zahl durch einen Dezimalbruch größer als 1 dividiert, dann ist das Ergebnis kleiner als die Zahl.

Dividiert man jedoch eine Zahl durch einen Dezimalbruch kleiner als 1, dann ist das Ergebnis größer als die Zahl.

Beispiele: $19{,}2 : 1{,}2 = 16 < 19{,}2$

$\qquad\quad\; 19{,}2 : 0{,}8 = 24 > 19{,}2$

Man kann einen kleineren Dezimalbruch auch durch einen größeren dividieren.

3. *Man kann eine Zahl durch jeden Dezimalbruch ungleich 0 dividieren*

Von den natürlichen Zahlen weißt du, dass man eine Zahl nicht durch jede andere dividieren kann. Auf jeden Fall muss der Divisor kleiner sein als der Dividend.
Untersuche, ob das auch bei Dezimalbrüchen so ist, an folgendem Sachverhalt:
Ein Rechteck soll 27 cm² groß sein.

a) Eine Seite ist (1) 4,5 cm, (2) 27 cm, (3) 30 cm lang. Bestimme die andere Seitenlänge.

b) Kann eine Seitenlänge 0 cm lang sein?

c) Verallgemeinere dein Ergebnis.

Eine gegebene Zahl kann man durch jeden Dezimalbruch ungleich null dividieren.

Übungsaufgaben

4. Rechne im Kopf.

a)	b)	c)	d)	e)	f)
3,2 : 0,8	3 : 0,6	0,5 : 0,25	0,15 : 0,03	2 : 0,04	2,5 : 0,02
5,6 : 0,7	4 : 0,5	2 : 0,002	0,3 : 0,06	6,4 : 0,8	18 : 0,06

5. Wo steckt der Fehler?
Berichtige und erkläre.

a) $7 : 0{,}01 = 0{,}07$ **b)** $12{,}15 : 3 = 4{,}5$ **c)** $0{,}096 : 12 = 0{,}08$ **d)** $0{,}24 : 0{,}8 = 3$

6. Bilde selbst Divisionsaufgaben. Dividiere die außen stehenden Dividenden nacheinander durch die innen stehenden Divisoren. Rechne im Kopf.

a) 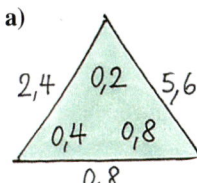 b) 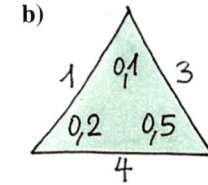 c) 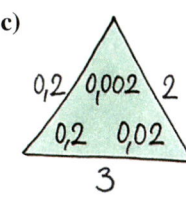 d)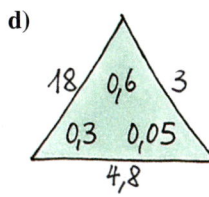

7. a) Erläutere und begründe folgende Regel für Quotienten.

> **Kommaverschiebungsregel für Quotienten**
>
> Der Wert eines Quotienten ändert sich nicht, wenn man das Komma bei Dividend und Divisor um gleich viele Stellen in dieselbe Richtung verschiebt.

b) Berechne nur *einen* Quotienten schriftlich. Bestimme dann die anderen Quotienten mithilfe von Kommaverschiebungen.

(1)
8,8 : 1,6
88 : 1,6
8,8 : 0,16
0,88 : 16
88 : 16

(2)
12 : 4,8
120 : 4,8
0,12 : 4,8
1,2 : 0,48
120 : 0,48

(3)
3,6 : 15
3,6 : 0,15
0,36 : 0,15
0,0036 : 0,15
36 : 0,15

(4)
42 : 0,14
4,2 : 0,14
4,2 : 0,014
0,42 : 0,014
420 : 1,4

(5)
14,25 : 0,19
14,25 : 1,9
1,425 : 1,9
0,1425 : 0,19
142,5 : 19

8. Führe zunächst einen Überschlag durch. Berechne die Quotienten schriftlich. Kontrolliere dein Ergebnis durch Multiplikation.

a) 123,2 : 0,8
22,95 : 0,9

b) 3,052 : 0,7
0,7884 : 0,4

c) 243,96 : 0,06
4,068 : 0,09

d) 1,685 : 0,05
27,93 : 0,07

e) 2,1132 : 0,003
0,02496 : 0,004

9. a) 31,96 : 4,7
41,71 : 9,7

b) 9,36 : 0,72
2,85 : 0,15

c) 4,25 : 0,25
2,88 : 0,12

d) 41,04 : 0,076
0,2635 : 0,31

e) 4,263 : 0,029
26 : 0,16

10. a) 15,6 : 6,5
2,25 : 7,5

b) 0,945 : 0,27
0,9625 : 0,35

c) 63 : 0,45
8 : 0,625

d) 1 051,2 : 0,72
0,2025 : 0,045

e) 4,34 : 0,35
3,9375 : 0,75

5,25
12,4   4,5
1460

Lösungen zu d) und e)

11. Aus den Zahlen kannst du neun Quotienten bilden.

3,81   0,411   5,43

Dividend

2,5   0,6   0,24

Divisor

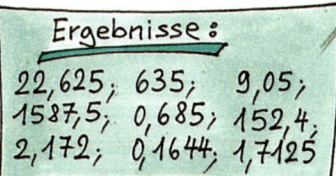

Ergebnisse:
22,625; 635; 9,05;
1587,5; 0,685; 152,4;
2,172; 0,1644; 1,7125

12. Berechne die Preise.

a) 25 m Kunststoffrohr für Kabel kosten 6,10 €. Wie viel kostet 1 m?

b) 1,5 kg Brot kosten 4,10 €. Wie viel kostet 1 kg?

c) 0,2 *l* Orangensaft kosten 0,28 €. Wie viel kostet 1 *l*?

d) 1,35 m² Klebefolie kosten 11,50 €. Wie viel kostet 1 m²?

e) Ein 0,7 kg schweres Käsestück kostet 7,91 €. Wie viel kostet 1 kg?

13. Runde das Ergebnis auf die angegebene Stelle.

   a) 74,3 : 2,6 (z)   **b)** 17,48 : 3,5 (h)   **c)** 48,15 : 0,4 (h)   **d)** 12,4 : 6,1 (h)

        39,5 : 3,2 (z)   47,6 : 4,8 (h)   16,9 : 0,7 (t)   1,504 : 0,15 (h)

        6,26 : 4,1 (h)   81,2 : 0,45 (z)   4,09 : 1,9 (t)   9,45 : 0,37 (z)

14. **a)** Der Dividend ist 4,368; der Divisor ist 2,8. Berechne den Quotienten.

   b) Der Wert des Quotienten beträgt 1,09. Der Divisor ist 3,25. Wie heißt der Dividend?

   c) Der Dividend ist 33,9. Der Wert des Quotienten beträgt 13,56. Wie heißt der Divisor?

15. Wie viel Kohlenhydrate, Fett, Eiweiß und Energie enthält jedes einzelne Stück Schokolade?

16. Eine Biene sammelt auf einem Flug etwa 0,05 g Nektar. Wie viele Flüge sind notwendig, um 500 g Nektar zu sammeln?

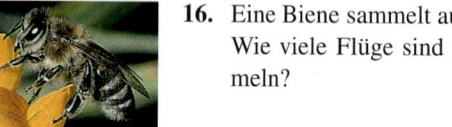

17. Leons Schrittlänge ist ungefähr 0,8 m. Wie viele Schritte macht Leon bei einer 4 km langen Wanderung?

18. In einer Mosterei werden an einem Tag 1 400 *l* Apfelsaft hergestellt und in 0,7-*l*-Flaschen abgefüllt. Wie viele Flaschen werden mit Apfelsaft gefüllt?

19. Lena hat eine Burg aus Spielzeugteilen. Sie möchte um die Burg einen Palisadenzaun bauen. Jede Palisade soll 8,5 cm lang werden. Wie viele Palisaden erhält Lena aus einer 340 cm langen Holzleiste?

20. Gabi hat auf dem Flohmarkt ihre alten Lesehefte verkauft, jedes Heft für 0,75 €. Sie hat dafür 10,50 € eingenommen. Wie viele Hefte hat sie verkauft?

21. Ein Lastkahn hat 1 400 t Kohlen geladen. Die Ladung soll auf Güterwagen mit je 17,5 t Tragfähigkeit abgefahren werden. Wie viele Güterwagen sind erforderlich?

22. Überprüfe die Preisangaben.

Käse

	Nettogewicht
8,90 € / kg	0,258 kg
Preis	2,30 €

Wurst

8,90 € / kg	0,264 kg
Preis	2,35 €

Benzin

1,329 € / *l*	38,43 *l*
Summe	51,07 €

23. Das Grundstück im Bild links ist 848,7 m² groß. Wie „tief" ist das Grundstück? Schätze zunächst.
Hinweis: Unter Tiefe versteht man hier die Breite des Grundstücks.

24,6 m

24. Der Flächeninhalt eines Rechtecks beträgt 197,5 m². Das Rechteck ist 15,8 m lang. Wie breit ist es? Schätze zunächst.

25. Wie hoch ist der Quader? Schätze zunächst.

   a) a = 6,5 cm; b = 4,4 cm; V = 71,50 cm³   **b)** a = 3,8 cm; b = 15 mm; V = 23,94 cm³

3.6 Vermischte Übungen zum Rechnen mit Dezimalbrüchen

1. a) Alexa hat sich folgende Regeln in ihr Merkheft geschrieben. Was meinst du dazu?

> Rechnen mit Dezimalzahlen
> Addieren und Subtrahieren: Komma unter Komma
> Multiplizieren: erst Komma weglassen, dann Stellen hinter dem Komma abzählen
> Dividieren: Komma verschieben – wenn der Übertrag nicht groß genug ist, dann in der Lösung ein Komma setzen.

b) Schreibe eine Zusammenfassung, wie man zwei Dezimalbrüche addiert, subtrahiert, multipliziert und dividiert.

2. Rechne im Kopf.

a)	b)	c)	d)	e)
$8,7 + 1,9$	$7,8 : 3$	$0,93 - 0,63$	$6,4 - 0,75$	$0,6 : 0,05$
$0,35 \cdot 1\,000$	$0,15 \cdot 1,2$	$11,6 : 1\,000$	$5 : 0,002$	$0,14 \cdot 1,2$
$0,75 \cdot 0,002$	$2,03 : 1\,000$	$7,6 : 0,004$	$0,47 + 3,8$	$1 : 0,4$
$1,02 : 6$	$10,5 - 4,8$	$3,5 \cdot 0,02$	$0,27 \cdot 0,04$	$100 : 0,25$

3. Rechne schriftlich.

a)	b)	c)	d)
$18,653 + 9,87$	$52,43 - 37,684$	$0,253 + 0,4875$	$20,91 - 13,077$
$567,034 + 746,69$	$85,3 - 7,438$	$28,95 + 1,753$	$50,2 - 10,375$

4. a) $15,6 \cdot 27$ **b)** $13,47 \cdot 8,52$ **c)** $0,963 \cdot 7,4$ **d)** $94,08 : 12$ **e)** $549,36 : 8,4$
$370 \cdot 1,908$ $3,145 \cdot 2,71$ $3,75 \cdot 14$ $8,695 : 37$ $21,28 : 0,038$

5. a) $7,395 + 12,45 + 26,3 + 45,07$ **d)** $95,5 - 37,752 - 20,67$

b) $125,6 + 76,095 + 70,57 + 8,7578$ **e)** $113 - 85,87 - 19,545$

c) $6,845 + 3,966 + 0,96 + 1,34 + 0,8$ **f)** $125,6 - 18,04 - 6,536$

13,911   7,585
281,0228
101,024
91,215
37,078

6. Stefan bekommt 10 € Taschengeld. Davon gibt er 1,50 € für Eis, 4,60 € für eine Kinokarte und 1,99 € für Fruchtgummi aus. Den Rest spart er. Wie viel Euro spart er? Schreibe einen Term.

7. Frau Rose hat auf ihrem Konto zu Monatsbeginn 284,16 €. Im Laufe des Monats werden 1 984,17 € eingezahlt und 1 707,75 € abgehoben.

8. Berechne den Unterschied zwischen den Zahlen:

a) 0,8 und 0,08   **c)** 3,5 und 3,05   **e)** 6,9 und 6,009   **g)** 1,98 und 1,889

b) 0,43 und 0,043   **d)** 5,75 und 5,755   **f)** 8,575 und 8,755   **h)** 12,34 und 123,4

9. Tom denkt sich eine Zahl.

a) Wenn er zu der gedachten Zahl 3,75 addiert, so erhält er 25,6.

b) Wenn er von der gedachten Zahl die Zahl 16,4 subtrahiert, so erhält er 29,7.

c) Wenn er von 50,03 die gedachte Zahl subtrahiert, so erhält er 34,1.

10. Der Laderaum eines Baufahrzeuges ist 2,30 m breit, 5,80 m lang und 1,10 m hoch. Die Nutzlast darf höchstens 2,5 t betragen.

1 cm³ Sand wiegt 1,7 g;

1 cm³ Basaltsteine wiegt 2,9 g;

1 cm³ Eisen wiegt 7,8 g.

Stelle selbst geeignete Aufgaben und löse sie.

11. Ein Bauernhof ist 82,95 ha groß, davon sind 72,6 h Ackerland. Auf Hofraum und Wege entfallen 1,3 ha, der Rest auf Wiesen und Weiden. Auf $\frac{1}{3}$ des Ackerlandes wird Weizen angebaut, auf $\frac{2}{5}$ Gerste, auf $\frac{1}{12}$ Hafer und auf 5,25 ha Raps. Das restliche Ackerland dient dem Zuckerrübenanbau. Stelle geeignete Fragen und beantworte sie.

12. Im Einstieg zu den Dezimalbrüchen habt ihr euch mit Ergebnissen aus dem Sport befasst. Dabei ging es auch um den kleinen Vorsprung, der zwischen Sieg und Platzierung entscheidet.

Beim 1 000-m-Lauf kann man als Zuschauer den Sieger meist sofort feststellen, da alle Sportler gleichzeitig laufen und derjenige, der als erster das Ziel erreicht, auch Sieger ist.

Bei anderen Sportarten werden Weiten oder Zeiten einzeln gemessen und dann erst verglichen oder der Vorsprung ist so gering, dass man ihn nicht erkennen kann.

Aber wie groß ist eigentlich der Vorsprung, wenn beim Schwimmen ein Zeitunterschied von einer Hundertstel Sekunde auftritt? Welche Auswirkungen hätte es, würde man beim Schwimmen für die Platzierung auch Tausendstel Sekunden heranziehen?

50 m Freistil (Endlauf der olympischen Spiele 2008 in Peking)

Platz	Land	Athlet	Zeit
1	BRA	Cesar Cielo Filho	21,30 s
2	FRA	Amaury Leveaux	21,45 s
3	FRA	Alain Bernard	21,49 s
4	AUS	Ashley Callus	21,62 s
5	USA	Ben Wildman-Tobriner	21,64 s
6	AUS	Eamon Sullivan	21,65 s
7	RSA	Roland Schoeman	21,67 s
8	SWE	Stefan Nystrand	21,72 s

L & P 4425

a) Berechnet, wie viel Zentimeter Vorsprung Cesar Cielo Filho bei seinem Olympiasieg in Peking auf die übrigen Teilnehmer hatte.

b) Stellt in einer Übersicht weitere Sportarten zusammen, bei denen Zeiten gemessen werden, in denen bestimmte Strecken zurückzulegen sind.

c) Bildet Gruppen, die unterschiedliche Sportarten oder unterschiedliche Disziplinen untersuchen. Geht dabei folgender Frage nach: „Wie groß ist der Vorsprung (als Strecke), den ein Sportler hat, wenn er in der Zeit einen Vorsprung von einer Zehntel-, einer Hundertstel- oder einer Tausendstel Sekunde hat?"

d) Tragt die Ergebnisse für verschiedene Sportarten zusammen und diskutiert die Frage: „Welche Genauigkeit bei der Zeitmessung ist für einen „richtigen Vorsprung" bei der Strecke noch sinnvoll?"

13. **a)** Stelle Zahlenkärtchen mit den Ziffern links her.

Setze die sechs Karten so in die freien Felder, dass gilt:

1. Zahl

2. Zahl

(1) die 1. Zahl ist möglichst groß und die 2. Zahl ist möglichst klein;

(2) die Summe der beiden Zahlen ist möglichst groß [möglichst klein];

(3) die Differenz der beiden Zahlen ist möglichst groß [möglichst klein].

Spiel **b)** Du kannst auch gemeinsam mit einem Partner ein Spiel spielen. Legt die Karten verdeckt auf
(2 Spieler) den Tisch und zieht jeweils eine heraus. Setzt sie dann in die freien Felder. Addiert, subtrahiert, multipliziert oder dividiert die beiden Zahlen. Gewonnen hat, wer die Aufgabe mit dem kleinsten (größten) Ergebnis gelegt hat. Ihr könnt die Rechenoperationen auch würfeln.

Z. B. 1 bedeutet: Zahlen addieren   3 bedeutet: Zahlen multiplizieren

2 bedeutet: Zahlen subtrahieren   4 bedeutet: Zahlen dividieren

Überlegt euch etwas für die 5 und die 6.

Jm Alltag sagt man auch Gewicht statt Masse.

14. Sieh dir den Wagen in Bild rechts an.

a) Ist der Wagen überladen? Wenn nein, wie viel t dürfen noch zugeladen werden?

b) Denke dir die Gesamtmasse auf die vier Räder gleichmäßig verteilt. Wie viel t trägt dann jedes Rad?

15. Für ihre Geburtstagsfeier hat Monika 1,5 *l* Erdbeermilch zubereitet. Sie füllt damit gleichmäßig 8 Gläser. Es bleiben 0,2 *l* übrig.
Wie viel Erdbeermilch hat sie in jedes Glas gefüllt? Schreibe auch einen Term.

 16. Daniel isst täglich zum Frühstück eine Portion Müsli und 2 dünne Scheiben Knäckebrot. Außerdem trinkt er 1 Glas Obstsaft.
Ein Schüler braucht täglich für seine Ernährung 65 g Eiweiß, 85 g Fette und 320 g Kohlenhydrate. Das erste Frühstück sollte bereits ein Viertel der Tagesmenge enthalten.
Überprüft mit folgenden Angaben, ob sich Daniel zum Frühstück gesund ernährt.

Müsli

eine Portion:
Eiweiß: 5,7 g
Kohlenhydrate: 27,5 g
Fett: 5,2 g
Ballaststoffe: 11,2 g
Magnesium: 98,1 mg

Knäcke

eine Scheibe:
Eiweiß: 1,1 g
Kohlenhydrate: 6,7 g
Fett: 0,2 g
Ballaststoffe: 2,4 g
Natrium: 0,1 g

Obstsaft

ein Glas:
Eiweiß: 1,0 g
Kohlenhydrate: 18,0 g
Fett: 0,5 g
Vitamin C: 38 mg

17. An einem Straßenfest nahmen 58 Personen teil. Darunter waren 39 Kinder. Die Kosten für Essen und Getränke betrugen 592,90 €. Sie sollen so unter den Teilnehmern verteilt werden, dass ein Erwachsener als *eine* Person und ein Kind als eine *halbe* Person zählt.
Wie viel müssen Frau und Herr Leygraf für sich und ihre drei Kinder bezahlen?

18. 17 Scheiben Vollkornbrot wiegen 250 g.

19. Eine 0,7-*l*-Flasche ist noch zu $\frac{3}{4}$ mit Saft gefüllt. Wie viel *l* Saft sind in der Flasche?

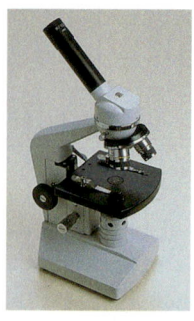

20. Auf einem sechsfach vergrößernden Okular steht die Angabe 6×. Auf einem zehnfach vergrößernden Objektiv steht 10×. Die Gesamtvergrößerung berechnet man aus dem Produkt der beiden Vergrößerungen. Es ist dann eine 60-fache Vergrößerung.

(1) Der Durchmesser einer Zelle beträgt 0,001 mm bis 0,01 mm. Wie groß erscheinen diese bei einer 60-fachen Vergrößerung?

(2) Mit Mikroskopen kann man etwa 2 000-fach vergrößern. Wie groß wären dann die Zelldurchmesser zu sehen?

21. Rechts seht ihr einige Daten zu den Euro-Münzen

a) Arbeitet zu Zweit. Jeder überlegt sich Fragen, die er seinem Partner stellt und die dieser dann beantwortet.
Beispiel für eine mögliche Frage: Wie viele 50-Cent-Münzen muss man auf eine Waage legen, damit die Münzen zusammen eine Masse von von 1 000 g haben?

b) Man kann noch weitere Fragen stellen, wenn man mehr Daten von den Münzen zur Verfügung hat. Philipp und Esra wollen die Dicke der Münzen bestimmen. Dazu stapeln sie viele Münzen aufeinander und messen die Höhe des Stapels.

Münze	Durch-messer (in mm)	Masse (in g)
1 Cent	16,25	2,3
2 Cent	18,75	3,0
5 Cent	21,25	3,9
10 Cent	19,75	4,1
20 Cent	22,25	5,7
50 Cent	24,25	7,8
1 Euro	23,25	7,5
2 Euro	25,25	8,5

Sie haben sich folgendes ausgedacht:

Wenn die Höhe des Stapels genau auf einen Millimeterstrich ihres Lineals fällt, dann können sie auch genau ablesen. Bei ihrer Messung haben sie herausgefunden: Wenn man 36 von den 1-Cent-Münzen aufeinander legt, dann hat der Stapel eine Höhe von 49 mm.

Bestimmt auf diese Weise die Dicke der Münzen und stellt euch gegenseitig weitere Fragen, die ihr dann auch beantwortet.

Jm Alltag sagt man auch Gewicht statt Masse.

22. Die Blutmenge eines Menschen hängt vom Körpergewicht ab. Wie viel *l* Blut hat ein Mensch mit folgendem Gewicht:
65 kg; 52 kg; 58,5 kg; 71,5 kg; 84,5 kg?
Erstelle eine Tabelle.

Der Hausarzt

Abschätzen der Blutmenge eines Menschen
$\frac{1}{13}$ der Maßzahl des Körpergewichtes (in kg) ist die Maßzahl des Blutvolumens (in *l*).

23. Herr Mendewski verdient monatlich 1 239 €. Ein Drittel seines Verdienstes muss er für die Miete bezahlen. Die Miete ist für ihn heute 1,25-mal so hoch wie vor 5 Jahren.
Berechne die Höhe der Miete heute und die Höhe der Miete vor 5 Jahren.

24. Betrachtet die Zeitungsnotizen zum Damen-Rodeln aus dem Jahr 1998.

a) Stellt euch Aufgaben und löst sie.

b) Bis 1972 wurde beim Rodeln nur auf hundertstel Sekunden genau gemessen. Wer hätte hier gewonnen?

c) Erkundigt euch nach neueren Daten und vergleicht die Zeiten.

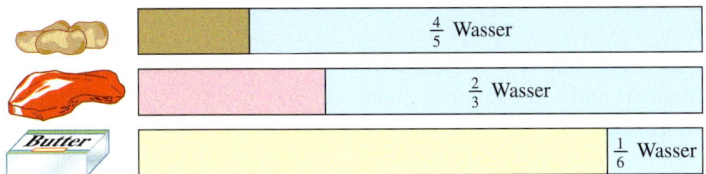

25. Unsere Nahrungsmittel enthalten Wasser. Wie viel kg Wasser sind enthalten

a) in 2,5 kg Kartoffeln;

b) in 0,75 kg Rindfleisch;

c) in 1,5 kg Butter?

26. Pakete dürfen nur bis zu 20 kg schwer sein. Ein Mathematikbuch wiegt 0,534 kg; ein großer Karton wiegt 800 g.
Wie viele Bücher dürfen höchstens in einem Paket verschickt werden?

27. Auf dem Flachdach eines Ferienhauses liegt eine 25 cm hohe Schneeschicht. Durch Abwiegen stellt Steffen fest:
1 dm³ Schnee wiegt 67,5 g.
Wie viel wiegt der Schnee auf dem Haus?
Schätze zuerst.

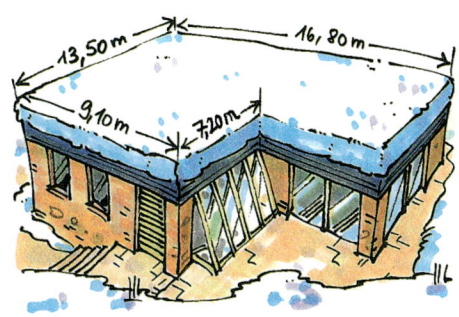

28. a) Das Planschbecken eines Hallenbades soll mit Wasser gefüllt werden.
Wie viel m³ Wasser werden benötigt?

b) Am Saisonende soll das Becken neu gefliest werden. 1 m² Fliesen kostet 22,90 €.
Berechne die Kosten für die Fliesen.

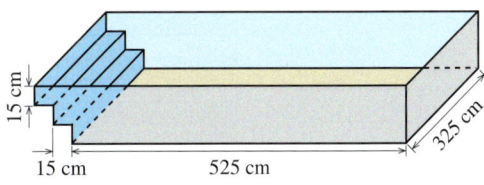

29. Im Bild seht ihr den Grundriss der Wohnung der Familie Lange.
(Höhe der Räume: 2,50 m; Höhe der Fenster: 1,25 m; Höhe der Türen: 2 m).

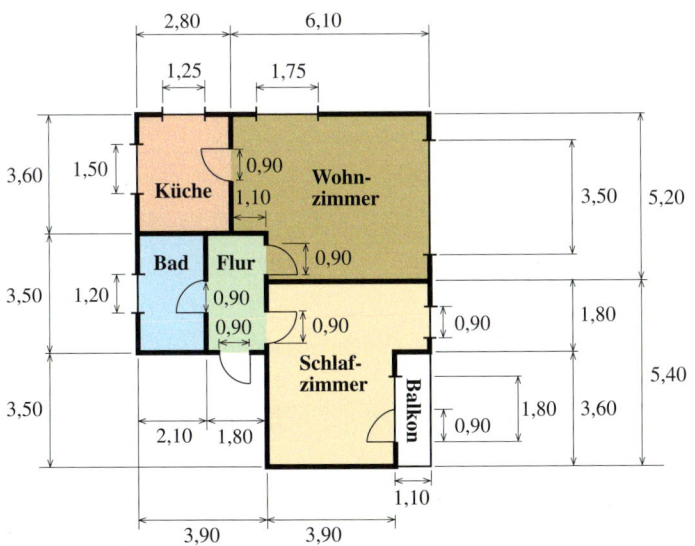

a) Betrachtet den Grundriss und orientiert euch.
(1) Wie lang und wie breit ist das Bad?
(2) Wie lang ist die Küche?
(3) Stellt euch gegenseitig weitere Fragen.

b) Berechnungen zum Bad:
(1) Das Bad soll gefliest werden.
1 m² Fußbodenfliesen kostet 31,75 €;
1 m² Wandfläche 23,65 €.
Wie teuer sind die Fliesen?
(2) Das Badfenster erhält eine besondere Verglasung; 1 m² Glas kostet 26 €.
Berechnet die Kosten für die Verglasung.

c) Stellt selbst geeignete Aufgaben zu den anderen Zimmern und löst sie.
Verwendet auch Angaben aus Aufgabe 27 auf Seite 147.

30. *Projekt Gesunde Ernährung*

Für eine gesunde Ernährung ist eine ausgewogene Zufuhr von Proteinen, Fetten, Kohlenhydraten, Mineralstoffen und Vitaminen nötig. Im Internet findest du z.B. solche Nährstoff-Informationen, wie sie unten auszugsweise abgebildet ist. Auch auf einigen Lebensmittelpackungen findest du solche Informationen.

Joule,
nach dem Engländer J.P. Joule benannte Maßeinheit für Energie, Abkürzung J

Kilojoule,
1 kJ = 1000 J

Mikrogramm,
ein millionstel g, Abkürzung µg

Portion zu je 100 g	Energie (kJ)	Eiweiß (g)	Fett (g)	Natrium (mg)	Kalium (g)	Calcium (mg)	Iod (µg)	Magnesium (mg)	Eisen (mg)	Vitamin A (mg)	Vitamin B₁ (mg)	Vitamin B₆ (mg)	Vitamin C (mg)	Vitamin E (mg)
Äpfel	208	0,3	0,4	3	148	8	2	6	0,5	0,0	0,0	0,1	11,3	0,5
Bananen	373	1,2	0,2	1	393	9	2	33	0,6	0,0	0,0	0,4	11,3	0,3
Brötchen	1004	7,8	1,4	465	96	15	2	22	1,2	0,0	0,1	0,1	0,0	0,4
Butter	3292	0,7	83,9	5	15	13	4	3	0,1	0,7	0,0	0,0	0,2	2,1
Cola	188	0,0	0,0	6	1	0	0	0	0,0	0,0	0,0	0,0	0,0	0,0
Cornflakes	1414	6,7	0,6	919	112	14	1	13	1,9	0,0	0,1	0,1	0,0	0,2
Eiscreme	679	2,7	2,8	38	117	111	13	14	0,2	0,0	0,0	0,0	1,0	0,1
Erbsen	139	5,6	0,3	22	168	54	5	18	0,9	0,0	0,2	0,2	22,4	0,1
Hähnchen	758	21,7	10,0	71	237	13	11	20	0,7	0,0	0,1	0,5	0,0	0,1
Hühnerei	709	13,8	11,8	131	151	58	11	13	1,9	0,3	0,1	0,1	0,0	1,9
Joghurt	141	4,3	0,1	54	184	132	8	12	0,1	0,0	0,0	0,1	0,9	0,0
Karotten	111	0,9	0,2	59	271	43	16	18	2,3	1,5	0,1	0,1	6,9	0,5
Kartoffeln	271	1,9	0,1	3	415	6	3	21	0,4	0,0	0,0	0,3	16,0	0,0
Käse (Gouda)	1627	25,8	30,5	576	95	832	32	34	0,3	0,3	0,0	0,1	0,0	0,7
Knäckebrot	1305	10,1	1,5	463	436	55	2	68	4,7	0,0	0,2	0,3	0,0	0,4
Lachs	549	17,7	6,4	52	341	12	31	31	1,1	0,0	0,2	0,9	0,0	2,4
Orangen	183	1,0	0,2	1	191	39	2	14	0,4	0,0	0,0	0,0	54,5	0,2
Reis	1429	7,3	0,6	5	106	6	2	59	0,6	0,0	0,1	0,1	0,0	0,2
Roggenbrot	799	6,6	0,9	469	302	20	4	54	2,5	0,0	0,1	0,1	0,0	0,1
Salami	1628	21,2	32,4	1339	396	16	2	30	1,1	0,0	0,7	0,5	0,0	0,4
Schinken, geräuchert	651	20,3	7,9	65	296	2	1	22	1,2	0,0	0,9	0,5	0,0	0,3
Schokolade	2207	8,4	30,8	57	457	195	5	83	2,3	0,1	0,1	0,1	0,0	0,2
Schweinekotelett	771	21,1	10,6	66	326	11	1	60	1,6	0,0	0,8	0,5	0,0	0,5
Kuhmilch	281	3,5	3,5	52	141	116	8	12	0,1	0,0	0,0	0,0	1,6	0,1
Spinat	68	2,7	0,3	63	658	135	13	61	4,1	0,8	0,1	0,2	48,4	1,5
Spaghetti	1475	8,5	1,5	29	100	22	0	31	1,3	0,0	0,1	0,0	0,0	1,8
Thunfisch	976	22,4	15,2	35	383	27	53	32	1,0	0,5	0,2	0,6	1,0	1,3
Würstchen	1120	16,7	21,4	841	281	11	2	20	1,0	0,0	0,5	0,3	0,0	0,4

Nährstoffbe- darf pro Tag	Energie (kJ)	Eiweiß (g pro kg Körpergewicht)	Fett (g)	Wasser (ml pro kg Körpergewicht)	Natrium (g)	Kalium (g)	Calcium (mg)	Iod (µg)	Magnesium (mg)	Eisen (mg)	Vitamin A (mg)	Vitamin B1 (mg)	Vitamin B6 (µg)	Vitamin C (mg)	Vitamin E (mg)
Säuglinge	3000	2,4	2,5	150	0,2	0,6	500	50	100	7	0,6	0,5	0,4	45	6
Kinder (1-3 Jahre)	5000	2,2	4	120	1,5	1,5	600	100	130	8	0,7	0,8	0,9	70	6
Kinder (4-9 Jahre)	7500	1,9	5,5	100	1,5	1,5	700	100	200	9	0,8	1,2	1,5	70	7,5
Kinder (10-14 Jahre)	10000	1,4	8	70	1,5	1,5	750	125	280	15	0,9	2	1,8	75	10,5
Jugendliche	12000	1,1	10	45	1,5	1,5	950	150	280	15	0,9	2,1	1,9	75	12
Erwachsene	10000	0,9	10	35	2,5	2,5	750	150	240	10	0,9	1,9	1,7	75	12

Werte zu anderen Nahrungsmitteln könnt ihr im Jnternet finden.

a) Bildet mehrere Gruppen:

Stellt aus den in der Tabelle enthaltenen Lebensmitteln zusammen, was ein Schüler der 6. Klasse an einem Tag essen könnte.

Untersucht dann, ob diese Ernährung den Bedarf an allen Stoffen deckt. Vergleicht eure Ernährungsvorschläge und deren Güte.

b) Entwickelt nun gemeinsam einen möglichst abwechslungsreichen Speiseplan für eine ganze Woche, der eine ausgewogene Ernährung darstellt.

3.7 Endliche und periodische Dezimalbrüche

3.7.1 Umformen von gemeinen Brüchen in Dezimalbrüche

Einstieg

Sebastian, Tim und Jan teilen sich eine 1-Liter-Flasche Cola. Ihre Schwester Anna trinkt aus einer 0,33-l-Dose.
Sie fragen sich: „Wer hat mehr Cola?"

Aufgabe 1

Bisher hast du gemeine Brüche in Dezimalbrüche umgewandelt, indem du den Nenner auf eine Zehnerpotenz erweitert hast.

Bei dem Bruch $\frac{2}{3}$ kann dieses Verfahren nicht gelingen. Du weißt aber auch, dass der Bruchstrich das Dividieren von Zähler und Nenner bedeutet.

Forme die Brüche in Dezimalbrüche um, indem du den Zähler durch den Nenner dividierst. Was fällt auf?

a) $\frac{3}{8}$ **b)** $\frac{2}{3}$ **c)** $\frac{3}{11}$ **d)** $\frac{5}{6}$

Lösung

a) $\frac{3}{8} = 3 : 8 = 0,375$ Die Rechnung endet mit der dritten Nachkommastelle des Dezimalbruchs.

b)

E	z	h	t	...
2	0	0	0	...
0				
2	0			
1	8			
	2	0		
	1	8		
		2	0	
		1	8	

: 3 =

E	z	h	t	...
0	6	6	6	...

Die Rechnung bricht nicht ab, da du jedesmal den Rest 2 erhältst.
Insgesamt gilt:

$\frac{2}{3} = \frac{6}{10} + \frac{6}{100} + \frac{6}{1\,000} + \frac{6}{10\,000} + ...$
$= 0,6666...$

Der Dezimalbruch bricht nicht ab. Die Ziffer 6 wiederholt sich unbegrenzt.

c)

E	z	h	t	zt	...
3	0	0	0	0	...
0					
3	0				
2	2				
	8	0			
	7	7			
		3	0		
		2	2		
		8	0		
		7	7		

: 11 =

E	z	h	t	zt	...
0	2	7	2	7	...

Auch hier bricht die Rechnung nicht ab, da du abwechselnd den Rest 3 und den Rest 8 erhältst. Insgesamt gilt:

$\frac{3}{11} = \frac{2}{10} + \frac{7}{100} + \frac{2}{1\,000} + \frac{7}{10\,000} + ...$
$= 0,2727...$

Der Dezimalbruch bricht nicht ab. Das Ziffernpaar 2 und 7 wiederholt sich unbegrenzt.

d)

E	z	h	t	zt	...
5	0	0	0	0	...
0					
5	0				
4	8				
	2	0			
	1	8			
		2	0		
		1	8		
			2	0	
			1	8	

: 6 =

E	z	h	t	zt	...
0	8	3	3	3	...

Auch hier bricht die Rechnung nicht ab. Du erhältst den Rest 2 aber nicht sofort. Insgesamt gilt:

$$\frac{5}{6} = \frac{8}{10} + \frac{3}{100} + \frac{3}{1\,000} + \frac{3}{10\,000} + \dots$$
$$= 0,8333\dots$$

Der Dezimalbruch bricht nicht ab. Die Ziffer 3 wiederholt sich aber nicht sofort nach dem Komma.

Information

(1) Umwandeln von gemeinen Brüchen in Dezimalbrüche durch Division

Man kann jeden gemeinen Bruch in einen Dezimalbruch umwandeln, indem man den Zähler durch den Nenner dividiert. Bei dieser Division können zwei Fälle auftreten:

1. Fall: Die Division bricht ab, da der Rest 0 auftritt.
Der Dezimalbruch hat dann eine bestimmte Anzahl von Stellen nach dem Komma.
Beispiel: $\frac{3}{8} = 3 : 8 = 0,375$
Man nennt einen solchen Dezimalbruch auch **endlichen Dezimalbruch.**

2. Fall: Die Division bricht nicht ab, da ein Rest oder eine Folge von Resten sich stets wiederholt. Bei der Division können nur die natürlichen Zahlen als Reste auftreten, die kleiner als der Nenner des Bruches sind. Tritt die Zahl 0 nie als Rest auf, so muss sich nach einigen Schritten ein anderer Rest wiederholen. Der Dezimalbruch hat dann eine Ziffer oder eine Zifferngruppe, die sich stets wiederholt; diese nennt man **Periode.**
Beispiel: $\frac{3}{11} = 3 : 11 = 0,272727\dots$
Man nennt einen solchen Dezimalbruch auch einen **periodischen Dezimalbruch.**

(2) Schreibweisen für periodische Dezimalbrüche

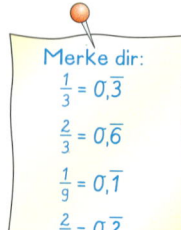

Merke dir:
$\frac{1}{3} = 0,\overline{3}$
$\frac{2}{3} = 0,\overline{6}$
$\frac{1}{9} = 0,\overline{1}$
$\frac{2}{9} = 0,\overline{2}$

$\frac{2}{3} = 2 : 3 = 0,666\dots$
Wir schreiben: $0,\underline{6}$
Wir lesen:
null Komma
Periode sechs
Es gilt: $\frac{2}{3} = 0,\overline{6}$

$\frac{5}{6} = 5 : 6 = 0,8333\dots$
Wir schreiben: $0,8\underline{3}$
Wir lesen:
null Komma acht
Periode drei
Es gilt: $\frac{5}{6} = 0,8\overline{3}$

$\frac{3}{11} = 3 : 11 = 0,27272727\dots$
Wir schreiben: $0,\underline{27}$
Wir lesen:
null Komma
Periode zwei sieben
Es gilt: $\frac{3}{11} = 0,\overline{27}$

(3) Einteilung der Dezimalbrüche

Dezimalbrüche kann man nach den verschiedenen Fällen, die bei den Nachkommastellen vorkommen können, einteilen.

Endliche Dezimalbrüche ohne Periode	Nichtendliche Dezimalbrüche mit Periode	
	reinperiodisch	gemischtperiodisch
0,125; 0,75; 0,375	$0,\overline{6}$; $0,\overline{27}$; $0,\overline{348}$ Die Periode beginnt sofort hinter dem Komma.	$0,8\overline{3}$; $0,2\overline{16}$; $0,06\overline{2}$ Zwischen Komma und Periode sind eine oder mehrere Ziffern, die nicht zur Periode gehören.

Übungsaufgaben

2. Forme die gemeinen Brüche in Dezimalbrüche um. Gib an, ob ein endlicher oder ein periodischer Dezimalbruch entstanden ist.

a) $\frac{7}{30}$ b) $\frac{19}{8}$ c) $3\frac{1}{16}$ d) $\frac{8}{15}$ e) $\frac{8}{25}$ f) $\frac{111}{200}$ g) $\frac{6}{11}$ h) $\frac{9}{10}$ i) $1\frac{5}{14}$

$\frac{1}{4}$ $2\frac{2}{3}$ $\frac{3}{11}$ $\frac{8}{13}$ $\frac{5}{9}$ $\frac{16}{7}$ $\frac{101}{400}$ $4\frac{7}{22}$ $4\frac{7}{8}$

3. Wandle in einen Dezimalbruch um.

a) $\frac{1}{4}$; $\frac{1}{40}$; $\frac{1}{400}$ b) $\frac{2}{3}$; $\frac{2}{30}$; $\frac{2}{300}$ c) $\frac{7}{15}$; $\frac{7}{150}$; $\frac{7}{1500}$ d) $\frac{5}{6}$; $\frac{50}{6}$; $\frac{500}{6}$ e) $\frac{108}{37}$; $\frac{108}{370}$; $\frac{108}{3700}$ f) $\frac{2}{21}$; $\frac{20}{21}$; $\frac{2000}{21}$

4. Welche der gemeinen Brüche führen auf einen endlichen, einen reinperiodischen oder einen gemischtperiodischen Dezimalbruch?

Arbeitet in Dreiergruppen und führt bei den endlichen Dezimalbrüchen die entsprechende Umformung durch, indem ihr den Bruch auf Zehntel, Hundertstel, ... erweitert.

(1) $\frac{7}{8}$; $\frac{5}{13}$; $\frac{9}{50}$; $\frac{8}{15}$; $\frac{10}{21}$; $\frac{9}{125}$ (2) $\frac{3}{20}$; $\frac{8}{9}$; $\frac{6}{25}$; $\frac{9}{17}$; $\frac{7}{36}$; $\frac{1}{80}$ (3) $\frac{15}{16}$; $\frac{5}{14}$; $\frac{25}{78}$; $\frac{23}{40}$; $\frac{25}{36}$; $\frac{4}{105}$

Tragt eure Ergebnisse zusammen und formuliert eure Beobachtungen.

5. Wandle die Brüche $\frac{2}{12}$; $\frac{3}{12}$; $\frac{4}{12}$; $\frac{5}{12}$; $\frac{6}{12}$; $\frac{7}{12}$; $\frac{8}{12}$; $\frac{9}{12}$; $\frac{10}{12}$ in einen Dezimalbruch um.
Was für ein Dezimalbruch entsteht? Woran liegt das?

6. Prüfe nach:

$\frac{6}{25} = 0{,}24$ $\frac{8}{33} = 0{,}\overline{24}$ $\frac{11}{45} = 0{,}2\overline{4}$ $\frac{14}{33} = 0{,}\overline{42}$ $\frac{19}{45} = 0{,}4\overline{2}$ $\frac{21}{50} = 0{,}42$

7. Runde die periodischen Dezimalbrüche $0{,}\overline{5}$; $0{,}1\overline{6}$; $0{,}41\overline{6}$; $0{,}2\overline{7}$; $0{,}04\overline{5}$; $0{,}0\overline{45}$

a) auf Hundertstel,   b) auf Tausendstel.

8. Setze im Heft eines der Zeichen < oder >.

a) $0{,}45$ ▨ $0{,}\overline{4}$ b) $0{,}\overline{2}$ ▨ $0{,}23$ c) $0{,}\overline{3}$ ▨ $0{,}34$ d) $0{,}67$ ▨ $0{,}\overline{6}$ e) $1{,}4\overline{2}$ ▨ $1{,}4223$

$0{,}\overline{7}$ ▨ $0{,}77$ $0{,}56$ ▨ $0{,}\overline{5}$ $0{,}\overline{5}$ ▨ $0{,}5555$ $0{,}8\overline{2}$ ▨ $0{,}83$ $4{,}\overline{1}$ ▨ $4{,}1\overline{9}$

9. Rechne den Bruch in einen Dezimalbruch um. Setze im Heft eines der Zeichen < oder > ein.

a) $\frac{3}{5}$ ▨ $0{,}\overline{6}$ b) $\frac{2}{5}$ ▨ $0{,}3\overline{5}$ c) $1{,}3\overline{7}$ ▨ $1\frac{3}{8}$ d) $0{,}2\overline{5}$ ▨ $\frac{1}{4}$ e) $4\frac{3}{16}$ ▨ $4{,}\overline{1}$

$0{,}\overline{7}$ ▨ $\frac{3}{4}$ $0{,}\overline{3}$ ▨ $\frac{7}{20}$ $3\frac{1}{8}$ ▨ $3{,}1\overline{12}$ $\frac{5}{8}$ ▨ $0{,}6\overline{25}$ $0{,}\overline{23}$ ▨ $\frac{3}{8}$

10. Ordne die Zahlen.

a) $0{,}3$; $0{,}\overline{3}$; $0{,}33$; $0{,}334$; $0{,}333$ c) $0{,}16$; $0{,}1\overline{6}$; $0{,}166$; $0{,}167$; $0{,}17$

b) $0{,}\overline{1}$; $0{,}1$; $0{,}11$; $0{,}\overline{01}$; $0{,}01$ d) $0{,}7$; $0{,}78$; $0{,}\overline{7}$; $0{,}77$; $0{,}\overline{78}$

11. Ordne nach der Größe.

a) $0{,}8$; $\frac{3}{4}$; $0{,}6$; $0{,}7\overline{2}$; $0{,}\overline{7}$; $\frac{7}{8}$ c) $1{,}0\overline{8}$; $\frac{17}{10}$; $\frac{8}{5}$; $\frac{4}{3}$; $\frac{25}{15}$; $1{,}\overline{08}$

b) $\frac{7}{10}$; $0{,}\overline{71}$; $\frac{16}{20}$; $\frac{1}{7}$; $0{,}57$; $\frac{3}{4}$ d) $\frac{9}{40}$; $0{,}170$; $\frac{4}{25}$; $0{,}0\overline{17}$; $\frac{18}{100}$; $0{,}\overline{017}$

Periodenlänge:

Anzahl der Ziffern unter dem Periodenstrich

12. Gib jedesmal drei periodische Brüche an, nämlich mit Perioden der Länge 1, 2 und 3, die zwischen den beiden angegebenen Zahlen liegen:

a) 4 ; 5 b) $0{,}2$; $0{,}3$ c) $1{,}45$; $1{,}46$ d) $\frac{1}{3}$; $\frac{1}{2}$ e) 0 ; $\frac{1}{1000}$

3.7.2 Umwandeln von Dezimalbrüchen in gemeine Brüche

Bei der Einführung der Dezimalbrüche hast du auf Seite 44 kennen gelernt, wie man einen abbrechenden Dezimalbruch in einen gemeinen Bruch umformt. Wir wollen jetzt auch periodische Dezimalbrüche in gemeine Brüche umformen.

Einstieg

a) Forme die folgenden Brüche in Dezimalbrüche um. Was fällt auf?

$$\frac{1}{9}; \quad \frac{1}{99}; \quad \frac{1}{999}; \quad \frac{2}{9}; \quad \frac{2}{99}; \quad \frac{2}{999}$$

b) Nutze die Beobachtungen in Teilaufgabe a), um Bruchdarstellungen für die Dezimalbrüche $0,\overline{4}; 0,\overline{18}; 0,\overline{120}$ zu finden. Überprüfe deine Ergebnisse.

Einführung

Periodische Dezimalbrüche kann man nicht so einfach wie endliche Dezimalbrüche in gemeine Brüche umwandeln.

Zum Umwandeln von $0,\overline{7}$ in einen gemeinen Bruch vergleichen wir $0,\overline{7}$ mit dem Zehnfachen von $0,\overline{7}$. Beide Ergebnisse stimmen in den unendlich vielen Nachkommastellen überein.

$$
\begin{aligned}
10 \cdot 0,\overline{7} &= 7,7777\ldots \\
0,\overline{7} &= 0,7777\ldots \;|- \\
\hline
9 \cdot 0,\overline{7} &= 7 \\
0,\overline{7} &= \tfrac{7}{9}
\end{aligned}
$$

Entsprechend verwandelt man gemischtperiodische Dezimalbrüche wie z.B. $0,0\overline{18}$ in gemeine Brüche: Durch geeignetes Vervielfachen stellt man zwei verschiedene reinperiodische Dezimalbrüche her, die in den Nachkommastellen übereinstimmen.

$$
\begin{aligned}
1\,000 \cdot 0,0\overline{18} &= 18,\overline{18} \\
10 \cdot 0,0\overline{18} &= 0,\overline{18} \;|- \\
\hline
990 \cdot 0,0\overline{18} &= 18 \\
0,0\overline{18} &= \tfrac{18}{990} = \tfrac{1}{55}
\end{aligned}
$$

Übungsaufgaben

1. Forme in gemeine Brüche um. Kürze, wenn möglich.

    a) $0,\overline{2}$ **b)** $1,\overline{5}$ **c)** $0,\overline{09}$ **d)** $2,\overline{27}$ **e)** $4,\overline{033}$ **f)** $12,\overline{092}$

         $7,\overline{7}$ $13,\overline{6}$ $2,\overline{12}$ $11,\overline{11}$ $0,\overline{123}$ $10,\overline{003}$

2. Wandle in gemeine Brüche um. Kürze, wenn möglich.

    a) $0,3$ **b)** $1,\overline{7}$ **c)** $0,05$ **d)** $13,35$ **e)** $9,\overline{045}$ **f)** $0,\overline{555}$

         $0,\overline{3}$ $1,7$ $0,\overline{05}$ $13,\overline{35}$ $9,045$ $0,555$

3. Wandle in gemeine Brüche um. Kürze, wenn möglich.

    a) $0,0\overline{8}; \; 0,08; \; 0,\overline{08}$ **b)** $0,\overline{27}; \; 0,2\overline{7}; \; 0,27$ **c)** $2,07\overline{5}; \; 2,0\overline{75}; \; 2,\overline{075}$

4. Kontrolliere Leonards Hausaufgaben.

    a) $0,\overline{5} = \frac{1}{2}$ **b)** $\frac{1}{3} = 0,3$ **c)** $0,2\overline{1} = \frac{21}{99}$ **d)** $0,0\overline{3} = \frac{1}{33}$

5. a) Verwandle den periodischen Dezimalbruch $0,\overline{9}$ in einen gemeinen Bruch. Welche erstaunliche Entdeckung machst du?

    b) Äußere eine Vermutung für $1,2\overline{9}$. Kontrolliere durch Umwandeln.

3.8 Rechnen mit gemeinen Brüchen und Dezimalbrüchen

Einstieg  Bildet acht (ungefähr) gleich große Teams in der Klasse. Jedes Team bearbeitet für sich eines der Probleme unten, und zwar

Team 1 und 5: Problem 1   Team 3 und 7: Problem 3

Team 2 und 6: Problem 2   Team 4 und 8: Problem 4

Nachdem jedes Team sein Problem gelöst hat, vergleichen die beiden Teams, die dasselbe Problem bearbeitet haben, ihre Lösungen. Gemeinsam erarbeiten sie dann eine Vorstellung der Lösung in der Klasse.

Jedes Doppelteam stellt nun das Problem und seine Lösung der ganzen Klasse vor.

Vergleicht anschließend alle gemeinsam die bearbeiteten Probleme: Wo gibt es Gemeinsamkeiten, wo gibt es Unterschiede?

Problem 1

a) Für einen Kuchenteig wird $\frac{3}{8}$ l Milch benötigt. Diese wird aus einer 0,5-l - Milchtüte abgefüllt.
Wie viel Milch bleibt in der Milchtüte zurück?

b) Berechne $0{,}4 + \frac{1}{4}$ auf zwei Weisen.

c) $0{,}75 + \frac{3}{7}$ lässt sich nur auf eine Weise günstig berechnen.
Erläutere, warum; berechne dann.

Problem 2

a) Eine Maracujasaft-Schorle wird aus $\frac{5}{8}$ l Maracujasaft und 1,5 l Mineralwasser hergestellt.
Wie viel Saft erhält man?

b) Berechne $0{,}9 - \frac{3}{4}$ auf zwei Weisen.

c) $0{,}8 - \frac{5}{7}$ lässt sich nur auf eine Weise günstig berechnen.
Erläutere warum; berechne dann.

Problem 3

a) Jana kauft $\frac{3}{4}$ kg Cox Orange.
Wie viel muss sie bezahlen?

b) Berechne $0{,}4 \cdot \frac{3}{4}$ auf zwei Weisen.

c) $0{,}6 \cdot \frac{3}{7}$ lässt sich nur auf eine Weise günstig berechnen.
Erläutere warum; berechne dann.

Problem 4

a) Zum Preisvergleich möchte Hannes berechnen, wie viel 1 l Olivenöl kostet.

b) Berechne sowohl $\frac{5}{4} : 0{,}4$ als auch $0{,}4 : \frac{5}{4}$ auf zwei Weisen.

c) $0{,}8 : \frac{7}{11}$ lässt sich nur auf eine Weise günstig berechnen.
Erläutere warum; berechne dann.

Information

> Brüche, die nicht als endliche, sondern nur als periodische Dezimalbrüche geschrieben werden können, sollte man beim Berechnen von Termen nicht in Dezimalbrüche umwandeln.
>
> *Beispiel:* $0{,}8 \cdot \frac{1}{3} = \frac{4}{5} \cdot \frac{1}{3} = \frac{4}{15}$ $0{,}8 \cdot \frac{1}{3} = 0{,}8 \cdot 0{,}\overline{3} = \ldots$

Übungsaufgaben

1. **a)** Berechne $0{,}9 - \frac{1}{2}$ auf zwei Weisen wie im Beispiel.

   b) $\frac{1}{6} + 0{,}25 + \frac{1}{7}$ lässt sich nur auf eine Weise günstig berechnen. Erläutere, warum und berechne den Wert des Terms.

   c) Lassen sich die folgenden Rechnungen besser mit gemeinen Brüchen oder mit Dezimalbrüchen durchführen? Entscheide mit Begründung und berechne anschließend.

$0{,}7 - \frac{1}{4}$	$0{,}7 - \frac{1}{4}$
$= 0{,}7 - 0{,}25$	$= \frac{7}{10} - \frac{1}{4}$
$= 0{,}45$	$= \frac{9}{20}$

   (1) $0{,}2 + \frac{3}{4}$ (3) $0{,}75 - \frac{5}{12}$ (5) $\frac{1}{8} + 0{,}75$ (7) $\frac{1}{3} + 0{,}3$ (9) $0{,}9 - \frac{3}{25}$

   (2) $0{,}2 + \frac{2}{3}$ (4) $0{,}75 - \frac{1}{4}$ (6) $\frac{1}{8} + 0{,}7$ (8) $0{,}7 + \frac{1}{15}$ (10) $\frac{7}{9} - 0{,}3$

2. **a)** Eine Flasche enthält 0,75 *l* Mineralwasser. Wie viel *l* Mineralwasser sind in 12 Flaschen?
   Vergleiche die Rechnungen von Jonas und Linda. Nimm dazu Stellung.

   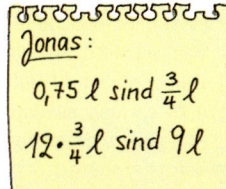
   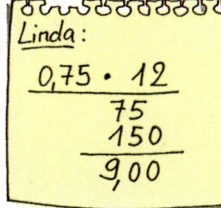

   b) Berechne mit einem Verfahren, das deiner Meinung nach besonders geeignet ist.

   (1) Im Keller stehen 15 Mineralwasserflaschen. Jede Flasche enthält 0,7 *l*.

   (2) Das Backrezept für einen Kuchen sieht $\frac{3}{8}$ *l* Sahne vor. Für die Hochzeitsfeier will Franziska vier Kuchen backen.

3. **a)** Eine 1,5-*l*-Flasche ist noch zu $\frac{2}{3}$ mit Obstsaft gefüllt. Wie viel Obstsaft ist in der Flasche?

   b) Ein Gefäß fasst 0,7 *l*. Es ist zu $\frac{4}{5}$ mit Milch gefüllt. Wie viel Milch enthält das Gefäß?

4. Stelle selbst geeignete Fragen und beantworte sie.

   a) Gärtner Maier verwendet 0,8 ha Land für den Anbau von Blumen. Davon hat er $\frac{3}{10}$ mit Rosen und $\frac{5}{16}$ mit Nelken bepflanzt.

   b) Gärtnerin Schulze hat 1,2 ha Land. Sie verwendet $\frac{3}{4}$ davon für den Anbau von Blumen und $\frac{1}{20}$ für die Züchtung von Gemüsepflanzen.

5. Lassen sich die folgenden Rechnungen besser mit gemeinen Brüchen oder mit Dezimalbrüchen durchführen? Entscheide mit Begründung und führe anschließend die Rechnung durch.

   a) $0{,}2 \cdot \frac{3}{4}$ **c)** $0{,}75 : \frac{5}{12}$ **e)** $\frac{1}{8} \cdot 0{,}75$ **g)** $0{,}75 : \frac{1}{8}$ **i)** $0{,}9 : \frac{3}{25}$

   b) $0{,}3 \cdot \frac{2}{3}$ **d)** $0{,}75 : \frac{1}{4}$ **f)** $\frac{1}{5} \cdot 0{,}7$ **h)** $0{,}7 : \frac{1}{15}$ **j)** $\frac{3}{8} : 0{,}25$

6. Erfinde Aufgaben mit gemeinen Brüchen und Dezimalbrüchen, sodass sich manche geschickter mit gemeinen Brüchen, andere geschickter mit Dezimalbrüchen lösen lassen und lasse sie von deinem Partner lösen. Geht er so vor, wie du erwartet hast?

Auf den Punkt gebracht:
Modellieren mithilfe von Termen, Figuren und Diagrammen

Rechnungen und Realität

1. Du hast schon oft zur Lösung von Problemen Terme aufgestellt und berechnet. Stelle bei jeder beschriebenen Situation eine Frage und erstelle zur Beantwortung einen Term. Vergleiche dann diese.

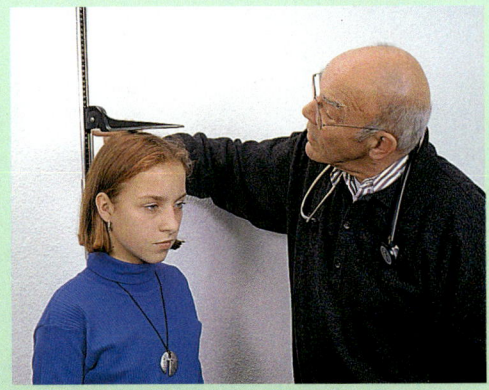

  a) (1) An seinem 12. Geburtstag war André 1,15 m groß, bis zu seinem 18. Geburtstag ist er noch um 0,60 m gewachsen.

  (2) Eine Messing-Legierung wird aus 1,15 t Kupfer und 0,6 t Zink hergestellt.

  b) (1) Von einem 12,49 m langen Baumstamm wird ein 3,75 m langes Stück abgeschnitten.

  (2) Sarahs kleine Schwester spart für eine 12,49 € teure CD. Sie hat schon 3,75 €.

  c) (1) Julian kauft 4 Müsli-Riegel, die pro Stück 0,60 € kosten.

  (2) Ein schmales Fenster ist 0,6 m breit. Die Stoffbreite für die Gardine soll 2,5-mal so groß sein.

  d) (1) 56 € sollen an 4 Kinder verteilt werden.

  (2) 56 g eines teuren Gewürzes sollen in Tüten zu 4 g abgefüllt werden.

legieren
⟨ital.⟩
(Metalle) verschmelzen

2. Du erkennst an den obigen Beispielen, dass ganz verschiedene Situationen und Fragen zu ein- und demselben Term führen können. Zu jeder Rechenart können mehrere Grundbedeutungen gehören. Beim Lösen von Sachaufgaben (Modellieren) ist es eine große Hilfe beim Übersetzen in Mathematik, wenn man die verschiedenen Bedeutungen der Rechenoperationen genau kennt. Ordne daher die Bedeutungen aus der folgenden Tabelle den Beispielen aus Aufgabe 1 zu.

Rechenart	Zugehörige Bedeutungen	Figur
Addieren	Zusammenfassen von Teilen Hinzufügen von Teilen	362 115 362 + 115
Subtrahieren	Wegnehmen eines Teils von einem Ganzen Ergänzen eines Teils zu einem Ganzen	102 102 − 45 45
Multiplizieren	Vervielfachen eines Teils	37 37 · 3
Dividieren	Aufteilen eines Ganzen in gleiche Teile Gerechtes Verteilen eines Ganzen	196 196 : 4

3. **a)** (1) Frank bereitet eine Konfitüre in kleinerer Menge zu: Statt 2,5 kg Früchten nimmt er nur $\frac{3}{5}$ von dieser Menge.

(2) Jan hat heute schon 2,70 € ausgegeben. Das sind $\frac{3}{5}$ seines Taschengeldes.

b) Beim Multiplizieren und Dividieren mit Brüchen erhalten diese Rechenarten erweiterte Bedeutungen. Erläutere das an eigenen Beispielen.

Rechenart	Zugehörige Bedeutungen	Figur
Multiplizieren mit einem Bruch	Anteil von einem Ganzen berechnen	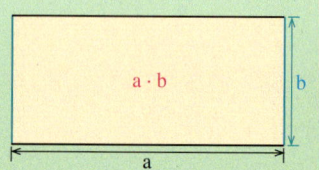
Dividieren durch einen Bruch	Berechnen des Ganzen aus einem Teil	

Läufer
2. Bedeutung
Längerer, schmaler Teppich.

4. **a)** Ein Läufer ist 2,5 m lang und 0,60 m breit. Stelle eine Frage und beantworte sie:

b) Veranschauliche geometrisch: $0,6 \cdot 2,5 = 2,5 \cdot 0,6$

Multiplikationsaufgaben lassen sich oft geometrisch als rechteckige Fläche veranschaulichen.

$a \cdot b$

5. Erfinde zu jedem Term zwei möglichst verschiedene Rechengeschichten.

a) $1,75 + 5,82$ **c)** $2,9 \cdot 3$ **e)** $4,5 \cdot 2,3$ **g)** $4,8 : 1,2$

b) $25,19 - 16,94$ **d)** $\frac{3}{4} \cdot 6,4$ **f)** $7,29 : 9$ **h)** $3,6 : \frac{3}{5}$

6. Berechne folgende Terme. Schreibe auch Rechengeschichten und Antworten.

a) $3 \cdot 4\,\text{m} + 6 \cdot 12\,\text{m}$ **c)** $15\,\text{kg} : 3 + 6\,\text{kg}$ **e)** $17\,\text{m}^2 + 4\,\text{m}^2 - 6,5\,\text{m} \cdot 2,5\,\text{m}$

b) $\frac{1}{3} \cdot 600\,\text{g} - \frac{1}{2} \cdot 150\,\text{g}$ **d)** $8\,\text{cm} \cdot 4\,\text{cm} \cdot 7$ **f)** $\frac{1}{4} \cdot 12\,\text{cm} \cdot 30\,\text{mm}$

Spiel
(3 Spieler)

7. *Erfinden und Finden von Rechengeschichten*

Setzt euch zu dritt um einen Tisch, jeder hat mehrere leere Zettel vor sich.

● Jeder schreibt verdeckt einen Term auf, der mindestens drei und höchstens fünf Zahlen enthält, und gibt den Zettel an seinen rechten Nachbarn.

● Nun erfindet der Nachbar eine Rechengeschichte zu dem Term und schreibt diese auf einen zweiten Zettel, den er dann weiter nach rechts gibt. Den ersten Zettel behält er.

● Jetzt bildet der jeweils dritte Mitspieler aus der Geschichte, die er gerade bekommen hat, wieder einen Term, den er auf einen neuen Zettel schreibt.

● Nun werden alle Zettel in die Mitte gelegt, sortiert und besprochen. Eigentlich müssten ja auf jeweils zwei Zetteln gleiche Terme stehen. Wenn nicht, … .

8. Überprüfe die Behauptungen durch Berechnungen. Begründe sie mithilfe einer Zeichnung.

a) $2,4 \cdot 5,3 + 2,4 \cdot 1,7 = 2,4 \cdot (5,3 + 1,7)$ **b)** $3,9 \cdot 7,2 - 3,9 \cdot 5,2 = 3,9 \cdot (7,2 - 5,2)$

3.9 Berechnen von Termen

Für das Berechnen von Termen mit natürlichen Zahlen hast du Regeln gelernt, die auf *Vereinbarung* beruhen (z. B. die Regel *Klammer zuerst*). Diese Regeln sollen auch für gebrochene Zahlen gelten.

Außerdem soll bei einem Doppelbruch der Hauptbruchstrich eine unsichtbare Klammer um Zähler und Nenner setzen, falls nötig. Rechts siehst du ein Beispiel.

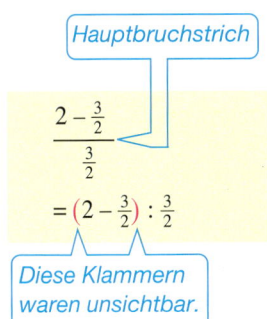

Hauptbruchstrich

$$\frac{2 - \frac{3}{2}}{\frac{3}{2}}$$

$$= \left(2 - \frac{3}{2}\right) : \frac{3}{2}$$

Diese Klammern waren unsichtbar.

Einstieg

Maria und Jonas vergleichen ihre Hausaufgaben.

Maria:
$$1,8 + 0,2 \cdot 0,7$$
$$= 2 \cdot 0,7$$
$$= 1,4$$

Jonas:
$$1,8 + 0,2 \cdot 0,7$$
$$= 1,8 + 0,14$$
$$= 1,94$$

Maria:
$$\frac{4}{5} : \frac{2}{3} : \frac{1}{3}$$
$$= \left(\frac{4}{5} \cdot \frac{3}{2}\right) : \frac{1}{3}$$
$$= \frac{6}{5} \cdot \frac{3}{1}$$
$$= \frac{18}{5}$$

Jonas:
$$\frac{4}{5} : \frac{2}{3} : \frac{1}{3}$$
$$= \frac{4}{5} : \left(\frac{2}{3} \cdot \frac{3}{1}\right)$$
$$= \frac{4}{5} : 2$$
$$= \frac{2}{5}$$

Aufgabe 1

Berechne: **a)** $6 : \left(\frac{3}{4} - \frac{1}{8}\right)$ **b)** $1,2 - 0,2 \cdot 0,3$ **c)** $6 : \frac{2}{3} : \frac{1}{2}$ **d)** $\frac{0,4 + 0,5}{0,4 \cdot 0,5}$

Klammern zuerst

Punkt- vor Strichrechnung

Rechne von links nach rechts

Zähler und Nenner vereinfachen

Lösung

a) $6 : \left(\frac{3}{4} - \frac{1}{8}\right)$
$$= 6 : \left(\frac{6}{8} - \frac{1}{8}\right)$$
$$= 6 : \frac{5}{8}$$
$$= \frac{48}{5}$$
$$= 9\frac{3}{5}$$

b) $1,2 - 0,2 \cdot 0,3$
$$= 1,2 - 0,06$$
$$= 1,14$$

c) $6 : \frac{2}{3} : \frac{1}{2}$
$$= 6 \cdot \frac{3}{2} : \frac{1}{2}$$
$$= 9 : \frac{1}{2}$$
$$= 9 \cdot 2$$
$$= 18$$

d) $\frac{0,4 + 0,5}{0,4 \cdot 0,5}$
$$= \frac{0,9}{0,2}$$
$$= \frac{9}{2}$$
$$= 4,5$$

Weiterführende Aufgaben

2. *Terme mit Potenzen; geschachtelte Klammern*

Berechne: **a)** $1\frac{3}{4} + \frac{3}{8} \cdot \left(\frac{2}{3}\right)^2$ *Potenz zuerst*   **b)** $1,5 \cdot [3,7 - (1,2 - 0,5)]$ *Innere Klammer zuerst*

Vorrangregeln für das Berechnen von Termen

(1) Das Innere einer Klammer wird zuerst berechnet.

(2) Bei ineinander geschachtelten Klammern wird die innerste Klammer zuerst berechnet.

(3) Wo keine Klammer steht, geht Punkt- vor Strichrechnung.

(4) Das Berechnen einer Potenz geht noch vor Punkt- und Strichrechnung.

(5) Sonst wird von links nach rechts gerechnet.

Rechenbäume verdeutlichen den Rechenweg

3. *Rechenbaum*

Die Reihenfolge der Berechnungen in einem Term kann man gut mit einem Rechenbaum veranschaulichen.

a) Erstelle den Term zum Rechenbaum rechts.

b) Zeichne den Rechenbaum für den Term $\frac{3}{4} + \left(\frac{5}{6} - \frac{1}{3}\right) \cdot \frac{3}{2}$

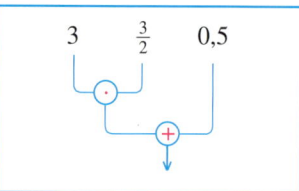

Übungsaufgaben

4. a) $9 : \left(\frac{2}{5} + \frac{2}{3}\right)$ **b)** $9 - \left(\frac{2}{5} + \frac{2}{3}\right)$ **c)** $9 \cdot \left(\frac{2}{5} + \frac{2}{3}\right)$ **d)** $\left(\frac{2}{5} + \frac{2}{3}\right) : 9$ **e)** $9 + \left(\frac{2}{5} + \frac{2}{3}\right)$

5. a) $7 - \left(\frac{1}{5} + \frac{3}{5}\right)$ **b)** $\frac{7}{9} - \left(\frac{5}{18} + \frac{1}{9}\right)$ **c)** $\left(\frac{8}{9} - \frac{2}{9}\right) : 4$ **d)** $\frac{8}{25} : \left(\frac{1}{3} - \frac{1}{5}\right)$

      $0{,}8 - (1{,}3 - 0{,}95)$ $(2{,}7 - 1{,}8) \cdot 0{,}5$ $1{,}2 : (0{,}13 + 0{,}27)$ $(1{,}9 + 3{,}2) \cdot 0{,}1$

6. Fertigt euch die nebenstehenden Karten an.

Partner A stellt aus den vorhandenen Karten eine *lösbare* Aufgabe auf. Dabei müssen alle drei Zahlenkarten verwendet werden.

Partner B löst die Aufgabe.

Hat Partner B die Aufgabe richtig gerechnet, darf er die nächste Aufgabe aufstellen usw.

7. a) $\frac{2}{5} \cdot \frac{5}{8} + 0{,}5$ **d)** $1{,}5 : \frac{1}{2} + 5$ **g)** $\frac{7}{3} - \frac{2}{3} : \frac{1}{3}$ **j)** $4\frac{5}{6} + \frac{3}{5} : \frac{2}{25}$ **m)** $2\frac{1}{5} + \frac{3}{8} \cdot \frac{4}{9}$

    b) $\frac{5}{6} : \frac{2}{3} - \frac{3}{4}$ **e)** $\frac{2}{15} + \frac{3}{10} \cdot \frac{2}{9}$ **h)** $\frac{4}{5} + \frac{3}{2} \cdot 0{,}4$ **k)** $\frac{7}{6} : \frac{2}{3} + \frac{1}{4}$ **n)** $4\frac{1}{4} - \frac{3}{5} : \frac{2}{7}$

    c) $2 \cdot 0{,}49 + 0{,}13$ **f)** $5{,}1 - 2{,}1 : 0{,}7$ **i)** $7 - 1{,}4 \cdot 0{,}3$ **l)** $5 - 7{,}6 : 1{,}9$ **o)** $2{,}4 + 6{,}9 : 2{,}3$

8. Für ein Erfrischungsgetränk werden $\frac{3}{8}\,l$ Johannisbeernektar und $\frac{1}{2}\,l$ Mineralwasser gemischt. Das fertige Getränk wird auf 6 Gläser gleichmäßig verteilt.

Wie viel Getränk enthält jedes Glas? Stelle zunächst einen einzigen Term auf.

9. Eine Tomatencremesuppe wird zubereitet aus $1\frac{1}{4}\,l$ Wasser, 2 Dosen mit je $\frac{1}{8}\,l$ Tomatenmark und $\frac{1}{4}\,l$ Sahne.

Wie viel Suppe erhält man? Stelle zunächst einen einzigen Term auf.

10. Aus einem 5-l-Bierfass werden 7 Gläser zu $\frac{1}{2}\,l$ und 3 Gläser zu $\frac{1}{4}\,l$ abgefüllt.

Wie viel Bier ist noch im Fass? Stelle zunächst einen einzigen Term auf.

11. a) $\left(\frac{1}{2}+\frac{3}{8}\right)\cdot\left(\frac{3}{7}+\frac{1}{14}\right)$ **c)** $\left(2\frac{1}{6}-1\frac{1}{3}\right):\left(2\frac{1}{9}-1,5\right)$ **e)** $\left(1,2+6-\frac{3}{4}\right):\left(0,5+1\frac{1}{3}\right)$

b) $(5,3+0,9)\cdot(2,4-0,9)$ **d)** $\left(\frac{7}{9}-0,5+\frac{5}{6}\right):\left(\frac{2}{3}+\frac{1}{6}\right)$ **f)** $\left(1,2+6\right)-\left(\frac{3}{4}:0,5+1\frac{1}{3}\right)$

12. a) $\frac{5}{9}+\left(\frac{2}{3}\right)^2$ **b)** $0,4^2+0,6^2$ **c)** $\frac{3}{8}\cdot\left(\frac{2}{3}\right)^4$ **d)** $15\cdot\left(1-\frac{4}{5}\right)^2$ **e)** $\left(\frac{1}{2}\right)^3\cdot\left(\frac{1}{3}\right)^2\cdot\left(1\frac{1}{5}\right)^2$

13. a) $\frac{9}{4}\cdot\left[\frac{8}{9}-\left(\frac{1}{2}+\frac{1}{6}\right)\right]$ **c)** $3,5+\left[(5,5+1,25):4,5\right]$ **e)** $3\cdot\left[\left(\frac{3}{5}+\frac{1}{2}\right)\cdot\left(\frac{2}{3}-\frac{1}{9}\right)-\frac{1}{2}\right]$

b) $\left[1\frac{1}{2}\cdot\frac{2}{3}-\left(\frac{1}{2}+\frac{1}{4}\right)\right]\cdot2\frac{1}{2}$ **d)** $9\frac{4}{5}-\left[\left(\frac{9}{10}:\frac{3}{8}\right):\frac{1}{4}\right]$ **f)** $2,4:[0,8:0,4+(0,5-0,5:5)]$

 14. a) Lisa hat drei Zahlenkarten in der nebenstehenden Reihenfolge aufgestellt. Sie
behauptet:
„Ich kann die Ergebnisse 0; $\frac{1}{6}$; $\frac{7}{24}$ erhalten, wenn ich zwischen die Zahlenkarten
die Karten mit den Rechenzeichen

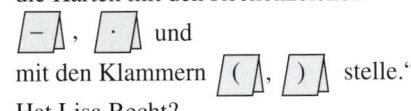 und
mit den Klammern stelle."
Hat Lisa Recht?

b) Welche Ergebnisse sind möglich, wenn Lisa die Reihenfolge $\frac{3}{4}$, $\frac{2}{3}$, $\frac{1}{2}$ aufstellt?

15. a) $\dfrac{\frac{1}{2}-\frac{3}{8}}{\frac{3}{4}+\frac{1}{8}}$ **c)** $\dfrac{1\frac{1}{2}\cdot\frac{4}{9}}{1\frac{5}{6}+\frac{2}{3}}$ **e)** $\dfrac{\frac{4}{5}-\frac{1}{2}}{\frac{4}{5}:\frac{5}{2}}$ **g)** $\dfrac{\frac{3}{5}:\frac{3}{4}-\frac{3}{10}}{\frac{2}{9}:\frac{1}{3}-\frac{1}{6}}$ **i)** $\dfrac{5\cdot\frac{3}{4}-0,5}{26}$ **k)** $4-\dfrac{6,25}{1\frac{7}{8}}$

b) $\dfrac{\frac{9}{8}-\frac{7}{12}}{\frac{5}{6}+\frac{1}{4}}$ **d)** $\dfrac{9}{4,8:1,2}$ **f)** $\dfrac{3\frac{1}{2}-2\frac{5}{6}}{7\frac{1}{5}+2\frac{7}{10}}$ **h)** $\dfrac{4\frac{1}{2}\cdot5\frac{1}{6}}{7\frac{1}{2}\cdot4\frac{1}{6}-8}$ **j)** $\dfrac{2-\frac{8}{9}:\frac{2}{3}}{1-\frac{3}{4}\cdot\frac{2}{15}}$ **l)** $\dfrac{1\frac{1}{2}}{0,6}\cdot\dfrac{2\frac{1}{4}}{1,8}$

16. a) $\dfrac{\left(\frac{5}{6}\right)^2}{1-\frac{1}{36}}$ **b)** $\dfrac{\frac{3}{8}}{\left(1+\frac{1}{2}\right)^2}$ **c)** $\dfrac{5}{(0,27+0,23)^2}$ **d)** $\dfrac{1-0,4^2}{(1-0,4)^2}$ **e)** $\left(\dfrac{\frac{1}{4}-\frac{1}{5}}{\frac{1}{5}-\frac{1}{6}}\right)^2$

17. Stelle zunächst den Term auf. Berechne ihn dann.

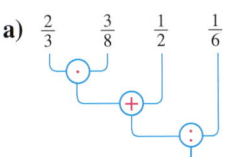

a) Multipliziere die Summe der Zahlen $\frac{3}{4}$ und $\frac{1}{2}$ mit $\frac{2}{5}$.

b) Dividiere die Differenz der Zahlen 0,51 und 0,11 durch $\frac{1}{3}$.

c) Subtrahiere von dem Quotienten der Zahlen 0,5 und 0,4 das Produkt dieser Zahlen.

d) Dividiere die Summe der Zahlen $\frac{1}{3}$ und $\frac{2}{7}$ durch das Produkt dieser Zahlen.

e) Addiere die Summe der Zahlen $\frac{1}{3}$, 0,5 und 0,25 zu dem Produkt dieser Zahlen.

f) Subtrahiere von 1 die 3. Potenz von $\frac{3}{4}$.

g) Berechne das Zehnfache der 3. Potenz von 0,2.

18. Gib zu dem Rechenbaum den Term an und berechne seinen Wert.

a)   **b)** 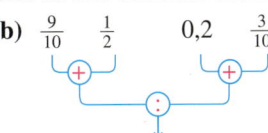   **c)**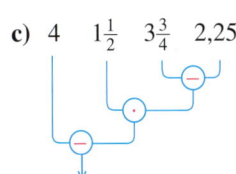

19. Schreibe in der Wortform und zeichne den Rechenbaum; berechne auch.

a) $7 : \left(\frac{3}{5} + \frac{1}{10}\right)$ **c)** $4 - 1,5 : \frac{6}{7}$ **e)** $\left(\frac{1}{2} + \frac{3}{4}\right) + \left(\frac{2}{3} + \frac{5}{6}\right)$ **g)** $1,4 \cdot (0,6 - 0,1) : \frac{2}{3}$

b) $\frac{3}{5} \cdot \frac{1}{6} + \frac{7}{10}$ **d)** $\left(\frac{1}{3} - \frac{1}{5}\right) \cdot \left(\frac{3}{5}\right)^2$ **f)** $\left(\frac{7}{9} - \frac{1}{3}\right) : (0,9 - 0,8)$ **h)** $\frac{1}{2} \cdot \left(\frac{4}{5} + \frac{2}{3}\right) - \left(\frac{3}{4} - \frac{3}{12}\right)$

20. In der Aufgabe fehlen Klammern. Setze diese so ein, dass das Ergebnis richtig ist.

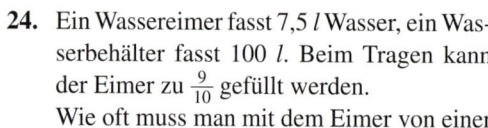

a) $\frac{3}{5} + \frac{2}{3} \cdot \frac{12}{19} = \frac{4}{5}$ c) $\frac{1}{5} \cdot \frac{1}{2} + \frac{1}{3} \cdot \frac{6}{11} = \frac{1}{11}$ e) $\frac{3}{5} + \frac{12}{5} : \frac{3}{8} : \frac{9}{4} = 18$

b) $6 - \frac{3}{4} : \frac{7}{8} = 6$ d) $\frac{1}{5} \cdot \frac{1}{2} + \frac{1}{3} \cdot \frac{6}{11} = \frac{3}{22}$ f) $\frac{3}{5} + \frac{12}{5} : \frac{3}{8} : \frac{9}{4} = 3\frac{5}{9}$

Stelle zu den folgenden Aufgaben zunächst einen Term auf; berechne dann.

21. a) In Tims Klasse kann $\frac{6}{7}$ aller Kinder schwimmen; ein Drittel hiervon hat das silberne Schwimmabzeichen.
Welcher Anteil von Tims Klasse hat das silberne Schwimmabzeichen?

b) In Daniels Klasse sind zwei Drittel aller Kinder in einem Sportverein. Die Hälfte davon ist in einem Fußballverein.
Welcher Anteil von Daniels Klasse ist in einem Fußballverein?

c) In Annes Klasse haben drei Viertel aller Kinder bei den Bundesjugendspielen eine Urkunde erreicht. Zwei Fünftel der Urkunden sind Ehrenurkunden.
Welcher Anteil von Annes Klasse hat eine Ehrenurkunde bekommen?

22. Ein Landwirt will $\frac{9}{20}$ seines Grundbesitzes mit Getreide bebauen. Von dieser Anbaufläche ist ein Drittel für Weizen und $\frac{4}{15}$ für Gerste vorgesehen.
Wie groß ist der Flächenanteil der Weizenfelder bzw. Gerstenfelder am gesamten Grundbesitz des Landwirtes?

23. Bei einer Verkehrszählung wurden von 1 200 gezählten Autos insgesamt 450 Lkw gezählt. Zwei Drittel davon fuhren in Richtung Ilmenau. Welchen Anteil hatten die in Richtung Ilmenau fahrenden Lkw?

24. Ein Wassereimer fasst 7,5 *l* Wasser, ein Wasserbehälter fasst 100 *l*. Beim Tragen kann der Eimer zu $\frac{9}{10}$ gefüllt werden.
Wie oft muss man mit dem Eimer von einer Zapfstelle zum Wasserbehälter gehen, bis dieser gefüllt ist?

25. Eine Klasse besteht zu $\frac{2}{3}$ aus Mädchen und zu $\frac{1}{3}$ aus Jungen. $\frac{3}{4}$ aller Mädchen und $\frac{2}{3}$ aller Jungen sind krank.
Wie groß ist der Anteil der kranken Kinder an der Gesamtzahl der Schülerinnen und Schüler der Klasse? Schätze zunächst ohne zu rechnen ab, ob mehr als $\frac{2}{3}$ aller Kinder krank sind.

26. $\frac{2}{5}$ aller Schülerinnen und Schüler einer Klasse sind Fahrschüler. $\frac{1}{3}$ dieser Schülerinnen und Schüler kam wegen einer Panne des Busses zu spät zum Unterricht.
Welchen Anteil an der Gesamtzahl hatten die pünktlichen Fahrschüler?

3.10 Rechengesetze für Multiplikation und Division

3.10.1 Kommutativgesetz und Assoziativgesetz der Multiplikation – geschicktes Vertauschen und Verbinden von gebrochenen Zahlen

Einstieg Dennis und Rina haben eine Aufgabe gelöst. Vergleicht ihre Wege und erläutert ihr Vorgehen.

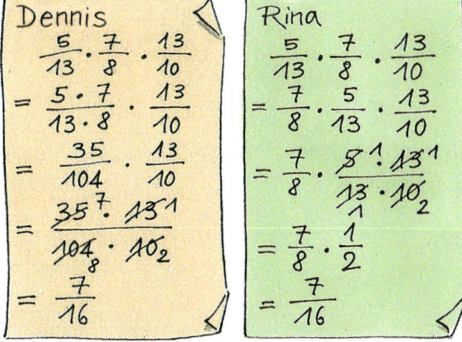

Aufgabe 1 Wie kannst du trotz der größeren Zahlen in Zähler und Nenner die Aufgaben rechts im Kopf lösen? Welche Rechengesetze hast du dabei angewandt?

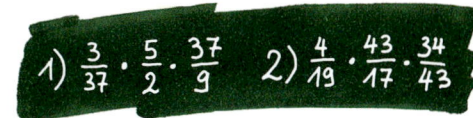

1) $\frac{3}{37} \cdot \frac{5}{2} \cdot \frac{37}{9}$ 2) $\frac{4}{19} \cdot \frac{43}{17} \cdot \frac{34}{43}$

Lösung

(1) $\frac{3}{37} \cdot \frac{5}{2} \cdot \frac{37}{9}$

$= \frac{3}{37} \cdot \frac{37}{9} \cdot \frac{5}{2}$ *Vertausche den 2. und 3. Faktor.*

$= \frac{1 \cdot 3 \cdot 37^1}{37 \cdot 9} \cdot \frac{5}{2}$

$= \frac{1 \cdot 5}{3 \cdot 2}$

$= \frac{5}{6}$

Es wurde das *Kommutativgesetz der Multiplikation* angewandt.

(2) $\frac{4}{19} \cdot \frac{43}{17} \cdot \frac{34}{43}$

$= \frac{4}{19} \cdot \left(\frac{43}{17} \cdot \frac{34}{43} \right)$ *Rechne nicht von links nach rechts; verbinde zuerst die beiden letzten Faktoren.*

$= \frac{4}{19} \cdot \frac{1 \cdot 43 \cdot 34^2}{17 \cdot 43}$

$= \frac{4 \cdot 2}{19 \cdot 1}$

$= \frac{8}{19}$

Es wurde das *Assoziativgesetz der Multiplikation* angewandt.

Information Das Kommutativgesetz und das Assoziativgesetz für die Multiplikation gelten nicht nur für natürliche Zahlen, sondern auch für gebrochene Zahlen. Das muss man begründen.

Kommutativgesetz (Vertauschungsgesetz) für die Multiplikation

In einem Produkt darf man die Faktoren vertauschen. Dabei ändert sich der Wert des Produktes nicht.

Denke dir Bruchzahlen anstelle von a und b. Stets gilt:

a · b = b · a

Assoziativgesetz (Verbindungsgesetz) für die Multiplikation

In einem Produkt aus drei Faktoren darf man Klammern beliebig setzen und auch weglassen. Dabei ändert sich der Wert des Produktes nicht.

Denke dir Bruchzahlen anstelle von a, b, c. Stets gilt:

(a · b) · c = a · (b · c) = a · b · c

Dass diese Gesetze auch für gebrochene Zahlen gelten, können wir an einem Beispiel zeigen.

Kommutativgesetz

$$\frac{2}{5} \cdot \frac{7}{11}$$
$$= \frac{2 \cdot 7}{5 \cdot 11}$$
$$= \frac{7 \cdot 2}{11 \cdot 5}$$
$$= \frac{7}{11} \cdot \frac{2}{5}$$

Anwenden des Kommutativgesetzes für natürliche Zahlen in Zähler und Nenner

Assoziativgesetz

$$\left(\frac{2}{3} \cdot \frac{4}{5}\right) \cdot \frac{7}{9} = \frac{2 \cdot 4}{3 \cdot 5} \cdot \frac{7}{9}$$
$$= \frac{(2 \cdot 4) \cdot 7}{(3 \cdot 5) \cdot 9}$$
$$= \frac{2 \cdot (4 \cdot 7)}{3 \cdot (5 \cdot 9)}$$
$$= \frac{2}{3} \cdot \frac{4 \cdot 7}{5 \cdot 9}$$
$$= \frac{2}{3} \cdot \left(\frac{4}{5} \cdot \frac{7}{9}\right)$$

Anwenden des Assoziativgesetzes für natürliche Zahlen in Zähler und Nenner

Weiterführende Aufgabe

2. *Vertauschen von Rechenschritten*

a) Berechne und vergleiche: (1) $\frac{3}{4} : \frac{6}{7} \cdot \frac{2}{5}$, $\frac{3}{4} \cdot \frac{2}{5} : \frac{6}{7}$ (2) $\frac{2}{3} \cdot \frac{4}{5} : \frac{1}{2}$; $\frac{2}{3} : \frac{1}{2} \cdot \frac{4}{5}$

b) Begründe folgende Regel an den obigen Beispielen. Ersetze dazu jeden Divisionsschritt durch den Multiplikationsschritt mit dem Kehrwert und wende dann das Kommutativgesetz an.

> Aufeinander folgende Multiplikationsschritte und Divisionsschritte darf man vertauschen. Dabei ändert sich der Wert des Terms nicht.

Übungsaufgaben

3. Rechne vorteilhaft.

a) $\frac{6}{25} \cdot \frac{8}{7} \cdot \frac{5}{3}$

$\frac{20}{21} \cdot \frac{9}{11} \cdot \frac{7}{10}$

b) $\frac{13}{7} \cdot \frac{9}{40} \cdot \frac{10}{9}$

$\frac{9}{5} \cdot \frac{11}{8} \cdot \frac{4}{11}$

c) $\frac{12}{5} \cdot \frac{10}{9} \cdot \frac{12}{35}$

$\frac{9}{26} \cdot \frac{13}{27} \cdot \frac{17}{23}$

d) $2,5 \cdot 0,7 \cdot 4$

$0,4 \cdot 3,4 \cdot 2,5$

4. a) $\frac{4}{9} \cdot \frac{5}{7} \cdot \frac{3}{11} \cdot 2\frac{1}{4}$

$3\frac{3}{4} \cdot \frac{6}{7} \cdot \frac{4}{15} \cdot \frac{7}{12}$

b) $2\frac{4}{5} \cdot 7\frac{1}{3} \cdot 2\frac{1}{7} \cdot 1\frac{7}{11}$

$5\frac{1}{4} \cdot 5\frac{1}{5} \cdot 1\frac{5}{7} \cdot 1\frac{2}{13}$

c) $3,4 \cdot 2 \cdot 0,4 \cdot 1,5 \cdot 2,5$

$1,25 \cdot 5,9 \cdot 8 \cdot 1,5$

d) $1\frac{1}{8} \cdot 6\frac{1}{4} \cdot 10\frac{2}{3} \cdot 3\frac{1}{5}$

$\frac{5}{6} \cdot \frac{7}{8} \cdot \frac{4}{5} \cdot \frac{6}{7} \cdot \frac{3}{4}$

5. Rechne vorteilhaft.

a) $\frac{3}{5} : \frac{8}{17} \cdot \frac{5}{3}$

b) $\frac{25}{44} : \frac{35}{36} \cdot \frac{11}{5}$

c) $\frac{8}{9} \cdot \frac{17}{7} : \frac{4}{9}$

d) $\frac{8}{39} \cdot \frac{5}{9} : \frac{2}{13}$

e) $1\frac{3}{7} \cdot \frac{3}{11} : \frac{5}{7}$

f) $\frac{21}{38} \cdot \frac{10}{9} : \frac{7}{19}$

g) $\frac{5}{9} : 1\frac{2}{7} \cdot \frac{9}{5}$

h) $\frac{7}{8} : \frac{21}{64} \cdot \frac{3}{4}$

i) $2\frac{4}{9} \cdot \frac{3}{5} : 1\frac{2}{9}$

 6. Erfindet Aufgaben, die sich mithilfe von Rechengesetzen vorteilhaft lösen lassen.

3.10.2 Distributivgesetz – geschicktes Multiplizieren einer Summe bzw. Differenz

Einstieg

Zwei Tücher werden als Dekor benötigt. Jedes Tuch soll zu $\frac{2}{5}$ aus rotem, im übrigen aus weißem Stoff sein. Das erste Tuch soll $1\frac{1}{4}$ m² groß sein, das zweite $\frac{5}{8}$ m² groß.
Wie viel Quadratmeter vom roten Stoff werden insgesamt benötigt?
Rechne auf zwei Wegen.

$1\frac{1}{4}$ m²

$\frac{5}{8}$ m²

Aufgabe 1

Dominik und sein Vater bereiten für ein Gartenfest zwei große Schüsseln mit Salaten zu: eine mit griechischem Bauernsalat und eine mit Blattsalat. Beide Salate erhalten eine gemeinsame Salatsoße aus $\frac{3}{8}$ l Olivenöl und $\frac{1}{4}$ l Essig. $\frac{3}{5}$ der Salatsoße sind für den griechischen Bauernsalat vorgesehen, der Rest für den Blattsalat. Wie viel Salatsoße kommt an den Bauernsalat? Rechne auf verschiedenen Wegen und schreibe jeweils einen einzigen Term für den Rechenweg.

Lösung

Vielleicht sind dir noch andere Wege eingefallen.

1. Weg: Man könnte zunächst das Olivenöl und den Essig mischen und dann $\frac{3}{5}$ von der fertigen Salatsoße für den Bauernsalat verwenden:

$$\frac{3}{5} \cdot \left(\frac{3}{8} + \frac{1}{4}\right) = \frac{3}{5} \cdot \left(\frac{3}{8} + \frac{2}{8}\right) = \frac{3}{5} \cdot \frac{5}{8} = \frac{3}{8}$$

2. Weg: Man könnte $\frac{3}{5}$ von dem Olivenöl und $\frac{3}{5}$ von dem Essig für den Bauernsalat mischen:

$$\frac{3}{5} \cdot \frac{3}{8} + \frac{3}{5} \cdot \frac{1}{4} = \frac{9}{40} + \frac{3}{20} = \frac{9}{40} + \frac{6}{40} = \frac{15}{40} = \frac{3}{8}$$

In jedem Fall kommt $\frac{3}{8}$ l Salatsoße auf den Bauernsalat, der Rest, also $\frac{1}{4}$ l auf den Blattsalat.

Information

In der Aufgabe 1 kann man $\frac{3}{5}$ von der Summe der Volumina des Essigs und Öls nehmen, oder $\frac{3}{5}$ von dem Essig-Volumen und $\frac{3}{5}$ von dem Öl-Volumen und beide Teilvolumina addieren.

Auf beiden Wegen erhält man dasselbe Ergebnis: $\frac{3}{5} \cdot \left(\frac{3}{8} + \frac{1}{4}\right) = \frac{3}{5} \cdot \frac{3}{8} + \frac{3}{5} \cdot \frac{1}{4}$

Dies ist das Distributivgesetz für die Multiplikation einer Summe. Für natürliche Zahlen kennst du es schon. Es gilt auch für gebrochene Zahlen. Entsprechendes gilt für die Multiplikation einer Differenz.

> **Distributivgesetze (Verteilungsgesetze) für die Multiplikation einer Summe bzw. Differenz**
>
> Wenn du eine Summe oder Differenz mit einem Faktor multiplizieren sollst, dann kannst du jede Zahl der Summe bzw. Differenz mit diesem Faktor multiplizieren und dann die Ergebnisse addieren bzw. subtrahieren.
>
> Denke dir gebrochene Zahlen anstelle von a, b, c. Stets gilt:
>
> $a \cdot (b + c) = a \cdot b + a \cdot c$
>
> $a \cdot (b - c) = a \cdot b - a \cdot c$ (falls die Subtraktion ausführbar ist.)

Man muss begründen, dass die Distributivgesetze auch für gebrochene Zahlen gelten. Dazu genügt es, die Begründung für gleichnamige Brüche in der Klammer durchzuführen, da man die gebrochenen Zahlen als gleichnamige Brüche schreiben kann. Überlege dir, dass die Begründung entsprechend verläuft, wenn in der Klammer eine Differenz steht.

$$\frac{2}{3} \cdot \left(\frac{5}{7} + \frac{4}{7}\right) = \frac{2}{3} \cdot \frac{5+4}{7}$$
$$= \frac{2 \cdot (5+4)}{3 \cdot 7}$$
$$= \frac{2 \cdot 5 + 2 \cdot 4}{3 \cdot 7}$$
$$= \frac{2 \cdot 5}{3 \cdot 7} + \frac{2 \cdot 4}{3 \cdot 7}$$
$$= \frac{2}{3} \cdot \frac{5}{7} + \frac{2}{3} \cdot \frac{4}{7}$$

Wende das Distributivgesetz für natürliche Zahlen im Zähler an.

Weiterführende Aufgabe

2. *Distributivgesetze für die Division*

a) Unten siehst du die Distributivgesetze der Division. Begründe diese Gesetze. Formuliere diese Gesetze auch mit Worten.

> **Distributivgesetze für die Division**
>
> Denke dir gebrochene Zahlen an Stelle von a, b, c. Stets gilt, falls $c \neq 0$:
>
> $(a + b) : c = a : c + b : c$
>
> $(a - b) : c = a : c - b : c$ (falls die Subtraktion ausführbar ist.)

b) Wie kann man die Aufgaben vorteilhaft lösen?   (1) $\left(\frac{19}{17} + \frac{38}{17}\right) : \frac{19}{17}$ (2) $\left(\frac{10}{3} - \frac{7}{3}\right) : \frac{17}{15}$

Übungsaufgaben

3. Rechne auf zweierlei Weise. Welcher Weg ist vorteilhafter? Begründe.

a) $\frac{4}{5} \cdot \left(\frac{5}{8} + \frac{15}{4}\right)$ f) $\left(\frac{3}{8} + \frac{1}{2}\right) : \frac{7}{5}$

b) $\frac{45}{14} \cdot \left(\frac{14}{15} - \frac{7}{9}\right)$ g) $\frac{1}{3} \cdot \left(\frac{3}{5} - \frac{3}{10}\right)$

c) $\frac{3}{11} \cdot \left(\frac{4}{7} - \frac{5}{21}\right)$ h) $\left(\frac{9}{8} - \frac{1}{4}\right) \cdot \frac{1}{7}$

d) $\left(\frac{8}{5} + \frac{2}{3}\right) : \frac{8}{15}$ i) $\left(\frac{7}{5} - \frac{5}{13}\right) : 5$

e) $\left(\frac{3}{4} - \frac{1}{7}\right) : \frac{3}{28}$ j) $\left(\frac{8}{9} - \frac{5}{18}\right) : \frac{1}{3}$

1. Weg	2. Weg
$\frac{4}{3} \cdot \left(\frac{3}{4} + \frac{3}{5}\right)$	$\frac{4}{3} \cdot \left(\frac{3}{4} + \frac{3}{5}\right)$
$= \frac{4}{3} \cdot \left(\frac{15}{20} + \frac{12}{20}\right)$	$= \frac{4}{3} \cdot \frac{3}{4} + \frac{4}{3} \cdot \frac{3}{5}$
$= \frac{4}{3} \cdot \frac{27}{20}$	$= 1 + \frac{4}{5}$
$= \frac{9}{5}$	$= 1\frac{4}{5}$
$= 1\frac{4}{5}$	

Der 2. Weg ist hier vorteilhafter.

4. Rechne vorteilhaft.

a) $\frac{5}{6} \cdot \left(\frac{6}{5} + \frac{2}{3}\right)$ c) $\left(\frac{3}{11} + \frac{3}{8}\right) \cdot \frac{8}{3}$ e) $\left(\frac{3}{7} + \frac{3}{4}\right) \cdot \frac{28}{33}$ g) $\left(\frac{8}{9} + \frac{4}{3}\right) : \frac{2}{3}$

b) $\frac{3}{4} \cdot \left(\frac{8}{3} - \frac{4}{9}\right)$ d) $\left(\frac{7}{5} - \frac{4}{15}\right) \cdot \frac{15}{7}$ f) $\frac{63}{79} \cdot \left(\frac{8}{9} - \frac{7}{9}\right)$ h) $\left(\frac{9}{10} - \frac{3}{20}\right) : \frac{3}{5}$

 5. Erfindet Aufgaben mit einer Summe oder Differenz in einer Klammer, bei denen es günstig [ungünstig] ist, eines der Distributivgesetze anzuwenden.

6. Rechne vorteilhaft.

a) $\frac{4}{9} \cdot \frac{3}{7} + \frac{4}{9} \cdot \frac{4}{7}$ d) $\frac{11}{25} \cdot \frac{3}{7} + \frac{3}{25} \cdot \frac{3}{7}$ g) $\frac{8}{9} : \frac{2}{3} + \frac{4}{3} : \frac{2}{3}$

b) $\frac{4}{5} \cdot \frac{7}{9} - \frac{4}{5} \cdot \frac{2}{9}$ e) $\frac{15}{4} \cdot \frac{12}{5} - \frac{10}{3} \cdot \frac{12}{5}$ h) $\frac{9}{10} : \frac{3}{5} - \frac{3}{20} : \frac{3}{5}$

c) $\frac{5}{8} : \frac{2}{3} + \frac{3}{8} : \frac{2}{3}$ f) $\frac{23}{7} : \frac{3}{5} - \frac{2}{7} : \frac{3}{5}$ i) $\frac{5}{6} : \frac{3}{7} + \frac{1}{6} : \frac{3}{7}$

$\frac{4}{9} \cdot \frac{2}{5} + \frac{4}{9} \cdot \frac{1}{10}$
$= \frac{4}{9} \cdot \left(\frac{2}{5} + \frac{1}{10}\right)$
$= \frac{4}{9} \cdot \left(\frac{4}{10} + \frac{1}{10}\right)$
$= \frac{4}{9} \cdot \frac{5}{10} = \frac{2}{9}$

7. Berechne möglichst geschickt.

a) $16{,}9 \cdot 7{,}15 + 16{,}9 \cdot 4{,}35$ d) $74{,}6 \cdot 0{,}9 + 0{,}9 \cdot 36{,}2$ g) $42{,}7 : 0{,}4 + 5{,}8 : 0{,}4$

b) $0{,}275 \cdot 14{,}6 + 0{,}275 \cdot 6{,}77$ e) $4{,}88 \cdot 0{,}62 - 0{,}62 \cdot 2{,}75$ h) $5{,}94 : 0{,}6 + 8{,}46 : 0{,}6$

c) $8{,}64 \cdot 19{,}47 - 8{,}64 \cdot 11{,}5$ f) $3{,}14 \cdot 12{,}3 + 12{,}3 \cdot 4{,}97$ i) $21{,}6 : 1{,}6 - 7{,}4 : 1{,}6$

8. Wende Rechengesetze an.

a) $\left(3\frac{4}{7} + 6\frac{1}{4}\right) \cdot \frac{7}{25}$ c) $\frac{8}{9} \cdot \left(2\frac{1}{4} - 1\frac{4}{5}\right)$ e) $\left(\frac{7}{6} + \frac{7}{4}\right) : 3\frac{1}{2}$ g) $\left(1\frac{1}{10} - \frac{1}{5}\right) : 4\frac{1}{2}$

b) $\frac{11}{16} \cdot 2\frac{1}{3} + \frac{11}{16} \cdot 5\frac{2}{3}$ d) $3\frac{1}{5} \cdot \frac{7}{8} - 3\frac{1}{5} \cdot \frac{1}{4}$ f) $\frac{5}{9} : 2\frac{1}{3} + \frac{2}{9} : 2\frac{1}{3}$ h) $\frac{8}{9} : 2\frac{1}{3} - \frac{1}{9} : 2\frac{1}{3}$

9. Auf einem Tisch stehen zwei Krüge mit Saft und mehrere leere Gläser. Der eine Krug enthält $2\frac{1}{2}$ *l* Saft, der andere $1\frac{3}{4}$ *l*. Jedes Glas kann mit $\frac{1}{8}$ *l* gefüllt werden.

a) Wie viele Gläser kann man mit Saft aus beiden Krügen füllen? Rechne auf zweierlei Weise. Notiere auch jeweils einen Term.

b) Welches Gesetz kann durch diesen Sachverhalt gedeutet werden?

3.11 Gleichungen mit gebrochenen Zahlen

Aufgabe 1

Lena denkt sich eine gebrochene Zahl.
Sie multipliziert diese Zahl mit $\frac{5}{8}$ und subtrahiert danach $\frac{1}{12}$. Als Ergebnis erhält sie $\frac{1}{6}$.
Welche gebrochene Zahl hat sie sich gedacht?
Stelle auch eine Gleichung auf.

Lösung

Ein Pfeilbild hilft dir.

$$x \xrightarrow[:\frac{5}{8}]{\cdot\frac{5}{8}} x \cdot \frac{5}{8} \xrightarrow[+\frac{1}{12}]{-\frac{1}{12}} \frac{1}{6}$$

Rückwärts-rechnen

Gleichung: $x \cdot \frac{5}{8} - \frac{1}{12} = \frac{1}{6}$

Ergebnis: Lisa hat sich die Zahl $\frac{2}{5}$ gedacht.

Rechne schrittweise rückwärts:

1. Schritt: $\frac{1}{6} + \frac{1}{12} = \frac{3}{12} = \frac{1}{4}$

2. Schritt: $\frac{1}{4} : \frac{5}{8} = \frac{1}{4} \cdot \frac{8}{5} = \frac{2}{5}$

Aufgabe 2

Bestimme die Lösung der Gleichung $\frac{x}{3} = \frac{4}{5}$.

Lösung

1. Weg: $\frac{x}{3} = \frac{4}{5}$ *gleichnamig machen*

$\frac{5 \cdot x}{15} = \frac{12}{15}$

Zwei gleichnamige Brüche sind gleich, wenn auch die Zähler übereinstimmen:

$5 \cdot x = 12$

Lösung: $\frac{12}{5}$

2. Weg: $\frac{x}{3} = \frac{4}{5}$ *Bruchstrich bedeutet dividieren*

Pfeilbild: $x \xrightarrow[\cdot 3]{:3} \frac{4}{5}$

Lösung: $\frac{12}{5}$

Übungsaufgaben

3. Bestimme die Lösung der Gleichung.

a) $\frac{2}{3} \cdot x + \frac{1}{5} = \frac{7}{10}$ b) $\frac{x}{4} = \frac{5}{12}$ c) $\frac{x}{3} - 1 = 1$ d) $2 + \frac{x}{4} = 4$

4. Welche der Zahlen $\frac{4}{15}$; $\frac{2}{3}$; $\frac{1}{9}$; $\frac{11}{6}$; $\frac{9}{4}$ erfüllt die Gleichung? Prüfe durch Einsetzen.

a) $x + \frac{5}{3} = \frac{16}{9}$ b) $x - \frac{3}{4} = \frac{3}{2}$ c) $y \cdot \frac{3}{8} = \frac{1}{10}$ d) $z : \frac{2}{7} = \frac{7}{3}$

5. Bestimme die Lösungsmenge.

a) $x + \frac{5}{6} = \frac{4}{3}$ d) $x : \frac{5}{12} = \frac{4}{15}$ g) $x \cdot 0{,}4 = 5{,}44$ j) $x \cdot \frac{2}{3} - \frac{3}{2} = \frac{1}{6}$

b) $x + \frac{7}{8} = \frac{9}{4}$ e) $x + 0{,}8 = 1{,}3$ h) $x : 1{,}3 = 2{,}1$ k) $z : \frac{5}{8} + \frac{4}{5} = 2$

c) $x + \frac{1}{2} = \frac{3}{7}$ f) $x - 2{,}2 = 5{,}95$ i) $x + 0{,}4 - 0{,}75 = 0{,}7$ l) $y \cdot \frac{3}{2} + \frac{5}{8} = \frac{43}{24}$

6. Bestimme die Lösungsmenge.

a) $\frac{x}{4} = \frac{5}{6}$ b) $\frac{x}{5} = \frac{4}{25}$ c) $\frac{y}{7} = \frac{9}{14}$ d) $\frac{7}{9} = \frac{4}{15}$

7. Lise denkt sich eine Zahl. Stelle eine Gleichung für die gedachte Zahl auf; bestimme sie.

a) Sie dividiert diese Zahl durch 3 und addiert zu dem Quotienten 1,6. Das Ergebnis ist 2.

b) Sie subtrahiert von dieser Zahl $\frac{1}{6}$ und multipliziert die Differenz mit $\frac{2}{5}$. Das Ergebnis ist $\frac{1}{5}$.

c) Sie multipliziert diese Zahl mit $\frac{3}{8}$ und addiert zu dem Produkt $\frac{5}{6}$. Das Ergebnis ist 1.

d) Sie addiert zu dieser Zahl 0,4 und dividiert die Summe durch 0,5. Das Ergebnis ist 2.

3.12 Aufstellen von Termen mit Variablen

Einstieg   Setzt euch in Dreiergruppen zusammen. Teilt die drei folgenden Aufgaben unter euch auf:

1. Auf einer Geburtstagsfeier sind 3 Gäste. Jeder gibt jedem zur Begrüßung die Hand. Wie oft erfolgt ein Händeschütteln?

Wie oft werden die Hände geschüttelt, wenn es 4, 5 oder 6 Gäste sind?

2. Zeichne 4 Punkte. Verbinde jeden Punkt mit jedem anderen mit einer Strecke. Wie viele Strecken musst du zeichnen?

Wie viele Strecken werden es, wenn du 5, 6 oder 7 Punkte zeichnest?

3. Setze in den Term $n \cdot (n - 1) : 2$ nacheinander die Zahlen 1, 2, 3, ... , 8 ein und berechne jeweils das Ergebnis.
Schreibe die Ergebnisse hintereinander.
Findest du eine Regel, wie sich die Ergebnisse jeweils fortsetzen?

Erklärt euch in der Gruppe gegenseitig eure Aufgabenlösungen. Ermittelt dann gemeinsam, was die Aufgaben miteinander zu tun haben. Könnt ihr jetzt herausbekommen, wie oft man bei 10 Gästen Hände schüttelt und wie viele Strecken es bei 10 Punkten gibt?

Einführung

Die Länge eines Rechtecks muss nicht immer größer als die Breite sein.

Lisas Eltern haben den Garten neu angelegt. Dabei sind 7 m Palisadenzaun übrig geblieben, mit denen Lisa ein eigenes Beet in einer Ecke des Gartens eingrenzen darf. Zwei Seiten grenzen an Hauswände. Länge und Breite des Beetes müssen dann zusammen die Zaunlänge ergeben. Wir wollen eine *Formel* aufstellen, mit der man aus der Länge des Beetes den Flächeninhalt des Beetes berechnen kann.
Mit den folgenden Fragen kann man die Formel leichter finden.

Flächeninhalt = Länge · Breite

(1) Wie sehen Beispiele für die Berechnung aus?

Möchte Lisa ein 4 m langes Beet anlegen, so ist es 7 m – 4 m, also 3 m breit. Der Flächeninhalt ist 4 m · 3 m = 12 m² groß. Beide Überlegungen kann man in einer einzigen Rechnung aufschreiben:
4 m · (7 m – 4 m) = 4 m · 3 m = 12 m²

Soll das Beet 5 m lang sein, ist es 7 m – 5 m, also 2 m breit. Der Flächeninhalt ist in diesem Fall:
5 m · (7 m – 5 m) = 5 m · 2 m = 10 m²

(2) Was ändert sich, was nicht?

Es ändert sich jeweils die Länge des Beetes (4 m bzw. 5 m) als *Ausgangsgröße*, aus der sich der jeweilige Flächeninhalt (12 m² bzw. 10 m²) als *Zielgröße* berechnen lässt. Die Gesamtlänge des Palisadenzauns von 7 m ändert sich dabei nicht.

(3) Wie kann man die Berechnung mit Variablen ausdrücken?

Wählt man für die Länge des Beetes (in m) als Ausgangsgröße die Variable x, so beträgt die Breite (in m) genau 7 – x. Man kann folglich den Flächeninhalt A des Beetes (in m²) als Zielgröße mit der folgenden **Formel** berechnen:

$A = x \cdot (7 - x)$

In dieser Formel haben wir nur die Maßzahlen der Größen verwendet, damit sie übersichtlich bleibt. So vermeidet man auch mögliche Missverständnisse, ob m eine Variable oder eine Einheit ist.

Auf diese Weise können wir schnell für andere mögliche Breiten die Größe des Beetes berechnen. Wählt Lisa z. B. 2,40 m für die Breite, so erhält sie für den Flächeninhalt (in m^2):

$A = (5 - 2,40) \cdot 2,40 = 6,24.$

Probiere mit dem Taschenrechner, ob es ein größeres Beet gibt als das, das 2,50 m breit ist.

Information

terminare ⟨lat.⟩
bestimmen, festsetzen

Terme mit einer Variablen

Die Formel für den Flächeninhalt von Lisas Beet enthält auf der rechten Seite die Rechenvorschrift x · (7 − x).

Setzt man in der Rechenvorschrift x · (7 − x) für die Variable x die Zahl 1 ein, so erhält man einen Term, den man berechnen kann.

$$x \cdot (7 - x)$$
$$1 \cdot (7 - 1)$$
$$= 1 \cdot \quad 6$$
$$= 6$$

Setzt man für die Variable an einer Stelle eine Zahl ein, so muss man diese Zahl auch an jeder anderen Stelle einsetzen.

Bei der Berechnung eines Terms muss man die Vorrang-regeln beachten.

Du weißt schon: Ein Term mit gebrochenen Zahlen enthält eine „Rechenvorschrift auf einen Blick", die mithilfe der Vorrangregeln die Reihenfolge der Berechnungsschritte angibt. Auch einen Rechenausdruck mit einer Variablen nennen wir **Term**: Setzt man für die Variable eine Zahl ein, so erhält man eine Zahl, den **Wert** dieses Terms bei dieser Einsetzung.

Beispiel: *Term:*
$$5 \cdot x + 7 \cdot x^2$$

Einsetzung
für x: 3 $5 \cdot 3 + 7 \cdot 3^2$
$$= 15 + 7 \cdot 9$$
$$= 15 + 63$$
$$= 78$$

Folgendes Vorgehen zum Aufstellen von Termen ist günstig:

Schritte zum Aufstellen eines Terms

1. Schritt: Wie sehen Beispiele für die Berechnung aus?
2. Schritt: Was ändert sich, was nicht?
3. Schritt: Wie kann man die Berechnung mit Variablen ausdrücken?

Übungsaufgaben

Tetraeder, das
⟨griech.⟩
Vierflächner,
dreiseitige Pyramide

1. Eine Klasse stellt in einem Projekt mit dem Kunstlehrer und der Mathematiklehrerin ein Mobile mit Würfeln und Tetraedern aus Silberdraht her. Die Körper werden dafür in verschiedenen Größen benötigt.

    a) Wie viel Silberdraht benötigt man für einen Würfel [ein Tetraeder] mit der Kantenlänge 3 cm, 5 cm, 7 cm?

    b) Erstelle eine Formel, mit der man aus der Kantenlänge den Drahtbedarf für einen Würfel [ein Tetraeder] berechnen kann.

kWh, Abkürzung für die Einheit Kilowattstunde. Brennt z.B. eine 100-W-Glühlampe 10 Stunden, so wird dafür eine elektrische Energie von 1 kWh benötigt.

2. Frau Müller hat einen Vertrag für Strom nach dem Tarif ECO-CURRENT abgeschlossen.

a) Im Mai hat Frau Müller 200 kWh Strom benötigt, im Juni 230 kWh.
Wie hoch ist ihre Stromrechnung in den beiden Monaten?

b) Erstelle eine Formel, mit der sie die monatlichen Stromkosten (in €) aus dem Verbrauch (in kWh) berechnen kann.

c) Berechne damit die Stromkosten für einen monatlichen Verbrauch von 67 kWh; 87 kWh; 139 kWh; 351 kWh.

3. Setze die für die Variable angegebenen Zahlen in den Term ein und berechne jeweils den Wert. Fülle die Tabelle im Heft aus.

a)

x	$4 \cdot x$
5	
1	
0	
0,5	
$\frac{1}{8}$	

b)

a	$(a + 4) \cdot 2$
3	
0	
1	
0,6	
$\frac{1}{4}$	

c)

x	$\frac{10}{x}$
5	
2	
1	
0,2	
$\frac{1}{2}$	

4. Setze jede der Zahlen 1; 5; 0,5; 0; $\frac{3}{2}$ für x ein und berechne jeweils den Wert des Terms.

a) $x + 8$ **c)** $5 \cdot x$ **e)** $100 - 8 \cdot x$ **g)** $5 \cdot x^2 - x$

b) $32 - x$ **d)** $180 : x$ **f)** $x \cdot (x + 3)$ **h)** $5 \cdot (x^2 + x)$

x	x + 8	32 − x
1	9	
15		

5. Schreibe einen Term für folgende Rechenvorschrift.

a) Eine Zahl a wird verdoppelt.   **e)** Eine Zahl e wird um 7 vermindert.

b) Eine Zahl b wird halbiert.   **f)** Das Dreifache einer Zahl f wird um 5 vermehrt.

c) Eine Zahl c wird gedrittelt.   **g)** Ein Viertel einer Zahl u wird um 3 vermindert.

d) Eine Zahl y wird um 9 vermehrt.   **h)** Das Doppelte einer Zahl z wird verdreifacht.

6. Ein Schwimmbecken wird mit Wasser gefüllt. In einer Stunde steigt das Wasser um 12 cm. Zu Beginn steht das Wasser 27 cm hoch.

a) Wie hoch steht das Wasser in 5 Stunden; 7 Stunden; 15 Stunden?

b) Stelle einen Term auf, mit welchem der Wasserstand nach t Stunden berechnet werden kann.
Berechne mithilfe des Terms den Wasserstand nach $2\frac{1}{2}$ Stunden; $9\frac{1}{4}$ Stunden; $3\frac{1}{4}$ Stunden; $5\frac{1}{2}$ Stunden.

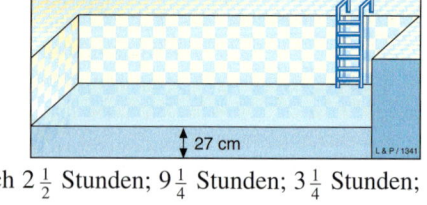

7. Eine Kerze ist 20 cm hoch. In 1 Minute brennt sie 0,1 cm ab.

a) Wie hoch ist sie nach 10 Minuten; 35 Minuten; 60 Minuten?

b) Stelle einen Term auf, mit dem man die Höhe der Kerze nach t Minuten berechnen kann.
Berechne damit die Höhe nach 7,5 Minuten.

3.13 Vergleich der Zahlenbereiche ℕ und ℚ₊   *Zum Selbstlernen*

Ziel

Du hast bisher zwei Zahlenbereiche kennen gelernt:
die Menge der natürlichen Zahlen, kurz ℕ;
die Menge der gebrochenen Zahlen, kurz ℚ₊.
Du weißt: Jede natürliche Zahl ist auch eine gebrochene Zahl, also
ist ℕ eine Teilmenge von ℚ₊.
Aber nicht jede gebrochene Zahl ist auch eine natürliche Zahl. Die
Menge ℚ₊ geht über die Menge ℕ hinaus.

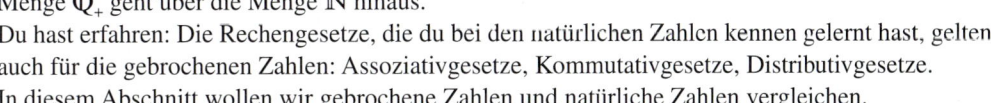

Du hast erfahren: Die Rechengesetze, die du bei den natürlichen Zahlen kennen gelernt hast, gelten
auch für die gebrochenen Zahlen: Assoziativgesetze, Kommutativgesetze, Distributivgesetze.
In diesem Abschnitt wollen wir gebrochene Zahlen und natürliche Zahlen vergleichen.

Zum Erarbeiten

Zahlen zwischen zwei vorgegebenen Zahlen finden

Ⓐ **a)** *Suche eine natürliche Zahl*
   (1) zwischen den natürlichen Zahlen 2 und 5;   (2) zwischen den natürlichen Zahlen 8 und 9.

b) *Suche eine gebrochene Zahl*
   (1) zwischen den gebrochenen Zahlen $\frac{1}{10}$ und $\frac{6}{10}$;

   (2) zwischen den gebrochenen Zahlen $\frac{8}{10}$ und $\frac{9}{10}$.

Du findest:

a) (1) Zwischen den natürlichen Zahlen 2 und 5
    liegen die natürlichen Zahlen 3 und 4.

(2) Zwischen den natürlichen Zahlen 8 und 9
    findest du *keine* natürliche Zahl.

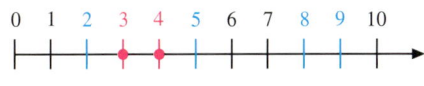

b) (1) Zwischen den gebrochenen Zahlen $\frac{1}{10}$ und $\frac{6}{10}$
    findest du leicht mehrere gebrochene Zahlen,
    zum Beispiel die gebrochene Zahl $\frac{3}{10}$.

(2) Zwischen den gebrochenen Zahlen $\frac{8}{10}$ und $\frac{9}{10}$
    findest du zwar keine gebrochene Zahl mit
    dem Nenner 10, aber zum Beispiel die gebrochene Zahl $\frac{17}{20}$.

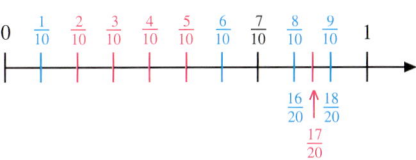

Beliebig viele Zahlen zwischen zwei gebrochenen Zahlen

Ⓐ *Erweitere die Brüche $\frac{8}{10}$ und $\frac{9}{10}$ so, dass du zwischen $\frac{8}{10}$ und $\frac{9}{10}$*

a) *mindestens 2,*   **b)** *mindestens 9,*   **c)** *mindestens 999 gebrochene Zahlen*

leicht angeben könntest.

a) Beim Erweitern von $\frac{8}{10}$ und $\frac{9}{10}$ mit 2 konntest du leicht noch eine weitere gebrochene Zahl dazwischen angeben. Erweiterst du mit 3, so ergibt sich $\frac{8}{10} = \frac{24}{30}$ und $\frac{9}{10} = \frac{27}{30}$.
Zwischen diesen beiden gebrochenen Zahlen liegen $\frac{25}{30}$ und $\frac{26}{30}$.

b) Erweiterst du mit 10, so ergibt sich $\frac{8}{10} = \frac{80}{100}$ und $\frac{9}{10} = \frac{90}{100}$.
Zwischen diesen beiden gebrochenen Zahlen liegen die neun Zahlen $\frac{81}{100}, \frac{82}{100}, \dots, \frac{89}{100}$.

c) Hierzu erweiterst du mit 1 000: $\frac{8}{10} = \frac{8\,000}{10\,000}$ und $\frac{9}{10} = \frac{9\,000}{10\,000}$.
Zwischen diesen beiden Zahlen liegen die folgenden 999 Zahlen:
$\frac{8\,001}{10\,000}, \frac{8\,002}{10\,000}, \frac{8\,003}{10\,000}, \dots, \frac{8\,098}{10\,000}, \frac{8\,099}{10\,000}$.

Zwischen zwei verschiedenen natürlichen Zahlen findest du *nicht immer* eine weitere natürliche Zahl. Zwischen zwei verschiedenen gebrochenen Zahlen findest du *immer* beliebig viele weitere gebrochene Zahlen.

Ausführbarkeit der Division in $\mathbb{N}$ und in $\mathbb{Q}_+$

 Betrachte die folgenden Aufgaben.

In welchen Fällen ist der Quotient eine natürliche Zahl?
In welchen Fällen ist der Quotient eine gebrochene Zahl?
In welchen Fällen kann man nicht dividieren?

(1) $12:3$ (2) $14:5$ (3) $\frac{1}{2}:\frac{3}{4}$ (4) $\frac{3}{5}:6$ (5) $0:\frac{4}{7}$ (6) $\frac{4}{9}:0$ (7) $0:0$

Es gilt: (1) $12:3=4$ (2) $14:5=\frac{14}{5}=2\frac{4}{5}$ (3) $\frac{1}{2}:\frac{3}{4}=\frac{1}{2}\cdot\frac{4}{3}=\frac{2}{3}$ (4) $\frac{3}{5}:6=\frac{3}{5\cdot6}=\frac{1}{10}$
(5) $0:\frac{4}{7}=0$,   denn $0\cdot\frac{4}{7}=0$
(6) $\frac{4}{9}:0$ kann nicht berechnet werden, denn welche Zahl z man als Ergebnis wählen würde, stets würde die Probe $z\cdot0=0$, aber nicht $\frac{4}{9}$ ergeben.
(7) Auch $0:0$ kann nicht berechnet werden, da hier die Probe für jede beliebige Zahl z als Ergebnis stimmen würde: $0\cdot z=0$.
Als Zusammenfassung erhältst du:

Durch 0 kann man nicht dividieren.

In allen anderen Fällen gilt:

Der Quotient zweier natürlicher Zahlen ist *nicht immer* eine natürliche Zahl (d.h. die Division ist in der Menge der natürlichen Zahlen nicht immer ausführbar).

Der Quotient zweier gebrochener Zahlen ist *immer* eine gebrochene Zahl (d.h. die Division ist in der Menge der gebrochenen Zahlen immer ausführbar).

Zum Üben

1. Gib zwei gebrochene Zahlen an, die zwischen den beiden gebrochenen Zahlen liegen.

a) $\frac{2}{5}$ und $\frac{4}{5}$ **c)** $\frac{1}{3}$ und $\frac{5}{6}$ **e)** 8 und 9   **g)** $2\frac{1}{4}$ und $2\frac{1}{3}$ **i)** 7,2 und 7,3

b) 1 und $\frac{3}{5}$ **d)** 0 und $\frac{1}{8}$ **f)** $\frac{1}{10}$ und $\frac{1}{11}$ **h)** 0,18 und 0,19   **j)** 0,9 und 1,1

2. a) Gibt es eine kleinste natürliche Zahl?   **c)** Gibt es eine größte natürliche Zahl?
   b) Gibt es eine kleinste gebrochene Zahl?   **d)** Gibt es eine größte gebrochene Zahl?

3. Überprüfe Stefans Vermutungen. Welche Problemlösestrategie wendest du an?

(1) Der Quotient von zwei natürlichen Zahlen ist auch eine natürliche Zahl, wenn der Divisor ein Teiler des Dividenden ist.

(2) Der Quotient von zwei gebrochenen Zahlen, die keine natürlichen Zahlen sind, kann auch keine natürliche Zahl sein.

4. Die Division ist in der Menge der natürlichen Zahlen nicht immer ausführbar, dagegen aber in der Menge der von 0 verschiedenen gebrochenen Zahlen.
   Untersuche Entsprechendes für

a) die Addition;   **b)** die Subtraktion;   **c)** die Multiplikation.

3.14 Aufgaben zur Vertiefung

1. **a)** Laura kocht mit ihrer Freundin Sarah. Sie haben noch $\frac{7}{10}$ l Kirschsaft.
   Für eine Rote Grütze benötigen sie $\frac{1}{2}$ l Kirschsaft, für ein Mixgetränk
   $\frac{1}{8}$ l Kirschsaft.
   Wie viel bleibt übrig?
   Rechne auf zwei Wegen. Notiere jeweils einen einzigen Term.

   b) Erläutere folgendes Gesetz an einem selbst gewählten Sachverhalt.

   > **Gesetz über die mehrfache Subtraktion**
   >
   > Statt zwei gebrochene Zahlen nacheinander zu subtrahieren, darf man ihre Summe subtrahieren. Denke dir gebrochene Zahlen anstelle von a, b und c. Stets gilt:
   >
   > **a − b − c = a − (b + c)**, falls die Subtraktion ausführbar ist.

2. Rechne vorteilhaft.

   a) $\frac{3}{5} - \frac{3}{10} - \frac{1}{10}$ **b)** $\frac{19}{22} - \frac{1}{3} - \frac{1}{6}$ **c)** $1{,}8 - 0{,}93 - 0{,}07$

   $\frac{7}{9} - \frac{7}{18} - \frac{1}{18}$ $\frac{17}{40} - \frac{1}{6} - \frac{1}{12}$ $5{,}1 - 0{,}37 - 1{,}63$

   $\frac{6}{7} - \frac{11}{35} - \frac{4}{35}$ $\frac{13}{66} - \frac{1}{10} - \frac{1}{15}$ $7{,}23 - 1{,}985 - 0{,}015$

   $$\frac{7}{8} - \frac{3}{16} - \frac{7}{16}$$
   $$= \frac{7}{8} - \left(\frac{3}{16} + \frac{7}{16}\right)$$
   $$= \frac{7}{8} - \frac{10}{16}$$
   $$= \frac{7}{8} - \frac{5}{8}$$
   $$= \frac{2}{8} = \frac{1}{4}$$

3. Begründe die folgende Regel an einigen Beispielen.

   > **Gesetz über die mehrfache Division**
   >
   > Statt durch mehrere gebrochene Zahlen nacheinander zu dividieren, darf man auch durch das Produkt dieser gebrochenen Zahlen dividieren. Dabei ändert sich der Wert des Terms nicht.
   > Denke dir gebrochene Zahlen anstelle von a, b, c. Stets gilt:
   >
   > **a : b : c = a : (b · c)**

4. Berechne und vergleiche: **a)** $\left(\frac{3}{5} : \frac{7}{10}\right) : \frac{3}{14}$; $\frac{3}{5} : \left(\frac{7}{10} : \frac{3}{14}\right)$ **b)** $(0{,}8 : 0{,}2) : 2{,}5$; $0{,}8 : (0{,}2 : 2{,}5)$

5. Rechne vorteilhaft.

   a) $\frac{4}{7} : \frac{2}{3} : \frac{3}{5}$ **b)** $\frac{2}{3} : \frac{9}{16} : \frac{5}{4}$ **c)** $\frac{5}{4} : \frac{2}{3} : \frac{3}{5}$ **d)** $\frac{5}{11} : \frac{11}{20} : \frac{5}{22}$

   $\frac{7}{8} : \frac{5}{6} : \frac{3}{4}$ $\frac{3}{8} : \frac{3}{4} : \frac{2}{5}$ $\frac{15}{16} : \frac{5}{8} : \frac{1}{2}$ $\frac{2}{3} : 1\frac{1}{2} : \frac{3}{7}$

   $$\frac{5}{9} : \frac{1}{2} : \frac{2}{5} = \frac{5}{9} : \left(\frac{1}{2} \cdot \frac{2}{5}\right)$$
   $$= \frac{5}{9} : \frac{1}{5}$$
   $$= \frac{25}{9}$$

6. Ein reicher Mann im alten Rom war todkrank und hatte eine schwangere Frau. Kurz vor seinem Tod bestimmte er:
   Sollte das Kind ein Sohn sein, so sollte dieser doppelt so viel Vermögen haben wie seine Frau.
   Sollte es dagegen eine Tochter werden, so sollte diese halb so viel erhalten wie seine Frau. Kurz nach seinem Tod wurden Zwillinge geboren, und zwar ein Junge und ein Mädchen.
   Welchen Anteil seines Vermögens erhielt nun seine Frau, sein Sohn und seine Tochter?
   Erläutere deine Strategie zur Lösung des Problems.

Bist du fit?

1. Berechne im Kopf.

a) $0,23 \cdot 10$	**b)** $7,8 \cdot 4$	**c)** $2,4 \cdot 1,5$	**d)** $2,8 : 4$	**e)** $1,6 : 0,1$
$1,567 \cdot 100$	$1,23 \cdot 0$	$2,3 \cdot 2,5$	$1 : 0,2$	$2,435 : 0,01$
$7,834 : 10$	$0,95 \cdot 4$	$0,66 \cdot 1,5$	$6,012 : 6$	$0,04 : 0,02$
$3,4711 : 100$	$0,023 \cdot 5$	$3,4 \cdot 0,1$	$0,85 : 0,85$	$0 : 2,1$

2. Berechne schriftlich.

a) $2,7 \cdot 3,2$	**b)** $12,43 \cdot 32$	**c)** $162,72 : 12$	**d)** $19,072 : 2,56$
$1,9 \cdot 0,16$	$13,2 \cdot 4,7$	$129,108 : 8,4$	$2,79 : 2,25$

3. Ein Lkw mit einer Ladefähigkeit von 3 t soll Dachziegel zu einer Baustelle bringen. Ein Dachziegel wiegt 2,5 kg. Wie viele Dachziegel kann er laden?

4. a) Frau Siede stellt beim Tanken fest, dass sie 36,9 *l* Benzin für die letzten 587,3 km benötigt hat. Vergleiche ihren Benzinverbrauch mit dem des Rasanti Coupé. Denke an sinnvolles Runden.

b) Wie hoch sind die Benzinkosten für 1 km Fahrt?

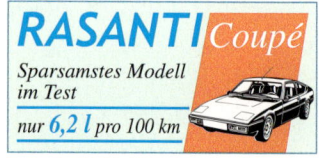

5. Wandle in einen Dezimalbruch um: **a)** $\frac{5}{9}$ **b)** $\frac{5}{6}$ **c)** $\frac{3}{14}$ **d)** $\frac{20}{11}$ **e)** $1\frac{2}{7}$

6. Eine Warenlieferung besteht aus 7 Paketen zu je $2\frac{3}{4}$ kg und aus 9 Paketen zu je $1\frac{4}{5}$ kg. Wie groß ist die Gesamtmasse? Stelle zunächst einen Term auf; berechne dann.

7.
a) $\frac{5}{12} \cdot \left(\frac{8}{15} - \frac{2}{5}\right)$ **c)** $8\frac{1}{2} - \left(3\frac{3}{4} + 2\frac{5}{8}\right)$ **e)** $\left(4\frac{2}{3} - 1\frac{5}{6}\right) \cdot \frac{9}{17}$ **g)** $4,8 + 3,2 : 0,16$

b) $\left(\frac{7}{20} + \frac{3}{4}\right) : \frac{11}{25}$ **d)** $1,8 + 0,2 \cdot 0,6$ **f)** $11\frac{1}{5} - 3\frac{1}{2} \cdot 2\frac{3}{7}$ **h)** $\frac{3}{4} \cdot 2\frac{2}{9} + \frac{5}{16} \cdot 1\frac{3}{5}$

8. Stelle zunächst den Term auf. Zeichne einen Rechenbaum. Berechne den Wert des Terms.

a) Multipliziere die Summe aus $\frac{5}{9}$ und $\frac{5}{6}$ mit $1\frac{4}{5}$.

b) Subtrahiere das Produkt aus 5,5 und 1,2 von 8,9.

9. Rechne vorteilhaft: **a)** $5 \cdot 1,7 \cdot 1,2 \cdot 0,1$ **b)** $5\frac{1}{3} \cdot 2\frac{1}{9} \cdot 1\frac{1}{8}$ **c)** $\frac{11}{12} \cdot 4\frac{2}{9} + \frac{11}{12} \cdot 1\frac{7}{9}$

10. Berechne: **a)** $\frac{143 + 57}{25}$ **b)** $\frac{221}{80 - 63}$ **c)** $\frac{37 + 15}{455 : 5}$ **d)** $\dfrac{\frac{2}{5} + \frac{1}{8}}{\frac{9}{10} - \frac{3}{20}}$ **e)** $\dfrac{\frac{1}{12} : \left(\frac{7}{8} - \frac{5}{6}\right)}{5\frac{1}{7} - 1\frac{1}{2}}$

11. Sarah will sich eine Kette aus Kupferdraht herstellen. Sie weiß noch nicht genau, wie groß die quadratischen Kettenglieder sein sollen. Die Kette soll 20 Glieder haben. Die

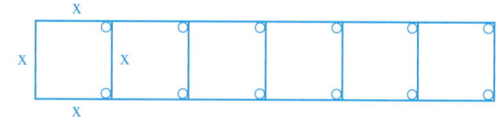

kleinen Haken sollen nicht berücksichtigt werden. Stelle eine Formel für die Drahtlänge d auf. Berechne die Drahtlänge nach deiner Formel für x = 2; x = 2,5; x = 0,5 (Maße in cm).

12. Löse die Gleichung.

a) $x + \frac{8}{9} = 1$ **b)** $x - \frac{3}{4} = 1$ **c)** $x \cdot \frac{4}{5} = 1$ **d)** $x : \frac{9}{5} = 1$ **e)** $x + 3,4 = 5,1$ **f)** $4,5 : x = 0,1$

4. ZUORDNUNGEN

Beim Kauf eines Fahrrades sollte darauf geachtet werden, dass die Rahmenhöhe richtig gewählt wird. Diese muss zur Körpergröße und insbesondere zur Schrittlänge des Radfahrers passen.

Folgende Informationen stammen aus einem Artikel in einer Fachzeitschrift:

So werden Rahmen vermessen

Rahmenlänge

Rahmenhöhe

Schrittlänge

So funktioniert das korrekte Messen der Schritt- oder Innenbeinlänge. Der Wert ist die Grundlage für die Ermittlung Ihrer individuellen Rahmenhöhe.

Bei Rennrädern sollte die Rahmenhöhe zwei Drittel der Schrittlänge betragen.

Mountain-Bike	
Schrittlänge	Rahmenhöhe
70 cm	39 cm
72 cm	40 cm
74 cm	41 cm
76 cm	42 cm
78 cm	43 cm
80 cm	44 cm
82 cm	45 cm
84 cm	46 cm
86 cm	47 cm
88 cm	48 cm
90 cm	49 cm
92 cm	50 cm
94 cm	51 cm
96 cm	52 cm
98 cm	53 cm

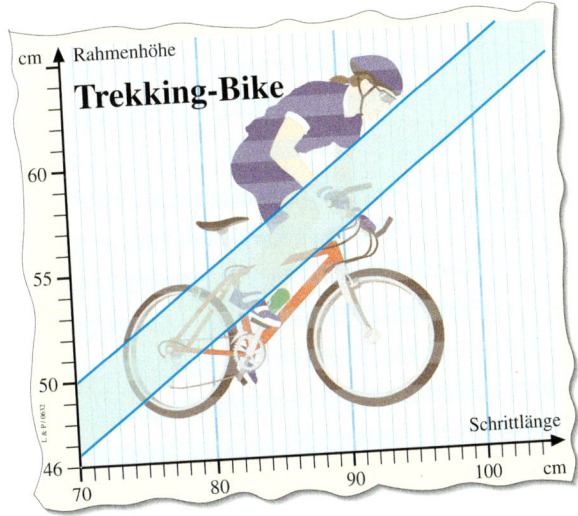

Trekking-Bike

- Bestimme die Rahmenhöhe, die ein Rennrad, Mountain-Bike und Trekking-Bike für dich haben sollte.
- Welche weiteren Informationen kannst du den obigen Darstellungen entnehmen?

Sowohl mit einer Formel als auch einer Tabelle als auch einem Diagramm kann man jeder Schrittlänge eine Rahmenhöhe zuordnen. Solche Zuordnungen kommen im täglichen Leben in vielen anderen Sachverhalten vor.

In diesem Kapitel erfährst du, wie Zuordnungen beim Beantworten von Fragestellungen aus dem Alltag helfen können.

4.1 Muster bei Zahlen und Figuren

Einstieg

Aus ferner Zeit

Ein König suchte im ganzen Land jemanden, der ihm einen neuen, tiefen Brunnen bauen sollte. Eines Tages kam Mula und versprach, den Brunnen zu bauen. Als Lohn erbat er sich für den ersten Tag 1 Taler, für den zweiten Tag 2 Taler, für den dritten Tag 4 Taler, für den vierten Tag 8 Taler usw.

a) Gebt den Lohn für die nächsten zehn Tage an. Beschreibt euer Vorgehen.

b) An welchem Tag verlangte Mula erstmals mehr als 1 000 Taler?

Aufgabe 1

Die Klasse 6 a hat die Anzahl der an der Schule vorbei fahrenden Autos gezählt und in einer Strichliste an der Tafel notiert. Jan zählt ganz schnell: 5; 10; 15; 20; 25; …
Beschreibe Jans Vorgehen und gib die nächsten zehn Zahlen an.

Lösung

Jan zählt in Fünferschritten, es kommen also immer 5 Autos dazu.
Die nächsten zehn Zahlen sind:
25; 30; 35; 40; 45; 50; 55; 60; 65; 70.

Information

Die Zahlen, die Jan beim Zählen nennt, bilden eine **Zahlenfolge**, die nach einer bestimmten Gesetzmäßigkeit aufgebaut ist. Jan hat mit 0 Autos begonnen. Deshalb ist 0 der *Startwert* dieser Folge.

$$0 \xrightarrow{+5} 5 \xrightarrow{+5} 10 \xrightarrow{+5} 15 \xrightarrow{+5} 20 \xrightarrow{+5} 25 \xrightarrow{+5} \dots .$$

Die Vorschrift, nach der die nächsten Zahlen berechnet werden, ist „addiere 5" (oder kurz „plus 5"). Wir schreiben dafür auch $\xrightarrow{+5}$.
Eine Zahlenfolge hat kein Ende, sie besteht aus unendlich vielen Zahlen hintereinander. Diese Zahlen heißen *Glieder* der Zahlenfolge.

Übungsaufgaben

2. Übe dich im Kopfrechnen. Bilde die nächsten zehn Zahlen der Folge.

a) Startwert: 3;   Vorschrift: $\xrightarrow{+13}$

b) Startwert: 7;   Vorschrift: $\xrightarrow{+13}$

c) Startwert: 8;   Vorschrift: $\xrightarrow{+3,2}$

d) Startwert: 0,3;   Vorschrift: $\xrightarrow{+3,2}$

e) Startwert: 1,2;   Vorschrift: $\xrightarrow{+0,5}$

f) Startwert: 2;   Vorschrift: $\xrightarrow{+\frac{1}{4}}$

3. Nenne die nächsten 10 Zahlen der Zahlenfolge. Welche Vorschrift liegt zugrunde?

a) 2; 7; 12; 17; 22; ...

b) 6; 18; 30; 42; 54; ...

c) 2; 21; 40; 59; ...

d) 2; 9; 16; 23; 30; ...

e) 0,3; 0,9; 1,5; 2,1; 2,7; ...

f) 2; $2\frac{2}{3}$; $3\frac{1}{3}$; 4; $4\frac{2}{3}$; ...

4. Bestimme die nächsten fünf Glieder der Zahlenfolge. Gib auch die Vorschrift an.

a) $\frac{3}{16}$; $\frac{5}{16}$; $\frac{7}{16}$; $\frac{9}{16}$; ...

b) 1; $\frac{1}{3}$; $\frac{1}{9}$; $\frac{1}{27}$; $\frac{1}{81}$; ...

c) $\frac{3}{8}$; $\frac{3}{4}$; $\frac{3}{2}$; 3; 6; ...

5. Bestimme die nächsten fünf Glieder der Zahlenfolge. Gib auch die Vorschrift an.

a) 1; 3; 6; 10; 15; 21; ...

c) 1; 2; 6; 24; 120; ...

b) 1; 4; 9; 16; 25; 36; ...

d) 0,1; 0,3; 0,6; 1,0; 1,5; 2,1; ...

6. Bei der Zahlenfolge 1; 2; 5; 10; 13; 26; 29; … werden abwechselnd zwei verschiedene Vorschriften angewandt:

$$1 \xrightarrow{\cdot 2} 2 \xrightarrow{+3} 5 \xrightarrow{\cdot 2} 10 \xrightarrow{+3} 13 \xrightarrow{\cdot 2} 26 \xrightarrow{+3} 29 \xrightarrow{\cdot 2} \ldots$$

Setze die folgende Zahlenfolge passend fort; bestimme fünf weitere Glieder.

a) 3; 6; 10; 20; 24; 48; ...

d) 20; 90; 190; 260; 360; ...

b) 2; 7; 21; 26; 78; 83; ...

e) 0,5; 1; 3; 3,5; 5,5; ...

c) 10; 15; 21; 26; 32; ...

f) 11; 5,5; 10,5; 5; 10; ...

7. Jeder Mensch hat einen Vater und eine Mutter, also 2 Eltern. Jedes Elternteil hat selbst wieder 2 Elternteile, die 4 Großeltern. Zusammen sind das 6 Vorfahren.

a) Wie viele Eltern; Großeltern, Urgroßeltern, Ururgroßeltern, … hast bzw. hattest du? Stelle eine Tabelle auf. Berechne die ersten 12 Glieder dieser Zahlenfolge.

b) Wie viele Vorfahren hast bzw. hattest du? Stelle eine Tabelle auf. Berechne die ersten 12 Glieder dieser Zahlenfolge.

8. An den Figuren kannst du eine Zahlenfolge erkennen. Gib die nächsten fünf Zahlen an.

a)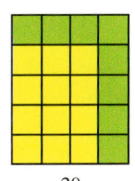

2   6   12   20

b)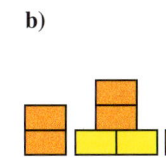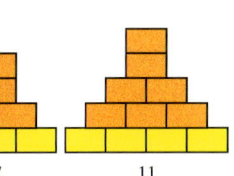

2   4   7   11

9. Hier sind Zahlenfolgen bildlich dargestellt. Eine Figur fehlt. Ergänze sie in deinem Heft. Gib die ersten 10 Glieder der Zahlenfolgen an.

a)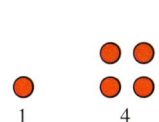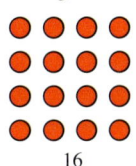

1   4   9   16

b)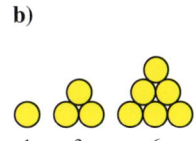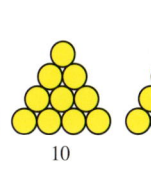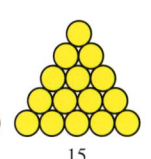

1   3   6   10   15

10. Suche eine Vorschrift. Wie heißen die nächsten fünf Zahlen?

a) 2; 5; 9; 14; 20; …

c) 1; 2; 6; 12; 36; 72; …

e) 1; 5; 10; 50; 55; …

b) 135; 45; 15; 5; …

d) 1; 4; 9; 16; …

f) 2; 1,5; 3; 2,5; 5; 4,5; …

 11. Denke dir eine Zahlenfolge aus und notiere fünf Glieder. Dein Partner versucht, die Vorschrift zu finden und gibt weitere Glieder an. Danach tauscht ihr die Rollen. Ihr könnt auch bildliche Darstellungen (wie in den Aufgaben oben) wählen.

12. Suche mehrere Möglichkeiten für die Fortsetzung der Zahlenfolge. Formuliere auch die passende Vorschrift.

a) 1; 1; 2; …

b) 0,2; 0; 0,4; 0; …

c) $\frac{3}{1}$; $\frac{5}{2}$; $\frac{7}{3}$; …

4.2 Zuordnungstabellen

Einstieg

Killeralgen im Mittelmeer

Caulerpa Taxifolia, auch „Killeralge" genannt, ist in den Gewässern der Karibik und des Pazifiks beheimatet. Auffällige Merkmale sind ihre **frische grüne Farbe** und ihre federartigen Blätter. Da die Alge giftig ist, hat sie keine natürlichen Feinde, mit ihrem Gift schadet sie vielen Pflanzen- und Tierarten. Zu Beginn der achtziger Jahre wurde Caulerpa Taxifolia aufgrund ihrer auffälligen Färbung als Dekoration für Aquarien mit tropischen Fischen eingesetzt. Bei einer Filterreinigung im Ozeanografischen Institut in Monaco im Jahre 1984 gelang es der Killeralge, ins offene Meer zu entkommen.

Seitdem breitet sie sich **unkontrollierbar** im Mittelmeerraum aus: Nach nur drei Jahren war der Meeresboden vor der französischen Mittelmeerküste großflächig überwuchert. Sie erwies sich schnell als äußerst **aggressiver Eindringling**: Mit Wurzeln, die sich auf nahezu jedem Untergrund festsetzen können, ist sie praktisch unverwundbar. Experten rechnen mit einer Versechsfachung der bedeckten Fläche von Jahr zu Jahr.

 Beschreibt das Wachstum der Killeralge in einer Tabelle, in der ihr im Jahr 1984 mit einer Fläche von 0,5 m² startet.

Aufgabe 1

Die Länge des Bremswegs eines Fahrzeugs hängt davon ab, wie schnell es fährt. Aus Sicherheitsgründen sind daher in bestimmten Bereichen, z.B. in Wohngebieten, Höchstgeschwindigkeiten vorgeschrieben.

In einem Lehrbuch für Fahrschulen ist eine Faustformel, mit der man den Bremsweg eines Autos aus seiner Geschwindigkeit berechnen kann, angegeben.

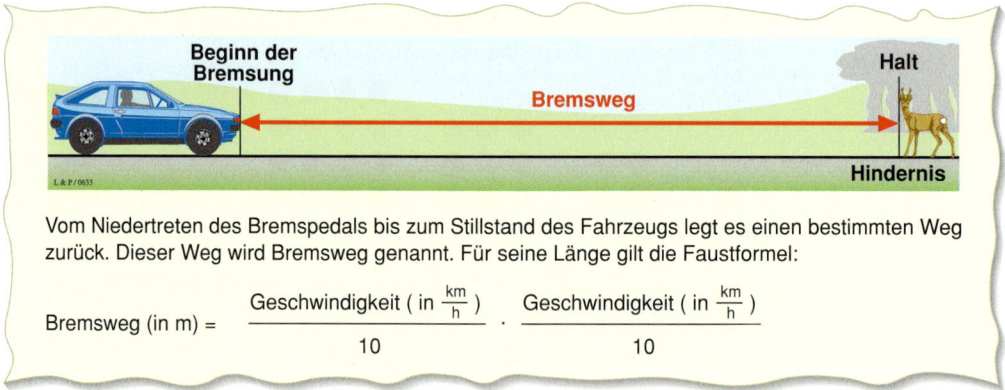

Vom Niedertreten des Bremspedals bis zum Stillstand des Fahrzeugs legt es einen bestimmten Weg zurück. Dieser Weg wird Bremsweg genannt. Für seine Länge gilt die Faustformel:

$$\text{Bremsweg (in m)} = \frac{\text{Geschwindigkeit (in } \frac{km}{h})}{10} \cdot \frac{\text{Geschwindigkeit (in } \frac{km}{h})}{10}$$

a) Lege eine Tabelle an, in der du zu den Geschwindigkeiten $10\,\frac{km}{h}$, $20\,\frac{km}{h}$, ..., $100\,\frac{km}{h}$ den zugehörigen Bremsweg (in m) angibst.

b) Untersuche, wie sich eine Erhöhung der Geschwindigkeit $\left(\text{z.B. um } 10\,\frac{km}{h}\right)$ auf den Bremsweg auswirkt.

Lösung

a) Bei einer Geschwindigkeit von $10\,\frac{km}{h}$ beträgt der Bremsweg (in m): $\frac{10}{10} \cdot \frac{10}{10} = 1$

Zu einer Geschwindigkeit von $20\,\frac{km}{h}$ gehört der Bremsweg (in m): $\frac{20}{10} \cdot \frac{20}{10} = 4$

Entsprechend erhältst du die übrigen Werte in der Tabelle.

b) Erhöht man die Geschwindigkeit von $20\,\frac{km}{h}$ auf $30\,\frac{km}{h}$, so verlängert sich der Bremsweg um 5 m. Erhöht man dagegen die Geschwindigkeit von $90\,\frac{km}{h}$ auf $100\,\frac{km}{h}$, so verlängert sich der Bremsweg sogar um 19 m.

Je größer die Geschwindigkeit ist, desto mehr verlängert sich der Bremsweg bei einer Erhöhung der Geschwindigkeit um $10\,\frac{km}{h}$.

Geschwindigkeit (in $\frac{km}{h}$)	Bremsweg (in m)
10	1
20	4
30	9
40	16
50	25
60	36
70	49
80	64
90	81
100	100

Information

Zur Beschreibung der Abhängigkeit des Bremswegs von der Geschwindigkeit hast du in einer Tabelle jeder Geschwindigkeit den zugehörigen Bremsweg zugeordnet.

Wir schreiben für diese Zuordnung: *Geschwindigkeit → Bremsweg.*

Eine **Zuordnungstabelle** hat zwei Spalten. In der linken Spalte stehen die Werte der *Ausgangsgröße* und in der rechten Spalte die Werte der *zugeordneten Größe*. Jedem Wert der ersten Spalte ist der daneben stehende Wert in der zweiten Spalte zugeordnet.

Durch eine solche Tabelle ist eine **Zuordnung** zwischen den beiden Größen gegeben:
Größe in der ersten Spalte → Größe in der zweiten Spalte

Beachte: Statt in Spalten kann man Zuordnungstabellen auch in Zeilen anlegen.

Weiterführende Aufgaben

2. *Mehrere Zuordnungen in einer Tabelle*

An einem Urlaubsort bietet ein Taxiunternehmen feste Preise für Fahrten in die Umgebung an, für Fahrten am Tage zwischen 6 Uhr und 20 Uhr Tarif A und für Fahrten zwischen 20 Uhr und 6 Uhr Tarif B.

a) Was kostet eine Taxifahrt am Tage zu einem 24 km entfernten Ziel? Was würde diese Fahrt in der Nacht kosten?

b) Eine Taxifahrt in der Nacht hat 17,20 € gekostet. Wie lang war die Strecke?

c) Frau Wolter war mit dem Taxi zwischen 19 Uhr und 20 Uhr unterwegs und stellt fest, dass die Fahrt eine Stunde später um 3,20 € teurer gewesen wäre. Wie weit kann sie gefahren sein?

SECURI-TAXI		
Entfernung (in km)	Tarif A (in €)	Tarif B (in €)
bis 2	2,00	3,00
über 2 bis 4	2,80	4,20
über 4 bis 6	3,50	5,40
über 6 bis 8	4,20	6,50
über 8 bis 10	5,00	7,50
über 10 bis 15	6,80	10,00
über 15 bis 20	8,60	12,40
über 20 bis 25	10,30	14,80
über 25 bis 30	12,00	17,20
über 30 bis 35	12,70	18,60
über 35 bis 40	13,40	19,00

d) Herr Seltig hatte dem Taxifahrer 8 € gegeben und behauptet, in diesem Betrag seien 90 Cent Trinkgeld enthalten. Was meinst du dazu?

 e) Stellt euch Fragen und beantwortet sie mithilfe der Tabelle.

f) Gebt die Zuordnungen an, die die Preistabelle enthält.

3. *Aufstellen einer Zuordnungstabelle aus einem Diagramm*

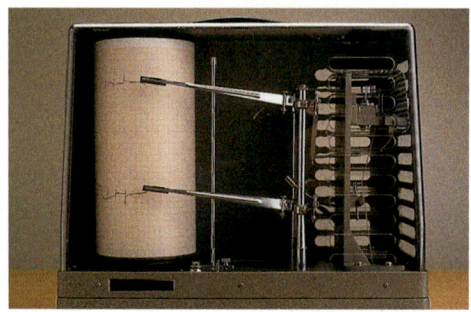

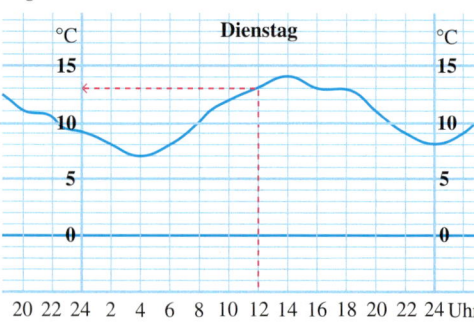

In Wetterstationen zeichnet man täglich mit einem Temperaturschreiber den Temperaturverlauf auf. Das abgebildete Blatt des Schreibers beschreibt die Zuordnung *Zeitpunkt → Temperatur.* Aus ihm kannst du ersehen, dass am Dienstag um 12 Uhr die Temperatur 13 °C betrug.

a) Lege eine Zuordnungstabelle an, aus der man die Temperaturen um 0 Uhr, 2 Uhr, 4 Uhr, …, 22 Uhr, 24 Uhr ablesen kann.

b) Wann betrug die Temperatur 12 °C?

c) Wann war es an diesem Tag am wärmsten [am kältesten]? Gib auch die Temperaturen an.

d) Stellt euch weitere geeignete Fragen und beantwortet sie.

Information

> Eine Zuordnung kann angegeben werden durch
> * eine Tabelle oder
> * ein Diagramm oder
> * eine Vorschrift, wie man die zugeordneten Werte aus den Ausgangswerten berechnet.

Übungsaufgaben

4. a) Bestimme die Transportkosten für ein Reisegepäck mit der Gesamtmasse 23 kg, 27 kg, 31,5 kg, 34,2 kg.

b) Herr Muster muss 7 € für sein Gepäck bezahlen. Wie viel kann dieses wiegen?

c) Frau Seller stellt fest: „Ich hätte den gleichen Preis bezahlt, wenn mein Gepäck um 1,8 kg schwerer gewesen wäre, aber 2,50 € weniger bezahlt, wenn es um 2,8 kg leichter gewesen wäre."
Wie schwer kann ihr Gepäck gewesen sein?

Reisegepäck zu schwer?

Bei Flugreisen ist Reisegepäck bis zur Freigrenze von 20 kg kostenfrei. Bei Übergewicht entstehen folgende Kosten.

Übergewicht (in kg)	Preis (in €)
bis 3	3,50
über 3 bis 6	7,00
über 6 bis 8	9,50
über 8 bis 10	12,00
über 10 bis 12	14.50
über 12 bis 13	16,00
über 13 bis 14	17,50
über 14 bis 15	19,00

Jm Alltag sagt man auch Gewicht statt Masse.

5. Ein Großhändler in München soll nach Suhl vier Küchengeräte desselben Modells liefern. Jedes Gerät wiegt 4,3 kg. Der Großhändler kann entweder vier Pakete mit je einem Gerät oder zwei Pakete mit je zwei Geräten oder auch ein Paket mit allen vier Geräten versenden. Die Masse der Verpackung liegt für jedes Gerät zwischen 500 g und 700 g.

Die Versandkosten betragen für ein Paket bis 6 kg nur 5,80 €, für ein Paket über 6 kg bis 10 kg schon 7,50 €. Für Pakete über 10 kg wird zuzüglich zu 7,50 € für jedes weitere (angefangene) kg noch 0,30 € berechnet. Für welchen Fall sind die gesamten Versandkosten am kleinsten, für welchen am größten?

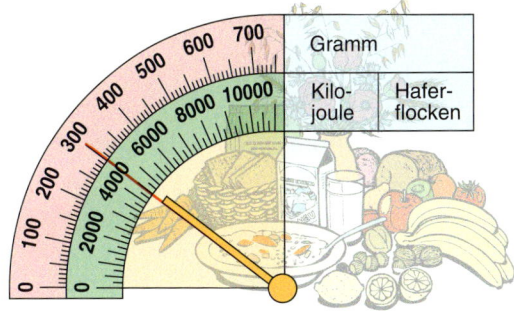

6. Der Energiewert eines Nahrungsmittels wird in Kilojoule (kJ) angegeben.

Auf einer Diätscheibe mit mehreren Skalen kann man durch Drehen eines Zeigers für bestimmte Nahrungsmittel zur Menge in Gramm den zugehörigen Energiewert in Kilojoule ablesen. Im Bild links siehst du zwei Skalen. Dabei kannst du den Zeiger als einen Pfeil betrachten, der von der Nahrungsmittel-Menge auf den zugehörigen Energiewert zeigt.

Welchen Energiewert haben 150 g, 350 g, 500 g, 650 g Haferflocken?

7. Eine 30 cm lange Kerze brennt pro Stunde um 6 cm ab. Lege für die Zuordnung *Brenndauer → Kerzenlänge* eine Tabelle an. Wähle als Brenndauer $0, \frac{1}{2}, 1\frac{1}{2}, 2, \ldots,$ 5 Stunden.

8. Im *Somatogramm* rechts ist dargestellt, ob ein Kind bei einer bestimmten Körpergröße zu leicht oder zu schwer ist.

Wie viel sollte ein Kind bei einer Größe von 100 cm, 110 cm, …, 170 cm mindestens wiegen, wie viel höchstens?

Erstelle eine Tabelle für die Zuordnungen
(1) *Körpergröße → Mindestgewicht;*
(2) *Körpergröße → Höchstgewicht.*

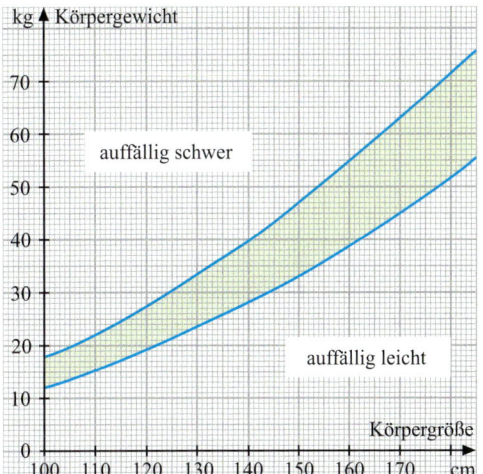

9. Hier siehst du das Höhenprofil der 17. Etappe der Tour de France vom 22. Juli 2010.

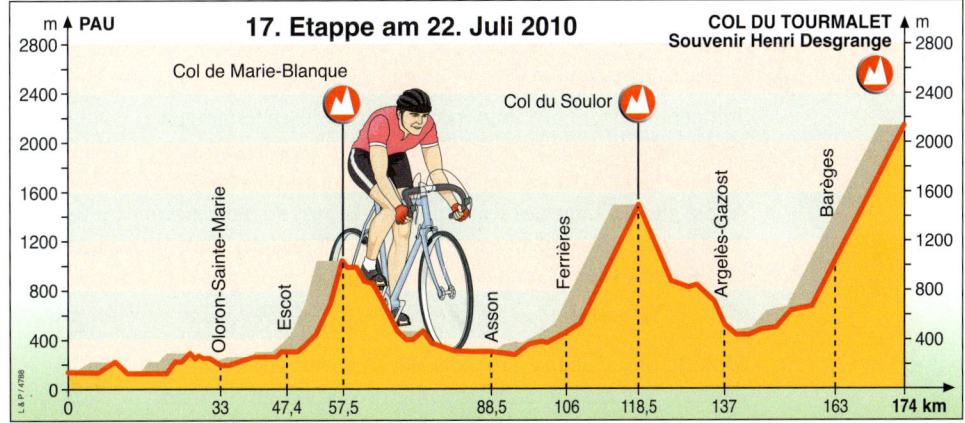

a) Welche Zuordnung kann man aus diesem Höhenprofil ablesen?

b) Gib für die mit Bergwertungen gekennzeichneten Stellen an:
(1) die Entfernung von Pau und (2) die Höhe über dem Meeresspiegel (NN).

c) Wie viel km kann ein Fahrer, der sich in 1 200 m Höhe befindet, von Pau entfernt sein?

 d) Stellt euch weitere geeignete Fragen und beantwortet sie.

e) Das Höhenprofil vermittelt einen übertriebenen Eindruck von den Steigungen der Etappe. Woran liegt das?

4.3 Darstellen einer Zuordnung im Koordinatensystem

Einstieg  Sebastians Vater vergleicht die Nutzungsgebühren der beiden Online-Dienste. Er stöhnt: „Das ist ja furchtbar kompliziert, wie soll ich denn da erkennen, welche Gebühren für mich günstiger sind?" Sebastians Mutter erwidert: „Mach dir doch eine Zeichnung, dann siehst du alles auf einen Blick."

Überlegt gemeinsam, wie eine solche Zeichnung aussehen kann. Fertigt sie dann an.

C-Online

5,20 €

Grundgebühr pro Monat
0,02 € je weitere Minute

Online-Serve

4 €

Grundgebühr pro Monat
einschließlich 3 Stunden
0,03 € je weitere Minute

Einführung   In Aufgabe 1 auf Seite 188 wurde mithilfe einer Faustformel der Bremsweg für bestimmte Geschwindigkeiten berechnet:

Geschwindigkeit (in $\frac{km}{h}$)	10	20	30	40	50	60	70	80	90	100
Bremsweg (in m)	1	4	9	16	25	36	49	64	81	100

Sebastian möchte diese Zuordnung in einem Diagramm darstellen. Er erinnert sich an das Temperaturdiagramm für die Zuordnung *Zeitpunkt → Temperatur* (Aufgabe 3 auf Seite 190).

In einem Koordinatensystem trägt er auf der nach rechts gerichteten Achse (x-Achse) die Geschwindigkeiten und auf der nach oben gerichteten Achse (y-Achse) die Bremswege ab.

Der Geschwindigkeit $60 \frac{km}{h}$ ist der Bremsweg 36 m zugeordnet. Dies stellt Sebastian mit einem rechtwinklig abgeknickten Pfeil dar, der von $60 \frac{km}{h}$ auf 36 m weist.

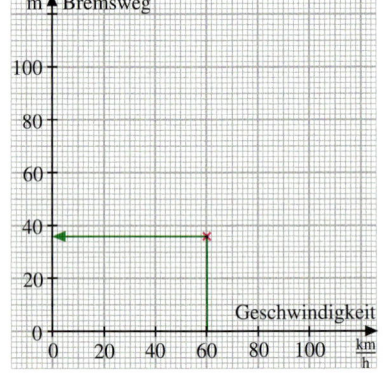

Sophia meint dazu: „Einen solchen Pfeil konnte man im Temperaturdiagramm zum bequemen Ablesen eintragen. Aber der Temperaturschreiber zeichnet diesen nicht, sondern nur dessen Knickpunkt mit den Koordinaten (60|36).

Allein aus der Lage des Knickpunktes kannst du die Ausgangsgröße auf der nach rechts gerichteten Achse (x-Achse) und die zugeordnete Größe auf der nach oben gerichteten Achse (y-Achse) ablesen. Es reicht also, wenn du nur die Knickpunkte einträgst. Die Knickpunkte ergeben dann den Graphen der Zuordnung."

Mithilfe der Tabelle erhalten wir die rot gezeichneten Punkte. Sie dürfen nicht geradlinig verbunden werden: Würde man die Punkte $P_1(10|1)$ und $P_2(20|4)$ nämlich geradlinig verbinden, so ginge die Verbindungslinie durch den Punkt $P(15|2,5)$.

Laut Faustformel gehört zur Geschwindigkeit $15 \frac{km}{h}$ aber als Bremsweg (in m):

$\frac{15}{10} \cdot \frac{15}{10} = 2,25$

Daher verbinden wir die Punkte mit einer passenden Kurve (blaue Linie).

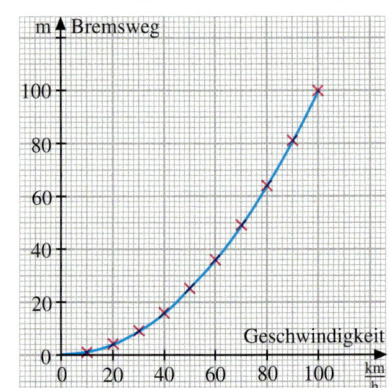

Information

Das Diagramm, das in der Einführung gezeichnet wurde, stellt den *Graphen* der Zuordnung dar.

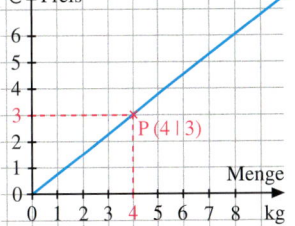

Eine Zuordnung zwischen Größen kann man durch einen **Graphen** im Koordinatensystem darstellen.

Auf der nach rechts gerichteten Achse (*x-Achse*) werden die Werte der Ausgangsgröße markiert, auf der nach oben gerichteten Achse (*y-Achse*) die Werte der zugeordneten Größe. Jedem Paar einander zugeordneter Werte entspricht ein Punkt.

Dem Paar (4 kg | 3 €) entspricht der Punkt P.

Der Punkt P wird auch durch P (4 | 3) angegeben.

Beispiel: Kartoffeln kaufen
Menge (in kg) → Preis (in €)

Weiterführende Aufgabe

1. *Sinnlose Zwischenwerte*

   Ein Kaufhaus bietet DVD-Rohlinge an. Ein DVD-Rohling kostet 1,10 €, eine Fünferpackung kostet 4,50 €.

   a) Wie viel kosten 1, 2, …, 10 DVD-Rohlinge bei günstigem Einkauf? Lege eine Tabelle für die Zuordnung *Anzahl der DVD-Rohlinge → Gesamtpreis* an.

   b) Zeichne den Graphen der Zuordnung. Verbinde die Punkte.
   Welche Informationen liefern die Verbindungslinien? Begründe, dass es korrekter wäre, die Punkte nicht zu verbinden. Warum ist es trotzdem häufig üblich, sie zu verbinden?

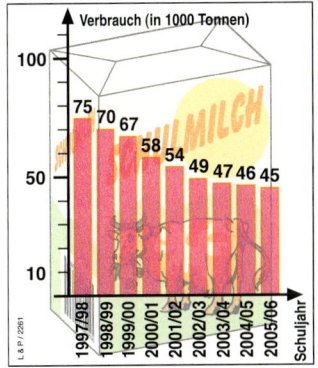

   c) In Zeitungen wird für eine Zuordnung, bei der es keine Zwischenwerte gibt, oft ein *Säulendiagramm* gezeichnet (siehe Bild rechts). Zeichne für die Zuordnung *Anzahl der DVD-Rohlinge → Gesamtpreis* ein Säulendiagramm.

Der Graph einer Zuordnung kann eine Linie sein oder nur aus einzelnen Punkten bestehen.

(1) Ist bei einer Zuordnung die Frage nach Zwischenwerten für die Werte in der Tabelle sinnvoll, so werden die gezeichneten Punkte miteinander verbunden. Dazu muss man prüfen, ob das Verbinden der Punkte mit Strecken oder mit einer Kurve sinnvoll ist. Die gezeichneten Zwischenwerte sollten brauchbare Schätzwerte für die tatsächlichen Werte sein.

(2) Gibt es bei einer Zuordnung keine Zwischenwerte, so kann man nur einzelne Punkte zeichnen. Häufig verbindet man die Punkte dennoch mit Strecken, um Veränderungen der Werte zu verdeutlichen. In diesem Fall haben jedoch die Punkte auf den Verbindungsstrecken keine Bedeutung für die Zuordnung. Ein solches Diagramm heißt **Liniendiagramm**.

Oft ist es daher geschickter, ein **Säulendiagramm** zu zeichnen, wenn es keine Zwischenwerte gibt.

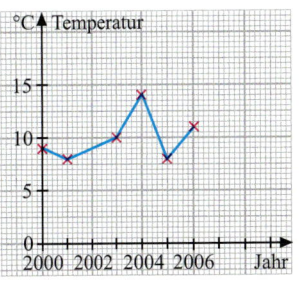

Übungsaufgaben

2. **a)** Zeichne einen Graphen für die Zuordnung *Geschwindigkeit → Sicherheitsabstand.*

b) Bestimme aus dem Graphen den Sicherheitsabstand bei

$70 \frac{km}{h}$, $110 \frac{km}{h}$, $145 \frac{km}{h}$, $200 \frac{km}{h}$.

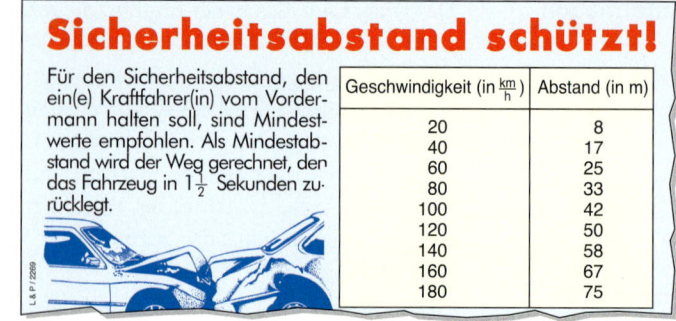

Sicherheitsabstand schützt!

Für den Sicherheitsabstand, den ein(e) Kraftfahrer(in) vom Vordermann halten soll, sind Mindestwerte empfohlen. Als Mindestabstand wird der Weg gerechnet, den das Fahrzeug in $1\frac{1}{2}$ Sekunden zurücklegt.

Geschwindigkeit (in $\frac{km}{h}$)	Abstand (in m)
20	8
40	17
60	25
80	33
100	42
120	50
140	58
160	67
180	75

3. Für eine Lohnerhöhung werden folgende Vorschläge für die Wochenlöhne unterbreitet:

(1) Jeder Lohn wird um 50 € erhöht.

(2) Jeder Lohn wird um ein Zehntel erhöht.

(3) Löhne unter 400 € werden auf 400 € erhöht; alle anderen Löhne bleiben unverändert.

a) Lege eine gemeinsame Zuordnungstabelle für alle drei Vorschläge an. Wähle als Ausgangsgrößen die alten Wochenlöhne 100 €, 200 €, …, 1 000 €.

b) Zeichne für die Vorschläge (1) bis (3) durchgehende Graphen, alle drei in ein gemeinsames Koordinatensystem. Prüfe für die alten Wochenlöhne 350 € und 530 €, ob die durchgehenden Graphen die Zuordnungen richtig darstellen.

c) Für welche Arbeitskräfte ist Vorschlag (1) am günstigsten, für welche der Vorschlag (2), für welche der Vorschlag (3)?

d) Erläutere an diesem Beispiel die Vorteile der Darstellung von mehreren Zuordnungen durch Graphen in einem gemeinsamen Koordinatensystem.

4. **a)** Lege eine Tabelle für die Zuordnung *Seitenlänge a eines Quadrats → Flächeninhalt A* [*Seitenlänge a → Umfang u*] an.
Wähle für die Seitenlänge a: 0,5 cm; 1 cm; 1,5 cm; 2 cm; …; 5 cm.

b) Zeichne einen Graphen der Zuordnung. Prüfe, ob es sinnvoll ist, die Punkte zu verbinden. Darf man die Punkte geradlinig verbinden?

5. Im Bild siehst du die Graphen von drei Zuordnungen.

Textmarker: *Anzahl → Preis*

Distelöl: *Volumen → Preis*

Produktion von Autos: *Jahr → Produktionszahl*

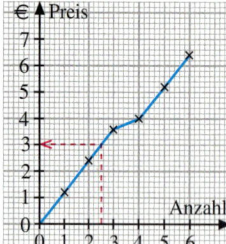 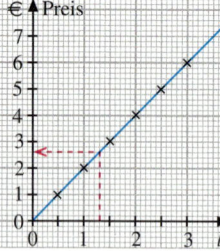 

a) Welches Größenpaar gehört jeweils zu dem roten Pfeil?

b) Für welche Zuordnungen haben die Zwischenwerte (Punkte der durchgezeichneten Strecken) einen Sinn, für welche nicht? Begründe deine Antwort.

c) Zeichne gegebenenfalls sinnvollere Darstellungen.

6. Eine Klasse untersucht, ob sich das Klima geändert hat. Beschreibt und vergleicht ihre Diagramme für die jährlichen Durchschnittstemperaturen in Berlin. (Quelle: Deutscher Wetterdienst)

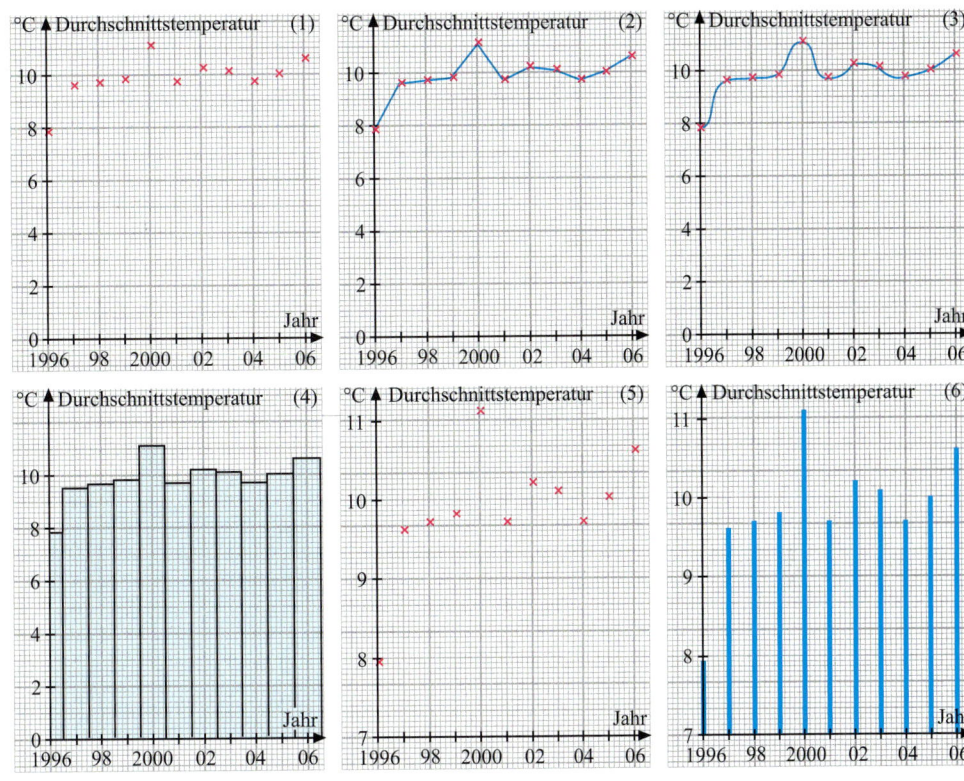

7. Eine Reinigungsfirma zahlt ihren Mitarbeitern einheitlich 10,50 € pro Stunde. Zeichne den Graphen der Zuordnung *Anzahl der Stunden → Arbeitslohn*; wähle als Ausgangsgrößen 10, 15, 20, …, 40 Stunden. Bestimme (ohne zu rechnen) mithilfe des Graphen den Arbeitslohn für 19 Stunden, für 37 Stunden, für 28 Stunden. Überprüfe jeweils durch Rechnung.

8. Ein Freibad hat besondere Eintrittspreise für Schüler. Notiere in einer Tabelle, wie viel der Eintritt für eine Gruppe von 2, 3, …, 15 Schüler(innen) im günstigsten Fall kostet. Zeichne dann den Graphen dieser Zuordnung.

Eintrittspreise für Schüler
Einzelkarte .... 2,50 €
Fünferkarte .... 11,00 €
Zehnerkarte .... 20,00 €

9. Sebastian hat die geplante Radtour auf dem Unstrut-Werra-Radweg von Mühlhausen nach Treffurt grafisch dargestellt. Entnimm vier Informationen aus dem Diagramm; notiere sie.

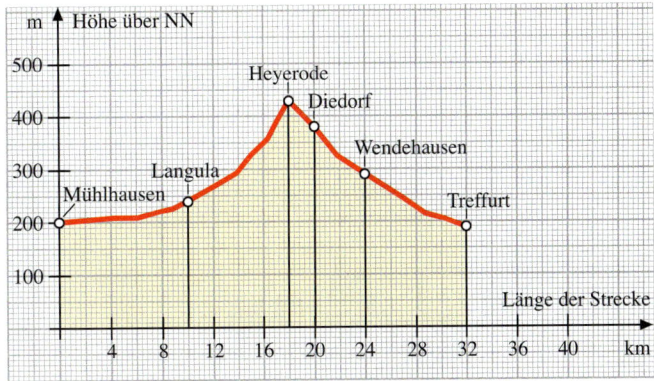

10. a) Tobias und Laura haben ihren Schulweg heute Morgen beschrieben und auch einen Graphen für die Zuordnung *Uhrzeit → Entfernung* von zu Hause gezeichnet.
Welchen Graphen hat Tobias gezeichnet, welchen Laura?

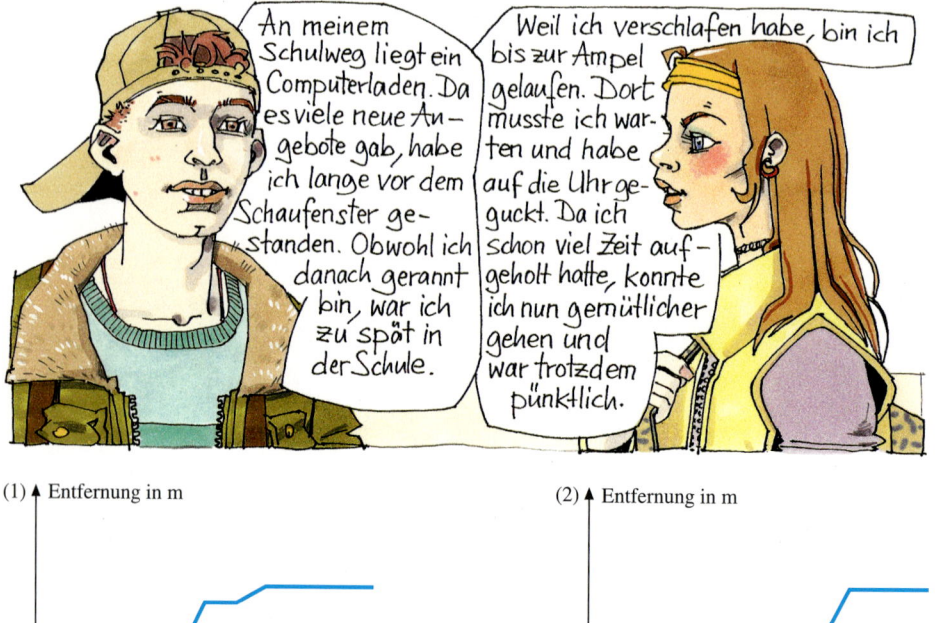

An meinem Schulweg liegt ein Computerladen. Da es viele neue Angebote gab, habe ich lange vor dem Schaufenster gestanden. Obwohl ich danach gerannt bin, war ich zu spät in der Schule.

Weil ich verschlafen habe, bin ich bis zur Ampel gelaufen. Dort musste ich warten und habe auf die Uhr geguckt. Da ich schon viel Zeit aufgeholt hatte, konnte ich nun gemütlicher gehen und war trotzdem pünktlich.

(1) Entfernung in m — 7.45 8.00 Uhrzeit

(2) Entfernung in m — 7.45 8.00 Uhrzeit

b) Schreibe Schulweg-Geschichten zu folgenden Graphen:

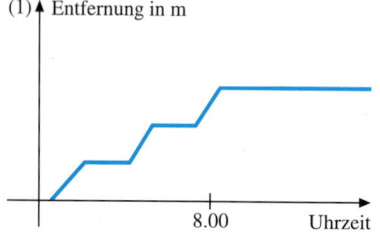

(1) Entfernung in m — 8.00 Uhrzeit

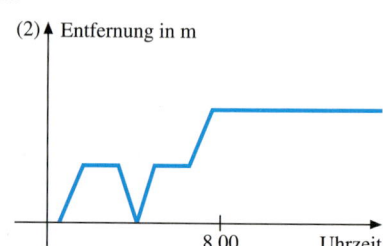

(2) Entfernung in m — 8.00 Uhrzeit

c) Zeichne solch einen Graphen für deinen Schulweg. Lass deinen Nachbarn dazu eine Geschichte schreiben.

11. Der Graph rechts unten zeigt die Geschwindigkeit eines Formel 1-Rennwagens während der ersten Runde. Welche Rennstrecke passt dazu?

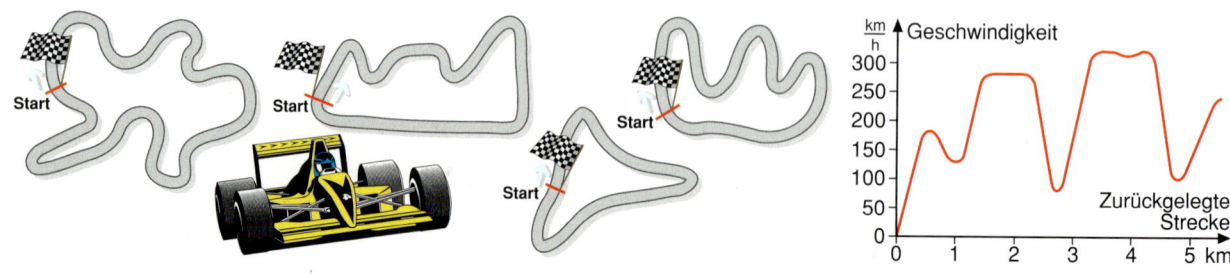

4.4 Gleichungen und Terme für Zuordnungen

Einstieg   Für das Ski-Lager in der Schweiz möchten Karl und Clemens eine Umrechnungstabelle für Schweizer Franken (CHF) in Euro (EUR) erstellen. Erkundigt euch nach dem aktuellen Kurs und erstellt eine Tabelle im Heft
Ihr könnt noch weitere Werte ergänzen.
Beschreibt in Worten, wie man den Geldbetrag (in €) aus dem Geldbetrag (in CHF) erhält. Notiert dazu auch einen Term.

1 CHF = 0,68 EUR	
CHF	EUR
0,50	
1,00	
2,00	
5,00	
10,00	
50,00	
100,00	

Aufgabe 1 Einige Schülerinnen und Schüler der 6. Klassen des Schiller-Gymnasiums wollen gemeinsam das Kinder- und Jugendtheater besuchen. Ein Schülerticket für die Nachmittagsvorstellung kostet 4,50 €.

a) Berechne die Kosten für jede Klasse.

Klasse	6a	6b	6c	6d	6e
Teilnehmer	15	21	17	11	28
Kosten (in €)					

b) Beschreibe mit Worten und auch mithilfe eines Terms, wie man die Kosten (in €) aus der Teilnehmeranzahl ermitteln kann.

Lösung a) Man erhält folgende Kosten:

Klasse	6a	6b	6c	6d	6e
Teilnehmer	15	21	17	11	28
Kosten (in €)	67,50	94,50	76,50	49,50	126,00

b) Die Kosten in jeder Klasse sind von der Teilnehmerzahl abhängig:
Multipliziert man die Teilnehmeranzahl mit 4,50 €, so erhält man die Kosten.
Wählt man für die Anzahl der Teilnehmer die Variable t, so berechnet man die Kosten (in €) mit dem Term 4,50 · t.

Information

> Kann man in Zuordnungen Regelmäßigkeiten entdecken, so ist es manchmal möglich, die Zuordnungsvorschrift mit Worten oder kurz mit einem Term anzugeben.

Übungsaufgaben 2. Erstelle für jede Käsesorte eine Tabelle mit den Preisen für 100 g, 200 g, 300 g, 400 g, 500 g. Beschreibe mit Worten und auch mithilfe eines Terms, wie man den Preis aus der gekauften Menge berechnet.

3. (1) 1 cm^3 Gold hat eine Masse von 19,3 g.

(2) 100 g Weintrauben kosten 0,49 €.

(3) Eine Fünferkarte für den Bus kostet 6,50 €.

(4) 1 g Luft hat ein Volumen von 775 cm^3.

(5) Eine Verpackung enthält 0,2 l Orangensaft.

a) Lege eine Tabelle mit mindestens fünf Werten für die Ausgangsgröße an und ergänze die Werte der zugeordneten Größe.

b) Stelle einen Term für die Zuordnung auf und zeichne einen geeigneten Graphen.

4. Ein Autoverleiher berechnet für das Ausleihen seiner Wagen eine Grundgebühr für jeden ausgeliehenen Tag und eine Gebühr für jeden gefahrenen Kilometer.

Herr Wenzel hat sich für einen Tag einen Pkw ausgeliehen und Frau Schneider für zwei Tage.

Berechne die Kosten für 50 km, 100 km, 200 km für Herrn Wenzel und Frau Schneider.

Gib für beide jeweils einen Term für die Zuordnung *gefahrene Wegstrecke (in km) → Kosten (in €)* an.

Zeichne beide Zuordnungen in ein gemeinsames Koordinatensystem und vergleiche.

5. Für die Dekoration zum Schulfest sollen Würfel mit den Kantenlängen 5 cm, 10 cm, 15 cm, 20 cm, 25 cm, 30 cm hergestellt werden. Dazu werden zunächst aus Holzstäben Kantenmodelle hergestellt und anschließend mit farbigem Papier beklebt.

a) Stelle für die benötigten Würfel die Zuordnung *Kantenlänge → Gesamtlänge* der Stäbe in einer Tabelle dar. Gib auch einen Term oder eine Gleichung an.

b) Stelle für die benötigten Würfel die Zuordnung *Kantenlänge → Oberflächeninhalt* in einer Tabelle dar. Gib auch einen Term oder eine Gleichung an.

c) Stelle für die benötigten Würfel die Zuordnung *Kantenlänge → Volumen* in einer Tabelle dar. Gib auch einen Term oder eine Gleichung an.

6. a) Welcher Term gehört zu dem Wortlaut? Begründe.

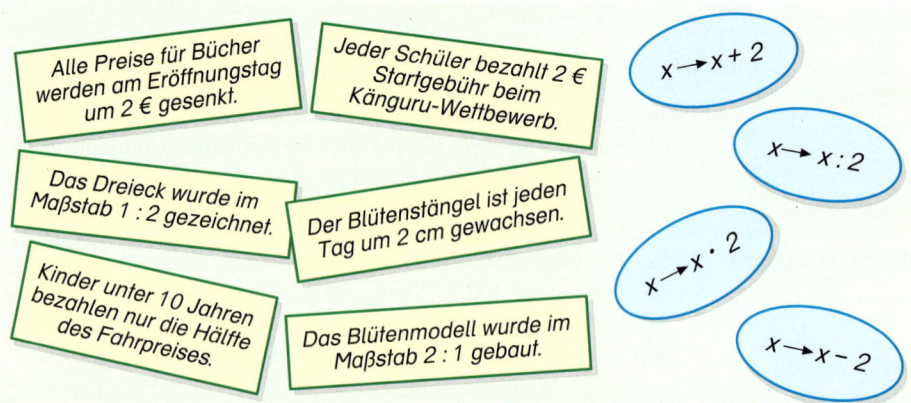

b) Formuliere zu den Termen passende Zuordnungen im Wortlaut. Gib jeweils die Ausgangsgröße und die zugeordnete Größe an.

7. Auf vielen Verpackungen findet man Beispiele für Zuordnungen. Beschreibt die Zuordnungen zuerst mit Worten. Wählt dann geeigneten Variable für die Ausgangsgröße und stellt den Term auf.

8. Ein Rechteck mit der Länge a und der Breite b hat einen Umfang von 24 cm.

a) Stelle für die Breiten 2 cm, 4 cm, 6 cm, 8 cm, 10 cm eine Zuordnungstabelle auf, aus der man die Länge entnehmen kann. Trage noch drei weitere Breiten und die dazu gehörigen Längen ein.

b) Gib die Zuordnung *Breite des Rechtecks → Länge des Rechtecks* mit Variablen an. Stelle auch eine Gleichung zur Berechnung der Länge auf.

c) Zeichne einen Graphen für die Zuordnung *Breite → Länge*.

9. Ein Rechteck mit der Länge a und der Breite b hat einen Flächeninhalt von 24 cm².

a) Stelle für die Längen 2 cm, 4 cm, 6 cm, 8 cm, 10 cm eine Zuordnungstabelle auf, aus der man die Breiten entnehmen kann. Trage noch drei weitere Längen und die dazu gehörigen Breiten ein.

b) Gib die Zuordnung *Länge des Rechtecks → Breite des Rechtecks* mit Variablen an. Stelle auch eine Gleichung zur Berechnung der Breite auf.

c) Zeichne einen Graphen für die Zuordnung *Länge → Breite*.

10. Theresa fand im Internet folgende Angaben über durchschnittliche Geschwindigkeiten beim Vogelzug und stellte sie für einen Kurzvortrag in einem Diagramm dar.

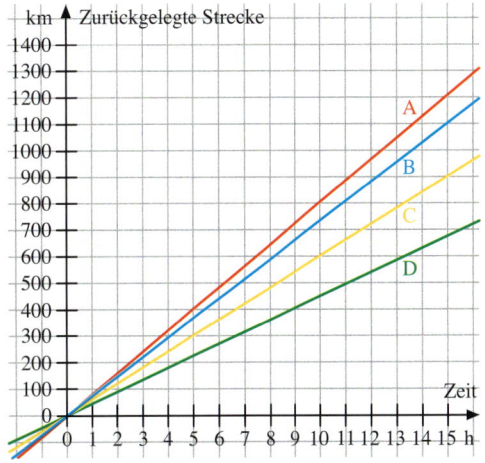

Star	Storch	Mauer-segler	Rauch-schwalbe
74 $\frac{km}{h}$	45 $\frac{km}{h}$	60 $\frac{km}{h}$	80 $\frac{km}{h}$

a) Welche graphische Darstellung gehört zu welcher Vogelart? Begründe.

b) Wie weit kommen die Vögel, wenn sie an einem Tag etwa 8 Stunden fliegen?

c) Gib für die Zuordnung *Zeit → zurückgelegte Strecke* einen Term oder eine Gleichung an.

Auf den Punkt gebracht:

Hilfsmittel nutzen: Tabellenkalkulation

kalkulieren ⟨lat.⟩
berechnen

Arbeiten mit Diagrammen

Eine Tabelle besteht aus mehreren Feldern, die man Zellen nennt. Die Zeilen der Tabelle werden mit 1, 2, 3, … nummeriert, die Spalten mit den Buchstaben A, B, … bezeichnet. Eine Zelle kann man dann durch die Angabe der Zeile und der Spalte angeben.

In der Abbildung hat eine Klasse eingegeben, wie viele Mitschüler in den einzelnen Monaten Geburtstag haben.

In der Abbildung ist die Zelle B5 blau hervorgehoben. Um in eine Zelle Zahlen oder Texte einzugeben, wird zunächst mit der Maus oder mit den Pfeiltasten eine Zelle ausgewählt.

	A	B	C
1	Monat	Anzahl	
2	Januar	2	
3	Februar	5	
4	März	7	
5	April	2	
6	Mai	0	
7	Juni	0	
8	Juli	5	
9	August	0	
10	September	2	
11	Oktober	3	
12	November	6	
13	Dezember	2	

1. Dir fällt sicherlich auf, dass alle Worte linksbündig in der Tabelle ausgerichtet sind, während alle Zahlen rechtsbündig stehen. Das kannst du aber nach Belieben verändern (*formatieren*): So kannst du die Schriftart _Arial_ verändern, die Schriftgröße _10_, die Ausrichtung und die Farbe der Zelle oder die der Buchstaben und Zahlen. Erstelle selber die Tabelle und ändere die Formatierung.

2. Nun wollen wir die gesammelten Daten zu den Geburtsmonaten im Säulendiagramm veranschaulichen. Markiere zunächst mit der Maus den Bereich von A1 bis B13, also die Spaltenbezeichnungen, die Monate und die Anzahlen. Starte danach den Diagrammassistenten.
   Du kannst auch im Menü *Einfügen* den Unterpunkt *Diagramm …* auswählen.
   Wir wollen ein Säulendiagramm erstellen, also wähle den entsprechenden Diagrammtyp aus.

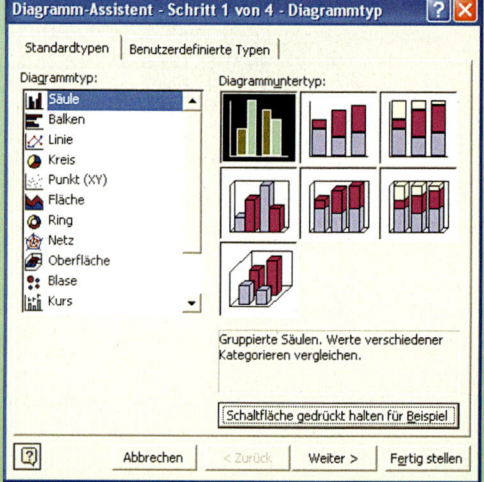

Klicke auf die Schaltfläche *Weiter* >. Jetzt siehst du eine Vorschau deines Diagramms. Klicke wieder auf *Weiter* >. Nun kannst du weitere Einstellungen vornehmen (siehe Bild rechts). Zum Beispiel kannst du den Diagrammtitel vergeben und die nach rechts zeigende Rubrikenachse und die nach oben zeigende Größenachse benennen.

Klicke danach noch einmal auf *Weiter* > und dann auf *Fertig stellen*. Jetzt erscheint das Säulendiagramm auf dem Tabellenblatt.

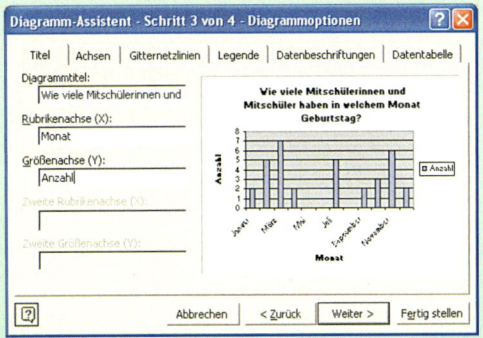

3. Für das Projekt Wetterbeobachtung hat eine Schülergruppe regelmäßig die Lufttemperatur gemessen. Die gemessenen Werte sollen für eine kleine Präsentation in einem Liniendiagramm dargestellt werden.

Erstelle mit deinem Kalkulationsprogramm die abgebildete Tabelle. Veranschauliche den Temperaturverlauf mithilfe des Diagrammassistenten in einem Liniendiagramm.

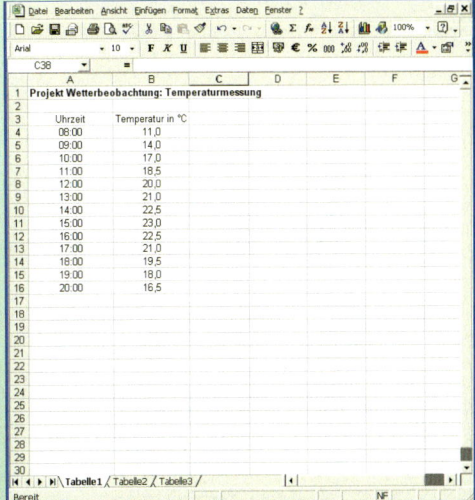

4. Wenn bei „Wetten, dass …?" am Ende der Sendung der Wettkönig ermittelt wird, werden die TED-Ergebnisse immer als Balkendiagramm dargestellt. An einem Wettabend haben 405 678 Zuschauer an der Umfrage teilgenommen. Dabei haben die Hälfte für Wette 3 gestimmt, 52 604 Anrufer haben für Wette 1 gestimmt, 100 233 für Wette 2 und 50 002 für Wette 4.

Stelle die Daten als Balkendiagramme dar.

5. Startet eigene Umfragen in eurer Klasse und stellt die gesammelten Daten in Säulen-, Linien- und Balkendiagrammen dar.

Mit einer Tabellenkalkulation kannst du schnell Diagramme erzeugen und dabei verschiedene Gestaltungsmöglichkeiten ausprobieren.

Bist du fit?

1. Zur Vorbereitung einer Klassenfahrt hat sich Lena nach den Preisen auf der Sommerrodelbahn erkundigt.
Notiere in einer Tabelle, wie viel Eintritt für eine Gruppe von 2, 3, 4, …, 20 Schülern im günstigsten Fall bezahlt werden muss.

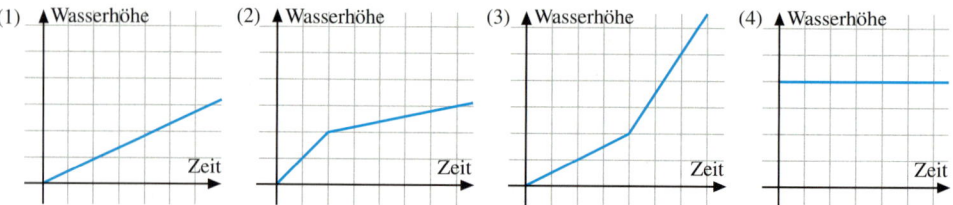

SOMMERRODELBAHN		
	Schüler	
Einzelkarte	1,50 €	
6er-Karte	7,00 €	
Gruppentarif ab 15 Personen pro Person	1,10 €	

L & P / 4431

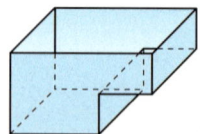

2. a) Links siehst du die Form eines Schwimmbeckens. In dieses Becken wird gleichmäßig Wasser eingelassen. Welcher der Graphen (1) bis (4) kann dazu passen? Begründe.

(1) ▲Wasserhöhe / Zeit   (2) ▲Wasserhöhe / Zeit   (3) ▲Wasserhöhe / Zeit   (4) ▲Wasserhöhe / Zeit

b) Skizziere zu den übrigen Graphen ein passendes Schwimmbecken.

3. Im MNT-Unterricht haben Hans und Clemens untersucht, wie sich heißes Wasser abkühlt:

Zeit nach Versuchs-beginn (in min)	0	1	2	3	4	5	6	7	8	9
Temperatur (in °C)	60	52	46	41	36	33	30	28	27	26

Stelle die Zuordnung in einem Koordinatensystem dar.

4. Ein Wasserwerk berechnet für 1 m^3 verbrauchtes Trinkwasser 2,15 €. Dazu kommt monatlich noch eine Grundgebühr von 10,60 € für den Wasseranschluss.

a) Berechne die Gesamtkosten für einen jährlichen Wasserverbrauch von 20 m^3, 40 m^3, 60 m^3, …, 120 m^3. Trage die Werte in eine Tabelle ein.

b) Zeichne einen Graphen der Zuordnung *Wasserverbrauch (in m^3) → jährliche Kosten (in €)*.

5. a) Bei der Zahlenfolge 1; 2; 10; 11; … wurden abwechselnd zwei verschiedene Vorschriften angewandt: $1 \xrightarrow{+1} 2 \xrightarrow{\cdot 5} 10$
Überprüfe die Glieder der Folge und gib die nächsten fünf Glieder an.

b) Beginne ebenfalls mit dem Startwert 1, verändere aber die Reihenfolge der Vorschriften:
$1 \xrightarrow{\cdot 5} \square \xrightarrow{+1}$
Gib die ersten 10 Glieder an.

6. Der Maßstab einer Straßenkarte beträgt 1 : 200 000. Auf dieser Karte werden Längen von 3 cm; 4,7 cm; 6,5 cm und 12,4 cm gemessen.
(1) Wie lang sind diese Strecken in Wirklichkeit?
(2) Wie lang erscheinen auf der Karte Entfernungen von 8 km; 2,4 km; 25 km; 43 km?
Trage die Werte in eine gemeinsame Tabelle ein.

5. STATISTISCHE DATEN

Für die Verkehrsplanung hat eine Stadtverwaltung die Anzahl aller zugelassenen Kraftfahrzeuge von der Kraftfahrzeug-Zulassungsstelle erfragt und grafisch dargestellt.

Die Straßen der Stadt sollen umgestaltet werden, da es zu häufig Staus gibt. Für die Planungen benötigt man Informationen über die Anzahl der Fahrzeuge auf bestimmten Straßen. Da eine lückenlose Beobachtung an allen Tagen zu aufwändig ist, werden stichprobenartig Verkehrszählungen durchgeführt. Deren Ergebnisse (Daten) dienen dann als Vorhersage (Prognose) für das zukünftige Verkehrsaufkommen und werden bei der Planung der Umgestaltung der Straßen verwandt.

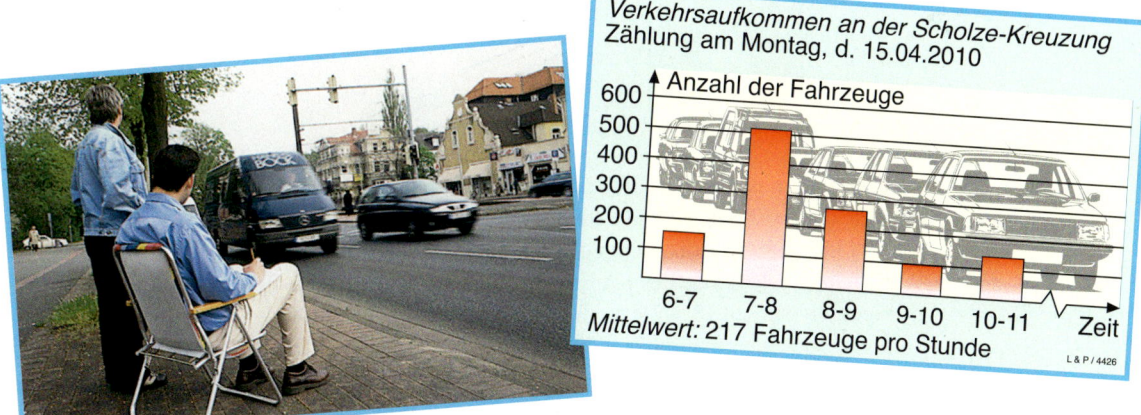

- Nenne weitere Beispiele aus dem Alltag für die Darstellung von Daten in Diagrammen.
- Warum fertigt man Diagramme an?
- Nenne weitere Beispiele für statistische Erhebungen, bei denen nicht alle Daten ausgewählt werden, sondern nur eine Stichprobe.

 In diesem Kapitel lernst du, wie man statistische Erhebungen durchführt und auswertet.

5.1 Absolute und relative Häufigkeiten und deren Darstellung

Einstieg

In einer 6. Klasse wurde eine Umfrage zum Freizeitverhalten durchgeführt.

a) Wie groß ist der Anteil der Sportler an der Gesamtzahl?

b) Stelle die berechneten Anteile in einem Kreisdiagramm dar.

Umfrage zum Freizeitverhalten

Was machst Du in Deiner Freizeit am liebsten? Bitte nur einmal ankreuzen!

◯ Sport treiben 9   ◯ Spielen 3
◯ Musik hören 5   ◯ Lesen 5
◯ Fernsehen 8

Aufgabe 1

Häufigkeiten und ihre Darstellung

Klasse 6b möchte sich auf einem Elternabend den Eltern genauer vorstellen. Dazu führen die Schüler und Schülerinnen eine Umfrage in der Klasse durch.

Rechts siehst du die Ergebnisse zur Frage, wie die Schülerinnen und Schüler zur Schule kommen. Die Ergebnisse sollen auf einem Elternabend vorgestellt werden. Zeichne dafür verschiedene Diagramme.

Wie kommst du in der Regel zur Schule?

... mit dem Bus ⊬⊬⊬ ⊬⊬⊬ ⊬⊬⊬ |||
... mit dem Fahrrad ⊬⊬⊬ ||
... zu Fuß ⊬⊬⊬

Lösung

Säulendiagramm

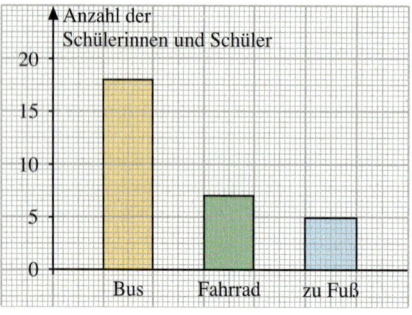

Streifendiagramm

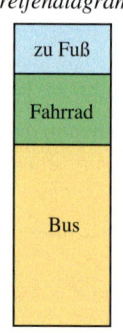

Kreisdiagramm

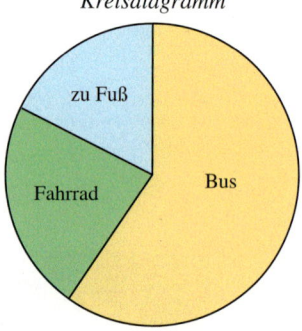

Insbesondere aus dem Streifendiagramm (Blockdiagramm) kann man entnehmen, dass mehr als die Hälfte der Schülerinnen und Schüler mit dem Bus zur Schule kommen. Anteile kann man noch deutlicher in einem Kreisdiagramm erkennen. In ihm wird für jede mögliche Antwort ein Kreisausschnitt gezeichnet. Die Größe des Kreisausschnittes richtet sich nach dem Winkel am Kreismittelpunkt. Insgesamt wurden 18 + 7 + 5, also 30 Kinder befragt.

18 von 30 Kindern kommen mit dem Bus; der Anteil für die Busfahrer ist damit $\frac{18}{30} = \frac{6}{10} = 0{,}6$.

Der zugehörige Zentriwinkel beträgt $\frac{18}{30}$ vom Vollwinkel (360°), das sind $\frac{18}{30} \cdot 360° = 216°$.

Es ergibt sich die untenstehende Tabelle:

Verkehrsmittel	Bus	Fahrrad	zu Fuß
Anzahl (*absolute Häufigkeit*)	18	7	5
Anteil (*relative Häufigkeit*)	$\frac{18}{30} = \frac{3}{5}$	$\frac{7}{30}$	$\frac{5}{30} = \frac{1}{6}$
Zentriwinkel	216°	84°	60°

Aufgabe 2

Planen einer Umfrage

Das Albert-Einstein-Gymnasium plant die Einrichtung einer Schülerbibliothek. Dafür werden genaue Informationen über die Interessen und Lesegewohnheiten der Schüler und Schülerinnen benötigt.

a) Beschreibe verschiedene Möglichkeiten, wie man vorgehen kann, um diese Informationen zu erhalten. Nenne auch deren Vor- und Nachteile.

b) Da eine ausführliche Befragung aller 760 Schülerinnen und Schüler zu aufwändig ist, soll nur $\frac{1}{5}$ der Schülerschaft als Stichprobe betrachtet werden.
Um dennoch zuverlässige Ergebnisse zu erhalten, muss die Auswahl der Stichprobe genau geplant werden. Die nebenstehende Tabelle gibt die Zusammensetzung der Schülerschaft des Albert-Einstein-Gymnasiums wieder.
Plane damit eine Stichprobe.

Klasse	Anzahl der	
	Mädchen	Jungen
5	55	46
6	44	47
7	49	42
8	68	40
9	55	39
10	52	40
11	48	35
12	53	47

Lösung

a) Zunächst ist es sinnvoll, einen Fragebogen zu entwickeln, in dem nach Lieblingslektüre, Lesehäufigkeit, Wünschen für eine Schülerbibliothek, ... gefragt wird. Man könnte dann alle Schüler und Schülerinnen des Albert-Einstein-Gymnasiums befragen. Das würde ein genaues Ergebnis liefern, wäre aber sehr aufwändig.
Eine andere Möglichkeit ist es, nur einen Teil der Schülerschaft (*Stichprobe*) zu befragen und die Ergebnisse auf alle Schüler(innen) der Schule hochzurechnen. Dies ist für die Umfrage weniger aufwändig, bedarf aber genauer Planung: Eine solche Stichprobe darf nicht zu klein sein und muss ausgewogen die Zusammensetzung der Schülerschaft widerspiegeln.

b) Vermutlich hängen die Leseinteressen sowohl vom Alter als auch vom Geschlecht ab. Daher muss die Stichprobe in ihrer Zusammensetzung die Zusammensetzung der Gesamtschülerschaft nach Alter und Geschlecht getreu widerspiegeln.

Also ist $\frac{1}{5}$ der Mädchen aus Klasse 5 zu befragen:
$(\frac{1}{5}$ von $55) = \frac{1}{5} \cdot 55 = 11$

Ebenso $\frac{1}{5}$ der Jungen aus Klasse 5:
$(\frac{1}{5}$ von $46) = \frac{1}{5} \cdot 46 = 9{,}2 \approx 9$

Damit ergibt sich die nebenstehende Zusammensetzung der Stichprobe. Innerhalb jeder Gruppe sollten die Schüler und Schülerinnen nach dem Zufallsprinzip ausgewählt werden.

Klasse	Anzahl der	
	Mädchen	Jungen
5	11	9
6	9	9
7	10	8
8	14	8
9	11	8
10	10	8
11	10	7
12	11	9

Weiterführende Aufgabe

3. *Erhebung mit sich gegenseitig ausschließenden bzw. nicht ausschließenden Antworten*

In einer 6. Klasse mit 30 Schülerinnen und Schüler wurde nach Folgendem gefragt:

(1)

Anzahl der Geschwister	absolute Häufigkeit
0	17
1	10
2	2
mehr als 2	1

(2)

Freizeitgestaltung	absolute Häufigkeit
Lesen	9
Fußball	6
Reiten	4
Fernsehen	16
Tennis	5

a) Berechne die relativen Häufigkeiten als Bruch. Was stellst du fest?

b) Berechne für die Umfrage zu (1) die relativen Häufigkeiten in Prozent. Runde auf ganzzahlige Prozentsätze. Berechne dann die Summe der relativen Häufigkeiten. Vergleiche mit Teilaufgabe a).

c) Stelle die Ergebnisse zu (1) und (2) in Diagrammen dar.
Welche Schwierigkeit ergibt sich, wenn du ein Kreisdiagramm zu (2) zeichnen willst?

Information

(1) Strichlisten

Zum Auszählen von Stimmen oder anderen Anzahlen verwendet man oft eine **Strichliste**. Jeder 5. Strich wird schräg durch die vier vorangehenden senkrechten Striche gezogen. Mit diesen Fünfer-Bündeln hat man einen guten Überblick über die Gesamtanzahl.

(2) Statistische Erhebungen, Grundgesamtheit, Merkmal

Zählungen von Fahrzeugen, Personen oder Gegenständen, Befragungen von Personen nach Daten, Verhaltensgewohnheiten oder Meinungen sind Beispiele für **statistische Erhebungen**. Die Menge aller Personen oder Gegenstände, über die man Erkenntnisse gewinnen möchte, nennt man die **Grundgesamtheit**.

In der Umfrage am Albert-Einstein-Gymnasium (siehe Aufgabe 2) wurde bei den befragten Personen das **Merkmal** *Lieblingslektüre* untersucht. Dabei wurden die Alternativen *Roman*, *Comic* und *Sachbuch* unterschieden. Weiter wurde bei den befragten Personen auch das Merkmal *Lesehäufigkeit* untersucht. Hier konnten die Befragten mit einer Zahl für die wöchentliche Lesedauer in Stunden antworten.

In der Statistik benutzt man oft den Begriff **Merkmalsausprägungen** für verschiedene Möglichkeiten, die bei einem Merkmal auftreten können. Äpfel könnte man bei einer Qualitätskontrolle auf das Merkmal *Reifezustand* mit den Merkmalsausprägungen *unreif*, *reif*, *überreif* untersuchen. Würde man Äpfel auf das Merkmal *Masse* untersuchen, so könnte man sehr viele Ergebnisse angeben, z. B. alle ganzzahligen Massenangaben von 50 g bis 200 g.

Merkmale, deren Merkmalsausprägungen Zahlen oder Größen sind, bezeichnet man als **quantitative Merkmale**.

Beispiele: Stimmenanzahl, Lesehäufigkeit (in Stunden), Äpfelmasse (in g).
Die übrigen Merkmale bezeichnet man als **qualitative Merkmale**.

Beispiele: Lieblingslektüre, Reifezustand von Äpfeln.

(3) Stichprobe

Wenn es zu aufwändig ist, die vollständige Grundgesamtheit zu untersuchen, beschränkt man sich auf eine **Stichprobe**.

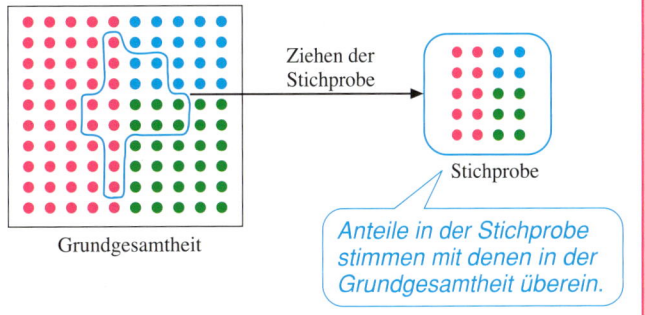

Eine Stichprobe soll Aussagen über die Grundgesamtheit ermöglichen. Dazu muss sie bezüglich bestimmter Merkmale (z.B. Alter, Geschlecht, Beruf, Einkommen) ein verkleinertes Bild der Grundgesamtheit wiedergeben. Man sagt auch: Die Stichprobe muss *repräsentativ* sein.

Ziehen der Stichprobe

Grundgesamtheit

Stichprobe

Anteile in der Stichprobe stimmen mit denen in der Grundgesamtheit überein.

(4) Absolute und relative Häufigkeit

Beim Vergleich statistischer Daten spricht man oft von absoluten und relativen Häufigkeiten.
Die absolute Häufigkeit gibt an, wie oft eine bestimmte Merkmalsausprägung auftritt. Um die absolute Häufigkeit einer Merkmalsausprägung zu bestimmen, muss man also zählen. Die relative Häufigkeit einer Merkmalsausprägung gibt uns an, wie groß der Anteil an der Gesamtzahl ist.

$$\text{relative Häufigkeit} = \frac{\text{absolute Häufigkeit}}{\text{Gesamtzahl}}$$

Relative Häufigkeiten kann man als gemeine Brüche, Dezimalbrüche oder in Prozent angeben.
Beachte: In der Statistik und in der Bruchrechnung verwendet man verschiedene Begriffe für gleiche Sachverhalte.

Statistik:	Gesamtanzahl	absolute Häufigkeit	relative Häufigkeit
Bruchrechnung:	Ganzes	Teil des Ganzen	Anteil

$\frac{6}{24} = \frac{1}{4} = 25\%$

(5) Häufigkeitstabelle, Summenprobe

Die absoluten oder relativen Häufigkeiten der Verkehrsmittel in Aufgabe 1 kann man übersichtlich in einer Tabelle notieren (*Häufigkeitstabelle*), z.B.:

Merkmalsausprägung	Bus	Fahrrad	zu Fuß
relative Häufigkeit	60 %	23 %	17 %

Sind bei einer Umfrage *Mehrfachnennungen* möglich, so kann die Summe der relativen Häufigkeiten größer als 1 (100 %) sein. In diesem Fall kann man kein Kreisdiagramm zeichnen, sondern nur ein Säulen- oder ein Streifendiagramm.

Summenprobe für relative Häufigkeiten

Die Summe der relativen Häufigkeiten einer vollständigen Erhebung *ohne* Mehrfachnennungen ist gleich 1, also 100 %.
Mit dieser *Summenprobe* kann man die Vollständigkeit einer Erhebung oder die Richtigkeit der Rechnung überprüfen.

Übungsaufgaben

4. In einer Schülerzeitung soll über die Ernährung in den Pausen berichtet werden. Die Schülerinnen und Schüler wurden dazu befragt, welches Getränk sie zu sich nehmen.

Getränk	Anzahl in Klasse		
	5	6	7
Milch	11	9	7
Kakao	17	15	16
Fruchtsaft	23	21	25
Mineralwasser	7	9	11
Limonade	19	27	26

a) Welches Getränk ist in Klasse 5 [6; 7] am beliebtesten?

b) In welcher Jahrgangsstufe ist Fruchtsaft [Milch, Kakao, …] relativ gesehen am beliebtesten?

c) Veranschauliche die Ergebnisse der Befragung durch eine grafische Darstellung.

5. Die Klasse 6a führt eine Projektwoche zum Thema „Bäume" durch. Miriam und Nora haben sich entschieden, den Zustand der Bäume in einem nahe gelegenen Waldstück zu untersuchen. Da sie es nicht schaffen, sich alle Bäume anzusehen, führen sie ihre Untersuchung an einer Stichprobe durch. Dazu grenzen sie ein kleines Gebiet von 80 Bäumen ab.

Anhand einer Merkmalsliste, die sie von ihrer Lehrerin bekommen haben, ordnen sie die Bäume den folgenden Schadstufen zu:

Stufe 0	**Stufe 1**	**Stufe 2**	**Stufe 3**	**Stufe 4**
nicht geschädigt: Blattverluste bis 10 %	kränkelnd: Blattverluste über 10 % bis 25 %	krank: Blattverluste über 25 % bis 60 %	absterbend: Blattverluste über 60 %	abgestorben

Das Ergebnis ihrer Untersuchung halten Miriam und Nora in einer Strichliste fest:

Schadstufe 0	Schadstufe 1	Schadstufe 2	Schadstufe 3	Schadstufe 4
‖‖‖ ‖‖‖ ‖‖‖ ‖‖‖ ‖‖	‖‖‖ ‖‖‖ ‖‖‖ ‖‖‖ ‖‖‖ ‖‖‖ ‖	‖‖‖ |||	‖‖‖ ‖‖‖ ‖‖‖		|||

a) Wie viele Bäume waren ohne erkennbare Schäden, wie viele leicht geschädigt, wie viel stark geschädigt, wie viele abgestorben?

Wie hoch war der Anteil jeder der fünf Schadstufen? Gib diesen Anteil als Bruch, als Dezimalbruch und in Prozent an. Lege dazu eine Tabelle an.

b) Zeichne ein Säulendiagramm für die Anteile.

6. Bei einigen Schülern wurde das Körpergewicht (gerundet auf volle kg) bestimmt.

Gewicht (in kg)	40	41	42	43	44	45	46	47	48	49	50	51
Absolute Häufigkeit	1	2	3	5	6	8	9	9	5	3	1	1

a) Bestimme die relativen Häufigkeiten, mit der die einzelnen Gewichte auftreten. Führe die Summenprobe durch.

b) Zeichne ein Säulendiagramm und ein Kreisdiagramm für die relativen Häufigkeiten. Welches ist aussagekräftiger?

7. Der Gemeinderat beschloss, in der Platanenallee Maßnahmen zur Verkehrsberuhigung durchzuführen. Wie man der nebenstehenden Tabelle entnehmen kann, war dies nicht unumstritten.

Meinung	absolute Häufigkeit in der Stichprobe	
	vorher	nachher
sehr gut	24	40
gut	108	144
unentschieden	81	56
schlecht	78	72
sehr schlecht	9	8

a) Hat sich die Meinung der Anwohner geändert, nachdem die Umbaumaßnahmen abgeschlossen waren? (Beachte die unterschiedliche Gesamtanzahl der beiden Stichproben.)

b) Zeichne zwei Kreisdiagramme für die relativen Häufigkeiten und vergleiche.

c) Führe den Vergleich auch mit Säulendiagrammen [Blockdiagrammen] durch. Benenne Vor- und Nachteile der verschiedenen Diagramme.

8. Laura und Paul werten gemeinsam die Ergebnisse einer Befragung aus.
Laura meint: „Wenn wir die relativen Häufigkeiten als ganzzahlige Prozentsätze angeben, dann ergibt sich bei der Summenprobe 101 %."
Paul sagt: „Das Ergebnis ist viel genauer, wenn wir eine Stelle hinter dem Komma berücksichtigen."
Überprüft beide Aussagen.

Frage: Sollen im Schulkiosk auch Süßigkeiten verkauft werden?

Antwort:	
Ja	35
Nein	15
Egal	23

9. Tobias hat seine Mitschüler und Mitschülerinnen nach ihrer Lieblingsfarbe befragt. Leonie meint: „Etwas stimmt da nicht." Kontrolliere.

rot	blau	grün	gelb	braun	violett
33 %	19 %	25 %	13 %	12 %	8 %

10. Entnimm dem Zeitungsartikel rechts eine nicht genannte Angabe.

11. Die Schüler und Schülerinnen einer Schule kommen aus den vier Orten Astadt, Behausen, Cedorf und Dedorf. Die Schulleiterin schätzt, dass $\frac{1}{4}$ der Schülerschaft aus Astadt, $\frac{1}{3}$ aus Behausen und $\frac{1}{5}$ aus Dedorf kommen.

Neustadt wird immer jünger

In die Neubaugebiete ziehen immer mehr junge Familien mit Kindern. Ein Fünftel der Bevölkerung ist unter 18 Jahre alt. 42 % der Einwohner sind volljährig, aber unter 40. Der Anteil der Personen über 65 liegt bei 15 %.

a) Lege eine Häufigkeitstabelle an und zeichne ein Kreisdiagramm.

b) Die Schule hat 753 Schülerinnen und Schüler. Bestimme die Anzahl der Kinder aus den einzelnen Orten, die sich aus dieser Schätzung ergibt.

12. In einer Stichprobe beträgt der Anteil der Fahrschüler $\frac{2}{5}$. Die Stichprobe enthält 28 Fahrschüler. Wie groß ist die Stichprobe?

13. Führt in eurer Klasse eine Umfrage nach dem Lieblingssong (oder zu einem selbst gewählten Thema) durch. Gestaltet mit den Ergebnissen verschiedene Plakate mit Säulen-, Streifen- und Kreisdiagrammen. Hängt sie in eurem Klassenraum aus und vergleicht sie.

14. Bei einer Befragung unter 100 zufällig ausgewählten Jugendlichen wurde auch nach den beliebtesten Klubs der Fußball-Bundesliga gefragt. Mehrfachnennungen waren möglich.

FRAGEBOGEN	Welche Klubs der Fußball-Bundesliga sind dir sympathisch?
	Bayern München ☐
	Borussia Dortmund ☐
	Hamburger SV ☐
	FC Schalke 04 ☐
	Werder Bremen ☐
	Andere Vereine ☐
	Kein Fußballinteresse ☐

ERGEBNIS	Ergebnis der Befragung:	
	Bayern München	32 Stimmen
	Borussia Dortmund	29 Stimmen
	Hamburger SV	15 Stimmen
	FC Schalke 04	17 Stimmen
	Werder Bremen	18 Stimmen
	Andere Vereine	14 Stimmen
	Kein Fußballinteresse	25 Stimmen

a) Bestimme die relativen Häufigkeiten. Führe die Summenprobe durch. Was stellst du fest? Erkläre.

b) Zeichne ein Säulendiagramm.

c) Tom schlägt vor, auch ein Kreisdiagramm zu zeichnen. Was meinst du dazu?

15. An einer Ortseinfahrt wird die Höchstgeschwindigkeit auf 50 km/h begrenzt. Die Polizei kontrolliert die Geschwindigkeit der Fahrzeuge. Hier ist das Ergebnis:

Geschwindigkeit (in km/h)	bis 40	über 40 bis 50	über 50 bis 60	über 60 bis 70	über 70
Anzahl der Fahrzeuge	5	92	66	13	4

a) Stelle das Ergebnis in einem Säulendiagramm dar.

b) Zeichne ein Kreisdiagramm zu den Daten.

c) Schreibe einen Zeitungsartikel über die Messung.

16. Auf Schreibmaschinen- und Computertastaturen sind die Buchstaben weder alphabetisch noch nach einem anderen erkennbaren System angeordnet. Beim Schreiben mit zehn Fingern zeigen die beiden Daumen auf die große Leertaste und die übrigen Finger  auf die Buchstaben A, S, D, F, J, K, L, Ö (*Grundstellung*). Oliver vermutet, dass diese Buchstaben besonders häufig vorkommen.

a) Überprüfe diese Vermutung. Zähle dazu auf Seite 5 die ersten 500 Buchstaben aus. Ermittle die relativen Häufigkeiten für diese Buchstaben.

b) Zähle andere Texte aus dem Deutschbuch oder der Zeitung aus.

c) Zähle einen Text aus dem Englischbuch aus und vergleiche.

17. Wählt in verschiedenen Büchern eine Seite aus und zählt 100 Wörter ab. Legt eine Strichliste an, wie viele Buchstaben die einzelnen Wörter haben. Zeichnet ein Säulendiagramm. Vergleicht eure Ergebnisse.

18. Die Qualität einer neuen Maschine zur Energiesparlampenherstellung soll überprüft werden. Dazu wird aus 80 000 produzierten Lampen eine Stichprobe von 1 200 Lampen entnommen.
Bei der Kontrolle dieser 1 200 Lampen fand man 9 Birnen, bei denen die Farbbeschichtung nicht in Ordnung war. Schätze, wie viele Lampen in der Gesamtproduktion vermutlich unzureichend waren.

19. Im Heimatort von Anna soll die Fußgängerzone in der Innenstadt erweitert werden.
Anna hat eine Umfrage unter ihren Mitschülern und Mitschülerinnen durchgeführt: 68 von 112 sind für die Erweiterung.
Christoph hat an einem Nachmittag 86 Passanten in der Fußgängerzone befragt: 62 befürworteten eine Erweiterung.
Hanna hat eine Umfrage in ihrer Nachbarschaft durchgeführt: 12 von 64 Personen wünschen eine Erweiterung.
Anna sagt: „Jetzt wissen wir immer noch nicht, ob die Erweiterung gewünscht ist."

a) Was meinst du dazu?

b) Beschreibe, wie die drei vorgehen sollten, um ein aussagekräftiges Ergebnis zu erhalten.

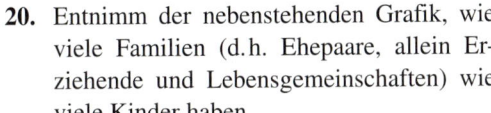

20. Entnimm der nebenstehenden Grafik, wie viele Familien (d.h. Ehepaare, allein Erziehende und Lebensgemeinschaften) wie viele Kinder haben.

a) Fasse die Daten zusammen und stelle in einem Kreisdiagramm dar, wie viele Familien mit 1, 2, 3 oder mehr Kindern es gibt.

b) Ein Meinungsforschungsinstitut möchte eine repräsentative Stichprobe an 500 Familien mit Kindern durchführen.
Wie sollte sich diese Stichprobe zusammensetzen?

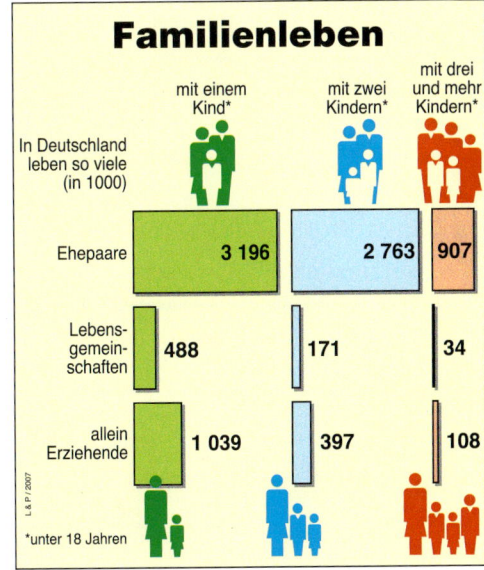

Familienleben

	mit einem Kind*	mit zwei Kindern*	mit drei und mehr Kindern*
In Deutschland leben so viele (in 1000)			
Ehepaare	3 196	2 763	907
Lebensgemeinschaften	488	171	34
allein Erziehende	1 039	397	108

*unter 18 Jahren

L & P / 2007

Im Blickpunkt
Im Blickpunkt

Diagramme mit dem Computer

Mit einem Tabellenkalkulationsprogramm kannst du am Computer Daten schnell auswerten und anschaulich in Diagrammen darstellen.

Gib in dein Tabellenkalkulationsprogramm die in der Abbildung dargestellten Wertstoffmengen ein, die im vergangenen Jahr in einer Stadt gesammelt wurden.

Berechne die Gesamtmenge und die prozentualen Anteile.

	A	B	C	D
1		Zusammensetzung der Wertstoffe		
2				
3			Menge in t	Anteil
4		Papier	17400	67%
5		Glas	7120	27%
6		Sperrmüll	1530	6%
7		Gesamt	26050	

Hinweise: Die Gesamtmenge der Wertstoffe berechnet das Kalkulationssprogramm automatisch, wenn du in der Zelle C7 folgende Formel eingibst: **=Summe(C4:C6)**

In den Zellen D4 bis D6 berechnest du die Anteile.

In der Zelle D4 gibst du die Formel **=C4/C7** und Entsprechendes in den Zellen D5 und D6 ein.

Wähle im Menü *Format...Zellen...Zahlen* für die Zellen D4 bis D6 die Formatierung *Prozent mit Dezimalstellen.*

Veranschauliche die Verteilung der Wertstoffmenge auf die einzelnen Arten in unterschiedlichen Diagrammen. Markiere dazu zunächst mit der Maus den Bereich von B4 bis C6, also die Bezeichnungen und die Mengen der verschiedenen Wertstoffe. Starte danach den Diagrammassistenten.

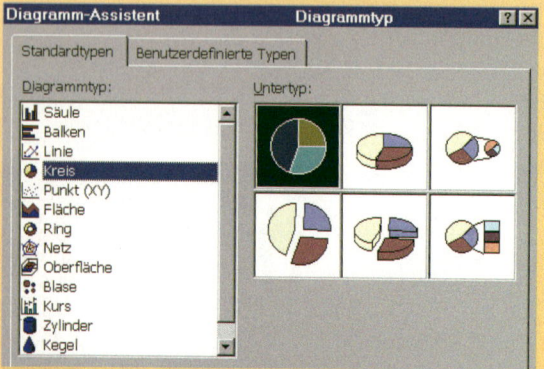

Bei vielen Programmen findest du in der Symbolleiste eine Schaltfläche wie rechts abgebildet.

Du kannst auch im Menü *Einfügen* den Unterpunkt *Diagramm...,* auswählen.

Wähle mit der Maus einen Diagrammtyp (z.B. *Säulendiagramm, Balkendiagramm, Liniendiagramm, Kreisdiagramm,* ...) und klicke auf das Symbol für einen Untertyp.

Klicke auf die Schaltfläche *Weiter >,* um zusätzliche Einstellungen vorzunehmen.

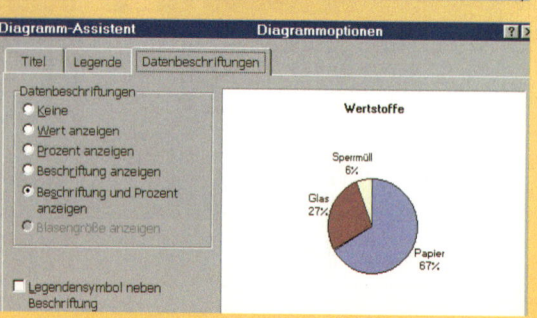

Für die Darstellung des Kreisdiagramms kannst du hier unter mehreren Optionen auswählen.

- Im Register Titel die Überschrift Wertstoffe eingeben.
- Im Register Legende die Anzeige ausschalten.
- Im Register Datenbeschriftungen *Beschriftung und Prozent anzeigen* auswählen.

Beachte: Der Diagrammassistent hat die Prozentangaben selbstständig berechnet und gerundet.

3D
Abkürzung für dreidimensional

Mithilfe deines Diagrammassistenten kannst du die Verteilung der Wertstoffmengen in einem Kreisdiagramm, einem Streifendiagramm, einem 3D-Kreisdiagramm (Kuchendiagramm) oder einem Säulendiagramm darstellen.

Kreisdiagramme und Streifendiagramme zeigen anschaulich die Anteile der einzelnen Wertstoffe an der Gesamtmenge.

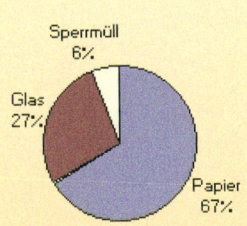

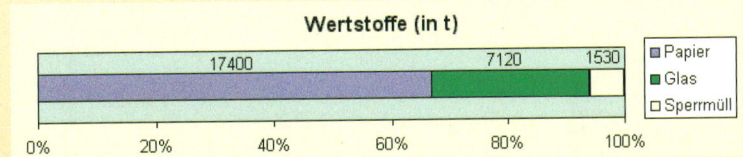

Kuchendiagramme (3D-Kreisdiagramme) zeigen die Aufteilung der einzelnen Wertstoffmengen wie bei einer Torte.

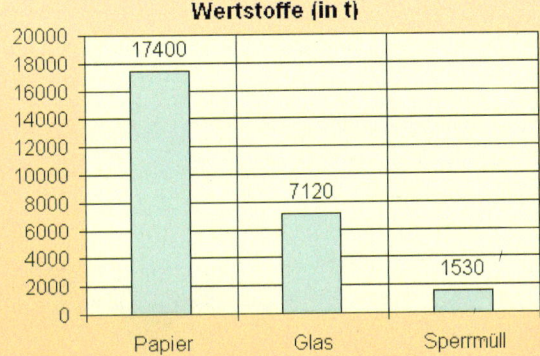

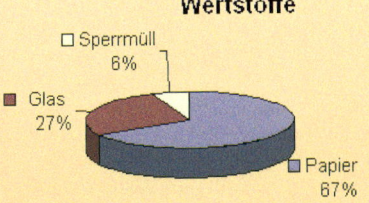

Säulendiagramme werden benutzt, um Verhältnisse zwischen Größen zu veranschaulichen.

1. In Thüringen waren 2009/2010 etwa 171 165 Kinder an allgemeinbildende Schulen, davon 38,1 % an Grundschulen, 25,1 % an Regelschulen, 6,0 % an Förderschulen, 26,8 % an Gymnasien, 3,8 % an Gesamtschulen und 0,2 % am Kolleg (Daten: Statistikstelle des Thüringischen Ministerium für Bildung, Wissenschaft und Kultur).

   a) Erstelle ein Tabellenblatt. Bestimme die Verteilung der absoluten Häufigkeiten und stelle sie in einem Kuchendiagramm dar.

   b) Stelle die Verteilung der relativen Häufigkeiten in einem Säulendiagramm dar.

   c) Vergleiche die Darstellungen.

2. In der Abbildung werden Anteile in einem Streifendiagramm dargestellt.

   a) Übertrage die Daten in dein Tabellenkalkulationsprogramm.

   b) Berechne die Anzahl der Wohnungen, die mit Heizöl, Kohle, Strom oder auf andere Art beheizt werden.

   c) Zeichne ein entsprechendes Kreisdiagramm (Kuchendiagramm).

3. Unter der Adresse http://www.tls-thueringen.de veröffentlicht das statistische Landesamt Datenmaterial über das Land Thüringen.
   Bundesweite statistische Angaben findest du unter http://www.destatis.de und http://www.statistikportal.de.

5.2 Klasseneinteilung bei Stichproben

Einstieg

In einer Fabrik für Verpackungsmaterial wurde eine neue Art von Brothülle auf Wasserdampfdurchlässigkeit geprüft. Bei 50 Exemplaren fand man nach einer zweitägigen Lagerung bei 40 °C bei den verpackten Broten folgende Verringerung der Masse (in g).

5,6	1,0	4,6	8,1	2,7	2,6	13,0	9,8	11,9	2,0
3,4	12,4	1,8	4,5	6,3	5,0	8,3	8,0	8,2	3,1
3,0	3,8	5,8	1,8	11,8	4,0	5,7	2,6	8,2	4,7
3,8	5,9	1,8	2,4	2,6	2,5	4,0	1,4	3,5	6,0
5,9	1,7	10,4	6,0	8,1	3,2	9,8	7,7	2,0	8,1

a) Begründet, warum es sinnvoll ist, eine Klasseneinteilung vorzunehmen.

b) Unterteilt in Klassen: 0 g bis unter 2,5 g; 2,5 g bis unter 5 g; …
Berechnet die relativen Häufigkeiten und zeichne ein Säulendiagramm.

Aufgabe 1

Bei einem Sportfest mehrerer Schulen erreichten 40 Schüler der Altersgruppe 12 bis 14 Jahre beim Weitsprung die in der folgenden Liste angeführten Messwerte (in m). (Diese Liste nennt man auch *Urliste*, da sie die ursprünglich gemessenen Daten enthält.)

> **Daten**
> (Plural von Datum)
> Zahlenwerte,
> Angaben

3,91	4,32	4,44	3,46	4,01
3,90	4,59	4,79	4,70	3,33
3,48	4,07	3,78	3,25	3,94
3,10	4,34	4,20	3,75	4,28
4,16	3,29	4,39	4,19	3,87
4,25	3,59	3,64	4,26	3,53
3,79	4,52	4,27	4,05	3,63
3,07	4,06	3,86	4,15	3,93

a) Leonie hat vor, mit diesen Messwerten ein Säulendiagramm zu zeichnen.
Wie würde das Diagramm aussehen? Wie könnte man dieses Problem beheben?

b) Beim Eintragen der Ergebnisse in den Ergebnisbogen werden ohnehin nicht die genauen Werte eingetragen. Es wird stattdessen ein 20 cm breiter Bereich markiert, in dem das Ergebnis liegt. Teile die Sprungweiten in solche *Klassen* ein.

1. Klasse: 3,00 m ≤ Weite < 3,20 m   2. Klasse: 3,20 m ≤ Weite < 3,40 m, …

Berechne die relativen Häufigkeiten der einzelnen Klassen und zeichne ein Säulendiagramm.

Lösung

a) Fast alle Weiten kommen keinmal oder nur einmal vor. Das Säulendiagramm würde nur Säulen gleicher Höhe mit vielen Lücken dazwischen aufweisen. Man könnte ihm kaum Informationen entnehmen.
Man müsste die Weiten nicht so genau angeben, damit nicht so viele verschiedene Weiten entstehen. Man könnte z.B. auf 10 cm runden.

b)

Klasse	3,00 m bis 3,20 m	3,20 m bis 3,40 m	3,40 m bis 3,60 m	3,60 m bis 3,80 m	3,80 m bis 4,00 m	4,00 m bis 4,20 m	4,20 m bis 4,40 m	4,40 m bis 4,60 m	4,60 m bis 4,80 m
Absolute Häufigkeit	//	///	////	ЖГ	ЖП	ЖПI	ЖIIII	///	//
	2	3	4	5	6	7	8	3	2
Relative Häufigkeit	0,05	0,075	0,01	0,125	0,15	0,175	0,20	0,075	0,05

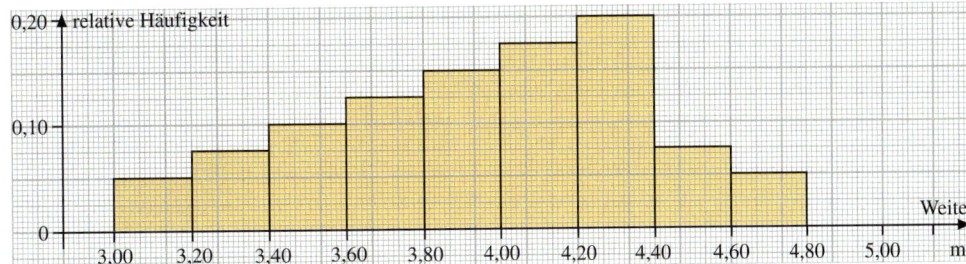

Weiterführende Aufgaben

Gruppenteiliges Vorgehen erspart Arbeit.

2. Auswirkungen der gewählten Klassenbreiten

Betrachte die Liste aus Aufgabe 1. Überlege mit deinen Mitschüler(innen) andere Klassenbreiten. Teilt dann die Messweite ein und zeichnet ein Säulendiagramm mit den relativen Häufigkeiten. Vergleicht eure Säulendiagramme.

3. Grafische Darstellung bei unterschiedlicher Klassenbreite

Für das Einkommen der Arbeitnehmer eines Betriebes wurden zwei verschiedene Diagramme angefertigt. Welches hältst du für angemessen? Begründe.

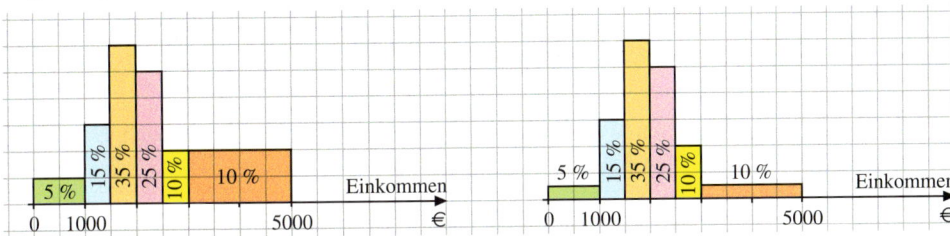

Information

Bei Flächenangaben ergibt sich der Eindruck aus dem Flächeninhalt.

(1) Einteilung in Klassen

Untersucht man Merkmale mit sehr vielen Ausprägungen, ist es oft sinnvoll, jeweils mehrere benachbarte Ausprägungen in **Klassen** zusammenzufassen. Ergebnisse, die auf eine Klassengrenze fallen, werden im Allgemeinen der oberen Klassengrenze zugeordnet.
Die Anzahl der Klassen sollte nicht zu groß, aber auch nicht zu klein gewählt werden.

(2) Histogramm

Zur Darstellung der Häufigkeiten einer in Klassen eingeteilten Stichprobe werden Rechtecke über den Klassen gezeichnet. Falls alle Klassen gleich breit sind, gibt die Höhe der Rechtecke die relativen Häufigkeiten an. Sind die Klassen verschieden breit, sind die Rechtecke so hoch zu zeichnen, dass ihre Flächeninhalte proportional zu den relativen Häufigkeiten sind.

Übungsaufgaben

4. Die Schülerinnen und Schüler einer Klasse haben ihre Reaktionszeiten gemessen:

0,72 s	0,85 s	0,80 s	0,96 s	0,89 s	0,81 s	0,76 s	0,83 s	0,85 s	0,88 s
0,92 s	0,74 s	0,81 s	0,86 s	0,87 s	0,94 s	0,77 s	0,91 s	0,79 s	0,84 s
0,77 s	0,83 s	0,95 s	0,85 s	0,70 s	0,98 s	0,89 s	0,77 s	0,94 s	0,90 s

Bilde Klassen der Breite 0,05 s, beginnend bei 0,70 s.
Zeichne damit ein Säulendiagramm.

5. Auf einer Teststrecke wurde die Geschwindigkeit von 38 Rennwagen in $\frac{km}{h}$ gemessen:

393; 331; 421; 327; 199; 219; 318; 389;
299; 294; 371; 365; 293; 325; 293; 397;
209; 273; 269; 268; 201; 281; 394; 363;
351; 369; 388; 282; 313; 211; 416; 213;
201; 320; 327; 359; 220; 338

Führe für diese Daten drei Klasseneinteilungen mit verschiedenen Breiten durch. Zeichne jeweils ein Säulendiagramm der absoluten Häufigkeiten. Vergleiche daran die durchgeführten Klasseneinteilungen.

6. Robert und Anna sollen von einem Bindfaden nach Augenmaß jeder 100 möglichst genau 10 cm lange Stücke abschneiden.
Die Nachmessung ergab:

Länge (in cm)	8,6–9,0	9,0–9,4	9,4–9,8	9,8–10,2	10,2–10,6	10,6–11,0	11,0–11,4
Robert	1	7	26	31	23	10	2
Anna	0	2	24	49	23	1	1

a) Zeichne jeweils ein Säulendiagramm. Vergleiche die beiden Stichproben. Wer hat das bessere Augenmaß?

b) Führe den Versuch selber durch. Vergleiche deine Stichprobe mit der Stichprobe von Robert und Anna.

7. Kraftfahrer, die keinen Unfall verursachen, zahlen im Laufe der Zeit immer weniger Versicherungsprämie. Die Versicherungen erfassen dazu die Anzahl der (ununterbrochenen) schadenfreien Jahre.
Die folgende Tabelle zeigt, wie viele Kraftfahrer wie lange schon schadenfrei sind.
Zeichne ein Histogramm.

Schadenfreie Jahre	0–1	1–2	2–3	3–4	4–5	5–6	6–8	8–10	10–14	14–18	18–25
Anteil der Versicherten in %	9	4	5	5	6	7	9	10	16	9	20

5.3 Arithmetisches Mittel – Spannweite

Einstieg

Bei den Bundesjugendspielen hat die Riege 1 den besten Weitspringer mit 4,24 m gestellt. Die Schüler der Riege 2 glauben aber, dass sie im Durchschnitt besser gesprungen sind.

RIEGE 1		RIEGE 2	
Lukas	3,71 m	Niklas	3,87 m
Tim	4,16 m	Philip	3,94 m
Jonas	4,03 m	Tom	3,75 m
Leon	3,65 m	Marvin	4,04 m
Maximilian	3,82 m	Florian	4,12 m
Erdal	3,58 m	Daniel	3,66 m
Jannik	3,86 m	Niko	3,91 m
Felix	4,24 m	Osman	4,06 m
Georgios	3,93 m	Finn	4,03 m
Lennard	4,04 m	Tobias	3,83 m
Alexander	3,98 m	Roberto	3,85 m
Kevin	3,77 m	Moritz	3,98 m
Pascal	3,80 m		

Aufgabe 1

Die sechsten Klassen sammelten in Vierergruppen für eine Aktion.

a) Die 6a und 6b haben folgendes Sammelergebnis erhalten:

Gruppe	I	II	III	IV	V	VI	VII
Klasse 6a	225 €	190 €	170 €	205 €	245 €	210 €	190 €
Klasse 6b	130 €	245 €	220 €	265 €	185 €	230 €	–

Welche Klasse ist die „bessere Sammelklasse"?

b) Vergleiche auch mit der Klasse 6c, in der eine Vierergruppe 204 €, drei Vierergruppen je 192 € und vier Vierergruppen je 215 € gesammelt haben.

Lösung

a) Die Klasse 6a hat insgesamt 1 435 € gesammelt, während die Klasse 6b es auf 1 275 € brachte. Damit übertrifft die Klasse 6a die Klasse 6b um 160 €.
Die Klasse 6a hat aber eine Gruppe mehr. Dies wollen wir berücksichtigen.
Die Klasse 6a kam mit 7 Gruppen auf 1 435 €. Wenn man den Gesamtbetrag auf die 7 Gruppen gleichmäßig verteilt, erhält man 1 435 € : 7, also 205 € je Gruppe.
Die entsprechende Rechnung für die Klasse 6b liefert 1 275 € : 6, also 212,50 €.
Die Klasse 6b ist die bessere Sammelklasse, denn bei ihr liegt der durchschnittliche Wert der Beträge um 7,50 € höher als bei der Klasse 6a.

b) In Klasse 6c haben acht Vierergruppen gesammelt. Wir berechnen auch hier den Gesamtbetrag und verteilen ihn gleichmäßig auf die acht Vierergruppen.

$$\frac{1 \cdot 204 € \; + \; 3 \cdot 192 € \; + \; 4 \cdot 215 €}{8} = \frac{1640 €}{8} = 205 €$$

Die Klasse 6c sammelte in jeder Vierergruppe im Mittel 205 €, also genau so viel wie in der 6a.

Information

Zum Vergleich der Sammelergebnisse der Klassen wurde für jede Klasse der *Mittelwert* (*Durchschnittswert*) berechnet. Man nennt diesen Mittelwert **arithmetisches Mittel**. Entsprechend kann man bei allen Daten verfahren, mit denen Rechnungen durchgeführt werden können.

So berechnet man das **arithmetische Mittel** von mehreren Werten:
Addiere die Werte und dividiere die Summe durch die Anzahl der Werte.

Ergebnis:
Das arithmetische Mittel ist 2,52 kg.

Beispiel: 2,36 kg; 1,42 kg; 3,78 kg

Rechnung:

$$\frac{2{,}36 \text{ kg} + 1{,}42 \text{ kg} + 3{,}78 \text{ kg}}{3} = \frac{7{,}56 \text{ kg}}{3} = 2{,}52 \text{ kg}$$

Kommen Werte mehrfach vor, kann man das arithmetische Mittel so berechnen:
Multipliziere jeden Wert mit seiner absoluten Häufigkeit, addiere diese Ergebnisse und dividiere durch die Summe aller absoluten Häufigkeiten.

Ergebnis:
Das arithmetische Mittel ist 3,17 m.

Beispiel:

Wert	2,7 m	3,1 m	3,6 m
Häufigkeit	2	5	3

Rechnung:

$$\frac{2 \cdot 2{,}7 \text{ m} + 5 \cdot 3{,}1 \text{ m} + 3 \cdot 3{,}6 \text{ m}}{2 + 5 + 3} = \frac{31{,}7 \text{ m}}{10} = 3{,}17 \text{ m}$$

Weiterführende Aufgaben

2. *Stichproben mit Ausreißern*

Micha fährt jeden Tag mit öffentlichen Verkehrsmitteln zur Schule. Er hat in den letzten Wochen die Zeit gestoppt, die er von der Schule bis nach Hause benötigt:

Fahrt Nr.	1	2	3	4	5	6	7	8	9	10	11	12	13	14	15
Fahrtzeit (in min)	24	27	25	28	25	26	97	23	24	27	25	24	28	23	24

a) Betrachte die Tabelle. Was fällt auf? Welche Ursache ist möglich?

b) Berechne das arithmetische Mittel der Fahrzeiten. Beschreibt dieser Wert Michas tägliche Fahrzeit geeignet? Begründe und überlege Alternativen.

3. *Arithmetisches Mittel oder Extremwerte*

Begründe, warum sowohl die durchschnittliche Windgeschwindigkeit als auch der 50-Jahres-Extremwert bei der Planung einer Windkraftanlage zu berücksichtigen sind.

WINDKRAFTANLAGEN

Windkraftanlagen können für verschiedene Windklassen zugelassen werden. International ist die Normung der IEC (International Electrotechnical Commission) am geläufigsten. Die IEC-Windklassen spiegeln die Auslegung der Anlage für windstarke oder windschwache Gebiete wieder. Charakteristisch für Windkraftanlagen in höheren Klassen (weniger Wind) sind größere Rotordurchmesser bei gleicher Nennleistung und oft auch ein höherer Turm. Als Bezugswerte werden die durchschnittliche Windgeschwindigkeit in Nabenhöhe und ein Extremwert verwendet, der statistisch nur ein Mal im 10-Minuten-Mittel innerhalb von 50 Jahren auftritt.

Vergleich verschiedener Typenklassen hinsichtlich der Windgeschwindigkeit

IEC-Windklassen	I	II	III	IV
50-Jahres-Extremwert	50 m/s	42,5 m/s	37,5 m/s	30 m/s
durchschnittliche Windgeschwindigkeit	10 m/s	8,5 m/s	7,5 m/s	6 m/s

4. *Arithmetisches Mittel bei klassierten Daten*

In einer Fabrik wird der Tagesproduktion eine Stichprobe von 80 Energiesparlampen entnommen, um ihre Brenndauer zu testen. Das Ergebnis findest du in der Tabelle rechts.

a) Bestimme einen Näherungswert für das arithmetische Mittel. Begründe dein Vorgehen.

b) Denke dir zu der klassierten Stichprobe eine beliebige Urliste aus. Bilde dann aus den Werten dieser Urliste das arithmetische Mittel und vergleiche mit dem Ergebnis von Aufgabe 1 und den Ergebnissen deiner Mitschüler. Was stellst du fest?

Brenndauer (in h)	Anzahl der Lampen
6 000 bis 7 000	3
7 000 bis 8 000	5
8 000 bis 9 000	11
9 000 bis 10 000	16
10 000 bis 11 000	21
11 000 bis 12 000	14
12 000 bis 13 000	8
13 000 bis 14 000	2

Information

(1) Ausreißer

Ist in einer Datenmenge ein stark von den übrigen Werten abweichender Wert (ein so genannter *Ausreißer*) vorhanden, so kann das arithmetische Mittel aller Werte wenig aussagekräftig sein. Es kann sinnvoll sein, den Ausreißer bei der Berechnung der arithmetischen Mittels wegzulassen.

(2) Maximum, Minimum, Spannweite

Den größten Wert, der in einer Datenmenge vorkommt, bezeichnet man als **Maximum**, den kleinsten Wert als **Minimum**.
Die Differenz aus Maximum und Minimum nennt man **Spannweite** der Datenmenge.

Beispiel: Daten: 5; 2; 7; 9; 3
Maximum: 9; Minimum: 2; Spannweite: $9 - 2 = 7$

(3) Praktischer Mittelwert

Auch wenn die Urliste von Daten einer Datenmenge nicht mehr bekannt ist, sondern nur daraus gebildete Klassen, kann man das arithmetische Mittel bilden.

> Man berechnet das arithmetische Mittel von klassierten Daten, indem man alle Werte einer Klasse durch die Klassenmitten ersetzt und hiervon das arithmetische Mittel wie üblich berechnet. Dieses arithmetische Mittel heißt **praktischer Mittelwert**. Er unterscheidet sich nur geringfügig vom arithmetischen Mittel der Daten der Urliste.

Übungsaufgaben

Im Alltag sagt man auch Gewicht statt Masse.

5. Eine Bäckerei entnimmt ihrer Tagesproduktion eine Stichprobe von 20 Broten und kontrolliert deren Masse (in g).
Bestimme Minimum, Maximum, Spannweite und arithmetisches Mittel.
Erläutere auch, warum die Kontrolle an mehreren Broten erfolgt.

502, 513, 498, 504, 512
500, 509, 520, 499, 518
503, 514, 507, 515, 495
507, 516, 522, 503, 505

6. Die Schüler und Schülerinnen von 6. Klassen wurden nach ihrem monatlichen Taschengeld befragt:

20 €; 20 €; 12 €; 15 €; 15 €; 12 €; 20 €; 25 €; 12 €; 15 €; 20 €; 12 €; 15 €; 8 €; 12 €; 20 €; 12 €; 8 €; 8 €; 12 €; 15 €; 5 €; 12 €; 15 €; 15 €; 15 €; 20 €; 8 €

Bestimme Minimum, Maximum, Spannweite und arithmetisches Mittel.

7. In einer 6. Klasse wurde die Anzahl der Atemzüge pro Minute und die Anzahl der Pulsschläge gezählt.

   a) Zeichne jeweils ein Säulendiagramm.

   b) Berechne jeweils arithmetisches Mittel und Spannweite.

   c) Macht eine entsprechende Erhebung in eurer Klasse.

Anzahl der Atemzüge	17	18	19	20	21	22	23
Anzahl der Schüler	1	3	7	11	8	2	1

Anzahl der Pulsschläge	58	59	60	61	62	63	64	65	66	67	68	69	70	71
Anzahl der Schüler	1	0	0	2	3	0	5	2	1	2	4	1	2	2

8. Rechts findest du die Anzahl der Fehler von Monika und Alexa in den Englisch-Vokabeltests des letzten Monats.

Alexa	4	2	2	1
Monika	5	4	2	1

Alexa sagt: „Meine durchschnittliche Fehleranzahl liegt bei 2,25, denn $\frac{4+2+2+1}{4} = 2{,}25$.“

Monika sagt: „Meine durchschnittliche Fehleranzahl liegt nur bei 2,125.“ Ihre Begründung:

Durchschnitt nach Test 1: $\frac{5+4}{2} = 4{,}5$ Durchschnitt nach Test 2: $\frac{4{,}5+2}{2} = 3{,}25$ Durchschnitt nach Test 3: $\frac{3{,}25+1}{2} = 2{,}125$

9. Ein Englischlehrer sagt: „Der Vokabeltest hat einen normalen Ausfall, denn der Mittelwert der Fehler liegt bei 3,3.“
Der Ergebnisspiegel sah wie rechts aus.
Was „verschleiert“ hier der Mittelwert?

Fehleranzahl	1	2	3	4	5	6
Anzahl der Schüler(innen)	6	4	0	0	8	2

10. Auf einer Teststrecke hat man bei Lkw die Geschwindigkeiten in $\frac{km}{h}$ gemessen:

78,6	66,1	84,2	65,4	39,7	43,8	63,5	88,6	59,8	58,7
74,2	73,0	58,6	65,0	58,6	96,7	41,8	54,6	53,8	53,5
40,1	56,2	78,7	72,6	70,1	73,8	77,5	56,3	62,5	42,1
83,2	19,4	40,2	63,9	65,3	71,7	43,9	67,5		

   a) Teile diese Urliste in Klassen mit folgenden Klassenmitten auf:

   (1) $20\,\frac{km}{h}$, $30\,\frac{km}{h}$, .., $100\,\frac{km}{h}$ (2) $20\,\frac{km}{h}$, $40\,\frac{km}{h}$, ..., $100\,\frac{km}{h}$

   b) Berechne das arithmetische Mittel mithilfe der Klassenmitten und mit den Werten der Urliste. Vergleiche. Erkläre Abweichungen.

11. Bei einem Turnwettkampf erhält ein Teilnehmer folgende Wertungen:

   (1) 8,5   (2) 8,9   (3) 8,6   (4) 9,0   (5) 8,6   (6) 8,4   (7) 9,2

   a) Berechne das arithmetische Mittel.

   b) Warum werden bei solchen Turnwettkämpfen im Allgemeinen die höchste und die niedrigste Punktzahl nicht berücksichtigt?

5.4 Median und Modalwert

Einstieg

Ein Hotel bittet Gäste um Rückmeldung mit dem Fragebogen rechts. Es wurden angekreuzt:

(1) für die Zimmer:

☺ ☺ ☹ ☺ ☺ ☺ ☹ ☺
☺ ☺ ☺ ☺ ☺ ☹ ☺

(2) für das Restaurant:

☹ ☹ ☹ ☺ ☺ ☺ ☺ ☺
☹ ☺ ☺ ☺ ☺ ☹ ☺

> **HOTEL**
> **Lindenhof**
>
> *Beurteilungsbogen*
>
> Bitte beurteilen Sie die jeweiligen Kriterien und kreuzen Sie das entsprechende Symbol an.
>
> | Zimmer | ☺ | ☺ | ☺ | ☹ | ☹ |
> | Restaurant | ☺ | ☺ | ☺ | ☹ | ☹ |

Bestimmt die durchschnittliche Beurteilung der Zimmer sowie des Restaurants.

Einführung

Eine Gruppe von 27 Schülerinnen und Schülern wurde nach ihrer Freizeitgestaltung befragt. Ein Ergebnis dieser Umfrage siehst du rechts.

In einem Artikel in der Schülerzeitung soll nicht das vollständige Umfrageergebnis, sondern nur ein Durchschnittswert veröffentlicht werden.
Für die Berechnung des arithmetischen Mittels muss man die Summe aller Werte durch deren Anzahl dividieren.
Hier können wir auf diese Weise keinen Durchschnittswert bilden, da wir z. B. nicht die Summe aus „überaus wichtig" und „sehr wichtig"

Wie wichtig ist dir Musik in deinem Leben?	
Wichtigkeit	Anzahl der Schüler (absolute Häufigkeit)
überaus wichtig (ü)	9
sehr wichtig (s)	8
wichtig (w)	4
nicht so wichtig (n)	3
unwichtig (u)	1
völlig unwichtig (v)	2

bilden können. Wir ordnen daher den nur qualitativ abgestuften Werten Punktzahlen zu:

(1) Ordnen wir „überaus wichtig" die Punktzahl 5 zu, „sehr wichtig" die Punktzahl 4 usw. bis „völlig unwichtig" 0, so ergibt sich als durchschnittlicher Wert:

$$\frac{9 \cdot 5 + 8 \cdot 4 + 4 \cdot 3 + 3 \cdot 2 + 1 \cdot 1 + 2 \cdot 0}{27} = \frac{96}{27} \approx 3{,}6; \quad \text{also ungefähr „wichtig".}$$

(2) Wählen wir dagegen die Zuordnung völlig unwichtig $\to 0$, unwichtig $\to 1$, weniger wichtig $\to 2$, wichtig $\to 4$, sehr wichtig $\to 8$, überaus wichtig $\to 16$, so ergibt sich als durchschnittlicher Wert:

$$\frac{9 \cdot 16 + 8 \cdot 8 + 4 \cdot 4 + 3 \cdot 2 + 1 \cdot 1 + 2 \cdot 0}{27} = \frac{231}{27} \approx 8{,}6; \quad \text{also ungefähr „sehr wichtig".}$$

Daher sind die mithilfe solcher Zuordnungen erhaltenen Ergebnisse nicht aussagekräftig; sie hängen stark von der willkürlichen Zuordnung der Punkte ab.
Da wir die einzelnen Antworten nicht miteinander verrechnen können, bleibt nur die Möglichkeit, sie in ihrer Rangfolge nebeneinander aufzustellen:

ü ü ü ü ü ü ü ü ü   s s s s s s s s   w w w w   n n n   u   v v   → *geordnete Stichprobe*
$\underbrace{\qquad\qquad}_{\text{9-mal}}$ $\underbrace{\qquad}_{\text{8-mal}}$ $\underbrace{\quad}_{\text{4-mal}}$ $\underbrace{\ }_{\text{3-mal}}$ $\underbrace{}_{\text{1-mal}}$ $\underbrace{}_{\text{2-mal}}$

Als durchschnittlichen Wert kann man den genau in der Mitte dieser 27 Werte stehenden Wert angeben. Das ist hier der an der 14. Stelle, also s für „sehr wichtig".
Diesen Wert nennt man den *Median (Zentralwert)* der geordneten Stichprobe.

Information

Bei den Antworten auf die Frage nach der Bedeutung der Musik im Leben der Schüler konnten wir kein arithmetisches Mittel bestimmen, da die Antworten nur in einer Rangfolge zueinander anzuordnen sind. Eine Addition einzelner Merkmalsausprägungen, z. B. *wichtig + unwichtig*, ist nicht möglich.

Den **Median** (*Zentralwert*) von mehreren Werten erhält man so:

Zunächst werden die Angaben der Urliste ihrer Rangfolge nach geordnet.

Bei ungerader Anzahl von Angaben ist der Median die in der Mitte stehende Angabe.

Bei gerader Anzahl von Angaben kann man die beiden mittleren Angaben als Median angeben (wenn möglich, wählt man häufig das arithmetische Mittel dieser beiden Angaben als Median).

Beispiel:

☺ ☺ ☹ ☺ ☺

Rangfolge:

☹ ☺ ☺ ☺ ☺
       ↑
   mittlere Angabe

Ergebnis:
Der Median ist ☺.

Weiterführende Aufgabe

1. *Einfluss von Ausreißern auf den Median*

   Gib eine Stichprobe an, deren arithmetisches Mittel sich bei Abänderung eines einzigen Wertes stark verändert. Untersuche auch, wie sich der Median ändert.

   Sind in einer Stichprobe Ausreißer vorhanden, kann es sinnvoll sein, statt des arithmetischen Mittels den Median zu bilden.
   ---

2. *Modalwert*

   Schülerinnen und Schüler wurden nach ihrer Lieblingsballsportart befragt. Das Ergebnis siehst du rechts. Auch bei dieser Frage soll nicht das vollständige Umfrageergebnis veröffentlicht werden, sondern nur eine einzige Angabe. Welche Angabe sollte man wählen?

Ballsportart	Anzahl der Schüler
Badminton	23
Basketball	8
Fußball	65
Tennis	32
Volleyball	12

   Der **Modalwert** einer Datenmenge ist die Angabe, die am häufigsten vorkommt.

   Beispiel: 8 Personen werden nach ihrer Lieblingsfarbe für ein Auto befragt:
         Grau, Schwarz, Rot, Grau, Weiß, Grau, Blau, Grün.
         Der Modalwert ist *Grau*.

Übungsaufgaben

3. 19 Schüler bearbeiten eine Aufgabe und bewerten anschließend deren Schwierigkeitsgrad mit „leicht lösbar" (ll), „lösbar" (l), „schwer lösbar" (sl) bzw. „unlösbar" (ul).
   Das Ergebnis lautet: ul, sl, sl, l, l, ll, sl, l, l, sl, ll, sl, l, l, sl, ll, l, ll, sl
   Welchen Schwierigkeitsgrad sollte man der Aufgabe zusprechen?

4. 25 Zuschauer bewerten den Film „Warte, bis Tarzan kommt" mit „ausgezeichnet" (a), „sehr gut" (sg), „gut" (g), „mittelprächtig" (m), „schlecht" (s), „sehr schlecht" (ss):
   ss, s, s, s, m, m, g, s, sg, a, m, m, a, a, s, m, g, sg, sg, s, g, g, s, m, sg.
   Den Film „Tarzan ist wieder da" bewerten sie folgendermaßen:
   sg, s, m, s, ss, g, g, s, ss, m, m, s, g, sg, m, g, m, g, s, s, m, ss, m, ss, sg.
   Welcher der beiden Filme wird besser bewertet?

5. Gegeben sind die sieben Verbrauchsangaben 8,4 *l*; 7,8 *l*; 9,2 *l*; 7,5 *l*; 10,1 *l*; 8,3 *l*; 8,9 *l*.

    a) Bestimme das zugehörige arithmetische Mittel und den zugehörigen Median.

    b) Erweitere die gegebene Liste durch zwei verschiedene Angaben, sodass sich das arithmetische Mittel nicht ändert. Welche Eigenschaften müssen die beiden ergänzten Angaben haben?

    c) Erweitere die gegebene Liste durch zwei verschiedene Angaben, sodass sich der Median nicht ändert. Welche Eigenschaften müssen die beiden Ergänzungen haben?

6. In einer Klasse sind 21 Schülerinnen und Schüler. Der Lehrer soll für eine statistische Erhebung die Durchschnittsgröße der Schülerinnen und Schüler seiner Klasse feststellen. Um die Arbeit zu erleichtern, lässt der Lehrer die Kinder nach der Größe „wie die Orgelpfeifen" antreten. Dann sagt er: „Die/der Elfte soll vortreten." Bei dieser Person misst er die Größe und gibt den gemessenen Wert als Durchschnittswert an. Kann man so die Durchschnittsgröße bestimmen? Begründe.

7. a) Begründe: Ist die Anzahl der Werte in einer geordneten Liste ungerade, so ist der Median immer ein Wert, der in der Liste vorkommt. Gib ein Beispiel für eine derartige Liste an.

    b) Begründe: Ist die Anzahl der Werte in einer geordneten Liste gerade, so kann der Median ein Wert sein, der in der Liste vorkommt oder nicht. Gib je ein Beispiel an.

8. Ein Lehrer notiert sich nach jeder Unterrichtsstunde Bewertungen zur Mitarbeit der Schüler(innen) mit den Symbolen ++, +, ○, −, −−. Für Carina und David lauten die Ergebnisse:

Carina: +, ++, ○, −, −, +, ○, ○, +, −, ○, +, −   David: ++, −, −−, ++, +, −, ○, +, +, ++, −, +, +

Wer von beiden hat besser mitgearbeitet?

5.5 Vermischte Übungen

1. Vor ungefähr 450 Jahren schlug Jacob Köbel in seinem Buch über „Geometry" einen Weg vor, wie man mithilfe von zufällig ausgewählten Männern das allgemeine „Fuß" festlegen könne.

    a) Beschreibe die aus dem Bild erkennbare Methode.

    b) Wie lang wäre ein solcher „Fuß" geworden, wenn die 16 Männer folgende Fußlängen gehabt hätten:

        28,3 cm; 29,0 cm; 27,4 cm; 28,5 cm; 28,2 cm; 28,0 cm;
        29,1 cm; 28,0 cm; 28,2 cm; 27,8 cm; 28,9 cm; 28,9 cm;
        27,7 cm; 28,8 cm; 30,0 cm; 29,2 cm?

    c) Wie lang wäre ein solcher „Fuß" geworden, wenn man den Median der Fußlängen bestimmt hätte?

    d) Lege entsprechend der Methode von Köbel mithilfe deiner Klasse ein aktuelles Längenmaß „Schuh" fest.

2. In einer Zeitschrift stand: „Das durchschnittliche Sterbealter der Bevölkerung beträgt heute 76 Jahre, zur Zeit von Christi Geburt lag es bei 36 Jahren." In dieser Notiz stand aber nicht, ob der Mittelwert oder der Median angegeben worden ist. Welcher Wert ist geeigneter? *Anleitung:* Beachte beispielsweise die Säuglingssterblichkeit damals und heute.

3. Beim Schulsportfest waren Jan, Tim und Michael die drei besten Weitspringer ihrer Klasse. Sie hatten in fünf Durchgängen lauter gültige Sprünge.

a) Berechne bei jedem Schüler die durchschnittliche Sprungleistung mithilfe des arithmetischen Mittels.

	1. Sprung	2. Sprung	3. Sprung	4. Sprung	5. Sprung
Jan	4,40 m	4,45 m	4,48 m	4,30 m	4,12 m
Tim	4,10 m	4,20 m	4,35 m	4,13 m	4,32 m
Michael	4,35 m	4,38 m	4,35 m	4,45 m	4,37 m

b) Bestimme bei jedem Schüler die mittlere Sprungleistung mithilfe des Medians.

c) Welcher Schüler zeigte die konstanteste Leistung?

d) Wer gewann den Wettbewerb?

4. Berechne arithmetisches Mittel und Median. Welcher Wert kennzeichnet die Stichprobe besser?

a) Zwölf Schüler aus der Klasse 6 wurden nach dem monatlichen Taschengeld befragt:
9 €, 15 €, 12 €, 30 €, 12 €, 6 €, 9 €, 18 €, 60 €, 15 €, 9 €, 24 €.

b) In einem kleinen Betrieb wurden die monatlichen Einkünfte bestimmt:
1 407 €, 870 €, 1 185 €, 2 500 €, 1 260 €, 1 572 €, 1 450 €.

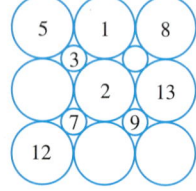

5. In der nebenstehenden Grafik sollen die leeren Stellen so ausgefüllt werden, dass in den kleinen Kreisen jeweils das arithmetische Mittel der Zahlen aus den vier umgebenden Kreisen steht.

6. Julias Vater nutzt sein Auto beruflich. Jeden Freitag nach Feierabend tankt er wieder voll und stellt dabei für die abgelaufene Arbeitswoche die Länge der gefahrenen Strecke und die verbrauchte Benzinmenge fest. In seinen Unterlagen für die letzten 10 Wochen finden sich die Angaben rechts.

Kalenderwoche	Strecke (in km)	Benzin (in l)
11	480	38,4
12	565	45,2
13	500	38,4
14	420	35,7
15	455	36,4
16	470	38,0
17	570	45,0
18	515	40,0
19	390	35,0
20	560	40,0

a) In welcher Woche fuhr Julias Vater die längste Strecke, in welcher Woche die kürzeste?

b) Wie lang ist die Strecke, die Julias Vater durchschnittlich in einer Woche gefahren ist?

c) Wie viel hat er durchschnittlich in einer Woche getankt?

d) In welchen Wochen war der Benzinverbrauch relativ hoch, in welchen relativ niedrig?

7. Ein Verbraucherinstitut testete verschiedene ähnliche Produkte, um durch seine Bewertung die Käufer bei ihrer Kaufentscheidung zu unterstützen. Bei einem Test über ISDN-Telefone wurden im Jahre 2010 nebenstehende Daten veröffentlicht.

TEST MAGAZIN ISDN-Telefone

Typ 1 Preisspanne in € **300,-** bis **500,-** mittlerer Preis **400,-**
Typ 2 Preisspanne in € **300,-** bis **350,-** mittlerer Preis **330,-**
Typ 3 Preisspanne in € **350,-** bis **400,-** mittlerer Preis **390,-**

a) Es ist nicht angegeben, ob der mittlere Preis das arithmetische Mittel oder der Median ist. Gebt für jeden Typ Gerätepreise an, die auf den jeweiligen mittleren Preis als arithmetisches Mittel bzw. Median führen.

b) Überlegt, warum Testzeitschriften häufig den Median und nicht das arithmetische Mittel der Preise angeben.

Im Blickpunkt
Im Blickpunkt

Durchführen einer statistischen Erhebung

Wenn man eine statistische Erhebung durchführen und auswerten will, muss man in der Regel vier Schritte durchführen:

1. Planung: Dazu gehört z. B. das Auswählen und Formulieren der zu stellenden Fragen, das Festlegen der Stichprobe, die Entscheidung über den Zeitpunkt der Erhebung. Es ist darauf zu achten, dass eine für die Gesamtheit repräsentative Stichprobe ausgewählt wird.

Beispiele: (a) Eine Klasse meint, dass das Verkehrsaufkommen in der Nähe der Schule gefährlich hoch ist. Die Schülerinnen und Schüler planen, wie viele Gruppen den Verkehr zählen sollen und wann und wie lange gezählt werden soll.

(b) Ein Großhändler befürchtet, dass eine Lieferung von Apfelsinen zu viele schlechte enthält. Er plant, wie groß seine Stichprobe sein soll.

2. Datenerhebung: Dazu gehört das Notieren der Daten in einen Erhebungsbogen.

Beispiele: (a) Die Schüler legen eine Strichliste an, um die Anzahlen festzustellen.

(b) Der Großhändler zählt, wie viele Apfelsinen nicht einwandfrei sind.

3. Datenaufbereitung und -auswertung: Die erhobenen Daten werden in Tabellen oder Diagrammen zusammengefasst. Es können z.B. relative Häufigkeiten, arithmetisches Mittel und Median berechnet werden.

4. Folgerungen: Schließlich wird man aus den Ergebnissen noch Folgerungen ziehen.

Beispiele: (a) Die Verkehrsdaten können der Stadtverwaltung übergeben werden, damit diese auf dieser Grundlage entscheidet, ob der Straßenverkehr zumutbar ist oder nicht.

(b) Der Großhändler kann auf der Grundlage seiner Stichprobe abschätzen, wie viele faule Apfelsinen die ganze Lieferung enthält. Er kann damit entscheiden, ob er die gesamte Lieferung annehmen oder ablehnen will.

Anregungen für Gruppen- und Partnerarbeit

Du kannst zusammen mit einem oder mehreren deiner Mitschüler auch selbst statistische Erhebungen durchführen. Bereitet die Ergebnisse so auf, dass sie in der Schülerzeitung oder auf der Homepage der Schule veröffentlicht werden können. Hier einige Vorschläge – ihr findet sicherlich noch mehr:

Ihr könnt euer Vorgehen auch im Lerntagebuch dokumentieren.

- Was halten Schüler der Klassen 5 bis 10 vom Lesen? Welche Bücher sind beliebt?
- Was halten Schüler der Klassen 5 bis 10 vom Sport? Welche Sportarten sind bei den Schülern deiner Schule am beliebtesten? Welche Sportarten werden von ihnen selbst ausgeführt, welche Sportarten gern im Fernsehen betrachtet?
- Was halten Schüler der Klassenstufen 5 bis 10 von Computerspielen? Wie groß ist die absolute und die relative Häufigkeit der Schüler, die selbst Computerspiele haben?
- Wie viel Zeit müssen die Schüler deiner Klasse für die Anfertigung von Hausaufgaben aufbringen? Wie stark unterscheiden sich die einzelnen Fächer darin?

Bist du fit?

1. Der nächste Wandertag wird vorbereitet. Die Klasse 6 c plant eine Tagesfahrt. Drei Ziele stehen zur Auswahl.

   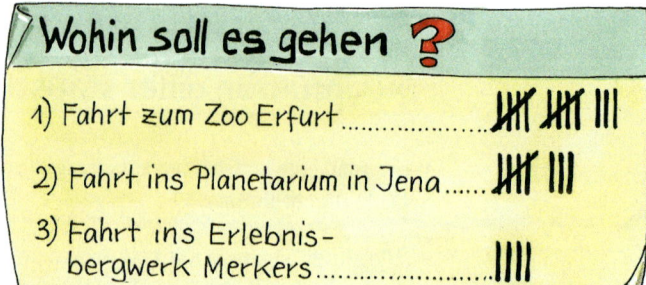

   a) Bestimme die absolute und die relative Häufigkeit für die einzelnen Ziele. Kontrolliere mit der Summenprobe.

   b) Zeichne ein Säulendiagramm und ein Kreisdiagramm.

2. a) Gleiche Produkte können in verschiedenen Geschäften unterschiedliche Preise haben. Für 1 l Vollmilch wurden folgende Preise ermittelt: 0,44 €; 0,65 €; 0,55 €; 0,59 €; 0,45 €. Berechne das arithmetische Mittel. Gib auch den Median und den Modalwert an.

   b) Eine Molkerei kontrolliert ihre Abfüllmaschine:

Inhalt (in ml)	995	996	997	998	999	1 000	1 001	1 002	1 003	1 004	1 005
Anzahl der Packungen	2	3	5	10	15	21	20	11	5	4	2

   Berechne das arithmetische Mittel und die Spannweite für den Inhalt.

3. Eine Autowerkstatt bittet ihre Gäste täglich um die Bewertung des Service. Hier die Ergebnisse zweier Tage:

   Montag: 😊 😐 😟 😊 😊 😊 😊 😊 😟
   Dienstag: 😊 😐 😟 😟 😟 😟 😐 😊 😐 😟 😟
   Hat sich die Beurteilung des Service geändert?

4. Eine Molkerei untersucht die Milchlieferungen eines Bauernhofes täglich auf den Fettgehalt in Prozent. Innerhalb eines Monats werden folgende Daten erhoben:

   a)
   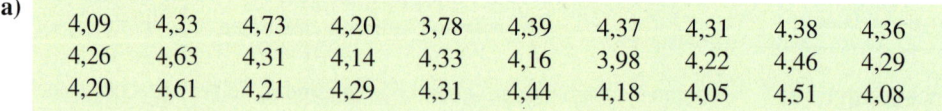
4,09	4,33	4,73	4,20	3,78	4,39	4,37	4,31	4,38	4,36
4,26	4,63	4,31	4,14	4,33	4,16	3,98	4,22	4,46	4,29
4,20	4,61	4,21	4,29	4,31	4,44	4,18	4,05	4,51	4,08

   Bestimme Maximum, Minimum und Spannweite der Datenmenge.

   b) Ermittle das arithmetische Mittel der Daten.

   c) Erläutere, warum es nicht sinnvoll ist, mit diesen Daten ein Säulendiagramm zu zeichnen.

   d) Führe eine Klasseneinteilung durch mit den Klassen: 3,60 % bis unter 3,80 %, 3,80 % bis unter 4,00 %, …. Zeichne damit ein Säulendiagramm. Beschreibe, wie sich dieses ändern würde, wenn man schmalere oder breitere Klassen bilden würde.

   e) Berechne den praktischen Mittelwert der klassierten Daten und vergleiche mit dem Ergebnis von Teilaufgabe b).

6. NEGATIVE ZAHLEN

Von der Wetterkarte kennst du Zahlen, die mit einem Minuszeichen geschrieben werden (*negative Zahlen*).

- Was bedeuten negative Zahlen bei Temperaturangaben?
- Welche Informationen kannst du der abgebildeten Wetterkarte entnehmen?

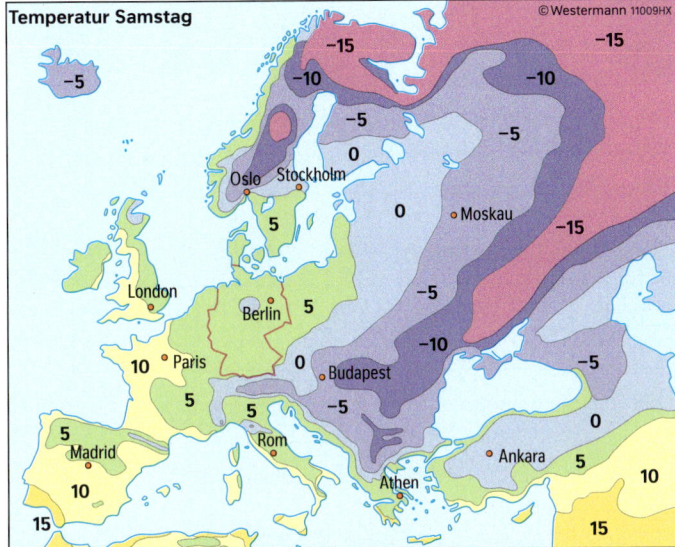

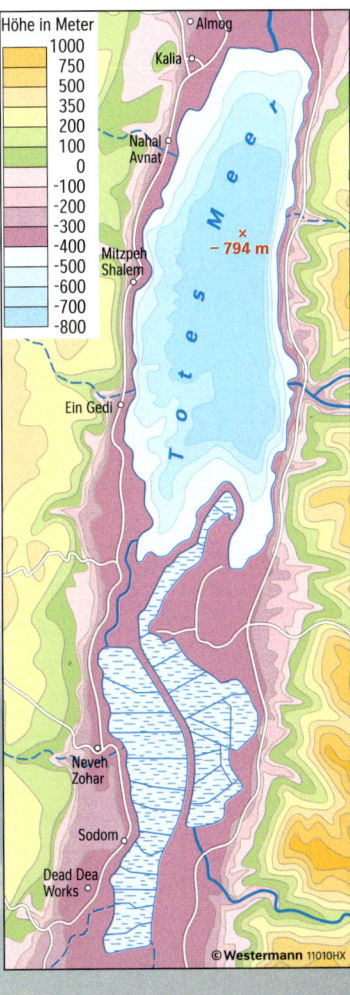

Das Tote Meer ist ein Salzsee zwischen Israel und Jordanien. Der Wasserspiegel des Toten Meeres ist mit etwa 408 Metern unter dem Meeresspiegel (*Normalnull*) die tiefstgelegene Wasseroberfläche der Welt. Nach Westen und Osten steigt das Ufer steil zu ausgedehnten Berg- und Hochländern an.

- Was bedeuten negative Zahlen in der Karte rechts?
- Welche Informationen kannst du der Karte des Toten Meeres entnehmen?
- Kennst du noch andere Beispiele aus dem Alltagsleben, in denen negative Zahlen verwendet werden?

 In diesem Kapitel lernst du, wie man negative Zahlen zum Beschreiben von Sachsituationen verwenden kann.

6.1 Einführung der negativen Zahlen

Einstieg Welche Bedeutung haben die Zahlenangaben in den Bildern?
Findet weitere solcher Beispiele.

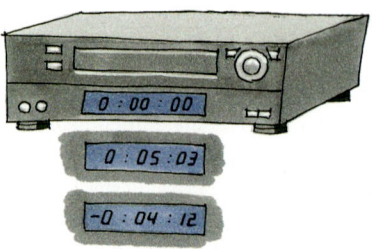

Aufgabe 1

Moritz wohnt in Erfurt. Für eine Wetterbeobachtung hat Moritz an einem
Wintertag das Thermometer im Garten zu verschiedenen Zeitpunkten abge-
lesen.
Die Messwerte hat er in einer Tabelle notiert.

Zeit	6:00 Uhr	9:00 Uhr	12:00 Uhr	15:00 Uhr	18:00 Uhr
Temperatur	$-4\,°C$	$-2\,°C$	$1\,°C$	$+4\,°C$	$-3\,°C$

a) Was kannst du der Tabelle entnehmen? Gib auch verschiedene Sprechweisen für Temperaturen
an.

b) Lisa sagt: „Um 6:00 Uhr und um 15:00 Uhr waren vier Grad."
Nimm Stellung zu Lisas Aussage.

c) Zu welchen Zeiten hätte man $0\,°C$ auf dem Thermometer ablesen können?

d) Moritz möchte die von ihm um 9:00 Uhr in Erfurt gemessene Temperatur mit der an anderen Orten vergleichen.
In einer Radiomeldung wird die Temperatur an verschiedenen Orten um 9:00 Uhr genannt:

Ort	Freiburg	Köln	Hannover	Berlin	Dresden
Temperatur (in °C)	-5	-1	$+1$	$+6$	$+3$

Zeichne auf Millimeterpapier eine Temperaturskala von $-7\,°C$ bis $+7\,°C$.
Wähle 1 cm für $1\,°C$. Markiere anschließend die angegebenen Temperaturen. Notiere auch die
Orte.

Lösung

a) Von 6:00 Uhr morgens bis zum Nachmittag ist die Temperatur angestiegen, danach wieder ge-
sunken. Die niedrigste beobachtete Temperatur betrug $-4\,°C$, die höchste $+4\,°C$.
Man sagt auch $4\,°C$ unter null oder 4 Grad minus.

b) Lisa hat nicht beachtet, dass Temperaturen unter und über null unterschieden werden müssen.

c) Zwischen 9:00 Uhr und 12:00 Uhr muss das Thermometer $0\,°C$ erreicht haben, da in diesem
Zeitraum die Temperatur von Minusgraden zu Plusgraden gestiegen ist.
Ebenso hat das Thermometer zwischen 12:00 Uhr und 15:00 Uhr die Temperatur $0\,°C$ angezeigt,
da die Temperatur von Plusgraden zu Minusgraden gefallen ist.

d) Du erhältst folgendes Bild.

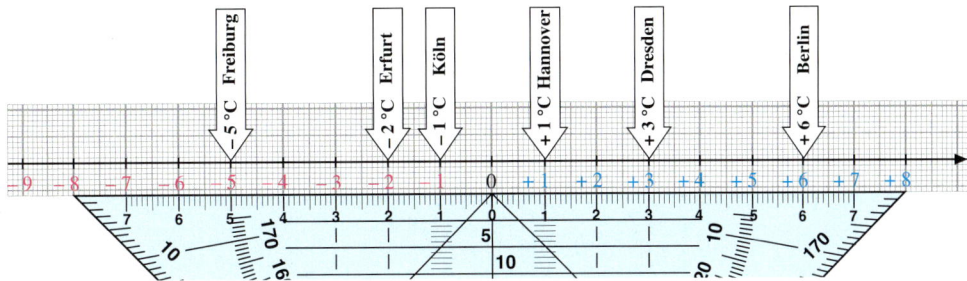

Information

Negative Zahlen

In der Aufgabe 1 kommen Angaben vor, die wir mit den bisher bekannten Zahlen nicht vollständig beschreiben können. Wir mussten eine zusätzliche Angabe hinzufügen, nämlich ob die Temperatur über null oder unter null liegt.

Im täglichen Leben gibt es mehrere Beispiele für Sachverhalte, bei denen ähnliche Zusatzinformationen gemacht werden müssen:

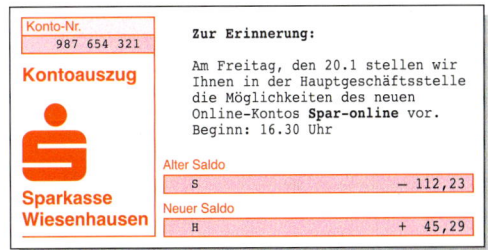

Normalnull:
mittlere Höhe des Meeresspiegels (in Amsterdam)

Haben:
Der Kontoinhaber hat Geld auf dem Konto.

Soll:
Der Kontoinhaber schuldet dem Geldinstitut Geld.

- Temperaturen (über oder unter dem Gefrierpunkt von Wasser)
- Höhenangaben (über NN (Normalnull) oder darunter)
- Geldangaben auf Bankkonten (Haben oder Soll)

In der Mathematik und im Alltag unterscheidet man solche Zustände über und unter einem festgelegten Normalzustand (dem Nullpunkt) durch das Vorzeichen + (plus) oder − (minus).

Wir erweitern den *Zahlenstrahl*

zur **Zahlengeraden**:

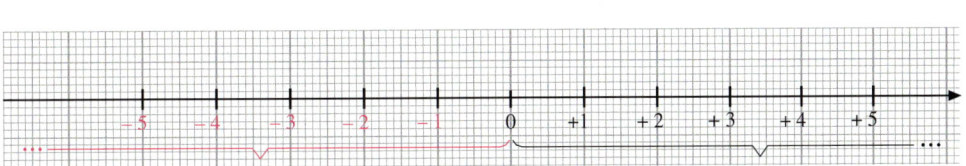

Zahlen mit dem Vorzeichen −   Zahlen mit dem Vorzeichen +

Zahlen wie -100; -15; -31; $-1,5$ heißen **negative Zahlen**.

Die gebrochenen Zahlen ungleich 0 kann man mit dem Vorzeichen + versehen, um sie deutlich von den negativen Zahlen abzugrenzen. Die Zahlen mit dem Vorzeichen + nennt man **positiv**, die Zahlen mit dem Vorzeichen − **negativ**. Das Vorzeichen + wird oft weggelassen. Die Zahl 0 ist weder positiv noch negativ.

Übungsaufgaben

2. a) Was bedeuten die Zahlen $+8$; -8; -5; 0; -2; $+2$; $-3,5$ bei
 (1) einem Thermometer; (2) Höhenangaben; (3) einem Kontoauszug?

 b) Drücke mithilfe von Vorzeichen aus:
  (1) 180 m über Normalnull (3) 12 °C unter null (5) 180,05 € Soll
  (2) 270 m unter Normalnull (4) 23 °C über null (6) 270,73 € Haben

3. Auf der Zahlengeraden sind Zahlen durch Pfeile markiert. Notiere diese Zahlen.

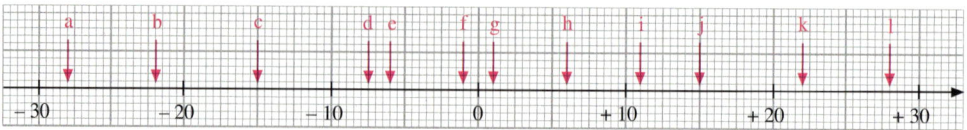

4. Auf der Zahlengeraden sind Zahlen durch Pfeile markiert. Notiere diese Zahlen.

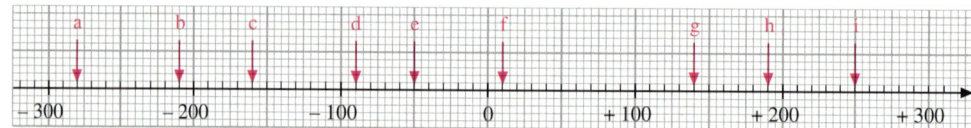

5. Ordne die Zahlen aus dem Lösungssack links den richtigen Stellen an der Zahlengeraden zu.

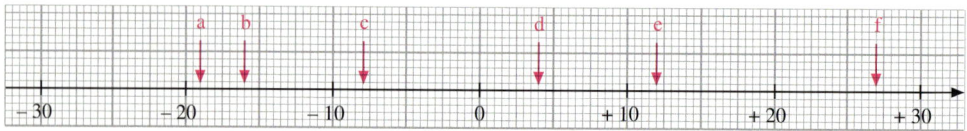

6. Zeichne jeweils eine Zahlengerade und markiere die Zahlen an der Zahlengeraden. Achte auf eine geeignete Einteilung der Zahlengeraden.

    a) -7; $+3$; $+1$; -11; $+5$ **b)** $+110$; -50; 60; -10; 70 **c)** -3; $-2,5$; -6; $+9$; $+1,5$

7.

Höhe einiger Berge	
Mount Everest	8 846 m
Kilimandscharo	5 892 m
Montblanc	4 807 m
Matterhorn	4 478 m
Zugspitze	2 962 m
Tiefe einiger Tiefseegräben	
Marianengraben	11 034 m
Philippinengraben	10 540 m
Puerto-Rico-Graben	9 219 m
Caymangraben	7 680 m
Perugraben	6 262 m

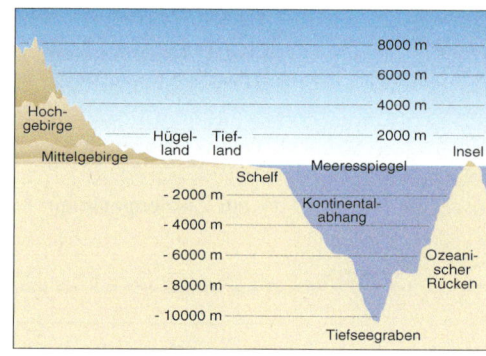

a) Unterscheide Angaben für Berge und Tiefseegräben durch Vorzeichen voneinander. Trage sie dazu auf einer gemeinsamen Skala ein.

 b) Stellt euch gegenseitig geeignete Fragen und beantwortet sie.

8. **a)** Nenne (1) drei negative; (2) drei positive; (3) drei ganze; (4) drei natürliche Zahlen.

    b) Julias älterer Bruder erledigt seine Hausaufgaben und spricht von nichtnegativen Zahlen. Was sind das für Zahlen?

9. Was ist mit den folgenden Zeitungsausschnitten gemeint?

Firma FLOTTIVA schreibt wieder schwarze Zahlen

Verein Waldeslust kommt aus den roten Zahlen nicht heraus

6.2 Vergleichen und Ordnen

Einstieg

In den Niederlanden liegen einige Orte sehr niedrig, zum Teil sogar unter dem Meereswasserspiegel NN.
Ordne die Orte nach der Höhe; beginne dabei mit dem am niedrigsten gelegenen Ort.

Aufgabe 1

Die Abbildung zeigt die Wetterkarte an einem Februartag.
Ordne die Temperaturen; beginne mit der niedrigsten. Verwende das Zeichen <. Zeichne dazu eine Temperaturskala in dein Heft und trage die Temperaturen ein.

Lösung

Wir tragen zunächst die Temperaturen auf einer Temperaturskala ein.

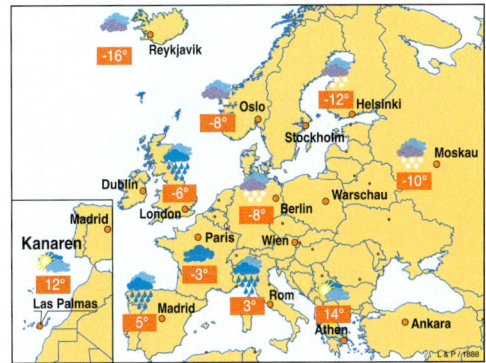

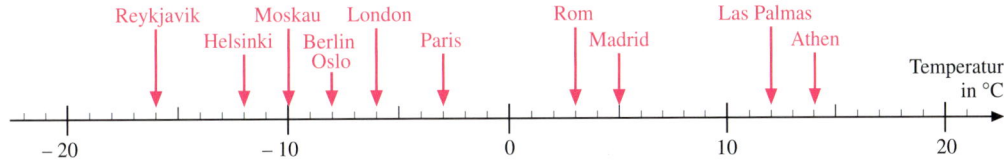

Aus der Temperaturskala kann man sofort folgende Reihenfolge ablesen:

$-16\,°C < -12\,°C < -10\,°C < -8\,°C < -6\,°C < -3\,°C < 3\,°C < 5\,°C < 12\,°C < 14\,°C$

Information

Temperaturen kann man mit „ist niedriger als" vergleichen. Auf einer waagerechten Skala liegt die niedrigere Temperatur links von der höheren.

Hier ist es kälter als **dort**.

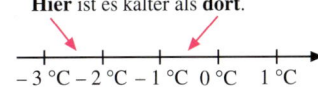

Für gebrochene Zahlen weißt du bereits, dass „ist kleiner als" auf einem waagerechten Zahlenstrahl **„liegt links von"** bedeutet. Die Temperaturskala zeigt, dass dies auch für ganze Zahlen eine sinnvolle Festlegung ist.

„Jst kleiner als" bedeutet „ist niedriger als."

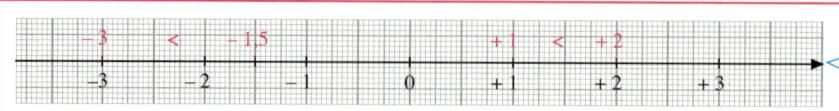

Nur eine Pfeilspitze in Richtung größerer Zahlen!

Positive und negative Zahlen kann man nach *ist kleiner als* ordnen.
Auf der (waagerechten) Zahlengeraden liegt die kleinere von zwei Zahlen stets links, die größere von zwei Zahlen stets rechts. In Richtung der Pfeilspitze werden die Zahlen größer.

Beachte: Die positiven Zahlen liegen dabei rechts von 0.

Beispiele: -3 liegt links von $-1,5$, also $-3 < -1,5$
                    1 liegt links von 2, also $1 < 2$
                 $-1,5$ liegt links von 1, also $-1,5 < 1$

Beachte: Man kann Temperaturen auch mit „ist größer als" vergleichen. Auf einer waagerechten Skala liegt die größere Temperatur weiter rechts.
Entsprechend gilt z.B. -1 liegt rechts von -3, also $-1 > -3$.

Übungsaufgaben

2. Ordne nach *ist niedriger als*.

a) Temperaturen: $-3\,°C$; $-4,2\,°C$; $0\,°C$; $+2,7\,°C$; $-5,0\,°C$; $+4,2\,°C$

b) Höhenangaben: $-2,5\,m$; $+3,1\,m$; $+0,31\,m$; $-3,1\,m$; $-4,0\,m$; $-0,5\,m$

c) Kontostände: $+2,30\,€$; $-7,80\,€$; $-7\,€$; $+14,80\,€$; $+0,50\,€$; $-11,30\,€$

3. Trage die Zahlen auf einer Zahlengeraden ein. Ordne auf diese Weise nach *ist kleiner als*.
Notiere dein Ergebnis als Kette mithilfe des Zeichens <.

a) -5; $+4$; -8; 0; -3; $+2$; -1 Zeichne die Zahlengerade waagerecht.

b) -7; $+3$; $+4$; -2; $+1$ Zeichne die Zahlengerade senkrecht.

4. Setze im Heft < oder > ein. Du kannst z.B. an Temperaturen oder Höhenangaben denken.

a) $-7\ \square\ -9$; $-13\ \square\ -8$; $-6\ \square\ +2$; $+4\ \square\ -5$; $+9\ \square\ -1$

b) $+4\ \square\ -5$; $-1\ \square\ +3$; $-3\ \square\ -12$; $+3\ \square\ +6$; $-13\ \square\ -12$

c) $+3\ \square\ +12$; $-4\ \square\ -7$; $-6\ \square\ -1$; $+8\ \square\ -4$; $-2\ \square\ +3$

5. Gib jeweils drei Zahlen an, die die Bedingung erfüllen. Die Zahl

a) ist negativ und größer als -5;   **d)** liegt zwischen -11 und -6;

b) ist größer als -10 und kleiner als -4;   **e)** ist kleiner als -5 und einstellig;

c) ist kleiner als -20 und zweistellig;   **f)** ist größer als -20 und zweistellig.

6. Kontrolliere Lenas Hausaufgaben. Berichtige gegebenenfalls.

a)
$-7 < -2$; $+8 < -8$; $1 < -1000$; $-1 < 0$; $-100 > 17$; $1 > -10\,000$

b)
$-1,5 < -2$; $3,5 < -4$; $-5,5 > -4,5$; $-3,5 > 2,5$; $0 < -7,5$

7. Die Zahlenschlange hat Hunger. Zuerst musst du ihr die größte Zahl zuwerfen, damit diese in den Schwanz gelangen kann. Die folgenden Zahlen müssen immer kleiner werden.

a) Füttere nun die Schlange mit den Zahlen:

(1) -7; $+2$; -12; -6; 0 (2) -6; $+3$; -8; 0; -11

 b) Denke dir weitere Beispiele für die Schlange aus und lasse sie von deinem Partner eintragen.

 **8.** Nimm Stellung zu folgenden Schüleräußerungen:

9. Welchen Abstand haben die beiden Zahlen auf der Zahlengeraden? Welche ganze Zahl liegt genau in der Mitte zwischen ihnen?

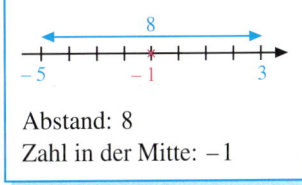

Abstand: 8
Zahl in der Mitte: -1

a) 4 und 6	**d)** -2 und 4	**g)** -16 und -8
b) -4 und -6	**e)** -5 und 3	**h)** -20 und 16
c) -4 und 2	**f)** -100 und 100	**i)** $-1\,008$ und -984

10. Am Ende eines Spiele-Nachmittags wollen Juliane und ihre Freundinnen natürlich eine Siegerliste erstellen.
Hilf ihnen dabei.

Bettina	Juliane	Katharina	Lisa	Mareike	Sophie
-5	-12	-15	-3	4	8

11. Entscheide, ob die Aussage wahr oder falsch ist. Begründe.

(1) 0 ist die kleinste natürliche Zahl.   (3) 0 ist die kleinste gebrochene Zahl.

(2) 0 ist die kleinste negative Zahl.   (4) 0 ist die kleinste Zahl.

12. Aus der Zeit des römischen Reichs sind Geburts- und Sterbedaten vielfach überliefert.

Gaius Marius   156–86 v. Chr.
Pompeius   106–48 v. Chr.
Caesar   100–44 v. Chr.
Antonius   82–30 v. Chr.
Kleopatra   69–30 v. Chr.

> In unserer Zeitrechnung gibt es kein Jahr Null. Dem 31. Dezember 1 v. Chr. folgt sofort der 1. Januar 1 n. Chr.

Octavian   63 v. Chr.–14 n. Chr.
Trajan   53–117 n. Chr.

a) Sortiere nach den Geburtsdaten (Sterbedaten) an einer Zeitleiste.

b) Sortiere nach dem Lebensalter. Beachte die Besonderheit des Jahres Null.

6.3 Beschreiben von Änderungen

Einstig

Pegel:
Wasserstandsmesser

Im Radio wurde alle 2 Stunden durchgegeben, wie sich der Wasserstand (Pegel) ändert. Patricia hat mitgeschrieben:

Zeitpunkt	10 Uhr	12 Uhr	14 Uhr	16 Uhr
Durchsage	um 50 cm gefallen	um 40 cm gefallen	um 30 cm gestiegen	um 45 cm gestiegen

Um 8 Uhr betrug der Pegelstand 160 cm. Zeichne eine Wasserstandsskala und trage die Wasserstandsänderungen ein. Gib dann die Wasserstände zu den verschiedenen Zeitpunkten an.

Aufgabe 1

Anna hat an einem Tag im Winter alle 2 Stunden die Temperatur gemessen:

Zeitpunkt der Messung	8 Uhr	10 Uhr	12 Uhr	14 Uhr	16 Uhr	18 Uhr	20 Uhr
Temperatur	$-4\,°C$	$-1\,°C$	$+4\,°C$	$+6\,°C$	$+2\,°C$	$-2\,°C$	$-5\,°C$

Stelle die Temperaturänderungen zwischen benachbarten Messungen als Pfeile auf der Zahlengeraden dar.

Lösung

Eine Möglichkeit ist folgende:

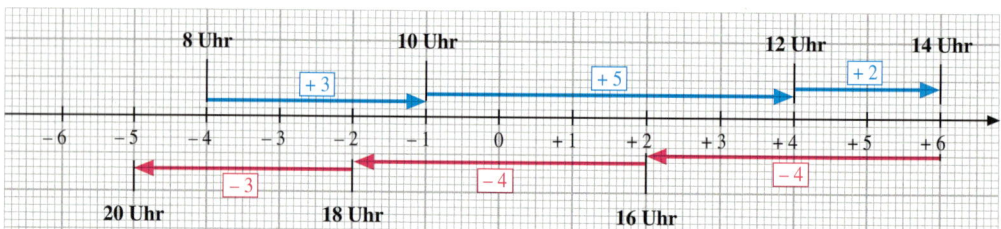

Information

Bisher haben wir mit den positiven und negativen Zahlen *Zustände* wie Temperaturen auf dem Thermometer, Soll und Haben beim Kontoauszug oder Höhenangaben in der Geographie bezeichnet.
Mit positiven und negativen Zahlen kann man aber auch *Zustandsänderungen* wie z. B. das Steigen und Fallen der Temperatur (Temperaturänderungen), das Steigen und Fallen des Wasserstandes (Wasserstandsänderungen) oder das Buchen von Gutschrift und Lastschrift auf einem Konto (Kontostandsänderungen) beschreiben.

Das Vorzeichen + bedeutet Übergang zu einem höheren Zustand (Steigen), das Vorzeichen − bedeutet Übergang zu einem niedrigeren Zustand (Fallen).
An der Zahlengeraden bedeutet:

(1) Zustandsänderung $+3$:
Gehe 3 nach rechts. $-2 \xrightarrow{+3} +1$

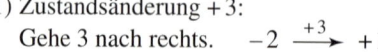

(2) Zustandsänderung -4:
Gehe 4 nach links. $+3 \xrightarrow{-4} -1$

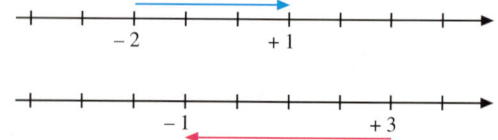

Weiterführende Aufgabe

2. *Drei Grundtypen zu Aufgaben mit Zustandsänderungen*

Trage die gegebenen Angaben in das Schema ein und ermittle die fehlende Angabe.

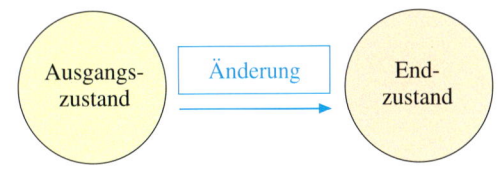

a) Die Temperatur fällt von −3 °C um 5 Grad.

b) Nach einer Buchung auf einem Konto sind aus 20 € Guthaben 30 € Soll geworden.

c) Nach dem Aufsteigen um 4 m befindet sich ein Tauchboot noch 6 m unter dem Meereswasserspiegel.

Übungsaufgaben

3. Gib den neuen Zustand an.

a) Ein Thermometer zeigt 2 °C unter null an. Die Temperatur steigt [fällt] um 6 Grad.

b) Ein Bankkonto weist 82 € Guthaben aus. 100 € werden bar abgehoben. Später trifft eine Gutschrift über 43 € [12 €] ein.

4. Die Pfeile an der Zahlengeraden geben Zustandsänderungen an. Bestimme jeweils die Änderung und notiere sie mit einer ganzen Zahl.

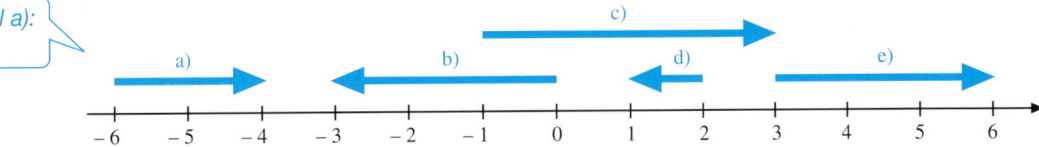

Pfeil a): + 2

5. Ein Hochhaus hat 14 Obergeschosse und 4 Untergeschosse.
Aus welchem Stockwerk kommt Julia, wenn sie

a) 4 Stockwerke nach unten gefahren ist und im 1. UG aussteigt;

b) im 4. OG aussteigt und 7 Stockwerke nach oben gefahren ist?

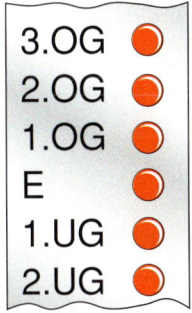

6. Friederike gewinnt oder verliert bei einem Würfelspiel in jeder Runde einige Punkte. Sie notiert aber nicht die in der jeweiligen Runde gewonnene bzw. verlorene Punktanzahl, sondern verrechnet diese sofort mit ihrem Punktestand bis zu dieser Runde. Rechts siehst du ihren Spielzettel.
Welche Punktzahl hat sie in jeder einzelnen Spielrunde bekommen?

GLÜCKSWÜRFEL		Friederike	A
	1. Spiel	+ 14	
	2. Spiel	− 2	
	3. Spiel	− 18	
	4. Spiel	+ 3	
	5. Spiel	+ 8	
	6. Spiel	− 17	
	7. Spiel	+ 1	

7. Stellt euch gegenseitig Fragen und beantwortet sie.

a) Ein Thermometer zeigt 3 °C unter null an. Die Temperatur steigt [fällt] um 9 Grad.

b) Über Nacht ist die Temperatur um 7,5 Grad gefallen. Morgens sind es −3 °C [+8 °C].

c) Nach der Buchung einer Gutschrift von 28 € [Lastschrift von 33 €] betrug der Kontostand 2,50 €.

d) Ein Tauchboot sank [stieg] um 156 m auf nun 233 m unter dem Meeresspiegel.

8. Ein Hubschrauber schwebt 480 m über dem Mittelmeer (ü. M.).
Wie hat er seine Höhe insgesamt geändert, wenn er nach dem Flug gelandet ist

a) in Jerusalem;   **c)** am See Genezareth;

b) in Nazareth;   **d)** am Toten Meer?

9. a) Bei einem Videorecorder ändert sich die Bandanzeige von 0:30:00 auf −0:20:10. Was ist passiert?

b) Die Anzeige steht auf −0:25:30. Annika spult um 1 h 30 min 10 s vor [zurück].

10. In dem Schema ist die Änderung eines Zustandes dargestellt. Übertrage in dein heft und fülle die Lücken aus. Du kannst die Zahlengerade benutzen. Denke an eine Sachsituation.

a) $\square \xrightarrow{+8} +5$ **b)** $+3 \xrightarrow{\square} -2$ **c)** $-3 \xrightarrow{-9} \square$ **d)** $\square \xrightarrow{-8,5} -8,5$

$\square \xrightarrow{-4} -2$ $-6 \xrightarrow{\square} +5$ $+2 \xrightarrow{-7} \square$ $-8,5 \xrightarrow{\square} +8,5$

$\square \xrightarrow{+3} -7$ $+2 \xrightarrow{\square} -8$ $-14 \xrightarrow{+9} \square$ $+8,5 \xrightarrow{-8,5} \square$

11. Die Position des Förderkorbs auf Straßenhöhe soll mit 0 m angegeben werden. Positionen in der Grube sind negativ, Positionen oberhalb der Straße positiv.

a) Welche Positionsänderung muss jeweils vorgenommen werden?

(1) von −4 m auf +6 m   (4) von −5 m auf −1 m

(2) von +8 m auf −3 m   (5) von +6 m auf +2 m

(3) von −2 m auf −5 m   (6) von −3 m auf +3 m

b) Welche Endposition erreicht der Förderkorb jeweils?

(1) von +3 m um −7 m   (4) von −2 m um −5 m

(2) von −4 m um +6 m   (5) von −8 m um +3,50 m

(3) von +7 m um −4 m   (6) von +4,70 m um −4 m

12. Eine Transportfirma hat im letzten Jahr folgende Gewinne und Verluste erwirtschaftet.

a) Welche Änderungen traten zwischen den einzelnen 3-Monats-Abschnitten (so genannten Quartalen) auf?

b) Wann war der Gewinnzuwachs am größten [kleinsten]?

Jan. – März	2 000 € Gewinn
April – Juni	4 000 € Verlust
Juli – Sept.	15 000 € Gewinn
Okt. – Dez.	3 000 € Verlust

13. a) Ein Bankkonto hat ein Guthaben von 72,50 €. Wie lautet der Kontostand, wenn eine Überweisung (Bezahlen einer Rechnung) über 91,25 € ausgeführt wurde?

b) Der Wasserstand in einem Stausee liegt 2,4 dm unter dem Richtwert. Welche Änderung ist nötig, damit der Wasserstand 0,5 dm über dem Richtwert erreicht?

14. Du hast an verschiedenen Stellen unterschiedliche Verwendungsmöglichkeiten für positive und negative Zahlen kennen gelernt. Schreibe eine kleine Zusammenfassung.

6.4 Koordinatensystem *Zum Selbstlernen*

Ziel

In Klasse 5 hast du das Koordinatensystem für Punkte, deren Koordinaten natürliche Zahlen sind, kennen gelernt. Hier lernst du, wie man auch Punkte mit negativen Koordinaten angeben kann.

Zum Erarbeiten

Erweitern des Koordinatensystems

Im Koordinatensystem ist das Dreieck mit den Eckpunkten $A(1|3)$, $B(7|1)$, $C(6|5)$ gezeichnet.

(1) Spiegele das Dreieck ABC an der x-Achse. Du erhältst das Dreieck $A_1B_1C_1$.
Bestimme die Koordinaten der Eckpunkte A_1, B_1 und C_1.

(2) Spiegele das Dreieck ABC an der y-Achse. Du erhältst das Dreieck $A_2B_2C_2$.
Bestimme die Koordinaten der Eckpunkte A_2, B_2 und C_2.

(3) Spiegele das Dreieck $A_2B_2C_2$ an der x-Achse. Du erhältst das Dreieck $A_3B_3C_3$.
Bestimme die Koordinaten der Eckpunkte A_3, B_3 und C_3.

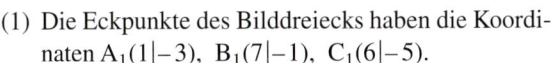

Für die Lösung der Teilaufgaben (1), (2) und (3) müssen wir das Quadratgitter erweitern. x-Achse und y-Achse sind nicht mehr Zahlenstrahlen, sondern Zahlengeraden.

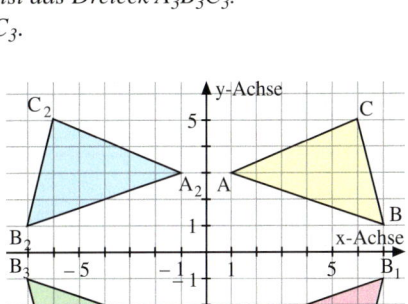

(1) Die Eckpunkte des Bilddreiecks haben die Koordinaten $A_1(1|-3)$, $B_1(7|-1)$, $C_1(6|-5)$.

(2) Die Eckpunkte des Bilddreiecks haben die Koordinaten $A_2(-1|3)$, $B_2(-7|1)$, $C_2(-6|5)$.

(3) Die Eckpunkte des Bilddreiecks haben die Koordinaten $A_3(-1|-3)$, $B_3(-7|-1)$, $C_3(-6|-5)$.

Mache dich mit dem Inhalt der folgenden Information vertraut.

Information

Verwechsle nicht die Punkte $A(-4|3)$ und $B(3|-4)$.

Bei der Lösung der obigen Aufgabe entsteht ein vollständiges **Koordinatensystem**.

Es besteht aus zwei Zahlengeraden (*x-Achse* und *y-Achse*). Sie schneiden sich orthogonal im Punkt $O(0|0)$, dem *Koordinatenursprung*. Statt Koordinatenursprung sagt man auch kurz: **Ursprung**.

Wie die Koordinaten eines Punktes bestimmt werden, entnimmst du der nebenstehenden Zeichnung. Der Punkt A hat die erste Koordinate -4 auf der x-Achse und die zweite Koordinate 3 auf der y-Achse.

Wir schreiben $A(-4|3)$ (gelesen: *Punkt A mit den Koordinaten -4 und 3*).

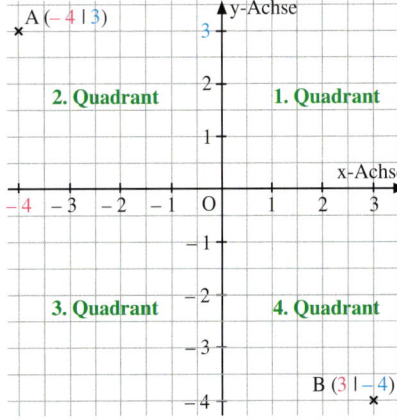

Quadrant ⟨lat.⟩
der vierte Teil

Die Koordinatenachsen zerlegen die Ebene in vier Bereiche, die man die vier **Quadranten** nennt. Die Nummerierung der Quadranten entnimmst du der nebenstehenden Zeichnung. Jeder Punkt, der nicht auf einer der beiden Koordinatenachsen liegt, gehört genau einem Quadranten an.

Zum Üben

1. Auf Michaels Geburtstag sollen bei einem Spiel vier Aufgaben gelöst werden. Die Zettel mit den Aufgabenlösungen sollen nacheinander in die Kästen mit den Standorten A, B, C und D eingeworfen werden. Jede Gruppe besitzt einen Kompass. Die Anweisungen für den Weg findest du rechts. Für die Auswertung sollen die ausgefüllten Zettel aus den Kästen geholt werden.

Gehe folgenden Weg:
- vom Start: 100 m nach Osten und 150 m nach Norden (Kasten A)
- dann von A aus: 400 m nach Westen (Kasten B)
- dann von B aus: 500 m nach Süden (Kasten C)
- dann von C aus: 550 m nach Osten (Kasten D)

a) Fertige eine Skizze an.

b) Wie kommst du vom Start aus direkt zu den Standorten B, C und D?

2. Lies die Koordinaten der Punkte ab und notiere sie, z. B. P(−3|1).

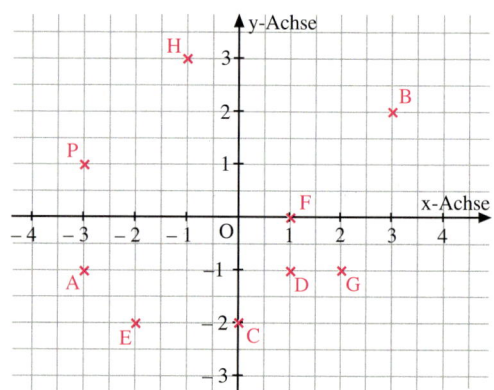

3. Zeichne ein Koordinatensystem mit der Einheit 1 cm und trage die Punkte ein. In welchem Quadranten liegen sie?
A(−4|−2), B(3|7), C(4|−2),
D(2|5), E(−3|7), F(−1|−1),
G(0|−7), H(−7|9), K(7|−9),
L(−1|3), M(−2|3),
N(1|−2), P(3|1).

4. a) Trage in ein Koordinatensystem die Punkte A(5|−3), B(6|4), C(−6|9) und D(−7|2) ein. Verbinde sie der Reihe nach mit einem Lineal. Was für eine Figur entsteht?

b) Zeichne die Punkte A(−2|−7), B(0|−7), C(−1|−5), D(1|0) und E(−3|0) in ein Koordinatensystem. Verbinde A mit B, B mit C, C mit D und D mit E jeweils geradlinig. Ergänze das Bild mit einer Strecke zu einer sinnvollen Figur.

c) *Partnerarbeit:* Zeichne in ein Koordinatensystem eine schöne Figur (Maske, Schiff, …). Teile deinem Nachbarn die Koordinaten mit, sodass er die Figur nachzeichnen kann.

5. Ergänze zu einer symmetrischen Figur. Gib die Koordinaten aller Punkte an. Beginne bei A.

a)

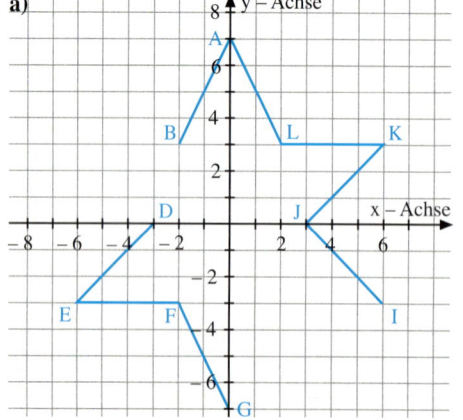

b)

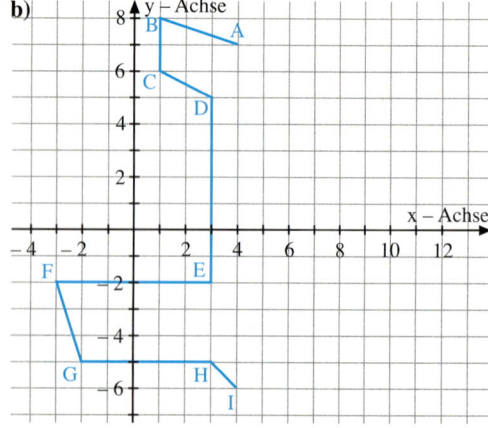

6. Spiegele das Dreieck an der Geraden g. Bezeichne die Bildpunkte. Trage alle fehlenden Koordinaten ein.

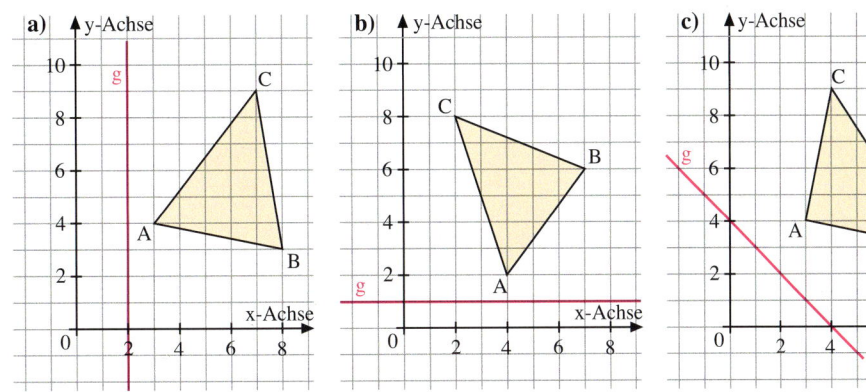

Dreieck	Spiegelung an g	Bilddreieck
A(3|4)		A'( )
B(8|3)		B'( )
C(7|9)		C'( )

Dreieck	Spiegelung an g	Bilddreieck
A( )		A'( )
B( )		B'( )
C( )		C'( )

Dreieck	Spiegelung an g	Bilddreieck
A( )		A'( )
B( )		B'( )
C( )		C'( )

7. Zeichne das Dreieck ABC in ein Koordinatensystem.

  a) Spiegele das Dreieck an der y-Achse.

  b) Beschreibe den Umlaufsinn des Dreiecks ABC und des Dreiecks A'B'C'.

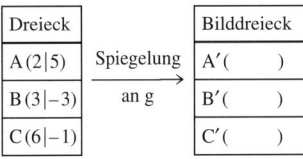

Dreieck	Spiegelung an g	Bilddreieck
A(2|5)		A'( )
B(3|−3)		B'( )
C(6|−1)		C'( )

8. Zeichne das Dreieck ABC und sein Bilddreieck A'B'C' in ein Koordinatensystem.
Zeichne die Spiegelgerade g ein und gib drei Punkte auf dieser Geraden g durch ihre Koordinaten an.

Dreieck	Spiegelung an g	Bilddreieck
A(1|8)		A'(−2|5)
B(5|8)		B'(−2|1)
C(6|3)		C'(3|0)

9. Zeichne das Dreieck ABC in ein Koordinatensystem. Führe die angegebene Verschiebung durch. Bezeichne die Bildpunkte und gib ihre Koordinaten an.

a)

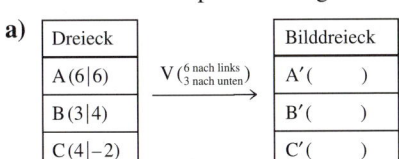

Dreieck	V($\begin{smallmatrix}6\text{ nach links}\\3\text{ nach unten}\end{smallmatrix}$)	Bilddreieck
A(6|6)		A'( )
B(3|4)		B'( )
C(4|−2)		C'( )

b)

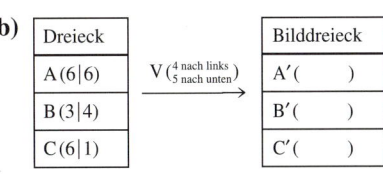

Dreieck	V($\begin{smallmatrix}4\text{ nach links}\\5\text{ nach unten}\end{smallmatrix}$)	Bilddreieck
A(6|6)		A'( )
B(3|4)		B'( )
C(6|1)		C'( )

10. Zeichne das Dreieck ABC und das Dreieck A'B'C' in ein Koordinatensystem. Gib die Verschiebung an, die das Dreieck ABC auf das Dreieck A'B'C' abbildet.

a)

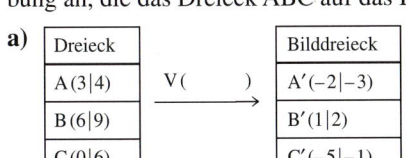

Dreieck	V( )	Bilddreieck
A(3|4)		A'(−2|−3)
B(6|9)		B'(1|2)
C(0|6)		C'(−5|−1)

b)

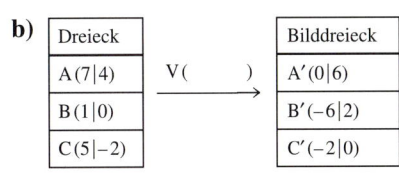

Dreieck	V( )	Bilddreieck
A(7|4)		A'(0|6)
B(1|0)		B'(−6|2)
C(5|−2)		C'(−2|0)

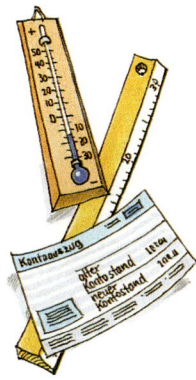

Bist du fit?

1. Was bedeuten die Zahlen $+12$; -21; $+17$; -3; 0

   a) beim Thermometer;   **b)** bei Höhenangaben;   **c)** auf einem Kontoauszug?

2. Lies die Zahlen von den beiden verschiedenen Zahlengeraden ab und sortiere sie dann der Größe nach.

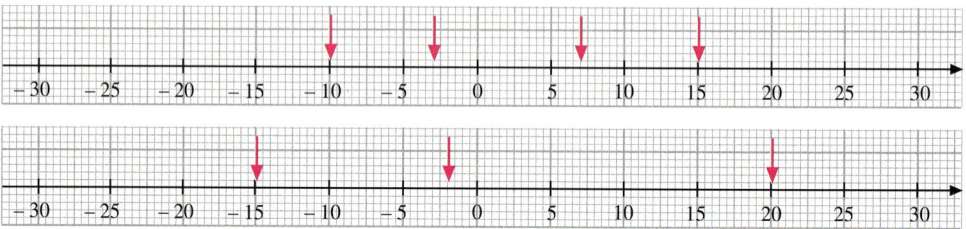

3. Setze im Heft $<$ oder $>$ ein. Denke z. B. an Temperaturen.

   a) $-3 \;\square\; +6$ **b)** $-4 \;\square\; -6$ **c)** $+3 \;\square\; -8$ **d)** $-11 \;\square\; -3$ **e)** $-4 \;\square\; +1{,}5$ **f)** $-9{,}5 \;\square\; -5{,}9$

   $+7 \;\square\; -1$ $-5 \;\square\; -2$ $-1 \;\square\; -4$ $-7 \;\square\; -6$ $+2 \;\square\; -3{,}2$ $-0{,}4 \;\square\; +2$

4. Zeichne im Heft zu den gegebenen Zustandsänderungen die Pfeildarstellung der Zahlengeraden und fülle damit die Lücken aus.

   a) $\square \;\xrightarrow{-8}\; -3$ **b)** $+7 \;\xrightarrow{\square}\; -4$ **c)** $-5 \;\xrightarrow{-8}\; \square$ **d)** $\square \;\xrightarrow{+2}\; -6$

   $\square \;\xrightarrow{+2}\; -4$ $-12 \;\xrightarrow{\square}\; -5$ $+3 \;\xrightarrow{-8}\; \square$ $-4 \;\xrightarrow{\square}\; +6$

5. Stelle selbst eine Frage und beantworte sie.

   a) Die Temperatur betrug $+2\,°C$ und ist um 8 Grad gefallen.

   b) Sandra hat einen Einkaufsgutschein über 35 € und will für 49 € einkaufen.

   c) Der Wasserstand in einem Stausee ist erst um 126 cm gefallen, dann um 78 cm gestiegen.

   d) Nach einem heißen Sommertag ist die Temperatur um 17 Grad gefallen. Jetzt beträgt sie $+16\,°C$.

6. Lies die Temperaturen ab.

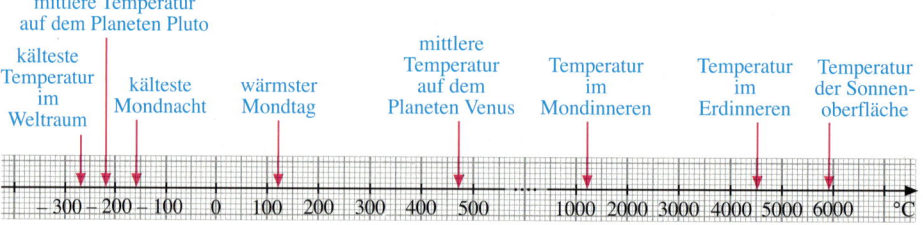

7. Zeichne das Dreieck ABC mit $A(-3|-2)$, $B(1|2)$ und $C(-4|3)$ in ein Koordinatensystem.

   a) Spiegele das Dreieck ABC an der Geraden durch die Punkte $P(-1|5)$ und $Q(-1|-4)$. Notiere die Koordinaten der Bildpunkte.

   b) Zeichne die Punkte $R(0|5)$ und $S(4|2)$. Verschiebe dann das Dreieck ABC in Richtung $\overrightarrow{RS}$. Notiere die Koordinaten der Bildpunkte.

Teste dich – Vermischte Übungen 1

1. Ein Parkhaus hat 1 352 Parkplätze. Während der Nacht waren 25 Autos eingestellt. Im Laufe des Vormittags fuhren 1 579 Autos hinein und 428 hinaus.
Wie viele freie Parkplätze gab es mittags? Gib den Term an.

2. Übertrage Dreieck ABC mithilfe des Karonetzes in dein Heft.

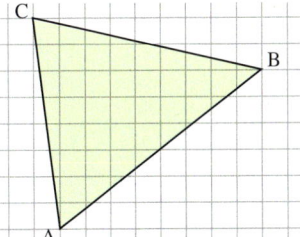

   a) Bestimme den Umfang des Dreiecks durch Messen.

   b) Wie groß sind die im Dreieck liegenden Winkel?

   c) Bestimme den Abstand des Punktes C zur Seite $\overline{AB}$.

   d) Zeichne eine Gerade durch C, die zu $\overline{AB}$ senkrecht ist. Nenne den entstehenden Schnittpunkt D.

   e) Spiegele das Dreieck ABC an der Geraden CD.

3. Martina, Ellen, Klaus und Atti verkaufen ihre alten Sachen auf dem Flohmarkt. Dabei werden sie 7 Blumentöpfe zu 0,48 € das Stück, 19 Bücher zu je 1,85 € und eine Kiste Legosteine für 12,49 € los. Am Schluss teilen sie das eingenommene Geld gleichmäßig unter sich auf.
Wie viel erhält jeder? Gib auch einen Term an.

4. a) Berechne das Volumen der quaderförmigen Milchpackung.

   b) In der Packung befindet sich genau 1 Liter Milch. Wie hoch ist die Luftschicht, die sich zwischen der Milchoberfläche und der Deckfläche der Packung befindet.

5. a) Berechne: $5 \cdot 3$; $3 \cdot 5$; 5^3; 3^5.

   b) Kleiner oder größer? Setze im Heft das richtige Zeichen ein.

     (1) $4 \;\blacksquare\; -2$ (3) $-2 \;\blacksquare\; -6$ (5) $-1 \;\blacksquare\; 100$

     (2) $-5 \;\blacksquare\; 3$ (4) $0 \;\blacksquare\; -1$ (6) $-100 \;\blacksquare\; -70$

6. In einem Getränkemarkt stehen 3 Stapel mit je 5 Kisten Mineralwasser. Jede Kiste enthält 12 Flaschen mit 0,7 l Mineralwasser.

   a) Wie viel Liter Mineralwasser sind vorrätig?

   b) Wie viele gleichartige Stapel müssten noch angeliefert werden, damit ein Vorrat von mindestens 1 m^3 Mineralwasser vorhanden ist?

7. Der Inhalt von 14 Packungen mit Gummibärchen wird an 12 Mädchen gleichmäßig verteilt. 16 Packungen werden an 14 Jungen gleichmäßig verteilt. Jede Packung enthält gleich viele Gummibärchen. Wer bekommt mehr Gummibärchen, ein Junge oder ein Mädchen?

8. Berechne: **a)** $\frac{4}{3} + \frac{5}{6} \cdot \frac{6}{25}$ **b)** $7 - \left(\frac{5}{2} - \frac{2}{5}\right)$ **c)** $7 \cdot \frac{2}{3} + \left(\frac{4}{3}\right)^2$

9. Setze geeignete Rechenzeichen und Klammern ein:

| $5 \; 5 \; 5 = 4$ | $5 \; 5 \; 5 = 5$ | $5 \; 5 \; 5 = 6$ | $5 \; 5 \; 5 = 50$ | $5 \; 5 \; 5 = 0$ |

Teste dich – Vermischte Übungen 2

1. In einen Kreis sind schon drei Anteile A, B, C eingezeichnet. Diese Anteile werden regelmäßig kleiner. Zeichne ab. Wie groß ist dann der nächste Anteil D? Zeichne auch ihn ein. Wie viel fehlt dann noch zum Ganzen?

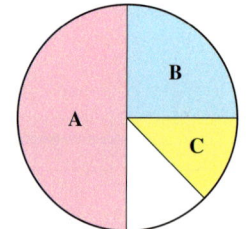

2. Eine Orange wiegt 210 g, ihre Schale 60 g. Wie viele Orangen muss man für 4,5 kg Fruchtfleisch schälen?

3. Bei einer Zeigeruhr kann man Winkel zwischen den beiden Zeigern betrachten. Dabei soll der Minutenzeiger den ersten, der Stundenzeiger den zweiten Schenkel bilden.

    Drehen gegen den Uhrzeigersinn!

    a) Gib Uhrzeiten an, sodass zwischen den beiden Zeigern ein spitzer bzw. stumpfer bzw. rechter bzw. überstumpfer Winkel liegt.

    b) Wie groß ist der Winkel, den der Minutenzeiger [Stundenzeiger] in einer Stunde überstreicht?

    c) Peter behauptet, dass der Winkel zwischen Minutenzeiger und Stundenzeiger um 15.30 Uhr eine Größe von 75° hat. Was meinst du zu Peters Aussage?

4. Berechne.

    a) $\frac{1}{2} - \frac{1}{3} + \frac{1}{6}$ b) $\frac{1}{2} \cdot \frac{1}{3} + \frac{1}{6}$ c) $\frac{1}{2} - \frac{1}{3} \cdot \frac{1}{6}$ d) $\left(\frac{1}{3} - \frac{1}{6}\right) : 0{,}6$ e) $\frac{1}{2} : \frac{1}{3} + 0{,}6$

5. a) In den 5 Klassenarbeiten des Schuljahres hat Tanja zweimal die Note 2 und dreimal die Note 3 erzielt. Berechne das arithmetische Mittel ihrer Klassenergebnisse. Was für eine Note müsste Tanja in der sechsten Klassenarbeit erzielen, damit das arithmetische Mittel besser als 2,5 wird?

    b) Die Zeugnisnoten der Klasse 6a mit 25 Schülerinnen und Schülern haben nebenstehende Verteilung. Bestimme das arithmetische Mittel.

Note	1	2	3	4	5
Anzahl	3	10	10	2	0

    c) Die Zeugnisnoten der Klasse 6b haben nebenstehende Verteilung. Vergleiche mit der Klasse 6a. Welche der Klassen würdest du als die bessere „Mathe"-Klasse bezeichnen? Erläutere deine Entscheidung.

Note	1	2	3	4	5
Anzahl	6	8	7	2	2

6. a) Marie fährt mit dem Fahrstuhl aus dem 2. Stockwerk um 4 Stockwerke nach unten. In welchen Geschoss steigt Marie aus?

    b) Felix ist 5 Stockwerke nach oben gefahren und steigt im 4. Stockwerk aus. In welchem Geschoss ist er eingestiegen?

7. a) Berechne den Flächeninhalt der Figur.

    b) Wie musst du die Seitenlänge b verändern, damit der Flächeninhalt 108 mm² beträgt?

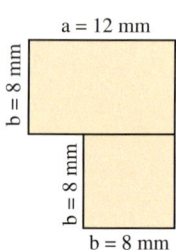

Teste dich – Vermischte Übungen 3

1. Zeichne ein Netz wie links für einen Würfel mit der Kantenlänge 2 cm.

    a) Wie groß ist der Umfang dieser Netzfigur?

    b) Die untere Fläche des Würfels ist gekennzeichnet. Welche Fläche liegt beim zusammengebauten Würfel später oben, welche rechts?

    c) Wie groß ist das Volumen [der Oberflächeninhalt] des Würfels?

2. **a)** Rechne geschickt und gib deinen Rechenweg an.   (1) $17 \cdot 36 - 26 \cdot 17$ (2) $594 : 6$

    b) Berechne $150 \cdot 111 - 50 \cdot 333$. Erstelle eine ähnliche Aufgabe und begründe.

3. Bei einer Radfernfahrt liegt der Start auf einer Höhe von 440 m über NN. Auf den ersten 45 km gewinnt man bis zum Gipfel eines Berges 320 m an Höhe. Auf den nächsten 20 km verliert man 440 m an Höhe. Die nächsten 35 km geht es eben weiter. Auf den letzten 15 km bis zum Ziel gewinnt man nochmals 145 m Höhe.

    a) Wie groß ist die Straßenentfernung zwischen Start und Ziel?

    b) Wie groß ist der Höhenunterschied zwischen Start und Ziel?

    c) Auf welchem Abschnitt verlief die Straße durchschnittlich am steilsten? Begründe.

4. Es geht um das Produkt $3{,}84 \cdot 6{,}17$. Du darfst eine der sechs Ziffern durch eine andere Ziffer ersetzen, die um 1 größer oder kleiner ist als die ursprüngliche Ziffer an dieser Stelle. Welche Ziffer veränderst du, um das Produkt möglichst wenig kleiner zu machen?

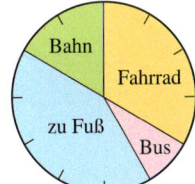

5. Zu Beginn des Schuljahres untersuchte die Schülermitverwaltung, mit welchem Fortbewegungsmittel die Schüler in die Schule kommen.

    a) Gib die Anteile für die Fortbewegungsmittel an.

    b) Die Schule wird von 960 Schülerinnen und Schülern besucht. Wie viele Schüler kommen zu Fuß, wie viele mit einem öffentlichen Verkehrsmittel?

6. Die Masse eines Brotteigs ist folgendermaßen zusammengesetzt: $\frac{1}{3}$ ist Weizenmehl, $\frac{1}{4}$ ist Roggenmehl, $\frac{1}{5}$ ist Wasser, $\frac{1}{6}$ ist Sauerteig und der Rest besteht aus Gewürzen.

    a) Wie groß ist der Anteil der Gewürze im Brot?

    b) Ein Brotteig enthält 70 g Wasser. Wie viel wiegt der Brotteig insgesamt?

7. **a)** Herr Knaps tankt Autogas bei einem Literpreis von 0,849 €. An der Tanksäule liest er eine Menge von 31,15 Liter und einen Preis von 26,45 € ab. Wie kommt der Preis zustande?

    b) Ein anderer Kunde tankt unmittelbar nach Herrn Knaps und muss ebenfalls 26,45 € bezahlen. Kann dieser Kunde eine andere Autogasmenge als Herr Knaps getankt haben? Erkläre.

8. Das Bild zeigt die Folge der so genannten Dreieckszahlen 1, 3, 6, 10, … .
Wie heißen die nächsten 4 Dreieckszahlen? Zeichne auch.
Kannst du eine Gesetzmäßigkeit entdecken?

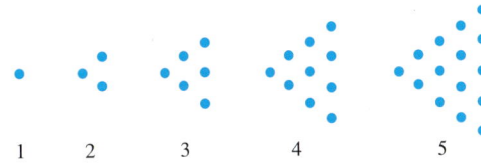

    1   2   3   4   5

Teste dich – Vermischte Übungen 4

1. Zeichne die Punkte A(2|2), B(6|2) und D(6|8) in ein Koordinatensystem in dein Heft.

   a) Zeichne durch B eine Parallele zu der Geraden AD. Zeichne durch D eine Parallele zu der Geraden AB. Nenne den Schnittpunkt der beiden Parallelen C.
   Was für eine Figur ist das Viereck ABCD?

   b) Die Diagonalen $\overline{AC}$ und $\overline{BD}$ schneiden sich in einem Punkt S. Welche Koordinaten hat S?

   c) Miss die Innenwinkel des Vierecks.

   d) Bestimme den Flächeninhalt des Vierecks.

2. Berechne: **a)** $1,3 \cdot 0,3$ **b)** $5,26 \cdot 1\,000$ **c)** $8,739 : 100$

3. **a)** Gib in der Einheit dm² an: 900 cm²;   41 m²;   60 300 mm²

   b) Schreibe jeweils mit der Einheit in der Klammer:
   700 dm³ (m³);   8 000 cm³ (dm³);   62 001 l (m³)

   c) Gib jeweils in einer anderen Einheit an: 24 cm², 8 m²; 7 cm², 8 200 m; 600 dm

4. Der Bruch $\frac{1}{2}$ wird mit $\frac{1}{2}\left[\frac{5}{4}; \frac{3}{3}; \frac{5}{6}; \frac{2}{3}; \frac{4}{3}\right]$ multipliziert. In welchen Fällen ist der Wert des Produkts

   a) kleiner als der 1. Faktor;   **b)** genauso groß wie der 1. Faktor;   **c)** größer als der 1. Faktor?
   Begründe deine Antworten.

5. Mit welcher Zahl muss man die Zahl 1,2 multiplizieren, um die Differenz aus den Zahlen 148,8 und 85,2 zu erhalten?

6. Das Schwimmbecken soll gefliest werden. Das Fliesen des Bodens kostet 53 € pro Quadratmeter, das Fliesen der Wände 75 € pro Quadratmeter.

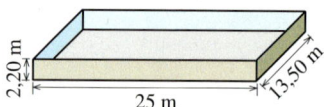

7. Zeichne das Dreieck ABC und beschreibe es.

   a) A(2|3), B(6|3), C(2|5)   **b)** A(3|2), B(6|5), C(3|8)   **c)** A(3|3), B(−1|7), C(−1|−1)

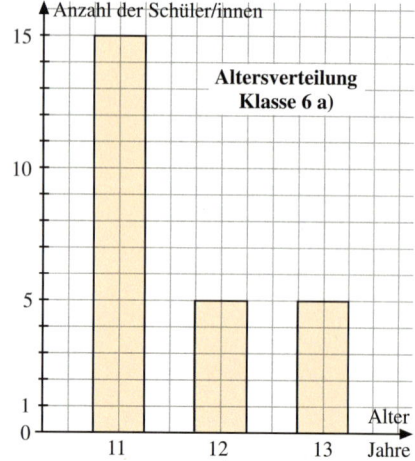

8. Die Schülerinnen und Schüler der sechsten Klassen untersuchten zu einem bestimmten Zeitpunkt, wie alt die Schüler in den einzelnen Klassen waren.

   a) Die Klasse 6a stellte ihr Ergebnis in Form eines Säulendiagramms dar. Gib den Anteil der Elfjährigen in der Klasse in Prozent an.
   Zeige, dass der Altersdurchschnitt in der 6a den Wert 11,6 Jahre hat.

   b) Die Klasse 6b stellte ihr Ergebnis in Form einer Tabelle dar.
   Wie hoch ist der Anteil der Elfjährigen in der Klasse? Bestimme den Altersdurchschnitt in der 6b.

Altersverteilung 6b	
Alter (in Jahren)	Anzahl
11	21
12	6
13	3

   c) Max behauptet: „Bildet man den Altersdurchschnitt aller Schüler(innen) der Klassen 6a und 6b, so ergibt sich genau 11,5 Jahre." Was meinst du dazu?

Teste dich – Vermischte Übungen 5

1. Trage die Punkte A (1|6), B (4|2), und C (10|2) in ein Koordinatensystem ein; verbinde A mit B und B mit C.

   a) Miss die Größe des entstandenen Winkels ∢ CBA.

   b) Bestimme einen Punkt D so, dass das Viereck ABCD ein Parallelogramm wird.

   c) Spiegele das Parallelogramm an der Geraden durch P(0|10) und Q(10|0).

2. Berechne schriftlich: **a)** 306,3 · 2,51   **b)** 228 : 3,2   **c)** 1,3 · 0,3 + 0,3

3. Zum Bau einer Siedlung benötigt ein Unternehmen ein Gelände von 2 km² 14 ha. Es kauft Grundstücke der folgenden Größen: 170 a; 0,9 km²; 95 ha; 20 000 m² und 75 ha.
   Wie viel Gelände besitzt die Gesellschaft zu viel?

4. Zeichne zu den gegebenen Zustandsänderungen die Pfeildarstellung an der Zahlengeraden und fülle die Lücke im Heft aus. Schreibe zu jeder Aufgabe auch eine Rechengeschichte.

   a) $-5 \xrightarrow{\ +7\ } \square$ **b)** $+7 \xrightarrow{\ -9\ } \square$ **c)** $\square \xrightarrow{\ +5\ } -3$ **d)** $+4 \xrightarrow{\ \square\ } -5$

5. Im Sägewerk ist ein Baumstamm auf Lager, der beim Durchsägen 8 Bretter mit einer Dicke von 4,5 cm liefern würde. Es besteht aber nur eine Nachfrage für lange Bretter der Dicke 3 cm. Wie viele Bretter kann man aus dem Baumstamm herstellen?

6. Es ist das Schrägbild bzw. das Netz eines Quaders vorgegeben, der teilweise gefärbt ist. Übertrage diese Färbung in das Netz bzw. in das Schrägbild.

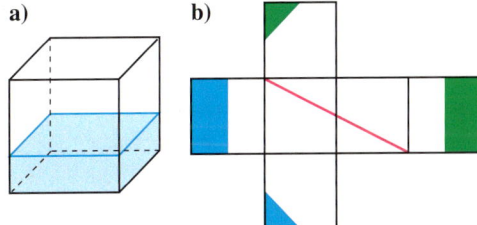

7. Für eine Kiste Mineralwasser wurden in verschiedenen Geschäften folgende Preise ermittelt:
   2,89 €;   3,29 €;   1,85 €;   4,05 €;   3,78 €;   2,95 €
   Berechne den mittleren Preis.

8. **a)** Wie ändert sich das Volumen eines Quaders, wenn man seine Breite verdoppelt und seine Höhe verdreifacht? Begründe deine Antwort.

   b) Durch Verändern der Kantenlängen wird das Volumen eines Quaders verzwölffacht. Gib mindestens zwei Möglichkeiten an.

9. Berechne die Größe der eingetragenen Winkel und begründe jeweils mit einem Satz.

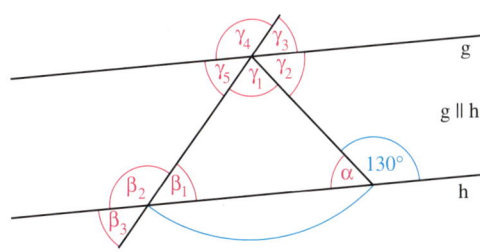

Teste dich – Vermischte Übungen 6

1. Berechne: **a)** $\frac{3}{5}$ von 45 €   **b)** $\frac{3}{4}\,l : 6$

2. In einer Klasse mit 25 Kindern sind 4 Jungen krank. Wie hoch ist der Anteil der erkrankten Kinder in der Klasse in Prozent?

3. Auf einem Kreuzfahrtschiff, das 1998 in Dienst gestellt wurde, können insgesamt 1 912 Personen mitfahren. Die Rettungsboote, die es für den Notfall hat, können jeweils 86 Passagiere aufnehmen.
Max meint: „Da brauchen die ja über 20 solcher Rettungsboote." Wie sieht er das? Berechne, wie viele es denn mindestens sein müssen.

4. Das Drahtmodell eines Quaders, der 15 cm lang, 4 cm breit und 9 cm hoch ist, soll aus Draht gebastelt werden. Wie lang muss der benötigte Draht sein?

5. Stelle den Term auf und berechne seinen Wert.

   a) Dividiere das Produkt von 60 und 12 durch die Summe von 60 und 12.

   b) Multipliziere den Quotienten von 60 und 12 mit der Differenz von 60 und 12.

6. Bei dem Netz eines Würfels rechts fehlt noch eine Fläche.

   a) Übertrage die Zeichnung in dein Heft und ergänze zu einem Würfelnetz.

   b) Markiere die Strecken, die beim Zusammenbauen zu einem Würfel zu gleichen Kanten zusammengeklebt werden, mit gleichen Zahlen.

   c) Markiere die Ecken, die beim Zusammenbauen zu einem Würfel zu gleichen Ecken zusammengeklebt werden, mit gleichen Buchstaben.

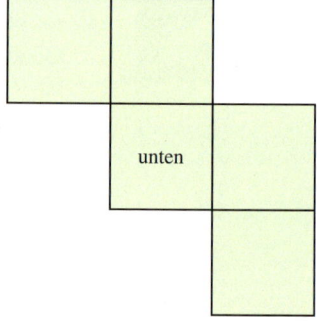

7.

   a) Nicht alle Spielkarten sind punktsymmetrisch. Welche dieser Karten sind punktsymmetrisch?

   b) Welche dieser Karten sind achsensymmetrisch? Wie viele Symmetrieachsen sind es?

8. In einem Koordinatensystem mit der Einheit 1 cm ist das Dreieck ABC mit A (1|3), B (4|2) und C (4|4) gegeben. Konstruiere das Bilddreieck bei der Spiegelung an der Achse PQ mit P (6|0) und Q (4|6). Irgendwo liegt ein Punkt T mit T (?|24) auf dieser Geraden PQ. Wie heißt die fehlende Koordinate?

Teste dich – Vermischte Übungen 7

1. Eine Holzleiste kostet 2,50 €. Erstelle eine Preistabelle für 2, 3, …, 12 Leisten.

2. Berechne Umfang und Flächeninhalt der Grundstücke.

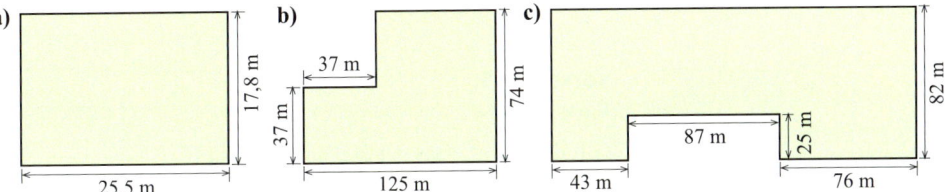

3. a) Schreibe die Zahl 3,46 auf andere Art.

   b) Gib einen Bruch an, der zwischen 1,3 und 1,4 liegt.

   c) Bei einer Klassensprecherwahl erhielt Pia 13 Stimmen, Kai 11 Stimmen und Anne 4 Stimmen. 2 Stimmen waren ungültig. Wer erhielt mehr als 50 % der Stimmen?

4. Zwei Geraden werden von drei Parallelen geschnitten. Für die Winkel a und b gilt: $\alpha = 60°$, $\beta = 40°$.
   Bestimme die Größen der übrigen 20 markierten Winkel. Begründe durch Stichworte.

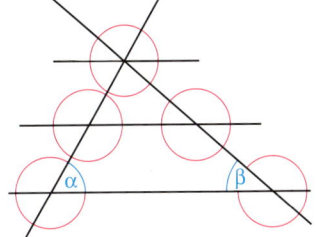

5. Max sagt: „An jeder der 8 Ecken eines Würfels stoßen 3 Flächen aneinander. Also hat ein Würfel 24 Flächen." Nimm dazu Stellung.

6. Vier Brüder teilen sich einen Gewinn. Der älteste erhält $\frac{1}{4}$, der jüngste $\frac{1}{3}$. Die beiden anderen erhalten je $\frac{1}{5}$ des Gewinns. Die restlichen 50 € werden für einen guten Zweck gespendet. Wie viel Euro betrug der Gewinn?

7. Welchen Winkel überstreicht der große Zeiger einer Uhr von „fünf vor zwölf" bis „fünf nach halb eins"?
   Wie viel Zeit ist vergangen, wenn der kleine Zeiger 225° überstrichen hat?

8. Wo liegen die Punkte, die von allen Punkten der Strecke $\overline{AB}$ mindestens 2 cm entfernt sind?

9. a) Das Dreieck A′B′C′ ist durch Spiegeln eines Dreiecks ABC an der Geraden g entstanden.
      Bestimme die Koordinaten der Eckpunkte A, B und C.

   b) Das Dreieck A′B′C′ soll auf ein Dreieck A″B″C″ verschoben werden, wobei A″(−4|2) Bildpunkt von A′ ist.
      Bestimme die Koordinaten von B″ und C″.

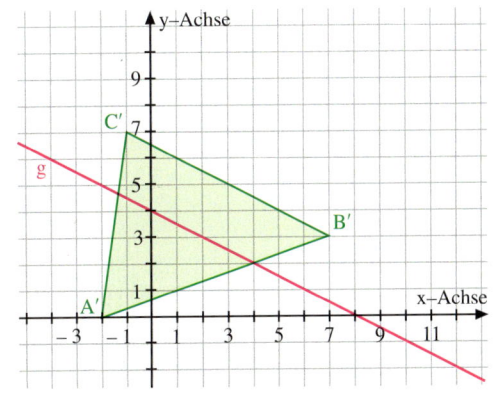

Projekt
Projekt Projekt

Wir vermessen die Schülerinnen und Schüler unserer Schule

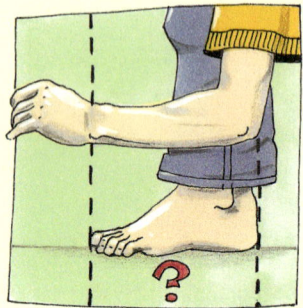

Vorschlag 1:
Faustregel I

Gilt die Regel, dass der Halsumfang zweimal so groß ist wie der Handgelenkumfang?

Ist die Fußlänge gleich der Länge der Elle? Versucht, die Messwerte übersichtlich darzustellen.

Heutzutage wird fast alles vermessen: Grundstücke, Straßen, die Entfernung zum Mond oder sogar bis zum nächsten Stern. Auch kleine und ganz winzige Dinge wie Bakterien, Moleküle, ja sogar Atome sind schon vermessen und gewogen geworden.

In diesem Projekt interessieren wir uns für Dinge, die wir selbst leicht messen, wiegen oder zählen können.

Wie wäre es, wenn ihr eure Schulweglänge bestimmt und miteinander vergleicht? Oder ihr bestimmt das Gewicht eurer Büchertaschen. Ihr könnt auch alte Faustregeln überprüfen, z. B. dass eure Armspannweite so groß ist wie eure Körpergröße. Es gibt so viele Dinge, die man vergleichen oder messen kann. Am besten ist es, wenn ihr einen Messparcours aufbaut, wo an jedem Schüler/ jeder Schülerin jede Messung nacheinander durchgeführt wird. Wichtig ist, dass ihr genau über die einzelnen Mes-

Vorschlag 2:
Masse von Büchertaschen

Welche Altersgruppe trägt die schwerste Büchertasche? Haben Jungen oder Mädchen schwerere Büchertaschen? Was kann man gegen zu schwere Büchertaschen tun?

Vorschlag 3:
Schulweg

Wie lang ist euer Schulweg? Berechnet die durchschnittliche Schulweglänge eurer Mitschüler und Mitschülerinnen. Legt ein Diagramm an.

Vorschlag 4:
Lungenvolumen

Versucht ein Gerät zu bauen, mit dem man das Lungenvolumen messen kann. Vielleicht kann dabei eine Biologielehrerin oder ein Biologielehrer helfen. Vergleicht zum Beispiel das Lungenvolumen mit der Körpergröße der Schüler und Schülerinnen.

sungen Buch führt; so könnt ihr nach Abschluss der Messungen die Daten in aller Ruhe im Klassenzimmer auswerten und Grafiken bzw. Diagramme erstellen. Es hat sich bewährt, wenn ihr für jeden Schüler/jeder Schülerin ein Messkärtchen anfertigt.

Es wäre schön, wenn ihr eure „Vermessungsergebnisse" dann in einer kleinen Ausstellung im Schulgebäude den Mitschülerinnen und Mitschülern zeigt, oder ihr präsentiert eure Ergebnisse im Rahmen einer kleinen Vortragsrunde vor der Klasse. Auch ein kurzer Artikel in der Lokalpresse wäre denkbar, z. B.: So schwer sind unsere Büchertaschen. Hier hilft vielleicht eure Lehrerin oder euer Lehrer in Deutsch.

Wir haben für euch ein paar Ideen und Fragen rund um das Vermessungsprojekt vorbereitet, die ihr aufgreifen könnt. Im Internet findet ihr das Projekt unter *www.elemente-der-mathematik.de*

Vorschlag 5:
Faustregel II

Ist die Körpergröße wirklich genauso groß wie die Armspannweite? Baut ein geeignetes Messgerät, um die Armspannweite zu messen. Tragt die Messwerte in ein Diagramm ein und versucht die Ergebnisse zu erklären.

Vorschlag 6:
Freizeitmessung

Messt, wie lange die Freizeit eurer Mitschülerinnen und Mitschüler dauert und schreibt auf, was sie so in der Freizeit alles machen. Stellt die Ergebnisse in einem Diagramm dar.

Projekt
Projekt Projekt

Spiele mit gebrochene Zahlen

Vorschlag 1:
Bruchwürfelspiel

Das Würfelspiel „Mensch ärgere dich nicht" kann man auch mit Brüchen spielen. Stelle dir z.B. einen eigenen Würfel mit den Zahlen $\frac{1}{3}, \frac{1}{6}, \frac{1}{2}, \frac{1}{4}, \frac{2}{3}$, 1 her. Wie muss denn das passende Spielfeld dazu aussehen? Wie viele Felder darf man bei $\frac{1}{2}$ oder bei $\frac{1}{3}$ gehen? Vielleicht könnt ihr auch andere Brüche verwenden oder andere Würfelspiele mit einer Bruchskala versehen. Vielleicht fällt euch auch ein eigenes Spezialbruchspiel ein.

Du hast bisher die natürlichen Zahlen und die gebrochene Zahlen kennen gelernt. Bei den meisten Spielen, die du aus dem Alltag kennst, werden Punkte oder Spielstände mit natürlichen Zahlen angegeben.

Gebrochene Zahlen kann man auch sehr gut zum Spielen verwenden. So sollt ihr bei diesem Projekt Spiele erfinden oder bekannte Spiele so abändern, dass man sie mit gemeinen Brüchen oder Dezimalbrüchen spielen kann. Natürlich dürft ihr auch ganz andere oder eigene Spielideen verwirklichen. Neben einer guten Idee müsst ihr aber auch gutes Spiel-

Vorschlag 2:
Bruchmemory

Sicher kennt ihr das normale Bildermemory. Diese Spielidee kann man gut in ein Zahlenmemory umwandeln. Ein Memorypaar besteht diesmal aus zwei gebrochene Zahlen, die zwar denselben Wert haben, aber nicht unbedingt gleich geschrieben werden müssen (z.B. 0,3 und $\frac{3}{10}$). Man kann das auch noch schwieriger machen, indem man Memoryvierlinge herstellt; hier müssen dann vier gebrochene Zahlen den gleichen Wert haben.

Vorschlag 3:
Bruchdomino

Beim Bruchdomino werden die Spielsteine aus Karton hergestellt. Auf dem Spielstein werden zwei gebrochene Zahlen notiert. Auf den anderen Spielsteinen sollten auch gemeine Brüche mit dem gleichen Wert stehen. Nun dürft ihr wie beim richtigen Domino nur die Spielsteine mit der Seite aneinanderlegen, die den gleichen Wert haben.

material herstellen. Fragt dazu einmal eure Kunsterzieherin oder euren Kunsterzieher. Denke auch an eine gute und genaue Spielanleitung; ohne sie wird dein Spiel nur die Hälfte wert sein; hier hilft sicherlich eure Deutschlehrerin oder euer Deutschlehrer.

Wir haben hier für euch einige Spielideen vorbereitet, die ihr aufgreifen könnt. Falls euch diese Anregungen nicht reichen, so haben wir hier einige Links im Internet vorbereitet, die euch vielleicht weitere Ideen bringen können:

www.elemente-der-mathematik.de

Vorschlag 4:
Bruchlegespiel

Hier müsst ihr euch zwei Spielwürfel basteln. Ihr benötigt einen gewöhnlichen Würfel, auf dessen sechs Seitenflächen aber verschiedene Brüche geschrieben sind, z. B. $\frac{1}{4}$, $\frac{1}{8}$, $\frac{1}{2}$, $\frac{3}{4}$, $\frac{3}{8}$ und 1. Ferner benötigt ihr einen zwölfflächigen Würfel, einen Dodekaeder, auf dessen Seitenflächen die Zahlen von 1 bis 12 notiert sind. Nun gibt es noch als Steine Quadrate und verschiedene Bruchteile davon, nämlich $\frac{1}{8}$, $\frac{1}{4}$, $\frac{1}{2}$ in Form von Quadraten, Rechtecken oder Dreiecken. Bei einem Wurf mit beiden Würfeln kann man das Produkt der Ergebnisse der beiden Würfel bilden. Anschließend muss man dieses Produkt mit Quadraten und den Teilen davon legen. Allerdings darf man nur so viele Steine legen, dass das Legebild zur Spielachse symmetrisch bleibt.

Vorschlag 5:
Bruchschwarzer Peter

Hier müsst ihr für eine gebrochene Zahl vier verschiedene Darstellungen finden. Diese notiert ihr auf vier Spielkarten. Insgesamt braucht ihr 8 verschiedene gebrochene Zahlen in jeweils vier verschiedenen Darstellungen und einen Schwarzen Peter mit einer gebrochenen Zahl, die auf den anderen Karten nicht vorkommt. Das Spiel funktioniert wie üblich: Die Karten werden an die Mitspieler verteilt. Jeder Spieler zieht ein Blatt aus den verdeckten Karten seines rechten Nachbarn und kann ein Paar aus zwei Karten mit derselben gebrochenen Zahl abwerfen. Wer die einzelne Karte zum Schluss behält, hat verloren.

Vorschlag 6:
Bruchrechenübungsspiel

Auch hier müsst ihr euch Spielkarten anfertigen: Die Spielkarten sollen nur Brüche mit dem Nenner 2, 3, 4, 6, 12 und oder entsprechende Dezimalbrüche tragen. Wichtig ist, dass beim Addieren oder Subtrahieren der Brüche keine neuen Nenner entstehen. Nun werden die Karten der Reihe nach abgelegt und die Werte addiert oder subtrahiert. Ergibt sich man nach dem Ablegen einer Karte eine natürliche Zahl als Ergebnis, so erhält der Spieler einen Punkt, der den letzten Bruch abgelegt hat. Vielleicht findest du auch eigene Spielregeln.

Bist du fit? – Lösungen

Seite 57

1. a) $\frac{3}{8} + \frac{1}{4} = \frac{5}{8}$ **b)** $\frac{1}{2} + \frac{3}{8} = \frac{7}{8}$ **c)** $\frac{3}{4} - \frac{3}{8} = \frac{3}{8}$ **d)** $\frac{1}{2} - \frac{3}{8} = \frac{1}{8}$

2. a) $\frac{3}{4}$ **c)** $\frac{3}{2} = 1\frac{1}{2}$ **e)** $\frac{39}{50}$ **g)** $\frac{116}{15} = 7\frac{11}{15}$ **i)** $\frac{25}{9} = 2\frac{7}{9}$ **k)** $\frac{97}{15} = 6\frac{7}{15}$

$\frac{1}{2}$ $\frac{3}{10}$ $\frac{7}{12}$ $\frac{43}{8} = 5\frac{3}{8}$ $\frac{61}{10} = 6\frac{1}{10}$ $\frac{43}{15} = 2\frac{13}{15}$

b) $\frac{13}{12} = 1\frac{1}{12}$ **d)** $\frac{17}{12} = 1\frac{5}{12}$ **f)** $\frac{75}{56} = 1\frac{19}{56}$ **h)** 5 **j)** $\frac{19}{8} = 2\frac{3}{8}$ **l)** $\frac{101}{10} = 10\frac{1}{10}$

$\frac{2}{15}$ $\frac{1}{12}$ $\frac{5}{56}$ $\frac{47}{6} = 7\frac{5}{6}$ $\frac{19}{5} = 3\frac{4}{5}$ $\frac{73}{30} = 2\frac{13}{30}$

3. a) $\frac{11}{3} = 3\frac{2}{3}$; $\frac{1}{3}$ fehlt noch an 4. **c)** $\frac{13}{12} = 1\frac{1}{12}$; $\frac{11}{12}$ fehlen noch an 2.

$\frac{15}{2} = 7\frac{1}{2}$; $\frac{1}{2}$ fehlt noch an 8. $\frac{55}{6} = 9\frac{1}{6}$; $\frac{5}{6}$ fehlen noch an 10.

b) $\frac{79}{60} = 1\frac{19}{60}$; $\frac{41}{60}$ fehlen noch an 2. **d)** $\frac{415}{36} = 11\frac{19}{36}$; $\frac{17}{36}$ fehlen noch an 12.

$\frac{369}{40} = 9\frac{9}{40}$; $\frac{31}{40}$ fehlen noch an 10. $\frac{347}{48} = 7\frac{11}{48}$; $\frac{37}{48}$ fehlen noch an 8.

4. $20\frac{3}{4}$ kg $- 3\frac{3}{12}$ kg $= 17\frac{1}{2}$ kg

5. a) $4\frac{1}{2}$ m^3 $+ 5\frac{1}{10}$ m^3 $= 9\frac{3}{5}$ m^3 **b)** $5\frac{1}{10}$ m^3 $- 4\frac{1}{2}$ m^3 $= \frac{3}{5}$ m^3

6. a) 1 **b)** 5 **c)** 1 **d)** 1

2 9 5 0

1 20 4 2

7. a) $\frac{19}{20} < 1$ **b)** $\frac{5}{8} = \frac{10}{16}$ **c)** $\frac{14}{45} < \frac{1}{3}$ **d)** $\frac{209}{200} > \frac{1}{20}$

8. *Überschlag:* 2 kg $+ \left(\frac{1}{2}$ kg $+ \frac{5}{2}$ kg$\right) + \left(\frac{3}{4}$ kg $+ \frac{2}{5}$ kg$\right) \approx 2$ kg $+ 3$ kg $+ 1$ kg $= 6$ kg

Rechnung: $\frac{1}{2}$ kg $+ 2$ kg $+ \frac{5}{2}$ kg $+ \frac{3}{4}$ kg $+ \frac{2}{5}$ kg $= 6\frac{3}{20}$ kg

Der Inhalt der Tasche ist $6\frac{3}{20}$ kg schwer.

9. Zuerst die Menge für das Waffelbacken subtrahieren: $\left(\frac{3}{4}\,l - \frac{3}{10}\,l\right) - \frac{1}{5}\,l = \frac{1}{4}\,l$

Zuerst die Menge für den Milchshake subtrahieren: $\left(\frac{3}{4}\,l - \frac{1}{5}\,l\right) - \frac{3}{10}\,l = \frac{1}{4}\,l$

Zuerst die Mengen für das Waffelbacken und den Milchshake addieren und dann die Summe subtrahieren:
$\frac{3}{4}\,l - \left(\frac{3}{10}\,l + \frac{1}{5}\,l\right) = \frac{1}{4}\,l$

Seite 58

10. $0,06 = \frac{6}{100} = \frac{3}{50}$; $0,15 = \frac{15}{100} = \frac{3}{20}$; $0,49 = \frac{49}{100}$; $0,92 = \frac{92}{100} = \frac{23}{25}$; $1,23 = \frac{123}{100} = 1\frac{23}{100}$; $1,5 = \frac{150}{100} = \frac{3}{2} = 1\frac{1}{2}$;

$1,84 = \frac{184}{100} = \frac{46}{25} = 1\frac{21}{25}$; $2,08 = \frac{208}{100} = \frac{52}{25} = 2\frac{2}{25}$; $2,36 = \frac{236}{100} = \frac{59}{25} = 2\frac{9}{25}$

11. a) $0,2 = 0,20 = 0,200$; $0,02 = 0,020$; $0,202 = 0,2020$

b) (1) 2,9 km $= 2,900$ km $= 2$ km 900 m (7) 1,2 cm^2 $= 1,20$ cm^2 $= 1$ cm^2 20 mm^2

(2) 7,5 t $= 7,500$ t $= 7$ t 500 kg (8) 3,5 ha $= 3,50$ ha $= 3$ ha 50 a

(3) 1,75 t $= 1,750$ t $= 1$ t 750 kg (9) 2,1 km^2 $= 2,10$ km^2 $= 2$ km^2 10 ha

(4) 1,5 kg $= 1,500$ kg $= 1$ kg 500 g (10) 4,75 l $= 4,750$ l $= 4$ l 750 ml

(5) 2,03 g $= 2,030$ g $= 2$ g 30 mg (11) 2,5 m^3 $= 2,500$ m^3 $= 2$ m^3 500 dm^3

(6) 9,8 m^2 $= 9,80$ m^2 $= 9$ m^2 80 dm^2 (12) 8,08 cm^3 $= 8,080$ cm^3 $= 8$ cm^3 80 mm^3

12.

	Gerundet auf	**a)** Tausendstel	**b)** Hundertstel	**c)** Zehntel	**d)** Einer
(1)	2,7686	2,769	2,77	2,8	3
(2)	5,7896	5,790	5,79	5,8	6
(3)	0,0854	0,085	0,09	0,1	0
(4)	7,7777	7,778	7,78	7,8	8
(5)	4,0193	4,019	4,02	4,0	4
(6)	7,0707	7,071	7,07	7,1	7

Seite 58

13. a) Brot, Backwaren 19 €; Fleisch, Wurst 38 €; Milch, Eier, Käse 16 €; Obst, Gemüse 17 €; sonstige Nahrungsmittel 26 €.

b) Wähle zum Beispiel 1 mm für 1 €.

14. Wähle zum Beispiel 1 mm für 1 km. Gerundete Werte:

35,325 km ≈ 35 km;   42,741 km ≈ 43 km;   44,777 km ≈ 45 km;
45,871 km ≈ 46 km;   46,393 km ≈ 46 km;   48,093 km ≈ 48 km;
49,431 km ≈ 49 km;   51,151 km ≈ 51 km;   56,375 km ≈ 56 km

15. 0,07 < 0,25 < 0,52 < 1,03 < 1,0998 < 1,3 = 1,30 < 1,976 < 1,98 < 1,984 < 2,75

16. a) 7,5   **c)** 1,15   **e)** 4,94   **g)** 2,01

b) 5,7   **d)** 1,08   **f)** 6,48   **h)** 1,18

17. a) 27,246   **c)** 53,859   **e)** 27,428   **g)** 18,63

b) 1,0215   **d)** 112,183   **f)** 56,517   **h)** 149,85

18. a) 43,745   **b)** 15,8886   **c)** 55,443   **d)** 76,007

Seite 115

1. a) Die Fahne von Kanada hat 1 Symmetrieachse.
Die Fahne von Israel hat 2 zueinander orthogonale Symmetrieachsen und ist punktsymmetrisch.
Die Fahne von Südafrika hat unterschiedlich breite weiße Streifen, ist also nicht achsensymmetrisch.
Die Fahne des Europarats hat 2 Symmetrieachsen und ist punktsymmetrisch.

b) Die rechteckigen Streifen in der Fahne von Kanada haben jeweils 2 Symmetrieachsen; das Blatt hat eine Symmetrieachse. Der Stern der Fahne von Israel hat 6 Symmetrieachsen und ist punktsymmetrisch, die rechteckigen Streifen haben 2 Symmetrieachsen. Das gleichseitige Dreieck in der Fahne von Südafrika hat 3 Symmetrieachsen. Die einzelnen Sterne in der Fahne des Europarats haben 3 Symmetrieachsen. Der Sternenkreis hat 12 Symmetrieachsen.

2. a) 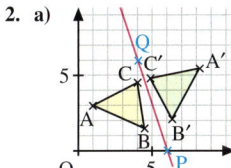   **b)**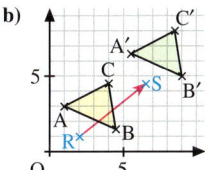

3. a) Die Mittelsenkrechte geht durch den Punkt M(3|5). Ein weiterer Punkt auf der Mittelsenkrechten ist der Punkt P(9|1).

b) –

4. Achsenspiegelung: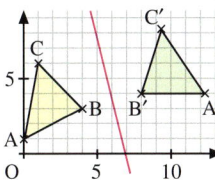

5. a) 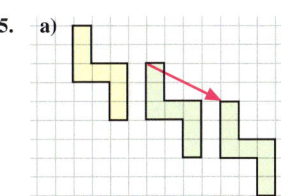   **b)**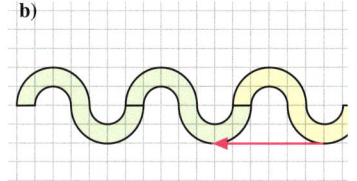

6. a) Nebenwinkel sind:

α_1 und α_2	β_1 und β_2	γ_1 und γ_2	δ_1 und δ_2
α_2 und α_3	β_2 und β_3	γ_2 und γ_3	δ_2 und δ_3
α_3 und α_4	β_3 und β_4	γ_3 und γ_4	δ_3 und δ_4
α_4 und α_1	β_4 und β_1	γ_4 und γ_1	δ_4 und δ_1

b) Scheitelwinkel sind:

α_1 und α_3	β_1 und β_3	γ_1 und γ_3	δ_1 und δ_3
α_2 und α_4	β_2 und β_4	γ_2 und γ_4	δ_2 und δ_4

c) Stufenwinkel sind:

α_1 und γ_1	α_3 und γ_3	β_1 und δ_1	β_3 und δ_3
α_2 und γ_2	α_4 und γ_4	β_2 und δ_2	β_4 und δ_4

d) Wechselwinkel sind:

α_1 und γ_3	α_3 und γ_1	β_1 und δ_3	β_3 und δ_1
α_2 und γ_4	α_4 und γ_2	β_2 und δ_4	β_4 und δ_2

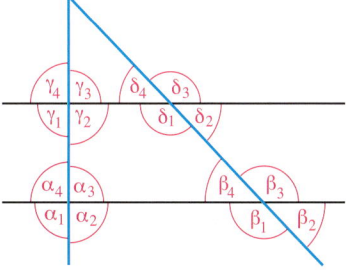

Seite 115

7. Zeichnung links: $\alpha = \beta = 35°$, also $\alpha + \beta = 70°$
Zeichnung rechts: $\alpha = 46°$; $\beta = 134°$

8. a) Die Winkel sind 45° und 135° groß. **b)** $\alpha = \beta = 70°$. Nebenwinkel von β ist 110° groß.

Seite 116

9. a) 88° **b)** 73° **c)** 23°; 157°; 157° **d)** 60°; 110°

10. a) $\beta = 90°$ **b)** $\gamma = 35°$ **c)** $\alpha = 80°$ **d)** $\gamma = 91°$

11. a) $\alpha = 30°$ **b)** $\alpha = 115°$ **c)** $\alpha = 55°$

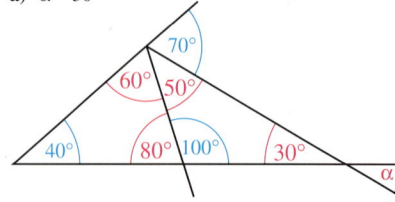
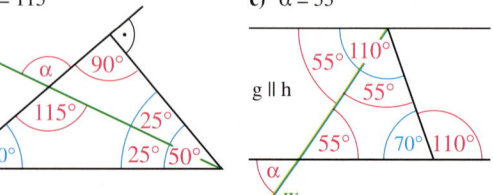

12. 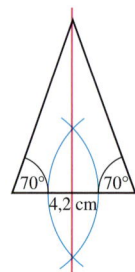 $\alpha = 70°$
$\gamma = 40°$

13. Beide Neigungswinkel sind zusammen mindestens 60° groß. Der Winkel an der Spitze ist höchstens $180° - 60° = 120°$ groß.

14. Der dritte Winkel ist auch 45° groß. Das Dreieck ist also gleichschenklig.

15. 135°

16. (1) Wahr; jedes Quadrat hat sogar 2 Paare zueinander paralleler Seiten.
(2) Wahr; alle Rhomben sind Trapeze.
(3) Wahr; alle Quadrate sind Rhomben.
(4) Falsch; es gibt Rhomben, die keine rechten Winkel besitzen.
(5) Wahr; alle Quadrate sind Trapeze.
(6) Falsch; z. B. in gleichschenkligen Trapezen sind die Schenkel (gegenüberliegende Seiten) nicht parallel zueinander.

17. (1) Gleichschenkliges Trapez (2) Drachenviereck (3) Rechteck (4) Raute

18. $6\ \text{dm}^2$

Seite 138

1. a) $\frac{7}{2} = 3\frac{1}{2}$ **c)** $\frac{3}{20}$ **e)** $\frac{14}{15}$ **g)** $\frac{4}{9}$ **i)** $\frac{1}{4}$
$\frac{56}{9} = 6\frac{2}{9}$ $\frac{15}{28}$ $\frac{9}{20}$ $\frac{15}{16}$ $\frac{4}{9}$

b) $\frac{35}{72}$ **d)** $\frac{25}{12} = 2\frac{1}{12}$ **f)** $\frac{10}{7} = 1\frac{3}{7}$ **h)** 48 **j)** $\frac{49}{16} = 3\frac{1}{16}$
$\frac{8}{5} = 1\frac{3}{5}$ $\frac{5}{6}$ $\frac{81}{56} = 1\frac{25}{56}$ $\frac{2}{3}$ $\frac{8}{125}$

2. a) $L = \left\{\frac{4}{3}\right\}$ **b)** $L = \left\{\frac{2}{3}\right\}$ **c)** $L = \left\{\frac{1}{9}\right\}$ **d)** $L = \left\{\frac{1}{3}\right\}$ **e)** $L = \left\{\frac{5}{9}\right\}$

3. a) $6 \cdot 1\frac{1}{2}\ l = 9\ l$; $9\ l : \frac{1}{5}\ l = 9\ l = 45$, also 45 Gläser. **c)** $\frac{1}{2}\ l : 3 = \frac{1}{6}\ l$, also $\frac{1}{6}\ l$ Milch.

b) $12 \cdot \frac{3}{4}\ l = 9\ l$, also 9 l Apfelsaft.

4. Im Kraftstoff sind $\frac{5}{26}\ l$, $\frac{1}{52}\ l$, $\frac{3}{104}\ l$, $\frac{5}{52}\ l$, $\frac{1}{8}\ l$ Öl enthalten.

5. $3 \cdot 1\frac{3}{4}\ l = 5\frac{1}{4}\ l$, also $5\frac{1}{4}\ l$ Kaffee. $8 \cdot \frac{7}{10}\ l = \frac{28}{5}\ l = 5\frac{3}{5}\ l$ Saft. $5\frac{3}{5} > 5\frac{1}{4}$. Es wurde mehr Saft getrunken.

6. Das Feld ist $\frac{3}{4}$ ha groß. **7. a)** $\frac{15}{26}$ **b)** $\frac{2}{3}$ **c)** $\frac{5}{7}$

8. a) $\frac{3}{10}$ **b)** $\frac{3}{2} = 1\frac{1}{2}$ **c)** $\frac{5}{4} = 1\frac{1}{4}$ **d)** $\frac{2}{3}$ **9.** $\frac{7}{3}$; $\frac{4}{9}$

Seite 184

1. a)   2,3   **b)** 31,2   **c)** 3,6   **d)** 0,7   **e)**   16
156,7   0   5,75   5   243,5
0,7834   3,8   0,99   1,002   2
0,034711   0,115   0,34   1   0

2. a) 8,64   **b)** 397,76   **c)** 13,56   **d)** 7,45
0,304   62,04   15,37   1,24

3. 3 t : 2,5 kg = 3 000 kg : 2,5 kg = 1 200   Es können 1 200 Dachziegel geladen werden.

4. a) 36,9 : 587,3 · 100 = 36,9 : 5,873 ≈ 6,28   Frau Siede hat ungefähr 6,28 l auf 100 km benötigt.
Der Verbrauch ist etwas höher als der angegebene Verbrauch für den Rasanti Coupé.

b) 0,0628 · 1.359 € ≈ 0,085 €   Die Benzinkosten für 1 km Fahrt betragen etwa 8,5 Cent.

5. a) $0,\overline{5}$ **b)** $0,8\overline{3}$ **c)** $0,2\overline{142857}$ **d)** $1,\overline{81}$ **e)** $1,\overline{285714}$

6. $2\frac{3}{4}$ kg · 7 + $1\frac{4}{5}$ kg · 9 = $35\frac{9}{20}$ kg = 35,45 kg   Das Gesamtgewicht beträgt 35,45 kg.

7. a) $\frac{1}{18}$ **c)** $2\frac{1}{8}$ **e)** $1\frac{1}{2}$ **g)** 24,8

b) $2\frac{1}{2}$ **d)** 1,92   **f)** $2\frac{7}{10}$ **h)** $2\frac{1}{6}$

8. a) $\left(\frac{5}{9} + \frac{5}{6}\right) \cdot 1\frac{4}{5} = \frac{25}{18} \cdot 1\frac{4}{5} = \frac{5}{2} = 2\frac{1}{2}$ **b)** 8,9 − 5,5 · 1,2 = 2,3
   $\frac{5}{9}$ $\frac{5}{6}$ $1\frac{4}{5}$ 8,9   5,5   1,2

9. a) 1,02   **b)** $12\frac{2}{3}$ **c)** $5\frac{1}{2}$

10. a) 8   **b)** 13   **c)** $\frac{4}{7}$ **d)** $\frac{7}{10}$ **e)** $\frac{28}{51}$

11. d = 61 x;   Drahtlänge: 122 cm; 152,5 cm; 30,5 cm

12. a) x = $\frac{1}{9}$ **b)** x = $1\frac{3}{4}$ **c)** x = $\frac{5}{4}$ **d)** x = $\frac{9}{5}$ **e)** x = 1,7   **f)** x = 45

Seite 202

1.

Anzahl der Schüler	Einzelkarten	6er-Karten	Gesamtpreis
2	2	–	3,00 €
3	3	–	4,50 €
4	4	–	6,00 €
5	5	–	7,50 €
6	–	1	7,00 €
7	1	1	8,50 €
8	2	1	10,00 €
9	3	1	11,50 €
10	4	1	13,00 €
11	5	1	14,50 €
12	–	2	14,00 €
13	1	2	15,50 €
14	2	2	17,00 €
15	Gruppenpreis		16,50 €
16	Gruppenpreis		17,60 €
17	Gruppenpreis		18,70 €
18	Gruppenpreis		19,80 €
19	Gruppenpreis		20,90 €
20	Gruppenpreis		21,00 €

Seite 202

2. a) Bis zur mittleren Kante des Beckens steigt das Wasser gleichmäßig schnell an, dann wird der Anstieg geringer, da die Grundfläche schlagartig größer wird. Der Anstieg bleibt dann wieder gleichmäßig, aber weniger stark ansteigend. Dazu passt nur der Graph (2).

b) Das Becken zu Graph (1) hat überall gleichen Querschnitt, z. B. ein Quader.

Das Becken zu Graph (3) hat unten einen größeren Querschnitt als oben, z. B. wie ein aus zwei Quadern zusammengesetztes Schwimmbecken, bei dem der Quader mit der größeren Grundfläche unten ist, also genau umgekehrt wie das im Buch dargestellte Schwimmbecken.

Das Becken zu Graph (4) ist bereits voll und läuft über.

3.

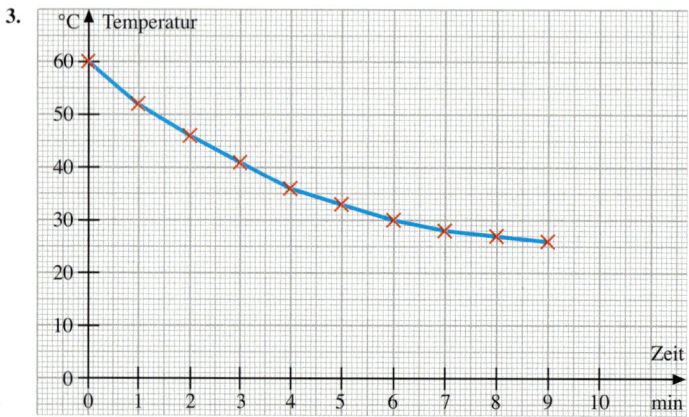

4. a)

Wasserverbrauch	Jährliche Kosten
20 m^3	53,60 €
40 m^3	96,60 €
60 m^3	139,60 €
80 m^3	182,60 €
100 m^3	225,60 €
120 m^3	268,60 €

b)

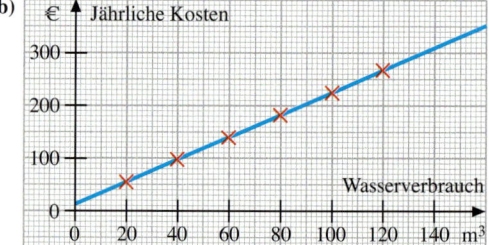

5. a) 1; 2; 10; 11; 55; 56; 280; 281; 1405   **b)** 1; 5; 6; 30; 31; 155; 156; 780; 781

6. (1) 6 km; 9,4 km; 13 km; 24.8 km   (2) 4 cm; 7,5 cm; 12,5 cm; 21,5 cm

Seite 226

1. a)

	Absolute Häufigkeit	Relative Häufigkeit
Ziel 1	14	$\frac{14}{27}$
Ziel 2	9	$\frac{9}{27} = \frac{1}{3}$
Ziel 3	4	$\frac{4}{27}$
Summe	27	$\frac{27}{27} = 1$

b)

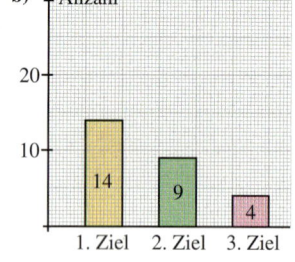

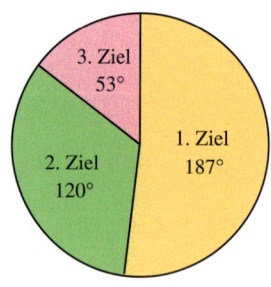

Seite 226

2. a) 2,73 € : 5 = 0,546 € ≈ 0,55 €   Der Modalwert ist 1 000 ml.   **b)** 98 011 ml : 98 ≈ 1 000,112 ml ≈ 1 000,1 ml

3. Montag: ☺ ☺ ☺ ☺ ☺ ☺ ☹ ☹ ☹
↑
Median

Dienstag: ☺ ☺ ☺ ☹ ☹ ☹ ☹ ☹ ☹ ☹ ☹
↑
Median

Ja, dienstags wurde der Service geringfügig schlechter bewertet; dies könnten aber auch normale Schwankungen sein.

4. a) Maximum: 4,73 %;   Minimum: 3,78 %;   Spannweite: 0,95 %

b) Arithmetisches Mittel: 128,70 % : 30 = 4,29 %

c) Fast alle Werte kommen nur einfach vor, lediglich zwei Werte zweifach. Daher sind 26 Säulen gleich hoch und 2 doppelt so hoch wie diese. Einem derartigen Diagramm kann man keine Information auf einen Blick entnehmen.

d)

Klassen-breite	3,60 % bis unter 3,80 %	3,80 % bis unter 4,00 %	4,00 % bis unter 4,20 %	4,20 % bis unter 4,40 %	4,40 % bis unter 4,60 %	4,60 % bis unter 4,80 %
Anzahl	1	1	6	16	3	3

Bei kleineren Klassenbreiten werden die Säulen weniger hoch und gleichen sich an. Bei größeren Klassenbreiten werden die Säulen höher.

e) Praktischer Mittelwert: $(1 \cdot 3,70 \% + 1 \cdot 3,90 \% + 6 \cdot 4,10 \% + 16 \cdot 4,30 \% + 3 \cdot 4,50 \% + 3 \cdot 4,70 \%) : 30$
$= 128,60 \% : 30 = 4,28\overline{6} \% \approx 4,29 \%$
Der praktische Näherungswert stimmt näherungsweise mit dem arithmetischen Mittel überein.

Seite 240

1. a) 12 °C über null;   21 °C unter null;   17 °C über null;   3 °C unter null;   0 °C

b) 12 m über NN;   21 m unter NN;   17 m über NN;   3 m unter NN;   0 m (genau Meeresspiegelhöhe)

c) 12 € Guthaben;   21 € Schulden;   17 € Guthaben;   3 € Schulden;   0 €

2. $-15 < -10 < -3 < -2 < +7 < +15 < +20$

3. a) $-3 < +6$ **b)** $-4 > -6$ **c)** $+3 > -8$ **d)** $-11 < -3$ **e)** $-4 < +1,5$ **f)** $-9,5 < -5,9$
$+7 > -1$ $-5 < -2$ $-1 > -4$ $-7 < -6$ $+2 > -8$ $-0,4 < +2$

4. a) $+5 \xrightarrow{-8} -3$ **b)** $+7 \xrightarrow{-11} -4$ **c)** $-5 \xrightarrow{+8} +3$ **d)** $-8 \xrightarrow{+2} -6$
$-6 \xrightarrow{+2} -4$ $-12 \xrightarrow{+7} -5$ $+3 \xrightarrow{-8} -5$ $-4 \xrightarrow{+10} +6$

5. *Zum Beispiel:*

a) *Frage:* Wie hoch ist die Temperatur dann?   *Rechnung:* $+2 \xrightarrow{-8} -6$
Antwort: Die Temperatur beträgt nun $-6\,°C$.

b) *Frage:* Wie viel € hat Sandra zu wenig?   *Ansatz und Rechnung:* $49 \xrightarrow{\square} 35$, also $49 \xrightarrow{-14} 35$
Antwort: Sie hat 14 € zu wenig.

c) *Frage:* Um wie viel cm hat sich der Wasserstand insgesamt verändert?
Rechnung: $(-126) + (+78) = -48$
Antwort: Der Wasserstand ist insgesamt um 48 cm gefallen.

d) *Frage:* Wie warm war es vor dem Temperatursturz?
Ansatz und Rechnung: $\square \xrightarrow{-17} +16$, also $+33 \xrightarrow{-17} +16$
Antwort: Die Temperatur betrug $33\,°C$.

6. kälteste Temperatur im Weltraum: $-270\,°C$
mittlere Temperatur auf dem Planeten Pluto: $-220\,°C$
kälteste Mondnacht: $-160\,°C$
wärmster Mondtag: $+120\,°C$
mittlere Temperatur auf dem Planeten Venus: $+470\,°C$
Temperatur im Mondinneren; $+1\,200\,°C$
Temperatur im Erdinneren: $+4\,500\,°C$
Temperatur der Sonnenoberfläche: $+5\,900\,°C$

7. a) A′(1|−2), B′(−3|2), C′(2|3)

b) A′(1|−5), B′(5|−1), C′(0|0)

Lösungen zu Teste dich – Vermischte Übungen

Seite 241

1. $1352 - 25 - (1579 - 428) = 176$
Mittags gab es 176 freie Parkplätze.

2. Karopapier mit 5 mm × 5 mm Kästchen

   a) $u \approx 5{,}0\,\text{cm} + 4{,}6\,\text{cm} + 4{,}0\,\text{cm} = 13{,}6\,\text{cm}$ **d)** und **e)**

   b) $\alpha = 60°, \ \beta \approx 50°, \ \gamma \approx 70°$

   c) Ungefähr 3,5 cm

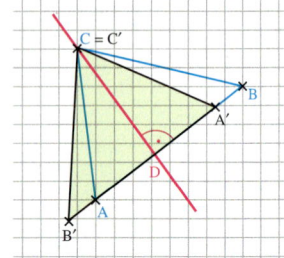

3. $(7 \cdot 0{,}48 + 19 \cdot 1{,}85 + 12{,}49) : 4 = 51{,}00 : 4 = 12{,}75$
Jeder erhält 12,75 €.

4. **a)** $V = 9{,}0\,\text{cm} \cdot 5{,}8\,\text{cm} \cdot 19{,}5\,\text{cm} = 1017{,}9\,\text{cm}^3$

   b) $1\,l = 1000\,\text{cm}^3$
   $17{,}9\,\text{cm}^3 : (9{,}0\,\text{cm} \cdot 5{,}8\,\text{cm}) = 17{,}9\,\text{cm}^3 : 52{,}2\,\text{cm}^2 \approx 0{,}34\,\text{cm}$
   Die Luftschicht ist ungefähr 3 mm (fast $3\frac{1}{2}$ mm) hoch.

5. **a)** 15; 15; 125; 243

   b) (1) $4 > -2$ (2) $-5 < 3$ (3) $-2 > -6$ (4) $0 > -1$ (5) $-1 < 100$ (6) $-100 < -70$

6. **a)** $0{,}7 \cdot 12 \cdot 5 \cdot 3 = 126$. Es sind $126\,l$ Mineralwasser vorrätig.

   b) $1\,\text{m}^3 = 1000\,\text{dm}^3 = 1000\,l$; $0{,}7 \cdot 12 \cdot 5 = 42$. Ein Stapel enthält $42\,l$ Mineralwasser.
   $(1000 - 126) : 42 \approx 20{,}8$. Es müssten noch 21 Stapel geliefert werden.

7. $14 : 12 = 1\frac{1}{6}$; $16 : 14 = 1\frac{1}{7}$; $1\frac{1}{6} > 1\frac{1}{7}$. Die Mädchen erhalten mehr Gummibärchen.

8. **a)** $\frac{23}{15} = 1\frac{8}{15}$ **b)** $\frac{49}{10} = 4\frac{9}{10}$ **c)** $\frac{58}{9} = 6\frac{4}{9}$

9. *Zum Beispiel:* $5 - 5 : 5 = 5 - 1 = 4$; $5 \cdot 5 : 5 = 25 : 5 = 5$; $5 : 5 + 5 = 1 + 5 = 6$;
$(5 + 5) \cdot 5 = 10 \cdot 5 = 50$; $(5 - 5) \cdot 5 = 0 \cdot 5 = 0$

Seite 242

1. Größe der Anteile: $A = \frac{1}{2}$, $B = \frac{1}{4}$, $C = \frac{1}{8}$, $D = \frac{1}{16}$
$\frac{1}{16}$ fehlt dann noch zum Ganzen.

Bild zu Aufgabe 1:

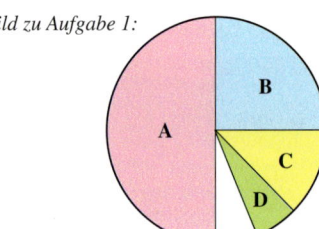

2. $4500 : (210 - 60) = 4500 : 150 = 30$
Man muss 30 Orangen schälen.

3. **a)** *Beispiele:* spitzer Winkel: 16.30 Uhr, 9.55 Uhr, 18.40 Uhr
   stumpfer Winkel: 18.55 Uhr, 16.45 Uhr, 9.10 Uhr
   rechter Winkel: 9.00 Uhr, 21.00 Uhr
   überstumpfer Winkel: 9.30 Uhr, 10.25 Uhr, 2.50 Uhr

   b) 360° [30°]

   c) Um 15.30 Uhr zeigt der Minutenzeiger auf die 6, der Stundenzeiger steht genau in der Mitte zwischen 3 und 4. Der Winkel beträgt also 75°.

4. **a)** $\frac{1}{3}$ **b)** $\frac{1}{3}$ **c)** $\frac{4}{9}$ **d)** $\frac{5}{18}$ **e)** $\frac{21}{10} = 2\frac{1}{10} = 2{,}1$

5. **a)** $(2 \cdot 2 + 3 \cdot 3) : 5 = 2{,}6$; $(2 \cdot 2 + 3 \cdot 3 + 2) : 6 = 2{,}5$
   Um einen besseren Mittelwert zu erhalten, müsste die Note der letzten Arbeit besser als 2 sein.

   b) $(3 \cdot 1 + 10 \cdot 2 + 10 \cdot 3 + 2 \cdot 4) : 25 = 2{,}44$

   c) $(6 \cdot 1 + 8 \cdot 2 + 7 \cdot 3 + 2 \cdot 4 + 2 \cdot 5) : 25 = 2{,}44$
   Da in Klasse 6b doppelt so oft die Note 1 geschrieben wurde, würde man diese wohl als bessere „Mathe"-Klasse bezeichnen. Da hier aber auch zweimal die Note 5 geschrieben wurde, könnte man das aber auch genau anders sehen.

6. **a)** $2 \xrightarrow{\ -4\ } -2$;   Marie steigt im 2. Untergeschoss aus.

   b) $\square \xrightarrow{\ +5\ } 4$; $-1 \xrightarrow{\ +5\ } 4$;   Felix ist im 1. Untergeschoss eingestiegen.

7. **a)** $A = 12\,\text{mm} \cdot 8\,\text{mm} + 8\,\text{mm} \cdot 8\,\text{mm} = 160\,\text{mm}^2$.

   b) Für $b = 6\,\text{mm}$ erhält man: $A = 12\,\text{mm} \cdot 6\,\text{mm} + 6\,\text{mm} \cdot 6\,\text{mm} = 108\,\text{mm}^2$

Seite 243

1. **a)** 28 cm

   c) $V = 8 \text{ cm}^3$ [O = 24 cm²]

1. b)

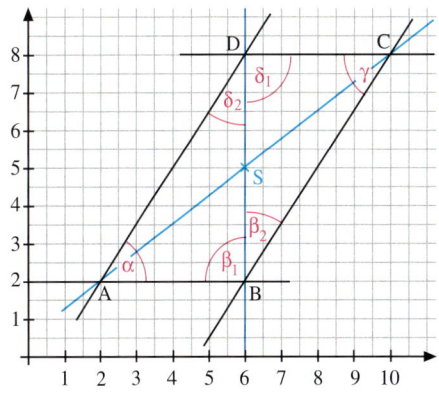

2. **a)** (1) $17 \cdot 36 - 26 \cdot 17 = 17 \cdot (36 - 26) = 17 \cdot 10 = 170$
      (2) $594 : 6 = (600 - 6) : 6 = 600 : 6 - 6 : 6 = 100 - 1 = 99$

   b) $150 \cdot 111 - 50 \cdot 333 = (50 \cdot 3) \cdot 111 - 50 \cdot (3 \cdot 111) = 50 \cdot 3 \cdot 111 - 50 \cdot 3 \cdot 111 = 0$
      Der erste Faktor des ersten Produkts ist dreimal so groß wie der erste Faktor des
      zweiten Produkts.
      Der zweite Faktor des ersten Produkts ist ein Drittel des zweiten Faktors des
      zweiten Produkts.
      Beide Produkte haben daher denselben Wert. Die Differenz der Produkte ist daher 0.

3. **a)** $45 \text{ km} + 20 \text{ km} + 35 \text{ km} + 15 \text{ km} = 115 \text{ km}$

   b) $440 \text{ m} \xrightarrow{+ 320 \text{ m}} 760 \text{ m} \xrightarrow{- 440 \text{ m}} 320 \text{ m} \xrightarrow{+ 0 \text{ m}} 320 \text{ m} \xrightarrow{+ 145 \text{ m}} 465 \text{ m}$
      Der Höhenunterschied beträgt 25 m

   c) Höhenunterschied pro km:
      1. Abschnitt: 320 m : 45 ≈ 7,11 m   3. Abschnitt: 0 m
      2. Abschnitt: 440 m : 20 = 22 m   4. Abschnitt: 145 m : 15 ≈ 9,67 m
      Der 2. Abschnitt war am steilsten.

4. Man verringert die letzte Ziffer des größeren Faktors um 1. $3,84 \cdot 6,17 = 23,6928$; $3,84 \cdot 6,16 = 23,6544$

5. **a)** Fahrrad: $\frac{4}{12} = \frac{1}{3} = 33\frac{1}{3} \% \approx 33 \%$ Zu Fuß: $\frac{5}{12} = 41\frac{2}{3} \% \approx 42 \%$

      Bus: $\frac{1}{12} = 8\frac{1}{3} \% \approx 8 \%$ Bahn: $\frac{5}{12} = \frac{1}{6} = 16\frac{2}{3} \% \approx 17 \%$

   b) Zu Fuß: 400   Bus oder Bahn: 240

6. **a)** $1 - \left(\frac{1}{3} + \frac{1}{4} + \frac{1}{5} + \frac{1}{6}\right) = \frac{1}{20} = 5 \%$ **b)** $70 \text{ g} \cdot 5 = 350 \text{ g}$

7. **a)** $0,849 \cdot 31,15 = 26,44633 \approx 26,45$ Da man nur mit vollen Geldbeträgen zahlen kann, wird der Preis in Euro auf
      zwei Stellen nach dem Komma gerundet.

   b) $0,849 \cdot 31,16 = 26,45484 \approx 26,45$ Durch die Rundung auf zwei Stellen nach dem Komma können bei unter-
      schiedlichen Benennungen gleiche Preise angezeigt werden.

8. 1; 3; 6; 10; 15; 21; 28; 36; …   Folge: $1 \xrightarrow{+2} 3 \xrightarrow{+3} 6 \xrightarrow{+4} 10 \xrightarrow{+5} 15 \dots$

Seite 244

1. **a)** Das Viereck ist ein Parallelogramm (siehe Bild).
      Der Eckpunkt C hat die Koordinaten C(10|8).

   b) S(6|5); siehe Bild rechts.

   c) *Beispiele (siehe Bild):*
      α und γ, β_1 und δ_1, β_2 und δ_2

   d) $A = 24 \text{ cm}^2$

2. **a)** 0,39   **b)** 5 260   **c)** 0,08739

3. **a)** $900 \text{ cm}^2 = 9 \text{ dm}^2$; $41 \text{ m}^2 = 4100 \text{ dm}^2$;
      $60\,300 \text{ mm}^2 = 603 \text{ cm}^2 = 6,03 \text{ dm}^2$

   b) $700 \text{ dm}^3 = 0,7 \text{ m}^3$; $8000 \text{ cm}^3 = 24 \text{ dm}^3$;
      $62\,001 \, l = 62\,001 \text{ dm}^3 = 62,001 \text{ m}^3$

   c) $24 \text{ cm}^2 = 2400 \text{ mm}^2 = 0,24 \text{ dm}^2$;
      $8 \text{ m}^2 = 800 \text{ dm}^2 = 0,08 \text{ a}$;
      $7 \text{ cm}^2 = 700 \text{ mm}^2 = 0,07 \text{ dm}^2$;
      $8\,200 \text{ m} = 8,2 \text{ km}$; $600 \text{ dm} = 60 \text{ m}$

4. $\frac{1}{2} \cdot \frac{1}{2} = \frac{1}{4}$; $\frac{1}{2} \cdot \frac{5}{4} = \frac{5}{8}$; $\frac{1}{2} \cdot \frac{3}{3} = \frac{1}{2}$; $\frac{1}{2} \cdot \frac{5}{6} = \frac{5}{12}$; $\frac{1}{2} \cdot \frac{2}{3} = \frac{1}{3}$; $\frac{1}{2} \cdot \frac{4}{3} = \frac{2}{3}$

   a) Der Wert des Produkts ist kleiner als der 1. Faktor, wenn der 2. Faktor kleiner als 1 ist, also bei $\frac{1}{2}$, $\frac{5}{6}$ und $\frac{2}{3}$.

   b) Der Wert des Produkts ist genauso groß wie der 1. Faktor, wenn der zweite Faktor gleich 1 ist, also bei $\frac{3}{3}$.

   c) Der Wert des Produkts ist größer als der 1. Faktor, wenn der 2. Faktor größer als 1 ist, also bei $\frac{5}{4}$ und $\frac{4}{3}$.

5. $(148,8 - 85,2) : 1,2 = 63,6 : 1,2 = 53$. Die gesuchte Zahl ist 53.

Seite 244

6. *Boden:* 25 m · 13,50 m = 337,5 m²;   337,5 · 53 € = 17 887,50 €
Wände: (25 m + 13,50 m + 25 m + 13,50 m) · 2,2 m = 169,4 m²;   169,4 · 75 € = 12 705 €
Das Fliesen des Schwimmbeckens kostet 30 592,50 €, also rund 30 600 €.

7. a) rechtwinklig   **b)** rechtwinklig – gleichschenklig   **c)** gleichschenklig

8. a) Der Anteil der Elfjährigen beträgt $\frac{15}{25} = \frac{3}{5} = 60\,\%$ $(15 \cdot 11 + 5 \cdot 12 + 5 \cdot 13) : 25 = 290 : 25 = 11,6$
Der Altersdurchschnitt beträgt 11,6 Jahre.

b) Der Anteil der Elfjährigen beträgt $\frac{21}{30} = \frac{7}{10} = 70\,\%$ $(21 \cdot 11 + 6 \cdot 12 + 3 \cdot 13) : 30 = 342 : 30 = 11,4$
Der Altersdurchschnitt beträgt 11,4 Jahre.

c) $(290 + 342) : (25 + 30) = 632 : 55 = 11,4\overline{90}$ Der Altersdurchschnitt beträgt nicht genau 11,5 Jahre; gerundet
ergibt sich allerdings ein Altersdurchschnitt von 11,5 Jahren.

Seite 245

1. a) $\sphericalangle\,CBA \approx 127°$ **b)** Der vierte Eckpunkt ist D(7|6).   **c)** Bildpunkte: A′(4|9), B′(8|6), C′(8|0), D′(4|3)

2. a) 768,813   **b)** 71,25   **c)** 0,69

3. (1,70 ha + 90 ha + 95 ha + 2 ha + 75 ha) – 214 ha = 263,7 ha – 214 ha = 49,7 ha
Die Gesellschaft besitzt 49,7 ha zu viel Gelände.

4. a) Die Temperatur lag bei 5 °C unter null. Sie ist um
7 Grad gestiegen und liegt jetzt bei 2 °C über null.

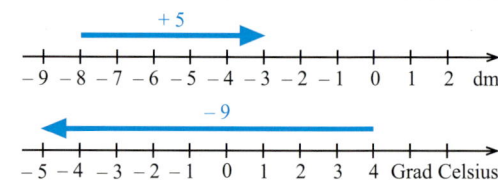

b) Lena ist im 7. Stockwerk in den Fahrstuhl eingestiegen und 9 Stockwerke nach unten gefahren. Sie
steigt im 2. Untergeschoss aus.

c) Das Wasser ist um 5 dm gestiegen. Der Wasserspiegel liegt jetzt bei 3 dm unter Normalnull. Vor-
her lag er bei 8 dm unter Normalnull.

d) Tagsüber lag die Temperatur bei 4 °C über null,
nachts bei 5 °C unter null. Die Temperatur ist also
um 9 Grad gefallen.

5. $\frac{8 \cdot 4,5}{3} = 12.$ Man erhält 12 Bretter der Dicke 3 cm.

6. a)

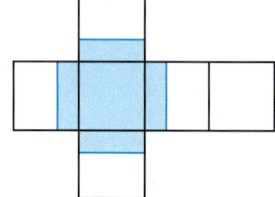

b)

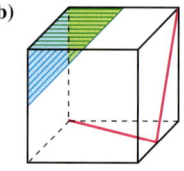

7. (2,89 + 3,29 + 1,85 + 4,05 + 3,78 + 2,95) : 6 = 18,81 : 6 = 3,135   Der mittlere Preis beträgt 3,14 €.

8. a) Das Volumen ist sechsmal so groß.
Begründung: Wenn man die Breite verdoppelt, verdoppelt sich auch das Volumen des Quaders. Wenn man die
Höhe des doppelt so breiten Quaders verdreifacht, verdreifacht sich auch das Volumen. Insgesamt
wird das Volumen also versechsfacht.

b) (1) Länge verdoppeln, Breite verdreifachen, Höhe verdoppeln
(2) Länge versechsfachen, Breite verdoppeln, Höhe lassen

9. $\alpha = 180° - 130° = 50°$ (α ist Nebenwinkel.) $\gamma_2 = \alpha = 50°$ (γ₂ und α sind Wechselwinkel.)
$\beta_1 = \alpha = 50°$ (α und β₁ sind Basiswinkel.) $\gamma_3 = \beta_1 = 50°$ (γ₃ und β₁ sind Stufenwinkel.)
$\beta_2 = 180° - \beta_1 = 130°$ (β₁ ist Nebenwinkel zu β₂.) $\gamma_4 = 180° - \gamma_3 = 130°$ (γ₄ ist Nebenwinkel zu γ₃.)
$\beta_3 = \beta_1 = 50°$ (β₃ ist Scheitelwinkel zu β₁.) $\gamma_5 = \gamma_3 = 50°$ (γ₅ ist Scheitelwinkel zu γ₃.)
$\gamma_1 = 180° - \alpha - \beta_1 = 80°$ (Winkelsumme im Dreieck.)

Seite 246

1. a) 27 €   **b)** $\frac{1}{8}\,l$ **2.** $\frac{4}{25} = 0,16 = 16\,\%$

3. $1\,912 : 86 \approx 22,23.$ Es müssen mindestens 23 Rettungsboote sein. Max hat grob überschlagen z. B.:
$2\,000 : 100 = 20.$ Das darf man hier aber nicht, da man mindestens Rettungsboote für alle Passagiere haben muss.

4. Jede Seitenlänge tritt viermal auf.
$(15\text{ cm} + 4\text{ cm} + 9\text{ cm}) \cdot 4 = 28\text{ cm} \cdot 4 = 112\text{ cm}$
Der benötigte Draht muss mindestens 112 cm lang sein, da ggf. zum Verbinden zusätzlich Draht benötigt wird.

5. a) $60 \cdot 12 : (60 + 12) = 720 : 72 = 10$
b) $60 : 12 \cdot (60 - 12) = 5 \cdot 48 = 240$

6. a)–c)

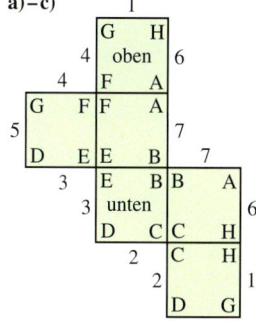

7. a) Punktsymmetrisch sind Karo 10, Pik 8, Karo 8, Kreuz 10.
b) Achsensymmetrisch sind:
Karo 10 mit 2 Symmetrieachsen, wenn man die Zahl 10 nicht beachtet.
Pik 7 mit einer Symmetrieachse, wenn man die Zahl 7 nicht beachtet.
Pik 8 (1 Symmetrieachse).
Herz 9 mit einer Symmetrieachse, wenn man die Zahl 9 nicht beachtet.
Karo 8 (2 Symmetrieachsen).
Kreuz 10 mit 2 Symmetrieachsen, wenn man die Zahl 10 nicht beachtet.

8.

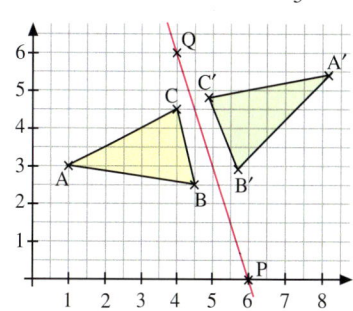

$T(-2\,|\,24)$ liegt auf der Geraden PQ.

Seite 247

1.

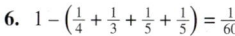

Anzahl der Leisten	2	3	4	5	6	7	8	9	10	11	12
Preis (in €)	5,00	7,50	10,00	12,50	15,00	17,50	20,00	22,50	25,00	27,50	30,00

2. a) $A = 25,5\text{ m} \cdot 17,8\text{ m} = 453,9\text{ m}^2$
$u = 2 \cdot (25,5\text{ m} + 17,8\text{ m}) = 86,6\text{ m}$

b) $A = 125\text{ m} \cdot 74\text{ m} - 37\text{ m} \cdot (74\text{ m} - 37\text{ m}) = 7\,881\text{ m}^2$ oder
$A = (125\text{ m} - 37\text{ m}) \cdot 74\text{ m} + 37\text{ m} \cdot 37\text{ m} = 7\,881\text{ m}^2$
$u = (125\text{ m} + 74\text{ m}) \cdot 2 = 398\text{ m}$

c) $A = (43\text{ m} + 87\text{ m} + 76\text{ m}) \cdot 82\text{ m} - 87\text{ m} \cdot 25\text{ m} = 14\,717\text{ m}^2$ oder
$A = 43\text{ m} \cdot 82\text{ m} + 87\text{ m} \cdot (82\text{ m} - 25\text{ m}) + 76\text{ m} \cdot 82\text{ m} = 14\,717\text{ m}^2$
$u = 2 \cdot (43\text{ m} + 87\text{ m} + 76\text{ m}) + 2 \cdot 82\text{ m} + 2 \cdot 25\text{ m} = 626\text{ m}$

3. a) *Beispiele:* $3\frac{46}{100}$; $3\frac{23}{50}$ **b)** *Beispiele:* 1,35; 1,31; 1,3999
c) 50 % von 30 Stimmen sind 15 Stimmen. Niemand hat mehr als 50 % der Stimmen erhalten.

4. Scheitelwinkel sind gleich groß. Nebenwinkel ergänzen sich zu 180°. Stufenwinkel bzw. Wechselwinkel an geschnittenen Parallelen sind gleich groß.

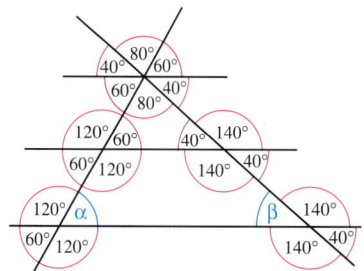

5. An jede Fläche stoßen 4 Ecken. Max hat jede Fläche viermal gezählt. Insgesamt sind es also 24 Flächen : 4 = 6 Flächen.

6. $1 - \left(\frac{1}{4} + \frac{1}{3} + \frac{1}{5} + \frac{1}{5}\right) = \frac{1}{60}$
Es wurde $\frac{1}{60}$ des Gewinns für gute Zwecke gespendet.
$\frac{1}{60}$ vom Gewinn sind 50 €, der Gewinn betrug also 3 000 €.

7. Großer Zeiger: 240°; kleiner Zeiger: $7\frac{1}{2}$ h.

8. Die Punkte liegen in der gefärbten Außenfläche, also außerhalb der parallelen Linien im Abstand von 2 cm und außerhalb der beiden Halbkreise mit dem Radius r = 2 cm.

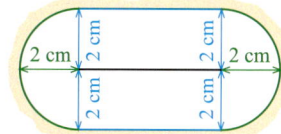

9. a) $A(2\,|\,8)$, $B(5\,|\,{-1})$, $C(-3\,|\,3)$,
b) $A''(-3\,|\,2)$, $B''(6\,|\,5)$, $C''(-2\,|\,9)$.

Maßeinheiten und ihre Zusammenhänge

Längen

$10 \text{ mm} = 1 \text{ cm}$ $1\,000 \text{ m} = 1 \text{ km}$
$10 \text{ cm} = 1 \text{ dm}$
$10 \text{ dm} = 1 \text{ m}$

Die Verwandlungszahl ist 10.

Flächeninhalte

$100 \text{ mm}^2 = 1 \text{ cm}^2$ $100 \text{ m}^2 = 1 \text{ a}$
$100 \text{ cm}^2 = 1 \text{ dm}^2$ $100 \text{ a} = 1 \text{ ha}$
$100 \text{ dm}^2 = 1 \text{ m}^2$ $100 \text{ ha} = 1 \text{ km}^2$

Die Verwandlungszahl ist 100.

Volumina

$1\,000 \text{ mm}^3 = 1 \text{ cm}^3$
$1\,000 \text{ cm}^3 = 1 \text{ dm}^3$
$1\,000 \text{ dm}^3 = 1 \text{ m}^3$

Die Verwandlungszahl ist 1 000.

Weitere Einheiten:

$1 \text{ cm}^3 = 1 \text{ ml}$ $1\,000 \text{ ml} = 1 \, l$
$1 \text{ dm}^3 = 1 \, l$ $100 \text{ cl} = 1 \, l$
                    $100 \, l = 1 \text{ hl}$

Massen

$1\,000 \text{ mg} = 1 \text{ g}$
$1\,000 \text{ g} = 1 \text{ kg}$
$1\,000 \text{ kg} = 1 \text{ t}$

Die Verwandlungszahl ist 1 000.

Zeitspannen

$60 \text{ s} = 1 \text{ min}$
$60 \text{ min} = 1 \text{ h}$
$24 \text{ h} = 1 \text{ d}$

Verzeichnis mathematischer Symbole

$a = b$	a gleich b
$a \neq b$	a ungleich b
$a < b$	a kleiner b
$a > b$	a größer b
$a \approx b$	a ungefähr gleich b
$a + b$	a plus b; Summe aus a und b
$a - b$	a minus b; Differenz aus a und b
$a \cdot b$	a mal b; Produkt aus a und b
$a : b$	a durch b; Quotient aus a und b
a^n	a hoch n; Potenz aus Basis (Grundzahl) a und Exponent (Hochzahl) n
$\{1; 5; 8\}$	Menge mit den Elementen 1, 5, 8
$\{\ \}$	leere Menge
$\mathbb{N}$	Menge der natürlichen Zahlen $\mathbb{N} = \{0, 1, 2, 3, \dots\}$
$\mathbb{Z}$	Menge der ganzen Zahlen $\mathbb{Z} = \{-2, -1, 0, 1, 2, \dots\}$
$g \parallel h$	g ist parallel zu h
$g \nparallel h$	g ist nicht parallel zu h
$g \perp h$	g ist senkrecht zu h
$g \not\perp h$	g ist nicht senkrecht zu h

$A(a\|b)$	Punkt mit dem Rechtswert a und dem Hochwert b
AB	Verbindungsgerade durch die Punkte A und B; Gerade durch A und B
$\overline{AB}$	Verbindungsstrecke der Punkte A und B; Strecke mit den Endpunkten A und B
$\|\overline{AB}\|$	Länge der Strecke $\overline{AB}$
$\overrightarrow{AB}$	Strahl mit dem Anfangspunkt A durch den Punkt B
ABC	Dreieck mit den Eckpunkten A, B und C
$ABCD$	Viereck mit den Eckpunkten A, B, C und D
$\sphericalangle ASB$	Winkel mit dem Scheitel S und den Schenkeln $\overrightarrow{SA}$ und $\overrightarrow{SB}$, der bei Linksdrehung von $\overrightarrow{SA}$ auf $\overrightarrow{SB}$ entsteht
$h_a [h_b; h_c]$	Höhe zur Seite a [Seite b; Seite c]

Stichwortverzeichnis

Bildquellenverzeichnis